21世纪交通版高等学校教材

机 场 工 程 系 列 教 材

机场排水设计

岑国平　洪　刚　编　著

人民交通出版社股份有限公司

China Communications Press Co.,Ltd.

内 容 提 要

本书是高等学校机场工程系列教材之一。主要介绍机场排水及防洪的规划、设计方法及所需的工程水文基础知识。本书分为两篇,上篇介绍工程水文基础知识,包括水分循环及径流形成的基本概念、水文统计原理和设计洪水推求的方法、设计暴雨和小流域洪水计算等。下篇介绍机场排水设计的原理和方法,包括机场防排洪设计、飞行场地排水系统布置和水文水力计算等。

本书可作为高等学校机场工程专业教材,还可供机场设计、施工等技术人员及公路、市政、厂矿等工程的有关技术人员参考。

图书在版编目(CIP)数据

机场排水设计 / 岑国平,洪刚编著. — 北京:人民交通出版社股份有限公司,2016.6

21 世纪交通版高等学校教材. 机场工程系列教材

ISBN 978-7-114-13108-0

Ⅰ. ①机… Ⅱ. ①岑… ②洪… Ⅲ. ①机场—排水系统—设计—高等学校—教材 Ⅳ. ①TU248.6

中国版本图书馆 CIP 数据核字(2016)第 135661 号

21世纪交通版高等学校教材
机 场 工 程 系 列 教 材

书　　　　名:	**机场排水设计**
著 作 者:	岑国平　洪　刚
责任编辑:	李　喆
出版发行:	人民交通出版社股份有限公司
地　　　　址:	(100011)北京市朝阳区安定门外外馆斜街 3 号
网　　　　址:	http://www.ccpress.com.cn
销售电话:	(010)59757973
总 经 销:	人民交通出版社股份有限公司发行部
经　　　　销:	各地新华书店
印　　　　刷:	北京盈盛恒通印刷有限公司
开　　　　本:	787×1092　1/16
印　　　　张:	21.25
字　　　　数:	504 千
版　　　　次:	2016 年 7 月　第 1 版
印　　　　次:	2016 年 7 月　第 1 次印刷
书　　　　号:	ISBN 978-7-114-13108-0
定　　　　价:	52.00 元

(有印刷、装订质量问题的图书由本公司负责调换)

出 版 说 明

  随着近些年来我国经济的快速发展和全球经济一体化趋势的进一步加强,科技对经济增长的作用日益显著,教育在科技兴国战略和国家经济与社会发展中占有重要地位。特别是民航强国战略的提出和"十二五"综合交通运输体系发展规划的编制,使航空运输在未来交通运输领域的地位和作用愈加显著。机场工程作为航空运输体系中重要的基础设施之一,发挥着至关重要的作用。据不完全统计,我国"十二五"期间规划的民用改扩建机场达110余座,迁建和新建机场达80余座,开展规划和前期研究建设机场数十座,通用航空也迎来大发展的机遇,我国机场工程建设到了一个新的发展阶段。

  国内最早的机场工程本科专业于1953年始建于解放军军事工程学院,设置的主要专业课程有:机场总体设计、机场道面设计、机场地势设计、机场排水设计和机场施工。随着近年机场工程的发展,开设机场工程专业方向的高校数量不断增多,但是在机场工程专业人才培养过程中也出现了一些问题和不足。首先,专业人才数量不能满足社会需求。机场工程专业人才培养主要集中在少数院校,实际人才数量不能满足机场工程建设的需求。其次,专业设置不完备,人才培养质量有待提高。目前很多院校在土木工程专业和交通工程专业下设置了机场工程专业方向,限于专业设置时间短、师资力量不足、培养计划不完善、缺乏航空专业背景支撑等各种原因,培养人才的专业素质难以达到要求。此外,我国目前机场工程专业教材总体数量少、体系不完善、教材更新速度慢等因素,也在一定程度上阻碍了机场工程专业的发展。为了更好地服务国家机场建设、推动机场工程专业在国内的发展,总结机场工程教学的经验,编写一套体系完善,质量水平高的机场工程教材就显得很有必要。

  教材建设是教学的重要环节之一,全面做好教材建设工作是提高教学质量的重要保证。我国机场工程教材最初使用俄文原版教材,经过几年的教学实践,结合我国实际情况,以俄文原版教材为基础,编写了我国第一版机场工程教材,这批教材是国内机场工程专业教材的基础,期间经历了内部印刷使用、零星编写出版、核心课程集中编写出版等阶段。在历次机场工程教材编写工作的基础上,空军工程大学精心组织,选择了理论基础扎实、工程实践经验丰富、研究成果丰硕的专家组成编写组,保证了教材编写的质量。编写者经过认真规划,拟定编写提纲、遴选编写内容、确定了编写纲目,形成了较为完整的机场工程教材体系。本套教材共计14本,涵盖了机场工程的勘察、规划、设计、施工、管理等内容,覆盖了机场工程专业的全部专业课程。在编写过程中突出了内容的规范性和教材的特点,注意吸收了新技术和新规范的内容,不仅对在校学生,同时对于工程技术人员也具有很好的参考价值。

  本套教材编写周期近三年,出版时适逢我国机场工程建设大发展的黄金期,希望该套教材的出版能为我国机场工程专业的人才培养、技术发展有一些推动,为我国航空运输事业的发展做出贡献。

编写组

2014 年于西安

前　言

　　本书是高等学校机场工程专业本科生的专业教材。主要介绍机场排水及防洪系统的规划、设计方法及所需的工程水文基础知识。本书分为两篇,上篇介绍工程水文基础知识,包括水分循环及径流形成、水文统计原理与方法、由流量资料推求设计洪水、设计暴雨、小流域设计洪水计算。下篇介绍机场排水设计的原理和方法,包括机场防排洪设计、飞行场地排水系统布置、飞行场地排水系统水文水力计算等内容。

　　本书第一版自 2002 年出版以来,在教学中发挥了较好的作用,也为广大机场设计人员提供了重要的参考。近年来,我国机场建设快速发展,机场排水技术有了较大进步,相关的设计标准和规范也作了修订。因此,本次在原教材基础上,对一些内容作了修改和补充。主要有:一是将原第四章降雨径流分析并入小流域设计洪水计算一章,并适当压缩一般流域产汇流计算方法,突出机场防洪中常用的小流域洪水计算理论和方法。二是根据新的《军用机场排水工程设计规范》(GJB 2130A—2012)及其他相关标准,对机场防洪设计标准及有关计算方法和参数按新规范进行修订。三是将近年来新的科研成果和机场设计中的一些新技术和新方法及时补充到教材中,使学生及时掌握新知识。

　　本书由岑国平、洪刚编著。

　　本书除作为机场工程专业学生的教材外,还可供机场设计、施工、管理等技术人员及公路、市政、厂矿等工程的有关技术人员参考。

　　由于编者水平所限,错误和不妥之处在所难免,敬请读者批评指正。

编　者

2016 年 5 月

目　　录

上篇　工程水文学

下篇　机场排水设计

绪　论

第一节　机场水分来源及其危害

水是一种重要的自然资源,是生命赖以生存的基本物质之一。但过多的水分会引发洪涝灾害,给生产和生活带来很大的危害。机场是航空运输及航空兵部队作战训练的基地,为了保证飞机能在各种气象条件下安全起飞着陆,必须消除各种水分对机场的危害。自然界中的水分,通过不同的途径进入机场,影响机场的使用。为此,首先要弄清机场水分的来源及其对机场的危害,以便根据水分来源和危害程度不同,采取不同的方式将其排除到机场以外地区。

自然界中的水分,通常以大气降水、地面水、地下水等方式进入机场,如图0-1所示。

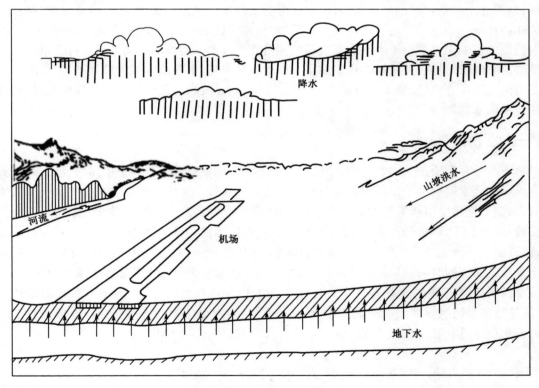

图 0-1　机场水分来源

一、大气降水

大气降水主要指降雨和降雪。我国大部分地区以降雨为主。降落在飞行场地的雨水,若

1

图 0-2 福建某机场道面积水情况

不及时排出,将使机场产生积水,影响机场正常使用,如图 0-2 所示。特别是跑道等人工道面,雨后有积水时,将会减小道面的摩擦系数,影响飞机起飞、着陆的安全;积水通过道面接缝或裂缝下渗到道基,还会影响道基的强度和稳定性。土跑道、端保险道等土质地带,要保证飞机偶尔滑出道面或迫降时的安全。土质区积水后强度将明显降低,影响这些地区的使用。因此,及时排除降落在飞行场地的雨水,是机场正常使用的重要保证。

二、地面水

地面水可分为山坡洪水和河道洪水。当机场靠山坡修建时,山坡上的坡积水或沟溪中的洪水会流向机场。若没有截排洪设施,对机场危害较大,轻者使机场局部地区积水或冲刷,严重时将淹没机场,冲毁机场设施。例如陕西某机场,在施工期间遭到山洪袭击,大量洪水涌入机场,使未完工的道坪基础泡在水中,洪水挟带的大量泥沙堆积在场内,施工设施也遭到破坏,损失相当严重。当机场附近有河流通过,其洪水位高于机场时,河道洪水会侵入机场。河道洪水对机场的影响主要取决于洪水位与机场的相对高程及洪水持续的时间。重者可使机场长时间受淹,损坏机场设施,严重影响机场使用。如吉林某机场,由于改河工程设计不当,使洪水溢出新改河道而侵入机场,造成严重损失。因此,在山区、丘陵区以及河道附近修建机场时,须特别注意地面水的影响。

三、地下水

地下水是存蓄于土壤、岩石空隙中的水。地下水按埋藏条件可分为上层滞水、潜水和自流水。机场中经常遇到的是上层滞水和潜水。上层滞水和潜水是由于地表水或大气降水渗入地下后,遇到不透水层阻挡聚积而成。当不透水层距地面较近或地表雨水下渗较多时,地下水位往往较高。地下水对机场的影响取决于地下水位距地面的距离。当地下水位距离地面很近时,使道面土基及土飞行区的含水量增大,承载力下降。严重时,会引起道面板沉陷、断裂,或使土飞行区使用的时间缩短。在冰冻地区,过高的地下水位是引起土基冻胀的重要原因。

在机场修建实践中,上述各种水分有时单独出现,但往往是几种同时出现。如地势低洼的机场,外部常受河洪等地面水的威胁,内部雨水受外部洪水的顶托而不易排出。在降雨较多的季节,地下水位往往也很高。因此,应注意几种水分的共同作用与影响。

第二节 机场排水设计的要求与任务

为了消除各种水分对机场的危害,需要进行机场排水设计,修建各种排水设施。由于各类机场所承担的任务不同,排水设计的要求也不同。军用机场可分为野战机场和永备机场。野战机场是航空兵部队的临时基地,机场修建和使用的时间较短,排水设施也是临时的。在机场使用期间保证飞行安全的前提下,力求采用简易的方法、花费较少的人力物力、在最短的时间内修好排水设施。永备机场是航空兵部队的永久基地,排水设施是永久性的,应具有较高的强度和耐久性。在设计时要考虑多年的水文、地质状况,不仅要消除河洪、山洪对机场的威胁,而且要防止飞行场地表面积水,迅速将场内径流排出。同时要避免地表径流的冲刷作用及地下水对道基的危害。民用机场为了保证旅客生命和财产的安全,尽量减少因降雨等原因引起的停航或飞机延误,对排水设计的要求更高。在同一类机场中,不同的机场等级和使用机种,对排水设计的要求也有所不同。机场等级较高、重要性较大的机场,排水要求也要相应提高。

飞行场地各组成部分的功能不同,其排水设计的要求也有差异。人工道面是飞机活动的主要场所,要求在各种水文气象条件下均能使用。因此,要保证雨后不积水,并且要保持足够的强度和稳定性。土跑道是飞机迫降和紧急起飞着陆的地带,应加速表面径流,消除地面积水,减少地面过湿时间。端保险道和平地区使用较少,只是在飞机冲出或偏出跑道时偶尔使用,因此,一般要求不积水不冲刷即可。

为了满足机场各部分的排水要求,需要修建各种排水系统。在飞行场地内部,为排除降落在各种道坪及土质区的雨水和融雪水,需要修建地表排水系统;为排除渗入道基的水分及降低过高的地下水位,有时需修建地下排水系统。上述两部分统称为飞行场地排水系统或场内排水系统。为防止场外山洪或河洪威胁机场,需要修建机场防、排洪系统或称场外排水系统。机场排水设计的任务是合理规划、设计场内外排水系统,及时排除机场表面径流,防止洪水灾害,保护和改善机场环境,保证机场的正常使用。同时,要做到经济合理、安全可靠、便于施工和维护。

第三节　本课程的内容与特点

进行机场排水设计,首先要了解自然界中各种水分的分布、运动规律及其分析计算的方法,因此首先需要学习工程水文学的基本知识,包括水分循环及径流形成原理、设计洪水推求的方法、设计暴雨及小流域设计洪水计算等。掌握了这些基本知识后,再学习机场排水系统规划、设计的方法。内容包括机场防排洪工程设计、飞行场地排水系统的布置及水文水力计算等。

由于我国地域辽阔,气象、水文、地质、地形、土壤等因素非常复杂,在排水设计中会遇到各种特殊情况,如冲刷问题、冰冻地区的冻胀问题等。但是,这些问题不是每个机场的排水设计都会遇到的,所以本课程只作一般介绍,指出设计时考虑的因素及条件,以便将来设计中遇到此种情况时能参考其他资料进行设计。

机场排水与其他工程的排水有着密切的关系,在设计方法上有共同的地方。如飞行场地的径流计算方法与城市雨水道设计基本相似,排水沟管的水力计算、构筑物设计的计算方法也有相同的地方。机场场外排水与公路、铁路、城镇防洪等有相同的地方。为了做好机场排水设计,在学习和设计过程中应广泛吸取其他排水工程的先进技术和宝贵经验。当然机场排水也有许多独有的问题,它不同于公路、铁路排水及城市排水。这些问题也是本课程需重点解决的。

机场排水设计是机场设计的重要组成部分,它应在机场总体规划的基础上,与机场地势设计、道面设计密切配合,共同解决飞行场地各部分的强度及飞机在其上活动的安全等问题,因此设计时应综合考虑。例如,机场地势设计中,纵横坡度选择时除了满足飞机活动的安全性与土方工程的经济性外,必须考虑场内各部分雨水的顺利排除,并有利于排水系统的布置。机场高程确定时要考虑防洪、排涝要求。特别是地势低洼的地区,为了满足防洪、排涝的要求,有时不得不抬高机场高程,使雨水能自流排入附近水体。如果考虑不周,可能造成雨水流入道面、局部地区经常积水,不能满足使用要求,或者增加排水的工程量。又如,在道面结构层选择时,要考虑道基的排水问题,有利于渗入基础的水分顺利排出,使道基具有足够的稳定性。总之,在机场设计中地势、道面和排水各部分是紧密联系的,必须综合考虑。不但要满足机场的使用要求,而且还要使道面工程、排水工程及土方工程的总工程量最小。

排水设计涉及的基础知识较多。要想做出合理的排水设计,必须对当地的水文、地质、土壤等自然条件进行调查研究和综合分析,因此,需有土力学、工程地质等知识。在具体设计中,主要以水力学、水文学、概率统计、工程结构等为基础。这些基础知识有的在前期教学中已介绍,而水文学将在本课程中讲述。

本教材共分为两篇,上篇详细介绍与机场排水工程有密切联系的工程水文学的有关内容,是进行机场排水系统水文水力计算的重要基础;下篇主要阐述机场排水设计与计算的原理、方法,是本课程的核心,要求熟练掌握。

上篇

工程水文学

水文学是研究地球上各种水体的形成、运动变化规律及地理分布的科学。地球上的水体包括大气中的水汽,地球表面的河流、湖泊、海洋、沼泽、冰川及地面下的地下水。因此广义的水文学包括水文气象学、地表水文学和水文地质学。水文气象学研究大气中水汽的运动现象,属于气象学的一部分;水文地质学研究地下水的分布和运动规律,属于地质学的一部分;地表水文学又分为陆地水文学和海洋水文学,通常所说的水文学一般是指陆地水文学。在陆地上,有些水体具有特殊的性质,经过长期的研究,已形成了一些独立的学科,如湖泊学、冰川学、沼泽学等,都已从陆地水文学中分离出去。因此近代陆地水文学主要包括河流水文学及其他水文分支中与河流有关的部分。

按研究任务的不同,水文学可分为水文测验学、水文地理学、水文预报和水文分析与计算等。水文测验学研究水文站网的布设,水文资料观测、收集与整理的方法;水文地理学研究水文特征值与自然地理要素之间的相互关系及水文现象的地区规律;水文预报是在研究水文现象变化规律的基础上,预报未来短时期(几小时或几天)内的水文情势,为工程管理和运行提供依据;水文分析与计算是在研究水文现象变化规律的基础上,预估未来长时期(几十年到几百年)内的水文情势,为工程规划和设计提供依据。

近年来,随着水文学自身的发展及与其他学科的结合,逐渐形成一些新的水文分支,如环境水文学、城市水文学等。

工程水文学是将水文学的理论与方法用于工程建设的一门学科,主要研究水利及其他工程的规划、设计、施工和运行管理中涉及的水文问题,直接为国民经济和国防建设服务。机场排水设计中需要用到许多工程水文知识,如场外防洪工程设计中,为防止河洪的危害,需要了解河流水文现象的特性及其流量的计算方法;为防止山洪的危害,需要了解地表径流的形成原理及小流域暴雨洪水的计算方法等。本篇将论述与机场排水和防洪工程相关的一些水文基本知识及计算方法,重点是小流域的暴雨洪水计算。

第一章　水分循环与径流形成

第一节　水分循环与水量平衡

一、水分循环

地球表面的各种水体,在太阳辐射的作用下,不断蒸发成水汽上升到空中,随大气运动输送到各地,在适当的条件下凝结,并以降水的形式又回到地面上,再从河道或地下流入海洋。水分的这种往复循环不断转移交替的过程,称为水分循环或水文循环,如图1-1所示。水分循环的外因是太阳的辐射和地球的引力,而内因则是水的三态(气态、液态、固态)之间的相互转换。

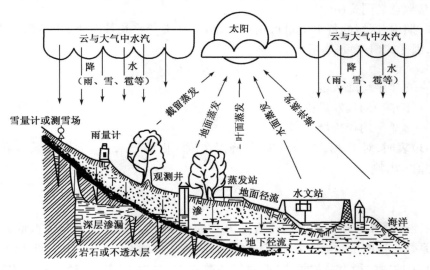

图 1-1　水分循环示意图

根据水分循环所经路径的不同,可将其分为大循环和小循环。从海洋中蒸发的一部分水汽,随气流运动到陆地后冷凝降落到地面,除了一部分重新蒸发外,其余部分沿河流或地下返回到海洋。这种海陆间的水分交换称为大循环。从海洋中蒸发的水汽,上升冷凝后又直接降落到海洋上,或从陆地上蒸发的水汽,上升冷凝后又降落到陆地,这种局部的循环称为小循环。

水分循环与人类有密切的关系。由于水分循环,使得地球上的淡水资源具有再生性。据测算,大气中的水分平均约10天交换一次,河流中的水分平均约12天交换一次。

二、水量平衡

水分循环过程要保持持续和永久,必须以参与循环的各部分水体的水量平衡为前提。根据物质不灭定律,对于任意区域,在任意时段内,来水量等于出水量与区域内的蓄水变量之和,即水分循环过程中"收支"平衡,这就是水量平衡原理。据此可以写出水量平衡方程。

水量平衡方程建立了各水文要素之间的定量关系,是水文分析与计算的基本方程,对了解各水文要素的时空变化规律、校核水文分析成果、估算区域水资源等都有很大的作用。

根据水量平衡原理,可列出任意一个区域的水量平衡方程:

$$P + R_1 = R_2 + E + \Delta S \tag{1-1}$$

式中:P——时段降水量;

$\quad R_1$——流入边界的地表和地下径流量;

$\quad R_2$——流出边界的地表和地下径流量;

$\quad E$——蒸发量;

$\quad \Delta S$——时段内区域蓄水的增量。

若区域为一闭合流域,即区域边界为分水线,没有地表或地下径流的交换,只有流域的出口有径流流出,则水量平衡方程为:

$$P = E + R + \Delta S \tag{1-2}$$

式中:R——流域出口的径流量;

$\quad$其余参数意义同式(1-1)。

在短时期内,区域的蓄水增量可正可负,但如在多年平均情况下,正负值可以相互抵消。即 $\Delta S \to 0$,因此式(1-2)可写成:

$$\overline{P} = \overline{E} + \overline{R} \tag{1-3}$$

式中:$\overline{P}$——多年平均降水量;

$\quad \overline{E}$——多年平均蒸发量;

$\quad \overline{R}$——多年平均径流量。

式(1-3)表明,对于一闭合流域来说,降落在流域内的降水完全消耗于蒸发和径流。如方程两边同除以 $\overline{P}$,则得:

$$\frac{\overline{R}}{\overline{P}} + \frac{\overline{E}}{\overline{P}} = 1 \tag{1-4}$$

式中,径流量 $\overline{R}$ 与降水量 $\overline{P}$ 的比值 $\overline{R}/\overline{P}$ 称为径流系数,蒸发量 $\overline{E}$ 与降水量 $\overline{P}$ 的比值 $\overline{E}/\overline{P}$ 称为蒸发系数。这两个数随着各个流域的自然地理条件的不同在 0 ~ 1 之间变化,但两者之和等于 1。干旱地区的径流系数较小,而蒸发系数较大;水量丰沛地区径流系数比较大,常介于 0.5 ~ 0.7 之间。

全球和我国的水量平衡各要素的数量见表 1-1 和表 1-2。

全球水量平衡表　　　　　　　　　　　　　　　　　表 1-1

区域		面积 1 000km²	降　水　量		蒸　发　量		径　流　量	
			(10^{12}m³)	(mm)	(10^{12}m³)	(mm)	(10^{12}m³)	(mm)
海洋		361 000	458	1 270	505	1 400	47	130
陆地	外流区	119 000	110	924	63	529	47	395
	内流区	30 000	9	800	9	300		
全球		510 000	577	1 130	577	1 130		

我国水量平衡表 表1-2

流　域		面积 （占全国百 分数）（%）	降　水　量		径　流　量		蒸　发　量		径流系数
			（mm）	（$10^8 m^3$）	（mm）	（$10^8 m^3$）	（mm）	（$10^8 m^3$）	
外流流域	太平洋	56.71	912	49 664	398	21 525	517	28 139	0.433
	印度洋	6.52	800	4 995	519	3 238	281	1 756	0.649
	北冰洋	0.53	360	183	212	108	148	75	0.589
	小计	63.76	896	54 842	407	24 872	489	29 970	0.454
内陆流域		36.24	197	6 853	33	1 131*	164	5 722	0.165
全国合计		100.00	643	61 695	271	26 003	372	35 692	0.420

注：* 内陆流域的径流量是就特定断面而言,最后均应转化为蒸发量。

第二节　河流与流域

一、河流

地表水在重力作用下,沿着陆地表面上的线形凹地流动,依其大小可分为江、河、溪、沟等,其间并无精确分界,统称为河流。流动的水体和容水的河槽是构成河流的两个要素。降落到地表的水分,除了蒸发、下渗等损失以外,其余部分沿着河流到达海洋,因此河流是水文循环的一条主要路径。在地球上的各种水体中,河流的水面面积和水量最小,但与人类的关系最为密切,是水利工程及城市、机场防洪排水等工程主要研究的水体。

1. 河流的形成

降落在地面的雨水和融雪水,在重力的作用下从高处向低处流动,形成地面径流。最初,地面径流只是片流或分散的细沟流,但不久便渐渐集中到比较低一点的地方,冲刷出一条细长的小沟,久而久之,这种小沟逐渐扩大成小溪。由于重力作用,在顺流而下的过程中,水流一方面不断切割和冲刷河槽,另一方面又不断向两旁侵蚀,使河床扩大,最后使小溪逐渐发展为小河,有的甚至形成大江大河。

2. 河系

直接汇入海洋或内陆湖泊的河流称为河流的干流,汇入干流的河流称为河流的一级支流,汇入一级支流的河流称为二级支流,其余类推。由河流的干流及全部支流所构成的脉络相通的水流系统,称为河系或水系。

水系通常用干流的名称来称呼,如长江水系、黄河水系、珠江水系等。但在研究某一支流或某一地区的问题时,也可用支流的名称来称呼,如汉江水系、洞庭湖水系等。图1-2是黄河水系略图。

根据河系干支流分布形态,河系又可分为4种类型。河系分布如扇骨状的称为扇形河系;如羽状的称为羽形河系;几条支流并行排列,至河口附近才会合的称为平行河系;由以上 2~3 种形式混合排列时称为混合河系。

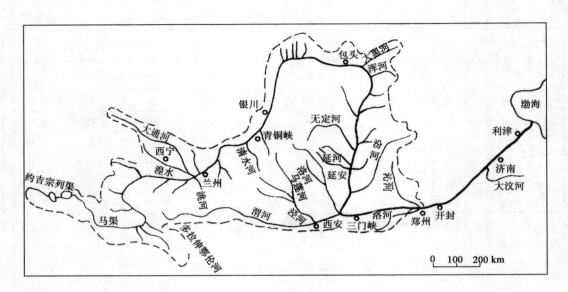

图 1-2 黄河水系略图

3. 河槽与河谷

河槽是指经常有水流动的凹槽,又称河床。枯水期水流所占河床称为基本河床,也称主槽;汛期洪水泛滥所及部位,称为洪水河床,也称滩地。从更大的范围来讲,凡地形低洼可以排泄流水的谷地称为河谷,河槽就是被水流占据的河谷底部。河谷是水流与谷地相互影响、相互作用的结果。河谷的横断面形状由于地质构造的不同而各有差异,一般可分为峡谷、宽谷和阶地(台地)河谷三种类型,如图 1-3 所示。

a)峡谷   b)宽谷   c)阶地(台地)河谷

图 1-3 河谷示意图

4. 河流的长度、分段及弯曲系数

(1)河流的长度

从河口沿河道到河源的长度,称为河长。测定河长,一般可在较精确的地形图上先画出河流的中泓线,然后逐段量测图上的距离,按地形图的比例尺换算为实际河长。

(2)河流的分段

一条天然河流按照河床的地质、形态和水文特性,可分为河源、上游、中游、下游及河口5段。

①河源。河流开始具有地面水流的地方称为河源。河源可以是泉水、溪涧、湖沼或冰川,例如松花江的源头就是火山口造成的天池。

②上游。直接连着河源,位于河流的上段,多处于深山峡谷之中。它的特点是坡陡流急,流量小而水位变化大,河谷侵蚀强烈,常有急滩或瀑布。

③中游。在上游以下,位于河流中段,一般处于丘陵地区。它的特点是河底坡度逐渐变缓,冲淤近于平衡;水流下切力衰减,但转向两旁进行侵蚀,因此河面逐渐加宽;流量较上游大;无阶梯和瀑布出现,河底纵断面呈一较平滑的曲线。

④下游。在河流的下段,一般处于平原地区。它的特点是河槽宽阔,坡度平缓,流量较大,流速较小;泥沙的淤积超过冲刷,因此河流中沙洲众多,弯曲显著,断面复杂。

⑤河口。是河流的终点,也是河水流入海洋、湖泊或其他河流的地方。一般河口比河源明显,因此河流长度都可以从河口起算。当河流在沙漠里消失时,就没有河口。由于河口流路突然扩大,流速锐减,水流挟带的泥沙就大量在此沉积,因此常形成沙洲或河口三角洲。

（3）河流的弯曲系数

河流长度与河源至河口间直线距离的比值,称为河流的弯曲系数。它反映了河流平面形状的弯曲程度,能够说明河流流经地区的地质地貌等特点。如流经冲积平原的河流,其弯曲程度都较大。河流的弯曲系数永远大于1.0。

5.河流的形态

河流的形态可以用河流的平面形态,河流的断面和河流的比降来表达。

（1）河流的平面形态

平原河流在平面上具有弯曲的形态,这种弯曲的形态产生于河中环流的作用,泥沙的冲刷与淤积等。水流的环流,泥沙的冲刷与淤积,使河流凸岸形成浅滩,凹岸形成深槽,如图1-4中1-1断面所示。两相反河湾之间的直槽段,水深相对较浅,称为浅槽,如图1-4中2-2断面所示。深槽、浅槽和浅滩沿水流方向交替出现,具有一定的规律性。河道中各断面上最大水深点的连线,称为中泓线。

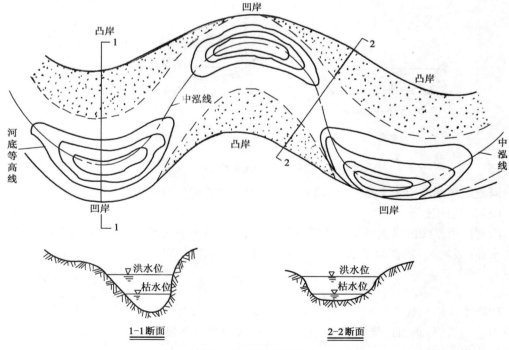

图1-4　平原河流平面形态

山区河流一般为岩石河床,其平面形态极为复杂,急弯、卡口比比皆是,深度变化剧烈,河岸曲折不齐,急滩深潭上下交错,没有上述规律。

(2)河流的断面

河流的断面分为纵断面和横断面两种。纵断面是指沿河流中泓线的断面,它可以表示河流纵坡及落差沿程的变化情况。当测出中泓线上河底若干地形变化点的高程后,以河长为横坐标,高程为纵坐标,即可绘出河流的纵断面图,如图1-5所示。

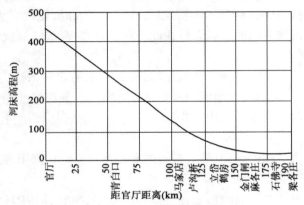

图1-5 永定河官厅—梁各庄间河道纵断面图

横断面是指垂直于水流流向的断面,河流的横断面常分为单式断面和复式断面两种。单式断面是指只有河槽而无河滩的断面,如图1-6a)所示;复式断面是指既有河槽又有河滩的断面,如图1-6b)所示。河流横断面是计算流量的重要依据,其大小随水位而变。

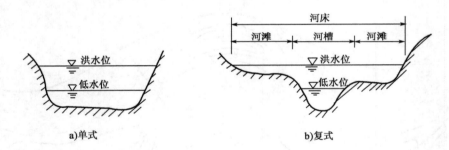

图1-6 河流横断面图

河流纵横断面由于不断受水流的作用,所以是随着时间经常发生变化的。

(3)河流的比降

沿河流中泓线的纵向坡度称为纵比降,可用河底比降或水面比降来表示。它是一定河段两端水面(或河底)的高程差 ΔH 与河段中泓线长度 L 之比,即:

$$J = \frac{\Delta H}{L} \tag{1-5}$$

比降 J 常用小数或百分数(%)、千分数(‰)表示。式(1-5)为一段河流的平均纵比降(当水流为均匀流时,水面比降等于河底比降)。一条河流各河段的比降可能不一致,若要说明整个河流的比降情况,需要求平均值。

河流的纵比降一般由河源向河口逐渐减小,从图 1-5 中就可以看到比降的这种变化。一般情况下,小河的比降往往较大河陡,支流的比降往往较干流陡。洪水期因河流水位的变化,河流水面的比降变化较大。入海河流的河口因受海洋潮汐的影响,水面比降变化更大,有时会出现负值,发生海水倒灌现象。

二、流域

流域是河流的集水区域,凡降落在该区域内的降水,直接或经各级支流汇入该河。流域是与出流断面相对应的,如图 1-7 所示。当出流断面为 A 时,其相应的流域为图中阴影部分,而出流断面为 B 时,则为图中整个面积。当不指明断面时,流域系对河口断面而言。

流域的周界称为分水线,通常是由流域四周的山脊线以及由山脊线与流域出口断面的流线所组成。

流域分水线包括地面分水线和地下分水线。当地面分水线与地下分水线一致时,称为闭合流域。但由于地质构造上的原因,地面分水线与地下分水线并不完全重合,这种流域称为不闭合流域,如图 1-8 所示。实际上很少有严格的闭合流域。但是,除有石灰岩溶洞等特殊的地质情况外,对一般流域,两者相差不大,可按闭合流域考虑。

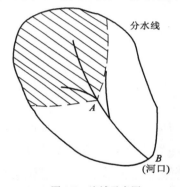

图 1-7　流域示意图

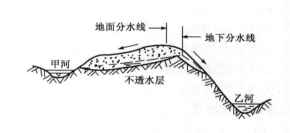

图 1-8　地面径流与地下径流分水线

流域特征包括几何特征和自然地理特征,它们对河川径流的形成和变化过程有着重要的影响。

1. 流域的几何特征

流域的几何特征可以用流域的面积、长度、平均宽度及对称性来表示。

（1）流域的面积

流域的分水线所包围的平面面积,称为流域面积,在水文上也称为汇水面积,单位为平方公里（km^2）,在飞行场地内部常用公顷（hm^2）表示。量测流域面积时,先在地形图上勾绘出流域分水线,然后求出分水线所包围的面积,再按地形图比例尺换算成实际的流域面积。

流域面积是最重要的几何特征。因为流域面积不仅决定了河流的水量,而且影响径流形成的过程。根据流域面积的大小,流域可分为大流域、中等流域和小流域。一般认为面积在 $5\,000\,km^2$ 以上的流域为大流域,面积小于 $300\,km^2$ 的流域为小流域,介于两者之间的为中等流域,但它们没有严格的界限。

（2）流域的长度和平均宽度

流域长度也就是流域的轴长。以流域出口为中心作同心圆,在同心圆与流域分水线相交处绘出许多割线,各割线中点的连线的长度即为流域长度。若流域形状不甚弯曲,也可用河源到流域出口的直线长度来代替。

流域面积与流域长度的比值称为流域的平均宽度。即:

$$B = \frac{F}{L} \tag{1-6}$$

式中:B——流域平均宽度;

    F——流域面积;

    L——流域长度。

如果两个流域的面积相同,流域长度越大,平均宽度越小,水的流程也越长。这种流域洪水过程较平缓,洪峰较小。

(3)流域的对称性

河流干流的位置,可以对称地居于流域中间,也可以偏于一边,使左右岸的汇水面积相差较大。流域的对称性,可以用流域的不对称系数来表示。流域的不对称系数可用下式计算:

$$K_a = \frac{2(F_{左} - F_{右})}{F} \tag{1-7}$$

式中:K_a——流域的不对称系数;

    $F_{左}$——河流左岸的流域面积;

    $F_{右}$——河流右岸的流域面积。

流域的不对称系数 K_a 越小,表示流域越对称。

2. 流域的自然地理特征

流域的自然地理特征包括流域的地理位置、气象因素、地形、植被、土壤特征及地质构造、湖泊和沼泽情况等。这些特性决定着河流形成过程的具体条件,并影响径流的变化规律。

(1)流域的地理位置。流域的地理位置是指流域中心及周界的地理坐标,一般用经纬度表示。此外,还应指出这一流域与海洋、山岭的相对位置。流域的地理位置对流域的气候、地理特性有很大影响。

(2)流域的气象因素。流域的气象因素主要是指降水、蒸发、温度和湿度。这些气象因素与流域的水文过程有着密切的关系。尤其是降水,直接影响河川径流的大小和过程,是气象因素中的主要因素。

(3)流域的地形。流域的地形一般用流域的平均高度及流域地表的平均坡度来表示。流域的地形不但影响流域的降水、温度、蒸发等,还直接影响地面径流的汇流速度及流域侵蚀的过程。

(4)流域的植被。流域内的植被情况包括植被覆盖的面积、植物的种类和分布等。流域的植被增加了地面的粗糙度,可以减缓地面径流的流速,减少水土流失,增加下渗和蒸发,对流域水文状况有一定影响。

(5)流域的土壤特征及地质构造。流域的土壤特征及地质构造包括土壤的类型及平面和垂向的分布、岩层的性质与地质构造等。它决定了降水的入渗及地下径流的状况。

(6)流域内的湖泊率和沼泽率。流域内的湖泊和沼泽面积与流域面积之比,称为湖泊率和沼泽率。湖泊和沼泽在洪水期间大量蓄水,使洪峰减小;而枯水期间能增大下游的径流,因此对径流具有调蓄作用。另外,湖泊和沼泽还有增大蒸发、沉积泥沙等作用。

第三节　降水与蒸发

降水和蒸发是水分循环中的两个重要环节。它们既是水文要素,又是气象要素,是水文学和气象学共同研究的对象。本节简要介绍降水的形成与分类、降水量观测、降水分布及蒸发等基本知识。

一、降水的形成与分类

降水是从大气中降到地面上的雨、雪、雹、霰等的统称。从数量来看,雨、雪占绝大部分,其他微不足道。在雨、雪中,又以降雨为主。我国绝大部分洪涝灾害由暴雨引起,因此机场排水中一般只研究降雨。

降水的形成需要具备两个条件,一是空气中有充足的水汽,二是空气本身温度下降,使水汽能够凝结。从水面或地面蒸发的水汽进入大气后,由于分子扩散和气流运动而分散于大气中。当带有大量水汽的气团由于某种原因而上升时,因气压随高度的增加而减小,气团的体积逐渐膨胀。由于膨胀过程需要消耗一定的能量,但又来不及从四周补充,因此气团的温度下降。当温度低于露点温度时,水汽开始凝结,变为细小的水滴或冰晶悬浮在空中,成为云。当水汽继续凝结,水滴或冰晶相互碰撞合并,使体积增大至上升气流不能顶托时,便降落而成降水。

按照气团上升的原因,降水可分为对流性降水、地形性降水、锋面性降水和气旋性降水,习惯上称为对流雨、地形雨、锋面雨和气旋雨。

（1）对流雨

对流雨是因地表局部受热,气温向上递减率过大,大气稳定性降低,因而发生垂直上升运动,使水汽凝结而降雨。对流雨多发生在炎热的夏季。降雨的范围小,历时短,但强度大,常造成小面积上的洪水。

（2）地形雨

当前进中的气流遇山脉阻挡,被迫上升,使水汽冷却凝结致雨。地形雨多集中在山脉的迎风坡,而背风坡由于越过山脊的气团水汽已经减少,加之气团下沉增温,变得相对干燥,因而雨量显著减少。例如位于秦岭南麓的安康和汉中,年雨量都超过了800mm,而位于秦岭北侧的西安和宝鸡,尚不足600mm。地形雨的降雨特性,因气团本身的温湿条件、运行速度及地形特点而异,差别较大。

（3）锋面雨

锋面雨是我国经常遇到的一种雨。当两个温度、湿度条件不同的气团相遇时,在接触处形成了一个温度、湿度、密度等不连续的交界面,称为锋面。锋面随着冷暖气团的移动而移动。当暖气团向冷气团方向移动所产生的锋面称为暖锋;而冷气团向暖气团方向移动所产生的锋面称为冷锋;冷、暖气团势均力敌,两者之间的界面移动速度很小,或者静止,这种锋面称为准静止锋。在暖锋前部,暖而轻的暖气团沿着锋面爬坡滑升,逐渐冷却而形成降雨,称为暖锋雨。

暖锋雨多为连续性降雨,降雨范围较广,时间较长,而强度较小。在冷锋前部,冷而重的冷气团楔入暖气团之下,迫使暖气团上升冷却而形成降雨,称为冷锋雨。冷锋雨多为阵性雨,降雨范围较小,时间较短,而强度较大。准静止锋附近,暖空气缓慢向上滑升,降雨强度较小,常为绵绵细雨,连日不断,雨区范围较广。

(4)气旋雨

当某一地区的气压低于四周的气压时,四周气流要向该处汇集。由于地转力的作用,北半球的气流沿逆时针方向流入,使空气旋转,这种大气的涡旋称为气旋。当气流汇入后转向高空,上升气流中的水气冷却凝结致雨,称为气旋雨。气旋可分为温带气旋和热带气旋两类。温带气旋的产生,多是由于锋面的波动引起的。它是出现大范围降水和大风等天气现象的主要天气系统之一,对我国降水有较大影响。我国春夏期间在长江中下游地区发生的梅雨天气,就是江淮气旋造成的。在低纬度的海洋上形成的气旋称为热带气旋。当热带气旋中心的气压较低,最大风力达到 8 级以上时,就称为热带风暴,超过 12 级时称为台风。热带风暴和台风含有大量水汽,所到之处多狂风暴雨,常引起山洪暴发,河水泛滥,对我国东南沿海地区影响很大。

二、降水量观测

降水量以降落在不透水平面上的水层深度来表示,单位为 mm。观测降水量的仪器有雨量器和自记雨量计。

雨量器如图 1-9 所示,上部的漏斗口呈圆形,内径为 20cm,下部放有储水瓶,用于收集雨水。量测降雨量用特制的量杯进行。

雨量器观测雨量一般采用定时分段观测制。即把每天 24h 分成几个时段进行观测,并把北京时间 8:00 规定为日分界点。通常每天 8:00 和 20:00 观测两次,如在雨季,可分成 4 个或 8 个时段观测。一天观测得到的总雨量称为日雨量。由于雨量器只能观测时段的总雨量,而不能反映降雨强度的变化过程,因此目前气象站、水文站都配备了自记雨量计。

自记雨量计有多种形式,常见的有虹吸式和翻斗式两种。虹吸式自记雨量计如图 1-10 所示,雨水由承雨器汇集于浮子室,室内的浮子随水面的升高而上升。浮子与带有自记笔的浮杆相连,笔尖处为时钟带动的转筒,筒外为记录纸。在浮子的作用下,自记笔就在记录纸上画出浮子室的水位变化曲线。当雨水达到虹吸高度时,就经虹吸管导入储水瓶,自记笔随之下降至零点,再随雨量的增加而上升。

翻斗式自记雨量计由感应器和记录器两部分组成,如图 1-11 所示。测雨时,雨水经感应器的漏斗进入一个双隔间的小水斗,0.1mm 的降水量能使一个隔间盛满,并使水斗立即向一侧倾倒,水即注入储水瓶内。同时,另一隔间进入漏斗下的承雨位置。当小水斗倾倒一次,即接通一次电路,使记录器上的自记笔尖在转筒上作出记录。记录器可放在室内,用电缆与感应器相连,因此可以实现遥测。

记录纸带原则上每隔 24h 更换一次,但当无雨时,可几天更换一次。纸带的横坐标代表时间,纵坐标代表雨量。记录纸带上的曲线为累积曲线。这种曲线既反映了雨量的大小,又可得到降雨的起讫时间、强度变化等,因此自记雨量计记录是分析降雨强度及制定暴雨强度公式的重要资料。

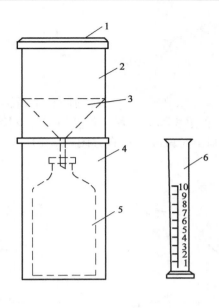

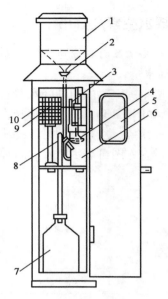

图 1-9　雨量器示意图

1-器口;2-承雨器;3-漏斗;4-雨量筒;5-储水瓶;6-雨量杯

图 1-10　虹吸式自记雨量计

1-承雨器;2-小漏斗;3-笔挡;4-浮子;5-观测窗;6-浮子室;7-储水瓶;8-虹吸管;9-自记笔;10-自记钟

目前大部分气象站采用自动记录,即将翻斗式雨量计的信号直接传输到计算机上,并有专用软件进行记录和统计。可记录每分钟的雨量,也可记录 1h 雨量。

另外,还可用自动记录仪记录雨量,如图 1-12 所示。自动记录仪可记录和储存雨量数据,连续记录时间达半年以上甚至更多。可以随时将记录仪与电脑连接,读取数据,并自动绘制记录曲线。这种记录仪体积小,一节电池可使用半年以上,不需要外部电源,可在野外需要临时观测雨量时使用。

图 1-11　翻斗式自记雨量计

图 1-12　自记雨量计及记录仪

三、降水要素及分布

1. 降水要素及时程分布

（1）降水量

降水量指一定时间内的降水总量，单位为 mm。从降水开始到某一时间的总水量称为累积降水量，如图 1-13 所示。自记雨量计记录的就是这种累积降水过程。若以一定时段长为单位，分段表示降水量，则得到时段降水量过程。可绘制出时段降水量直方图，如图 1-13 所示。时段降水量直方图可表示降水在时程上的分布情况。

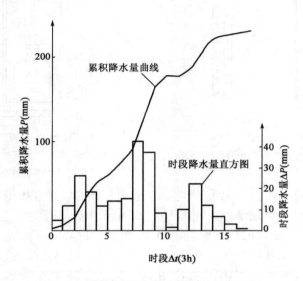

图 1-13　累积降水量曲线和时段降水量直方图

（2）降水强度

降水强度是指单位时间内的降水量，单位为 mm/min 或 mm/h。若某一时段长 Δt，相应的时段降水量为 ΔP，则该时段的平均降水强度为：

$$\bar{i} = \frac{\Delta P}{\Delta t}$$

若取 $\Delta t \to 0$，则得到某时刻的瞬时降水强度 i，即：

$$i = \frac{\mathrm{d}P}{\mathrm{d}t}$$

瞬时降水强度过程如图 1-14 所示，它也反映了降水的时程分布情况。强度越大，表示降水越猛烈。

（3）降水历时

降水历时是指一次降水所经历的时间，也常指降水过程中某一段时间，单位为 min 或 h。

2. 降水的空间分布

降水在空间上有一定的分布范围。一次降水所笼罩的

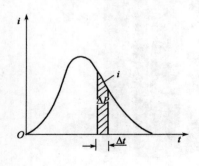

图 1-14　降水强度过程线

面积称为降水面积。由于受气候、地理因素等影响,降水面积上各点的降水量不尽相同,在面上存在不均匀性。一般存在一个降水中心,在中心附近降水量较大,四周逐渐减小。用等雨量线可较好地反映出降水的空间分布,如图 1-15 所示。

3. 流域平均降水量

雨量站观测到的降水量,只代表该站附近小范围的降水情况。在水文计算中,常需要知道一个流域或地区在某段时间内的平均降水量。常用的流域平均降水量的计算方法有以下几种:

(1)算术平均法

当流域内雨量站分布较均匀,地形起伏变化不大时,可根据各站在同一时段内的降水量用算术平均法求得流域上的平均降水量:

$$\overline{P} = \frac{P_1 + P_2 + \cdots + P_n}{n} = \frac{1}{n}\sum_{i=1}^{n} P_i \tag{1-8}$$

式中: $\overline{P}$ ——流域平均降水量;

P_1、$\cdots$、P_n ——各雨量站同时段内的降水量;

n ——测站数。

(2)泰森多边形法

当流域内雨量站分布不太均匀时,用算术平均法精度较差,可采用泰森多边形法。先用直线将相邻的雨量站连接起来,然后在各连线上作垂直平分线。这些垂直平分线构成了一个多边形网,将全流域分成 n 个多边形,如图 1-16 所示。每个多边形内有一个雨量站,用它代表该多边形的降水量。因此流域平均降水量可用下式计算:

$$\overline{P} = \frac{P_1 f_1 + P_2 f_2 + \cdots + P_n f_n}{F} = \sum_{i=1}^{n} P_i \frac{f_i}{F} \tag{1-9}$$

式中:f_1、$\cdots$、f_n ——各多边形的面积;

P_1、$\cdots$、P_n ——对应雨量站的降水量;

F ——流域总面积,$F = \sum f_i$。

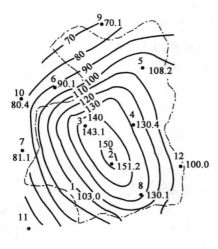

图 1-15 等雨量线图

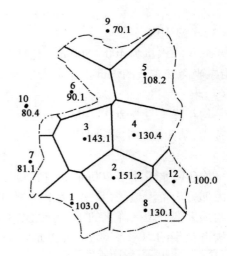

图 1-16 泰森多边形法示意图

f_i/F 表示各雨量站所代表的面积在总面积中的份额,即权重。因此该法也称为加权平均法。

（3）等雨量线法

等雨量线可以比较全面地反映降雨量的分布情况。绘制等雨量线时,先将各站实测降水量注记在流域平面图上,然后用与绘等高线相似的方法绘出等雨量线,如图 1-15 所示,平均雨量为:

$$\overline{P} = \frac{1}{F}\sum_{i=1}^{n} P_i f_i \tag{1-10}$$

式中：f_i——两条等雨量线间的面积;

P_i——f_i 上的平均雨量。

如流域内地形变化对降雨影响较为显著,布设的雨量站较多,用该法可得到较精确的结果,但计算工作量较大。

4. 我国降水的分布

由于我国所处的地理位置,大部分地区受到东南和西南季风的影响,因而形成东南多雨,西北干旱的特点。图 1-17 是我国多年平均降水量分布图。从图中看出,我国年降水量分布自东南向西北递减,东南部分(长江以南、川黔以东)降水最多,新疆与西藏降水最少。等雨量线的走向大致是东北 – 西南向,如 400mm 等雨量线从齐齐哈尔起经张家口、榆林、兰州、玉树直至拉萨,自东北斜贯西南,将我国分为东西两半部。但在昆明以西受印度洋水汽影响,降水量向西南递增,新疆西北部受大西洋水汽的影响,降水量向西北递增。

根据降水量多少,全国可分为:

（1）多雨区

平均年降水量大于 1 600mm,包括西藏东南角、云南西南部、广西东部和广东、福建、浙江、台湾、海南各省的大部,以及湖南、江西北部山地,其中海南东部达 2 500mm,台湾东北和中部山地高达 4 000mm,是我国降雨最多的地区。

（2）湿润区

平均年降水量为 800 ~ 1 600mm,包括云南、广西、贵州、四川和汉水、淮河以南广大的长江中下游流域。年降水量大于 800mm 的地区是我国水稻的主要产区。

（3）半湿润区

平均年降水量为 400 ~ 800mm,包括西藏东部、四川西北部和山西、陕西大部、整个华北平原、山东半岛和东北的大部。年降水量为 400 ~ 800mm 的地区是我国小麦的主要产区。

（4）半干旱区

平均年降水量为 200 ~ 400mm,包括新疆西部和北部、甘肃和内蒙古的大部。本区多为草原和荒漠,是我国的主要牧业区。

（5）干旱区

平均年降水量小于 200mm,包括新疆东部、青海西部、西藏、甘肃和内蒙古的西部和北部。本区大部分为荒漠地区,其中一些地区的年降水量不到 50mm,是我国最干燥的地方。

我国大部分地区降水的季节分配也不均匀。长江以南地区,雨季多为 4 ~ 7 月份,4 个月的雨量占全年的 50% ~ 60%;北方地区雨季多为 6 ~ 9 月份,4 个月的雨量占全年的 70% ~ 80%,且大部分降雨集中在 7 ~ 8 月份,冬季降水很少。

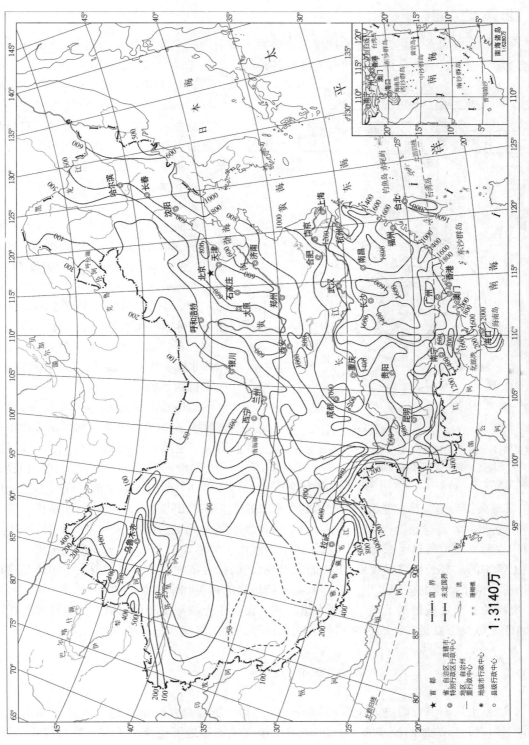

图1-17　我国年降水量分布图(雨量单位：mm)

四、蒸发

水由液态或固态转化为气态的过程称为蒸发。流域内的蒸发包括水面蒸发、土壤蒸发和植物散发三部分。水文分析中常研究流域中各种蒸发的总和,称为流域总蒸发。

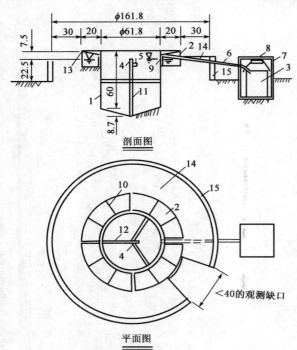

图1-18 E-601型蒸发器(尺寸单位:cm)

1-蒸发器;2-水圈;3-溢流桶;4-测针桩;5-器内水面指示针;6-溢流用胶管;7-放溢流桶的箱;8-箱盖;9-溢流嘴;10-水圈上缘的撑挡;11-直管;12-直管支撑;13-排水孔;14-土圈;15-土圈外围的防塌设施

蒸发量用蒸发水层的深度来表示,单位为mm。供水充分时的蒸发量称为蒸发能力,又称最大可能蒸发量,它只与气象因素有关。一个地区的蒸发能力总是大于实际蒸发量,特别是干旱地区,由于气候干燥,蒸发能力大,而可供蒸发的水量很少。

水面蒸发量常用蒸发器进行观测。常用的蒸发器有口径为20cm的蒸发皿,口径为80cm的带套盆的蒸发器,口径为60cm埋在地表下的带套盆的E-601蒸发器(图1-18)。后者观测条件比较接近水体,代表性和稳定性都较好。但这三者都属于小型蒸发器皿,与天然水体水面上的蒸发量仍有显著差别,都应乘折减系数。

土壤蒸发要比水面蒸发复杂,除了气象因素影响外,还与土壤性质和含水率有关。土壤蒸发过程可分为三个阶段。当土壤湿润时,水分从土壤表面蒸发后,能得到下层的充分供应。此时蒸发速度稳定,其蒸发量为土壤蒸发能力。当土壤的含水率随蒸发降到田间含水率以下时,土壤中毛管水的供应逐渐减少,蒸发速度也随之减小。当土壤含水率减少到毛管断裂含水率以下时,下层土壤中的水分不能再通过毛细管向上输送,只能由水汽扩散形式向上移动,蒸发速度很慢。

土壤中的水分经植物吸收后,由叶面散发到大气,称为植物散发。植物散发不单纯是物理过程,还包括了植物的生理过程。植物散发量随植物的种类和季节而不同。

流域的总蒸发量包括上述三种蒸发量之和。但由于土壤蒸发和植物散发的直接观测较困难,因此流域总蒸发量往往通过间接的方法来计算。常用流域水量平衡方程来推求。

第四节 下 渗

下渗是水从土壤表面进入土壤内部的运动过程。下渗是径流形成过程中的一项重要因素,它不但直接影响地面径流的大小,也影响土壤含水率和地下径流。了解下渗的规律,对径流分析与计算是很有必要的。

一、下渗的物理过程

降落在地面上的雨水,受到分子力、毛管力和重力的作用,不断向下运动进入土壤。下渗过程按水分所受作用力及运动特征,可分为三个阶段。

（1）渗润阶段

下渗水分主要在分子力的作用下,被土壤颗粒吸附而成为薄膜水。在土壤干燥时,这一阶段非常明显,但当土壤含水率随下渗增大后,这一阶段逐渐消失。

（2）渗漏阶段

下渗水分主要在毛管力、重力的作用下,在土壤空隙中向下作不稳定流动,并逐步充填土壤空隙,直到全部空隙为水充满而饱和。通常也将以上两个阶段统称为渗漏阶段。

（3）渗透阶段

当土壤空隙被水充满而饱和时,水分在重力作用下呈稳定流动。

渗漏阶段属于非饱和水流运动,而渗透阶段则属于饱和水流运动。在实际下渗过程中,两个阶段并无明显界限,有时是相互交错的。

在降雨供水充分的条件下,土层的最上部有一薄的饱和带,其土壤含水率处于饱和状态。饱和带以下土壤含水率随深度迅速减小,形成一个过渡带。而后土壤含水率基本保持在饱和含水率和田间含水率之间,其垂向变化很小,称为水分传递带。此带内水分传递主要靠重力作用。传递带以下为湿润带,含水率迅速减小,其末端为湿润锋,是与下层干土的界面。下渗过程中土壤水分的分布如图1-19所示。

在降雨停止后,土壤表面的下渗现象消失,但土壤中的水分并未停止运动,会产生水分再分布,使土壤含水率逐渐均化,如图1-20所示。土壤水分再分布对后期降雨的下渗过程和降雨停止后的土壤干燥过程有明显的影响。在机场土飞行地带,为了使土壤在雨后尽快干燥,应通过各种措施减少水分下渗,创造有利于水分再分布和蒸发的条件,恢复土壤承载能力。

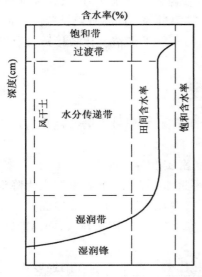

图1-19　下渗过程中土壤水分的垂向分布

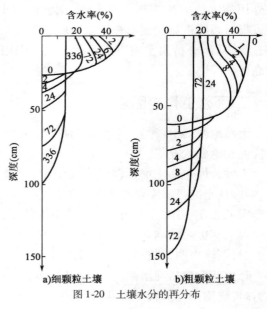

a)细颗粒土壤　　b)粗颗粒土壤

图1-20　土壤水分的再分布

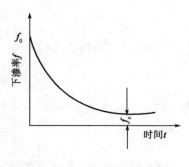

图1-21　下渗曲线示意图

下渗量的大小可用下渗总量 $F(mm)$、下渗率 $f(mm/h)$ 来表示。下渗总量是指从降雨开始到某一指定时刻下渗的总水量,而下渗率是指单位时间内的下渗量。在供水充分条件下,土壤的下渗率称为下渗能力。在下渗的初始阶段,土壤表面比较干燥,下渗率较大。随着下渗水量的增加,下渗率逐渐减小,并趋于稳定值,此值称为稳定下渗率。这种变化过程可用下渗曲线来表示,如图1-21所示。

下渗曲线也可用数学公式表示。这些公式有些是经验型的,有些是在简化条件下经理论推导所得。常见的有霍顿(Horton)公式、菲利普(Philip)公式、格林—安普特(Green-Ampt)公式等。如霍顿公式为:

$$f = f_c + (f_0 - f_c)e^{-kt} \tag{1-11}$$

式中:f——t 时刻的下渗率;

f_0——初始下渗率;

f_c——稳定下渗率;

e——自然对数的底;

k——递减指数。

式(1-11)为经验公式,式中的参数可用下渗试验得到。最简单的实验方法是同心环注水试验。在地面打入两个同心铁环,向环中注水,在环内的水深维持不变的情况下,根据加水量的记录,推算出不同时刻的下渗率。试验时内环用来测量下渗率,外环用来防止旁渗而影响试验精度。由于同心环试验时土面有一水层,与实际降雨时有一定差别,加上旁渗的影响,往往得到的数值偏大。因此可用人工降雨试验来测定下渗率。人工降雨是在室内或室外用喷水的方法模拟天然降雨,雨滴的大小和速度尽量与天然降雨接近,雨强及其变化过程可根据需要进行控制。在下渗试验中常用均匀雨强。降雨过程中同时观测试验区的地表径流过程,从而分析出土壤下渗过程。人工降雨下渗试验与天然下渗情况比较接近,因此精度较高。

二、下渗的影响因素

天然地面的下渗是一个复杂的过程,受到许多因素的影响,主要有土壤特性和含水率、降雨特性和地面状况等。

土壤特性包括土壤颗粒组成及结构、土壤分层情况、密实度等。如黏性土的下渗率比较小,而砂性土的下渗率会高得多。如果地面附近有相对不透水层存在,下渗率将大为降低;比较密实的土壤,如机场的土跑道、城市中的土路面等,下渗率比农田等疏松的地面要小得多。土壤含水率也是影响下渗率的一个重要因素。当雨前土壤干燥时,下渗率较大,而雨前含水率较大时,下渗率明显减小,如图1-22所示。

降雨特性包括降雨强度、历时及分布。降雨强度直接影响下渗量。当降雨强度小于下渗能力时,降雨全部渗入土壤;降雨强度大于下渗能力,则产生地面径流。由于下渗率受到地面积水深度的影响,当雨强增大时下渗率也随之增大。这种规律在有草皮覆盖的情况下更为明显。对裸土地面,由于雨强增大,雨滴也相应增大,雨滴激溅地面使部分土壤空隙堵塞而减少下渗量。此外,降雨历时和分布情况对下渗也有一定影响。

地面状况包括地形、植被等。地面坡度增大,使地面积水的深度和时间都减小,因此下渗量减小。而植被一方面减小了地面径流的速度,增加了积水的深度和时间,另一方面植物枯枝落叶的腐烂和根系的作用使土壤更易透水,因此有植被的地面比裸土地面的下渗量要大。

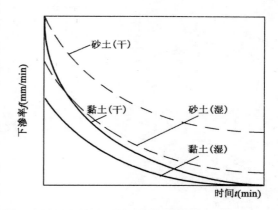

图 1-22　土壤特性和含水率对下渗的影响

第五节　径　　流

径流是指降落到流域表面上的降水,在重力作用下,由地面与地下流入河川,流出流域出口断面的水流。径流是水文学研究的主要对象,本节介绍一些径流的基本知识,详细的分析计算将在以后的章节中介绍。

一、径流形成过程

径流的水源是大气降水,降水形式的不同,径流形成过程也不一样,因此可分为降雨径流和融雪径流。我国大部分河流以降雨径流为主,融雪径流只在局部地区发生,因此本节只介绍降雨径流的形成过程。

根据径流途径的不同,又可分为地面径流和地下径流。地面径流是指经由地面汇入河川的径流,而地下径流是指以地下水形式补给河川的径流。地面径流是河道洪水的主要来源,因此重点介绍地面径流的形成过程。

地面径流的形成可分为以下 4 个过程:

1. 降雨过程

降雨是形成地面径流的直接原因,所以降雨量的大小、降雨强度、降雨的时空分布直接决定着径流量的大小和径流的变化过程。

2. 流域蓄渗过程

降雨开始时,除直接降落河中形成径流的少量雨水外,一部分被流域上的植物拦截,称为植物截留;其余落到地表,被土壤吸收而渗到地下;当降雨强度大于土壤下渗能力时,地面开始积水。一部分雨水填充到地表的坑洼中,称为填洼。填洼水最终将消耗于下渗与蒸发。这一过程称为流域蓄渗过程,如图 1-23 所示。植物截留、下渗、填洼和蒸发称为降雨损失。

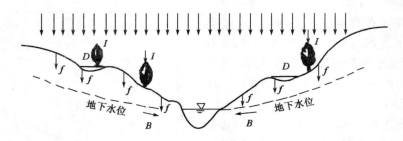

图 1-23　流域蓄渗过程示意图

3. 坡面漫流过程

当流域蓄渗过程基本完成后,就有雨水沿着坡面流动,称为坡面漫流。坡面漫流的开始时间在流域内各处并不一致,它首先在流域内透水性差、洼蓄等损失小的地方开始。然后随着降雨强度的增大和满足蓄渗量的范围扩大,坡面漫流的范围也逐渐扩大。坡面漫流呈片流或细沟流,通常没有明显和固定的槽形。坡面漫流的流程一般较短,往往不出数百米,其漫流历时也较短。在漫流过程中,坡面上水流一面消耗于下渗与蒸发,一面又得到降雨的补充。漫流常沿着坡面最大坡度的方向进行。在漫流途径中,漫流速度随着水深、坡度以及地面粗糙系数而变。降雨停止后,要经过一段"最大坡面漫流时间"才会停止。坡面漫流有时又称为坡面汇流。

4. 河槽集流过程

地面上的雨水经过坡面漫流进入河槽,并沿着河槽向下流动,沿途汇集各支流的来水,最后到达出口断面的过程,称为河槽集流过程,如图 1-24 所示。河槽集流的长度和历时比坡面

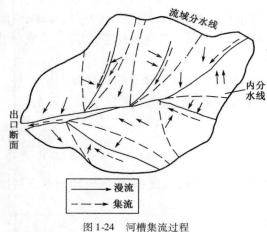

图 1-24　河槽集流过程

漫流大得多,水深和流速也比坡面漫流大。集流过程中,水流在河槽内以洪水波的形式向下传播。集流过程开始后,大量坡面漫流汇入河槽,使河中水位很快上升,流域出口断面处的流量也随之增大,这一阶段称为涨水阶段。涨水阶段中,坡面漫流汇入河槽的水量大于出口断面的出水量,使河槽中的水位不断上升,因而在河槽中容蓄了一部分水量;当坡面漫流减小或停止后,这部分水量逐渐流出出口断面,河中水位也随之下降,这一阶段称为退水阶段。在集流过程中河槽的这种临时蓄水现象称为河槽调蓄。

上述径流的形成过程也可合成两个过程,即产流过程和汇流过程。产流过程包括降雨和流域蓄渗过程,汇流过程包括坡面漫流和河槽集流过程。事实上,前面这些过程并无截然的分界,在流域各处产生的径流,在向出口断面汇集的过程中,降雨、下渗、蒸发等现象会同时发生。

在地面径流发生的同时,渗入到地下的雨水,除补充土壤含水率外,其余逐步向下层渗

透。如能达到地下水面,并经由各种途径渗入河流,则成为地下径流。由于地下径流的流动缓慢,流量一般比较小,但较稳定,是枯水期的主要成分,对洪水影响较小。如在下渗过程中,由于下层土壤的下渗能力低于表层,表层土壤的含水率首先达到饱和,后续渗入的雨水往往沿该饱和层的坡度在土壤空隙间流动,注入河槽形成径流,称为表层流或壤中流。壤中流的汇流速度小于坡面漫流,但比地下径流大得多,在实际水文分析工作中,往往将它并入地面径流。

二、径流的影响因素

在径流的形成过程中,许多因素对产流和汇流都有影响。这些因素可分为气象因素和流域下垫面因素两类。此外,人类活动对径流也有影响。

1. 气象因素的影响

如前所述,气象因素包括降水、蒸发、温度、湿度等。对径流影响最大的是降水,尤其是降雨,其次是蒸发。温度、湿度等通过影响降水和蒸发间接影响径流。但温度对融雪径流有直接影响。

降雨除了总量、强度和时程分配对径流有显著影响外,降雨的空间分布及移动情况对径流也有影响。当暴雨中心分布在流域上游,或从下游向上游移动时,洪峰流量较小,洪峰出现时间偏后;相反,当暴雨中心分布在流域下游或从上游向下游移动时,洪峰流量较大,峰现时间较早。

2. 流域下垫面因素的影响

流域下垫面因素包括流域面积、形状、地形、植被、土壤地质条件、湖泊、沼泽情况等。这些因素直接影响流域的产流和汇流过程。如土壤地质条件,会影响地面雨水的入渗和地下水流的情况;地形不但影响坡面和河槽汇流的速度,也影响洼蓄量的大小;植被既影响植物截留量,还影响下渗、蒸发及坡面汇流的速度。同时,流域下垫面条件还对降水、蒸发等气象因素有一定影响。

3. 人类活动的影响

人类不断地改造自然,使得流域的下垫面发生很大变化,从而对径流产生很大影响。其中对径流影响最大的是水利化措施和城市化。

(1)水利化措施的影响

水利化措施包括治坡、治沟及田间措施和各种蓄水工程,如坡地改梯田、植树造林、修建水库、塘堰、农田灌溉等。这些措施对径流的影响是多方面的。如植树造林、坡地改梯田、水平沟等措施增加了地表径流的汇集时间,也增大了截留、洼蓄及入渗的水量,使径流量减少,洪峰流量变小。水库、塘堰等蓄水工程既能减少径流总量,增大蒸发,也可调节洪峰流量。特别是大型水库,对径流的调节作用很大。但这些措施有时也起到相反的作用。如在洪水时期间,水库、塘堰等工程被冲毁,不但起不了蓄水作用,反而会加大洪水灾害。因此,在分析水利化措施对径流的影响时,应充分估计这种不利的因素,以便正确地预估措施后的地面径流情势。

(2)城市化的影响

城市是人口和建筑物大量集中的地方,也是人类对自然改造最大的地方。城市化使城区的面积不断扩大,大量房屋和道路代替了原来的天然地面,使地表特性发生了根本变化。下渗

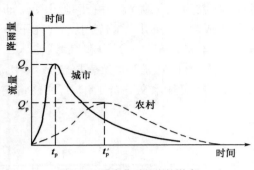

图 1-25　城市化对径流的影响

和地面滞蓄水量大大减少,因而使地表径流明显增大,地下径流和蒸发减少。另一方面,由于城市中修建了完善的人工排水系统,对原有的河沟、水体进行整治、改造,使得径流的速度加快,汇流时间缩短,流域调蓄能力减弱。因此使洪峰加大,峰现时间提前,如图 1-25 所示。

城市化的这种影响使得城市及下游地区的洪水危害加剧。此外,城市的大量生活污水和工业污水排放到城市附近的水体,造成水质污染。城市还会使周围的气候条件发生一定的变化,如市区的温度比周围的郊区高一些。这种现象称为城市"热岛"效应。城市的降水也比周围略大一些,因此对径流产生影响。

机场内部由于修建了不少人工道面和排水沟渠,对径流的影响与城市化相似,只不过影响的范围小一些。

三、径流量的表示方法

径流量可用以下径流特征值来表示:

1. 流量 Q

流量是指单位时间内通过某一断面的水量,常用单位是 m^3/s。通过某一断面的流量变化过程可用流量过程线表示,如图 1-26 所示。图中的流量为瞬时流量。此外还有各种时段的平均流量,如日平均流量、月平均流量、年平均流量等。

2. 径流总量 W

径流总量是指在一定时段 T 内通过某一断面的总水量,单位为 m^3 或亿 m^3。当已知 T 时段内的平均流量 $\overline{Q}$ 时,可用下式计算 W:

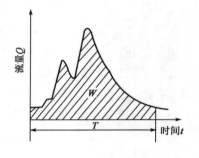

图 1-26　流量过程线

$$W = \overline{Q}T \tag{1-12}$$

3. 径流深度 R

径流深度是指将时段内的径流总量平铺在整个流域面积上所得的水层深度,单位为 mm。如径流总量 W 的单位用 m^3,流域面积 F 的单位用 km^2,则有:

$$R = \frac{W}{1\,000F} \tag{1-13}$$

4. 径流模数 M

径流模数是指流域出口断面的流量与流域面积的比值,单位为 $L/(s \cdot km^2)$。

$$M = \frac{1\,000Q}{F} \tag{1-14}$$

随着 Q 所表示的意义不同,径流模数的意义也不同。如 Q 表示洪峰流量,M 表示洪峰流量模数;当 Q 表示多年平均流量时,M 表示多年平均流量模数。

5. 径流系数 Ψ

径流系数是指某段时间内的径流深度 R 与形成该径流深度的相应降雨深度 P 之比,即:

$$\Psi = \frac{R}{P} \tag{1-15}$$

径流系数是一无量纲数,其值小于 1.0。由于所取时段不同,径流系数的含义也有差别。如本章第一节中提到的 $\overline{R}/\overline{P}$,表示多年平均径流系数。此外,还有次降雨的径流系数、洪峰径流系数等。

上述各种径流特征值之间存在一定的关系,在一定条件下可以进行转换。

【例1-1】 已知某水文站多年平均流量 $\overline{Q} = 2.3\,\mathrm{m^3/s}$,流域面积 $F = 180\,\mathrm{km^2}$;流域多年平均降水量 $\overline{P} = 846\,\mathrm{mm}$。试求各径流特征值,并根据水量平衡原理求多年平均蒸发量。

【解】 (1)求多年平均径流量 W

$$W = \overline{Q}T = 2.3 \times 365 \times 24 \times 3\,600 = 7.25 \times 10^7\,(\mathrm{m^3})$$

(2)求多年平均径流模数 M

$$M = \frac{10^3 \times \overline{Q}}{F} = \frac{1\,000 \times 2.3}{180} = 12.78\,[\mathrm{L/(s \cdot km^2)}]$$

(3)求多年平均径流深 $\overline{R}$

$$\overline{R} = \frac{W}{1\,000F} = \frac{7.25 \times 10^7}{1\,000 \times 180} = 402.8\,(\mathrm{mm})$$

(4)求多年平均径流系数 Ψ

$$\Psi = \frac{\overline{R}}{\overline{P}} = \frac{402.8}{846} = 0.476$$

(5)求多年平均蒸发量 $\overline{E}$

$$\overline{E} = \overline{P} - \overline{R} = 846 - 402.8 = 443.2\,(\mathrm{mm})$$

四、径流观测与整编

径流观测资料是水文分析和计算的基本依据。这些资料需要由水文站经过长期的观测和整编才能得到。

水文站是国家根据统一规划布设在河道上的观测站。按规范要求在固定断面上观测各种水文现象,并把测得的原始资料经过分析计算,整编成系统的水文资料。这些资料一般刊发在《水文年鉴》上,近年来还建立了水文资料数据库,需要时可到有关部门查阅或检索。水文站一般观测水位、流量、泥沙、降水、蒸发等要素,并进行一定的水文调查工作。为了更好地了解和应用水文站的观测资料,下面简要介绍水位、流量观测和整编的基本知识。

1. 水位观测

河流、水库等的水面高程称为水位,单位为 m。水位应采用规定的某一基准面作为计算依据,目前国家统一采用黄海海平面为高程的基准面。

观测水位的常用设备有水尺和自记水位计两类。水尺可分为直立式、倾斜式、矮桩式等。观测时,水面在水尺上的读数加上水尺零点的高程即为水位。水尺是定时观测的,一般每天观测 1~2 次,汛期和洪水期间可根据需要增加次数。除了基本水尺外,在水文站中还设立比降

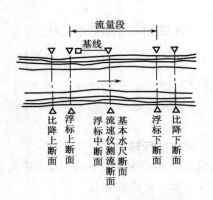

图 1-27　水文站断面、基线布设示意图

水尺,以计算水面坡度。基本水尺和比降水尺的设置断面如图 1-27 所示。

为了记录水位的连续变化过程,可用自记水位计观测水位。自记水位计的种类很多,国内使用较多的是 SW40 机械型自记水位计。它主要由感应水位的浮筒通过机械装置带动记录笔的移动反映水位的变化,同时时钟带动记录筒转动,记录笔便将水位的变化过程画在记录纸上。此外,有的水位计能将水位信息通过电信号传到室内,并显示在记录器上,使水位观测趋于自动化和远传化。

水位资料的整理包括日平均水位、月平均水位及年平均水位的计算。

2. 流速观测

流速资料是流量计算的依据。天然河流过水断面内的流速分布,一般是从河岸向河心逐渐增大,由河底向水面逐渐增大,断面内各点的流速都不相同。最大流速一般出现在最大水深的水面附近。流速观测就是测定各点的实际流速,用以计算断面平均流速和流量。流速观测常用的方法有流速仪法和浮标法。

流速仪是测定水流中任意点的流速的仪器。常用的有旋杯式和旋桨式两类,如图 1-28 所示。旋杯或旋桨受水流的冲动发生旋转,流速越大,旋转越快。根据出厂时率定好的流速与每秒转数的关系,只要测出测流时间内每秒钟的平均转数,就可推算出测点的流速。用流速仪测流时,首先要在测流断面上布设适当数量的垂线,称为测速垂线,并测得各条垂线的水深和起点距。起点距是指垂线与断面起点桩的距离,中小河流可在河上架设的断面索上读出起点距,大河可用经纬仪交会法测出。水深可用测深杆或测深锤测量。垂线的数量应根据实际情况,按水文测验规范的要求确定。在每条垂线上再布设适当数量的测点。常用的有一点、两点、三点和五点法。测定的具体位置及垂线平均流速的计算方法按规范确定。

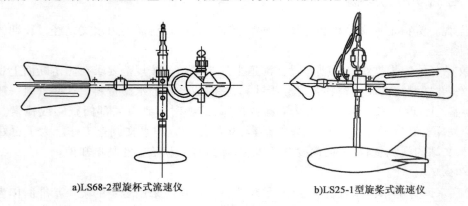

a)LS68-2型旋杯式流速仪　　　　　　b)LS25-1型旋桨式流速仪

图 1-28　流速仪示意图

当使用流速仪测流有困难时,常采用浮标法测流。浮标由木板等材料制成,当浮标投放到水面时随水流漂浮前进。浮标漂流速度与水流速度有密切关系,故可求得水流速度和流量。浮标投放断面和观测断面如图 1-27 所示。观测时,记录浮标通过两个观测断面的时间,根据

两断面间的距离,即可得平均速度。同时还要用经纬仪观测浮标通过测流断面时的起点距。

3. 流量计算

用流速仪测流速时,首先由各垂线的测点流速推算垂线平均流速 v_{mi},再计算两条垂线间的过水断面面积 A_i(部分面积)及相应的平均流速 v_i,两者相乘即为部分流量,部分流量相加得全部流量(图1-29)。

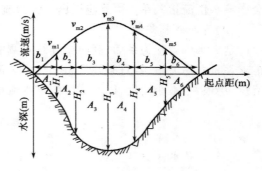

图1-29 部分流速与部分面积示意图

$$Q = \sum_{i=1}^{n} A_i v_i$$

用浮标测流速时,流量计算的方法与用流速仪测流时相似,只是用浮标流速代替垂线平均流速来计算流量。这样得出的流量称为"虚流量",实际流量应乘以一个浮标系数 K。K 值可根据流速仪和浮标同时观测的资料来确定。浮标测流法虽简单,但精度比流速仪法低,使用浮标测流资料时应注意检查。

4. 流量资料整编

水文站测得的原始资料,都要经过整编,按科学的方法和统一的格式整理、分析、统计、提炼成为系统的整编成果,供水利及其他部门使用。由于流量观测比较费时,难于直接由流量资料得出流量变化过程,而水位变化过程较易得到。因此在整编时先要建立水位流量关系,以便把水位过程转化为流量过程。

(1)水位流量关系

在河床稳定,控制良好的情况下,水位流量关系稳定,成单一曲线,如图1-30a)所示。此时只要把实测的水位流量关系点绘在方格纸上,绘出一条与点据配合良好的水位流量关系曲线。同时还可绘出水位与流速、断面面积的关系曲线。由于高水位出现机会较少,且观测困难,往往需要将水位流量关系外延。外延时应根据具体情况采用直接外延,或者先对水位流速关系进行外延,再根据水位与断面面积的关系,间接外延水位流量关系。高水延长的成果对洪水流量过程和洪峰有重大影响。外延不当,会引起较大误差,因此应慎重,外延不宜过多。

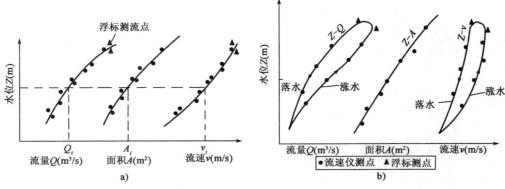

图1-30 水位流量关系

实际上,许多水文站的水位流量关系不成单一曲线,往往成绳套型,如图1-30b)所示。在同一水位下,断面流量有较大差别。引起水位流量关系不稳定的原因很多,如断面的冲淤变化使断面面积改变,涨、落水时水面坡降的差异,河道中水草生长情况变化引起糙率的改变等,都会影响水位流量关系。因此应根据具体情况作适当处理。

（2）流量资料整编

定出水位流量关系后,就可把连续观测的水位资料转换成连续的流量资料,在此基础上来推求逐日平均流量、各月平均流量和年平均流量。在水文年鉴上,还需列出各月的最大、最小流量,年最大、最小流量,以及详细的洪水流量过程等资料,供有关部门使用。

复习思考题

1. 什么是水分循环?在水分循环中水量应满足什么关系?

2. 试述闭合流域水量平衡方程式及其多年平均情况的意义。

3. 河流的纵、横断面如何绘制?如何计算河流的纵比降?

4. 什么是流域及流域的分水线?如何量取流域面积?

5. 流域有哪几种特征?各特征包含哪些内容?

6. 降水有哪些要素?如何观测降水量?

7. 流域平均降水量如何计算?

8. 什么是蒸发?蒸发量如何观测?

9. 下渗有什么规律?影响下渗的因素有哪些?

10. 地面径流的形成有哪些过程?各有什么特点?

11. 径流的影响因素有哪些?

12. 某河某水文站控制流域面积 $642km^2$,多年平均流量为 $10m^3/s$,多年平均降水量为 779.4mm。试求其年径流总量、径流模数、径流深度和径流系数,并计算多年平均蒸发量。

13. 简述如何用流速仪测量流速并计算流量。

第二章　水文统计原理与方法

第一节　概　　述

一、水文现象的特点

水文现象和其他自然现象一样,具有必然性和偶然性两个方面,或者称为确定性和随机性。

1. 水文现象的确定性

任何现象的产生都有其客观的原因。水文现象也一样,河流中水位的涨落、流量的变化,都是由于气象因素和流域下垫面因素综合作用的结果。由于降雨、气温等气象因素受地球公转的影响表现出年周期性,河流中的水文现象也呈现出明显的年周期规律,每年都有洪水期和枯水期的交替。在有融雪补给的河流中,受每天气温交替变化的影响,河中的流量也呈现出日周期规律。流域内出现一次大的暴雨过程,河流中必然会出现一次洪水过程。如果暴雨强度大、历时长、笼罩面积广,产生的洪水就大。此外,由于气象因素和流域的自然地理条件存在一定的地区分布规律,使水文现象也存在地区相似性。

2. 水文现象的随机性

由于水文现象的影响因素相当复杂,人们目前还不能完全认识和掌握它们的变化规律。因此,常把它们看作随机现象。例如,河流某断面每年最大洪峰流量、最小流量出现的时间、数值等,都带有很大的随机性。河流中的水文现象虽然具有年周期性,但每年的过程都不一样,具有不重复性。

二、水文现象的分析方法

根据水文现象的上述特性,水文现象的分析方法可分为三类。

1. 成因分析法

根据水文现象的确定性规律,从物理成因途径研究水文现象与其影响因素之间的定量关系。这样,就可以根据当前影响因素的状况,预测未来的水文现象。水文预报正是采用这种方法来预测未来短期内的水文情势。例如,根据流域的降雨径流规律和实测资料的分析,可建立流域的降雨径流关系,从而根据降雨情况预报径流情况;或者根据河道中洪水传播的特性,建立河流上下游水文站之间的流量关系,以便根据上游的流量来预报下游的流量。

2. 地理综合法

根据气候要素及其他地理要素的地区性规律,我们可以研究水文特征值的地区分布规律。这些规律通常用等值线图或地区经验公式表示,如年径流量等值线图、小流域洪峰流量的地区经验公式等。利用这些等值线图或地区经验公式,可以求出观测资料短缺地区的水文特征值。

3. 数理统计法

用成因分析方法来预报短期内水文现象是目前可以做到的。但在水利工程和机场防洪工程等的规划设计中,需要预估工程使用期间(几十年甚至几百年)的水文情势。这种长时期内的水文情势,影响因素极其复杂,偶然性因素起主要作用,无法用成因分析方法解决。根据水文现象的随机特性,运用数理统计方法,可以推求水文特征值的概率分布,从而作出工程使用期内水文特征值的概率预估。数理统计在水文上的应用称为水文统计,是目前水文计算的主要方法。本章介绍水文统计的基本原理和方法,具体应用将放在后续章节中介绍。

第二节 随机变量及其概率分布

一、概率与频率

概率论中,随机事件是指在一定条件下可能发生也可能不发生的事情。随机事件 A 在客观上可能出现的程度,称为概率或几率,记为 $P(A)$。而在一系列的重复试验中,事件 A 出现的次数(或称频数)f 与试验的总次数 n 之比,称为事件 A 出现的频率,记为 $W(A)$,即:

$$W(A) = \frac{f}{n} \tag{2-1}$$

频率是通过多次试验而得的一个具体数字,是一个经验值,而概率是一个理论上的数值。当试验次数 n 不大时,事件的频率具有明显的随机性。但当试验次数 n 越大时,频率就越接近于概率。因此,频率与概率的关系可表示为:

$$\lim_{n \to \infty} W(A) = P(A) \tag{2-2}$$

许多水文现象可看成是随机事件。如某条河流中洪水出现的时间和数值等都具有随机性。且其出现的概率无法从理论上推求,只能通过以前的观测资料来推求频率,以此估计概率。因此,水文统计中常把概率称为频率。

在水文计算中,水文特征值的实测过程相当于作重复的随机试验,所得的实测系列相当于随机取样。对实测资料进行统计,可得出某一水文特征值的频率,并作为概率的近似值。因此要求有足够多的实测资料,才能得到较好的结果。

二、随机变量

随机变量是指表示随机试验结果的一个数量。每次随机试验的结果,都可用一个数值 X 表示,X 随试验结果的不同而取得不同的数值。如水文现象中的流量、雨量等特征值都是随机变量,而且多为连续型随机变量,如河流的流量,在最大和最小值之间的任何值都可能出现。

三、随机变量的分布

随机变量与其出现概率的对应关系称为随机变量的概率分布。可用概率分布函数和概率密度函数表示。

其中概率分布函数:

$$F(x) = P(X \leqslant x) \tag{2-3}$$

即为小于等于某一数值 x 的概率。而分布密度函数为：

$$f(x) = F'(x) \tag{2-4}$$

即为 $F(x)$ 的一阶导数。

在水文中一般研究暴雨、洪水等问题，习惯采用大于某一数值的概率。因此将 $P(X \geqslant x)$ 称为随机变量 X 的分布函数，即 $F(x) = P(X \geqslant x)$。而概率密度函数不变，则 $f(x) = -F'(x)$，它们的几何曲线如图2-1所示。

通过密度函数也可以方便地求出随机变量的分布函数 $F(x)$，即：

$$F(x) = \int_x^\infty f(x)\mathrm{d}x \tag{2-5}$$

由于水文现象的理论分布并不知道，人们只能通过实际观测资料拟合出经验分布。

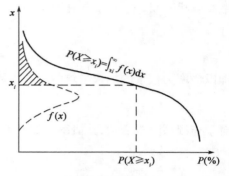

图 2-1　概率分布曲线与概率密度曲线

四、累积频率与重现期

由于水文观测资料有限，不可能得到真正的概率分布，而只是频率的分布。因此水文上习惯用频率表示，并将概率分布曲线称为频率曲线。

由于频率这个名词具有抽象的数学意义，为了通俗易懂，工程上常用重现期一词，记为 N，单位为年。所谓重现期，是指某一事件平均多少年可能出现一次，即平均多少年一遇。重现期越大，出现的机会越少。重现期与频率有对应的关系。当研究洪水、暴雨等水文现象时，重现期是指出现大于和等于某一特征值的平均间隔年数，因此它与累积频率互为倒数：

$$N = \frac{1}{P} \tag{2-6}$$

例如：$P = 5\%$，$N = 20$ 年，即 20 年一遇。

当研究枯水时，重现期是指出现小于某特征值的平均间隔年数。因此，它与频率的关系为：

$$N = \frac{1}{1 - P} \tag{2-7}$$

例如：对于最小流量，$P = 95\%$，$N = 20$ 年，即 20 年一遇。

应该指出，水文现象并无固定的周期，重现期只是在很长的年代中，某一水文事件平均的间隔年数。如百年一遇的洪水，只能说明这一洪水在很长的年限中平均一百年出现一次。并不意味着今后的一百年里必然出现一次，更不能说今后第一百年的洪水正好是这个值。实际上，这种洪水今后一百年中可能不出现，也可能出现几次。

五、随机变量的数字特征

随机变量的分布函数完整地描述了随机变量的概率分布规律。但在许多实际问题中，随机变量的分布不易确定。因此可以用一些随机变量的数字特征来描述分布函数的重要特性。例如，某水文测站的年最高水位各年不同，是个随机变量。我们可以用此测站的多年平均最高

35

水位及其围绕这个平均值的变化大小来反映测站的水位变化情况。

随机变量的数字特征主要有以下几个：

1. 均值

均值也称数学期望，是随机变量最基本的位置特性，它反映了随机变量的平均水平。对离散型随机变量，它的可能值为 $x_1, x_2, \cdots, x_n$，相应的概率为 $p_1, p_2, \cdots, p_n$，则均值 $\bar{x}$ 可用下式计算：

$$\bar{x} = \sum_{i=1}^{n} x_i p_i \tag{2-8}$$

即以概率为权重的加权平均值。若用数学期望 $E(X)$ 表示，则：

$$E(X) = \sum_{i=1}^{n} x_i p_i \tag{2-9}$$

对于连续型随机变量，其概率密度函数为 $f(x)$，则数学期望 $E(X)$ 为：

$$E(X) = \int_{-\infty}^{\infty} x f(x)\,\mathrm{d}x \tag{2-10}$$

$\bar{x}$[或 $E(X)$]在几何上为密度曲线与 x 轴所围成面积的重心位置。均值对频率密度曲线的影响如图 2-2 所示。

在表示随机变量位置的数字特征中，还有众值和中值。众值表示概率密度分布峰点所对应的数，即 $f(x)$ 取极大值时的 x，记为 $M_0(X)$。中值是把概率分布分为相等两部分的数，记为 $M_e(X)$。大于中值和小于中值的出现概率各为 50%。在连续型随机变量中，中值 $M_e(X)$ 把 $f(x)$ 与 x 轴围成的面积划分为两个相等的部分。

均值、中值和众值的关系如图 2-3 所示。水文统计中最常用的特征值为均值。

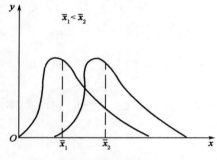

图 2-2　均值对频率密度曲线的影响

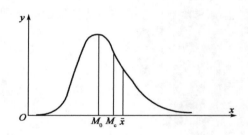

图 2-3　均值、众值和中值的关系

2. 均方差和离差系数

均值只表示了随机变量的平均情况，但不能表示随机变量分布的离散程度。表示随机变量离散特征的参数有均方差或离差系数。

随机变量 X 与它的数学期望 $E(X)$ 之间的平均距离可以反映随机变量的离散程度，但因 $[X - E(X)]$ 可正可负，其均值为 0，因此概率论中采用 $[X - E(X)]^2$ 的均值来表示随机变量的离散程度。即：

$$D(X) = E[X - E(X)]^2 \tag{2-11}$$

$D(X)$ 称为随机变量的方差。对离散型随机变量，可用下式计算方差：

$$D(X) = \sum_{i=1}^{n} [x_i - E(X)]^2 p_i \tag{2-12}$$

对连续型随机变量,则有:

$$D(X) = \int_{-\infty}^{\infty} [x - E(X)]^2 f(x) \mathrm{d}x \tag{2-13}$$

由于方差的因次与 X 的因次不同,为方便起见,常用方差的均方根 σ 来表示随机变量的离散程度,即:

$$\sigma = \sqrt{D(X)} \tag{2-14}$$

σ 称为均方差或标准差,因次与 X 相同。均方差大,说明随机变量的分布离散;均方差小,说明随机变量的分布集中在均值附近。

均方差虽然能说明随机变量的离散程度,但对两个均值不同的随机变量,有时无法用均方差比较它们的离散程度。如有甲、乙两条河流,甲河年最大流量的均值 $\bar{x}_1 = 1\,000\mathrm{m}^3/\mathrm{s}$,均方差 $\sigma_1 = 500\mathrm{m}^3/\mathrm{s}$,乙河年最大流量的均值 $\bar{x}_2 = 5\,000\mathrm{m}^3/\mathrm{s}$,均方差 $\sigma_2 = 1\,000\mathrm{m}^3/\mathrm{s}$,这时就难于用均方差来判断这两条河年最大流量的离散程度哪个大。因为尽管 $\sigma_2 > \sigma_1$,但 $\bar{x}_2 > \bar{x}_1$。所以应该用相对值来比较这两个分布的离散程度。我们把均方差与均值的比值 C_v 称为离差系数(或变差系数):

$$C_\mathrm{v} = \frac{\sigma}{x} \tag{2-15}$$

C_v 是一个无因次数,它可以很好地比较两个不同均值随机变量的离散程度。如上例中,甲河的离差系数 $C_{\mathrm{v}1} = 0.5$,而乙河 $C_{\mathrm{v}2} = 0.2$,这说明甲河的离散程度比乙河大。

离差系数 C_v 对频率密度曲线的影响如图 2-4 所示。

3. 偏差系数

均值反映了随机变量的平均水平,离差系数反映了随机变量的离散程度。但是随机变量在均值两边的分布是否对称,无法用上述两个参数表示。因此引入偏差系数 C_s 来说明随机变量分布的对称性。C_s 用离差 $[X - E(X)]$ 三次方的均值与均方差 σ 的三次方之比,即:

$$C_\mathrm{s} = \frac{E[X - E(X)]^3}{\sigma^3} \tag{2-16}$$

C_s 也称偏态系数,是一个无因次数,其值可正可负。当频率密度曲线在均值两边对称时,$C_\mathrm{s} = 0$,称为正态分布。若频率密度曲线不对称,则 $C_\mathrm{s} \neq 0$,称为偏态分布。其中 $C_\mathrm{s} < 0$ 时,称为负偏;$C_\mathrm{s} > 0$ 时,称为正偏。C_s 对频率密度曲线的影响如图 2-5 所示。水文特征值一般为偏态分布,且多为正偏。

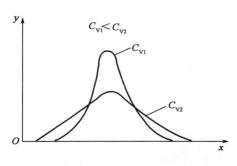

图 2-4　C_v 对频率密度曲线的影响

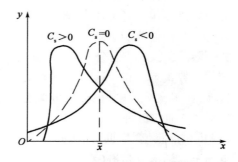

图 2-5　C_s 对频率密度曲线的影响

六、水文频率分析中常用的一些分布

前面介绍了随机变量的概率分布函数和概率密度函数的概念,现就水文统计中常用的一些分布作详细的介绍。

1. 正态分布

正态分布是概率统计中应用最多的一种分布。其概率密度函数为:

$$f(x) = \frac{1}{\sigma\sqrt{2\pi}}\exp\left[-\frac{(x-\bar{x})^2}{2\sigma^2}\right] \qquad (-\infty < x < +\infty) \qquad (2\text{-}17)$$

式中:$\bar{x}$、σ——分别为均值和均方差。

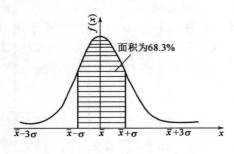

图 2-6　正态分布密度曲线

正态分布的密度曲线如图 2-6 所示。它为单峰,在均值两边对称,$C_s = 0$。均值与众值、中值相同。

正态分布只有两个参数,即 $\bar{x}$ 和 σ。一旦已知这两个参数,分布就可完全确定了。另外,正态分布下随机变量落在区间 $(\bar{x}-\sigma, \bar{x}+\sigma)$ 的概率为 0.683,即 68.3%,落在区间 $(\bar{x}-3\sigma, \bar{x}+3\sigma)$ 的概率为 99.7%,即落在此区间以外的可能性很小。

正态分布的左右端都趋于无穷,且为对称分布。而水文现象的左端有限,如流量、雨量等不可能为负值,因此正态分布与水文现象的特性不符。水文统计中一般不直接用它作为分布函数,而通过对数变换后再应用,即采用对数正态分布。

令 $Z = \ln X$,设 Z 服从正态分布,则密度函数为:

$$f(z) = \frac{1}{\sigma_z\sqrt{2\pi}}\exp\left[-\frac{(z-\bar{z})^2}{2\sigma_z^2}\right] \qquad (-\infty < z < +\infty) \qquad (2\text{-}18)$$

其中 $\bar{z}$、σ_z 是 Z 的均值和均方差。根据概率论中关于随机变量的函数的分布,可知:

$$f(x) = f(z)\left|\frac{dz}{dx}\right|, \frac{dz}{dx} = \frac{1}{x}, x > 0, 故:$$

$$f(x) = \frac{1}{x\sigma_z\sqrt{2\pi}}\exp\left[-\frac{(\ln x - \bar{z})^2}{2\sigma_z^2}\right] \qquad (x > 0) \qquad (2\text{-}19)$$

由于 X 的对数服从正态分布,故 X 的下限为 0,这就避免了正态分布左端为 $-\infty$ 的情况,与水文现象比较相符。上述方程中只有均值和均方差两个参数,因此称为两参数对数正态分布。有时水文特征值的下限并非为 0,因此在对数变换时,可令 $Z = \ln(X-b)$,其中 b 为水文特征值的下限。Z 服从正态分布,其 X 的密度函数与式(2-19)类似,只增加一个参数 b,因此称为三参数对数正态分布。这两种对数正态分布在国外应用较多,而我国不常用。

另外,在水文统计中,正态分布常用于参数的误差分析。

2. 皮尔逊Ⅲ型分布

(1)皮尔逊Ⅲ型(P-Ⅲ)曲线简介

英国统计学家皮尔逊(K. Pearson)从大量的统计资料中发现,许多经过整理的资料,其概率密度曲线都有类似的特点,即曲线呈铃形,有一个峰值,在峰值两侧概率密度逐渐减小,曲线

的两端以横轴为渐近线或相切,如图 2-7 所示。因此皮尔逊于 1895 年提出建立这种铃形曲线方程的两个条件:①在曲线的峰值(即众值)处,其导数为零。若取坐标原点在均值 $\bar{x}$ 的位置,并令均值与众值的距离为 d,则当 $x = -d$ 时,$dy/dx = 0$;②在曲线两端与横轴相切或渐近,其导数也为零,即当 $y = 0$ 时,$dy/dx = 0$。根据这两个条件,可以得到概率密度曲线的微分方程:

$$\frac{dy}{dx} = \frac{(x+d)y}{b_0 + b_1 x + b_2 x^2} \tag{2-20}$$

式中：　x——随机变量(横坐标);

　　　　y——概率密度(纵坐标);

b_0、b_1、b_2——参数。

根据方程式 $b_0 + b_1 x + b_2 x^2 = 0$ 的根性质不同,积分后可得 13 种类型的皮尔逊曲线。其中当 $b_2 = 0$ 时,则得皮尔逊Ⅲ型(P-Ⅲ)曲线。皮尔逊Ⅲ型曲线的微分方程为:

$$\frac{dy}{dx} = \frac{(x+d)y}{b_0 + b_1 x} \tag{2-21}$$

求解上述微分方程,并将坐标原点移到水文特征值的实际零点(图 2-8),则得到皮尔逊Ⅲ型密度曲线的方程为:

$$y = \frac{\beta^{\alpha}}{\Gamma(\alpha)} (x - a_0)^{\alpha-1} e^{-\beta(x-a_0)} \tag{2-22}$$

式中:a_0——曲线左端起点与水文特征值零点的距离;

　　α、β——参数;

　　$\Gamma(\alpha)$——Γ 函数,是一种特殊函数,其函数值可查专门的数学用表。

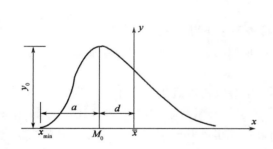

图 2-7　皮尔逊Ⅲ型密度曲线　　　　　　　图 2-8　皮尔逊Ⅲ型密度曲线

有了概率密度函数,分布函数也可获得:

$$F(x) = P(X \geqslant x) = \frac{\beta^{\alpha}}{\Gamma(\alpha)} \int_x^{\infty} (x - a_0)^{\alpha-1} e^{-\beta(x-a_0)} dx \tag{2-23}$$

式中的参数 a_0、α、β 决定了分布曲线的形状。这些参数与随机变量的数字特征有如下关系:

$$a_0 = \frac{\bar{x}(C_s - 2C_v)}{C_s} \tag{2-24}$$

$$\alpha = \frac{4}{C_s^2} \tag{2-25}$$

$$\beta = \frac{2}{\bar{x}C_s C_v} \tag{2-26}$$

可见，只要已知随机变量的 3 个数字特征 $\bar{x}$、C_v 和 C_s，就可完全确定皮尔逊Ⅲ型分布。

（2）皮尔逊Ⅲ型曲线的绘制

水文计算中需要绘制皮尔逊Ⅲ型分布曲线，以便求出指定的频率 P 的水文特征值 x_P。由于皮尔逊Ⅲ型曲线的方程比较复杂，直接由式（2-23）积分非常麻烦，因此经过简化制定出专门的计算表。

首先取标准化变量 $\varPhi$：

$$\varPhi = \frac{x - \bar{x}}{\sigma} = \frac{x - \bar{x}}{\bar{x}C_v} \tag{2-27}$$

$\varPhi$ 称为离均系数，它也是随机变量，其均值为 0，均方差为 1。由上式得：

$$x = \bar{x}(1 + \varPhi C_v) \tag{2-28}$$

在式（2-23）中经过以上变量代换，并把参数 a_0、α 和 β 用 $\bar{x}$、C_v 和 C_s 表示，则可简化成：

$$P(\varPhi \geqslant \varPhi_P) = \int_{\varPhi_P}^{\infty} f(\varPhi, C_s) \mathrm{d}\varPhi \tag{2-29}$$

其中，$f(\varPhi, C_s)$ 是只与 $\varPhi$ 和 C_s 有关的函数。只要给出 C_s，就可得到 $\varPhi_P$ 所对应的 P 值。$\varPhi_P$ 与 P 的对应关系已于 1924 年由福斯特制成了专用表，后经雷布京修订，并经我国水科院水文所补充，列于附表 3。应用时，可由 C_s 和 P 查得 $\varPhi_P$ 值，然后根据 $\bar{x}$ 和 C_v 用下式计算相应的水文特征值 x_P，即：

$$x_P = \bar{x}(1 + \varPhi_P C_v) = K_P \bar{x} \tag{2-30}$$

式中：K_P——模比系数，$K_P = x_P/\bar{x} = 1 + \varPhi_P C_v$。

当所给 C_s/C_v 为 2、2.5、3、3.5 和 4 时，可直接查附表 4 得到 K_P，并计算 x_P。把 P 与 x_P 的对应关系一一点绘在概率格纸上，就可绘出皮尔逊Ⅲ型的分布曲线。具体绘制过程在第四节中介绍。

水文上除了直接应用皮尔逊Ⅲ型分布外，还应用对数皮尔逊Ⅲ型分布。即先对 X 作对数变换，再令它服从皮尔逊Ⅲ型分布，其方法与对数正态分布相类似，这里不再详述。此外，水文上应用的分布还有极值Ⅰ型分布（或称耿贝尔分布），克里茨基—闵凯里分布等。对数皮尔逊Ⅲ型分布和极值Ⅰ型分布在英美等国应用较广；克里茨基—闵凯里分布在原苏联应用较多，我国北方一些地区也有应用。

第三节　统　计　参　数

前面介绍的几种分布函数中，都有一些参数，如皮尔逊Ⅲ型分布中的 $\bar{x}$、C_v 和 C_s。要具体确定概率分布函数，就必须估计出这些参数。本节将介绍这些参数的估计方法。

一、总体与样本

在数理统计中，把随机变量所取数值的全体称为总体。从总体中随机地抽取一部分系列，称为随机抽样，其抽取的系列称为样本。样本中的项数称为样本容量。同一总体可以抽取许多个样本。总体可以是有限的,也可以是无限的。水文现象的总体大多是无限的。例如某河历年最大洪峰流量系列,应包括该河过去和未来无限长的年代中所有的每年最大洪峰流量。

样本是总体的一部分,样本的特性虽然不能完全代替总体的特性,但当样本容量足够大时,在一定程度上能够反映总体的特性,因而可以借助样本的规律来推求总体的规律。显然,以样本的结果代替总体的结果是有误差的,这种误差称为抽样误差。抽样误差的大小,取决于样本是否充分,能否全面反映总体的情况,即取决于样本对总体的代表性。

由于水文现象的总体是无限的,目前所掌握的水文观测资料只是其中的一个样本。因此只能通过这个样本资料来估计总体的特性,从而预估今后的水文情势。水文统计的任务就是根据样本的分布情况选定一个概率分布函数的类型(如皮尔逊Ⅲ型),并由样本估计分布函数中的参数。

二、统计参数的估算

随机变量的总体有一些分布参数,即上节介绍的均值 $\bar{x}$、离差系数 C_v 和偏差系数 C_s。根据已知的样本,可以估计这些参数。参数估计的方法很多,最常用的是矩法,其计算公式如下:

1. 均值

设有一样本系列为 x_1、x_2、$\cdots$、x_n,共 n 项,则均值可用下式估计:

$$\bar{x} = \frac{x_1 + x_2 + \cdots + x_n}{n} = \frac{1}{n}\sum_{i=1}^{n} x_i \tag{2-31}$$

2. 离差系数

均方差可用下式估算:

$$\sigma = \sqrt{\frac{\sum_{i=1}^{n} (x_i - \bar{x})^2}{n}} \tag{2-32}$$

则离差系数为:

$$C_v = \frac{\sigma}{\bar{x}} = \sqrt{\frac{\sum_{i=1}^{n} \left(\frac{x_i}{\bar{x}} - 1\right)^2}{n}} = \sqrt{\frac{\sum_{i=1}^{n} (K_i - 1)^2}{n}} \tag{2-33}$$

式中:K_i——模比系数,$K_i = x_i/\bar{x}$。

3. 偏差系数

偏差系数可用下式估计:

$$C_s = \frac{\sum_{i=1}^{n} (x_i - \bar{x})^3}{n\sigma^3} = \frac{\sum_{i=1}^{n} (K_i - 1)^3}{nC_v^3} \tag{2-34}$$

除了矩法估计参数外,还有其他许多方法。水文上常用的有适线法、概率权重矩法、权函数法等。用样本估计总体的参数总是存在一定的误差。如何来评价估计方法的优劣,数理统计中有以下 3 条标准:

(1)一致性

即当样本容量 n 趋于无穷大时,估计量趋于总体的参数。上述参数计算的公式都能满足这一要求。

(2)无偏性

总体可以抽出许多样本,各个样本的估计量也是一个随机变量,它的数学期望应该等于总体的参数。可以证明,上述均值的估计公式是无偏的,但离差系数 C_v 和偏差系数 C_s 的公式且是有偏的。为了得到无偏估计,可乘以一个纠偏系数。因此,C_v 和 C_s 的公式改为:

$$C_v = \sqrt{\frac{\sum_{i=1}^{n}(K_i - 1)^2}{n - 1}} \tag{2-35}$$

$$C_s = \frac{n\sum_{i=1}^{n}(K_i - 1)^3}{(n-1)(n-2)C_v^3}$$

$$\approx \frac{\sum_{i=1}^{n}(K_i - 1)^3}{(n-3)C_v^3} \quad (\text{当} n \text{ 较大时}) \tag{2-36}$$

应该指出,上面两个公式虽然称为无偏公式,实际上仍然是有偏的。在水文计算中,由于矩法的估计误差较大,其计算结果只作为一种参考,还要经过适线调整(详见下节)。因此仍应用这些公式,对最终结果并无很大影响。

(3)有效性

任何估计都存在抽样误差,若一种估计的抽样误差比另一种估计的抽样误差小,则称这种估计比另一种估计有效。有效性问题比较复杂,这里不作详细讨论。

三、抽样误差

抽样误差是用样本的结果代替总体的结果引起的。由于水文计算中样本的容量一般不大,其统计参数往往存在较大的抽样误差。计算抽样误差的目的,是为了检验水文计算的结果,看是否超出了允许的误差范围,或作为安全值修正水文计算的结果。

前面已经指出,一个总体可以抽出许多随机样本,这些样本的均值 $\bar{x}$、均方差 σ、离差系数 C_v 和偏差系数 C_s 都是随机变量,也有一定的概率分布,我们称为抽样分布。抽样分布越分散表示抽样误差越大。对于某个特定的样本的参数(如均值 $\bar{x}$),它与总体均值 $\bar{x}_{总}$ 的离差($\bar{x} - \bar{x}_{总}$)便是该样本的抽样误差。由于总体的参数未知,我们无法得到某个样本的具体的抽样误差,只能根据抽样误差分布的规律,估计抽样误差的范围。一般用表示抽样分布离散程度的均方差 σ 作为估计误差的指标。σ 大,误差也大。为了区别起见,通常将抽样分布的均方差 σ 称为均方误,并以 $\sigma_{\bar{x}}$、σ_{σ}、σ_{C_v} 和 σ_{C_s} 分别表示 $\bar{x}$、σ、C_v 和 C_s 的均方误。

当总体为皮尔逊Ⅲ型分布(C_s 为 C_v 的任意倍数)时,样本参数的均方误 σ 和相对均方误 σ' 可按下列公式计算:

$$\sigma_{\bar{x}} = \frac{\sigma}{\sqrt{n}} \tag{2-37}$$

$$\sigma_{\sigma} = \frac{\sigma}{\sqrt{2n}}\sqrt{1 + \frac{3}{4}C_s^2} \tag{2-38}$$

$$\sigma_{C_v} = \frac{C_v}{\sqrt{2n}}\sqrt{1 + 2C_v^2 + \frac{3}{4}C_s^2 - 2C_vC_s} \tag{2-39}$$

$$\sigma_{C_s} = \sqrt{\frac{6}{n}(1 + \frac{3}{2}C_s^2 + \frac{5}{16}C_s^4)} \tag{2-40}$$

$$\sigma'_{\bar{x}} = \frac{\sigma_{\bar{x}}}{\bar{x}} \times 100\% = \frac{C_v}{\sqrt{n}} \times 100\% \tag{2-41}$$

$$\sigma'_{\sigma} = \frac{\sigma_{\sigma}}{\sigma} \times 100\% = \frac{1}{\sqrt{2n}} \sqrt{1 + \frac{3}{4}C_s^2} \times 100\% \tag{2-42}$$

$$\sigma'_{C_v} = \frac{\sigma_{C_v}}{C_v} \times 100\% = \frac{1}{\sqrt{2n}} \sqrt{1 + 2C_v^2 + \frac{3}{4}C_s^2 - 2C_vC_s} \times 100\% \tag{2-43}$$

$$\sigma'_{C_s} = \frac{\sigma_{C_s}}{C_s} \times 100\% = \frac{1}{C_s} \sqrt{\frac{6}{n}\left(1 + \frac{3}{2}C_s^2 + \frac{5}{16}C_s^4\right)} \times 100\% \tag{2-44}$$

由上述公式可知,均方误与系列项数 n 的平方根成反比,n 越大,误差越小。所以水文统计中对资料年限有一定要求,以减小抽样误差。

当 $C_s = 2C_v$ 时,按上列公式计算得统计参数 $\bar{x}$、C_v 和 C_s 的相对均方误,列于表 2-1。

统计参数的相对均方误(%)　　　　　　　　　　　　表 2-1

C_v \ 参数 \ n	$\bar{x}$				C_v				C_s			
	100	50	25	10	100	50	25	10	100	50	25	10
0.1	1	1	2	3	7	10	14	22	126	178	252	399
0.3	3	4	6	10	7	10	15	23	51	72	102	162
0.5	5	7	10	16	8	11	16	25	41	58	82	130
0.7	7	10	14	22	9	12	17	27	40	56	80	126
1.0	10	14	20	32	10	14	20	32	42	60	85	134

由表 2-1 可见,均值 $\bar{x}$ 和离差系数 C_v 的误差较小,而偏差系数 C_s 的误差很大,百年资料的误差还在 40% 以上,十年资料的误差高达 125% 以上。水文资料一般都不长,所以直接按公式计算其误差太大,不能满足实用上的要求。

由于统计参数存在抽样误差,按此算得某一频率 P 的水文特征值 x_P 也存在抽样误差。总体为皮尔逊Ⅲ型分布时,σ_{x_P} 可用下式计算:

$$\sigma_{x_P} = \frac{\sigma}{\sqrt{n}} B \tag{2-45}$$

式中:B——系数,与频率 P 和偏差系数有关,可由图 2-9 查得。

工程设计中,为保证安全,有时需根据具体情况在设计值 x_P 上加安全保证值 Δx_P:

$$\Delta x_P = \alpha \sigma_{x_P}$$

式中的系数 α 根据有关规范确定。

应当指出,上述均方误差公式,只是表示误差大小的可能范围。至于某个实际样本的误差,可能小于此值,也可能大于此值,不是单凭这些公式就能算得出来,而要看样本对总体的代表性好坏而定。代表性好,误差就小。为了减小误差,必须提高样本的代表性。样本代表性检查及提高代表性的方法将在以后介绍。

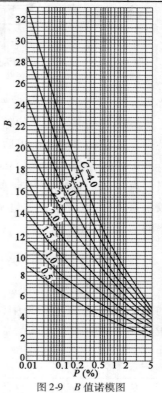

图 2-9　B 值诺模图

第四节　现行频率计算方法

一、经验频率曲线

将实测资料由大到小排成递减系列,这种排列中的次序不仅表示排列大小的先后,而且表示超过的累积次数(即等于和大于的次数)。依次计算各变量的累积频率,并以经验频率 P 为横坐标,变量 X 为纵坐标,点绘出经验频率点据。根据点据的分布趋势,目估徒手绘出一条与经验频率点据相适合的光滑曲线,称为经验频率曲线,如图 2-10 所示。

经验频率曲线绘在普通坐标纸上,由于实用意义较大的两端比较陡峭,应用起来不方便,因此一般绘在概率格纸上。概率格纸种类较多,其中以海森概率格纸应用最广。它的横坐标表示频率,采用中间密两侧稀的不均匀分格,纵坐标采用均匀分格或对数分格,如图 2-11 所示。这种概率格纸是使正态分布曲线成为直线来划分的,因此也称为正态概率格纸。水文资料多为偏态分布,在海森概率格纸上仍为曲线,但与普通格纸上的频率曲线相比,曲线两端要平缓得多,使用较为方便。

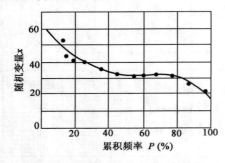

图 2-10　普通格纸上的经验频率曲线

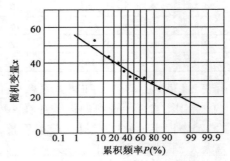

图 2-11　海森概率格纸上的经验频率曲线

经验频率曲线的形状随资料情况的不同而不同,因而可以反映出各地水文特征值的频率特性。经验频率曲线绘出后,便可从该曲线上查得指定频率的水文特征值。

经验频率曲线的点绘比较简单,使用比较方便。在一般情况下,根据 20 年以上的水文资料所点绘的经验频率曲线,就比较接近于长期观测资料的经验频率曲线。因此,在实测资料比较丰富,设计频率又不超过实测资料的经验频率范围时,可直接用经验频率曲线来确定设计频率的水文特征值。

二、经验频率的计算

由上可知,根据实测资料绘制经验频率曲线,首先要解决经验频率的计算问题。根据频率的定义,在 n 年实测资料中(相当于 n 次随机试验),自大而小排列后次序为 m 的项(即大于等于此项的发生次数),其频率为:

$$P_m = \frac{m}{n} \tag{2-46}$$

若所掌握的资料是总体,此式并无不合理之处,但用于样本资料就有问题了。例如,当

$m = n$ 时,该项的频率为 100% ,这就是说样本末项为总体的最小值。一般说来,这是不合理的。因为样本的最小值未必是总体的最小值。因此,式(2-46)是不恰当的,必须探求一种合理的估计经验频率的方法。

目前水文计算中广泛应用期望公式计算经验频率:

$$P_m = \frac{m}{n + 1} \tag{2-47}$$

我们对这一公式不进行数学上的严格推导,而仅作一些概念性的说明。

设有一个总体,共有无穷项。现随机地抽取许多个样本(设为 k 个),每个样本都含有 n 项且相互独立。各个样本中的各项都按由大而小的次序排列如下:

第一个样本: $_1x_1$、$_1x_2$、$\cdots$、$_1x_m$、$\cdots$、$_1x_n$

第二个样本: $_2x_1$、$_2x_2$、$\cdots$、$_2x_m$、$\cdots$、$_2x_n$

$\vdots$

第 k 个样本: $_kx_1$、$_kx_2$、$\cdots$、$_kx_m$、$\cdots$、$_kx_n$

现在自每个样本中取出同序项来研究,设取第 m 项,则有:

$$_1x_m、_2x_m、\cdots、_kx_m$$

它们在总体中都有一个对应的出现概率为:

$$_1P_m、_2P_m、\cdots、_kP_m$$

现在水文资料只有一个样本,我们期望它处于平均情况。因此,可以期望样本中某一项的频率是许多样本中同序号概率的均值,即:

$$P_m = \frac{1}{k}(_1P_m + _2P_m + \cdots + _kP_m)$$

当 k 较大时,可以推导出式(2-47)。此式避免了式(2-46)的不合理现象,计算也很简单,因此在水文计算中被广泛采用。除了期望公式以外,还有其他的一些经验频率计算公式,如海森公式、切哥达也夫公式等,但目前很少使用,这里不再介绍。

三、理论频率曲线

经验频率曲线虽然绘制简单,但因实测水文资料的年数不长,工程上常用的稀遇频率(如 $P = 1\%$ 、$P = 0.1\%$)的设计值往往无法从曲线上查得。若凭目估徒手外延频率曲线,难免会带有主观任意性。如图 2-12 所示,经验频率曲线可以外延至 C ,也可外延至 D ,很难判断哪一根正确,且 C 与 D 的纵坐标值差别较大,造成很大误差。在水文计算中,为了减少这种定线和外延的任意性,往往借助具有某种数学方程的分布曲线(如前面介绍的皮尔逊Ⅲ型曲线)作为定线和外延的工具。这种分布曲线在水文上称为理论频率曲线。

所谓理论频率曲线,并不是从水文现象的物理性质方面推导出来的,而只是一种水文现象总体的假想模型,仍带有一定的经验性。我们将它称为理论频率曲线,只不过是为了区别前述的经验频率曲线。

理论频率曲线的线型很多,前面介绍的皮尔逊Ⅲ型曲线、对数正态曲线,以及其他许多分布曲线都可作为理论频率曲线。具体采用哪一种曲线,主要取决于曲线是否与水文资料配合较好,也与各国的使用习惯有关。我国一般采用皮尔逊Ⅲ型曲线。

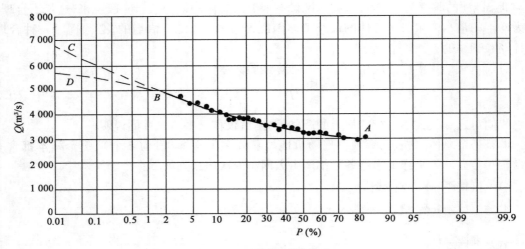

图 2-12　经验频率曲线的外延

四、现行理论频率曲线绘制方法

理论频率曲线具有一定的数学方程。当曲线的线形假定以后,方程的形式就确定了,但其中的参数需要根据实测资料来估计。上节已介绍了参数估计的一种方法,即矩法。但由于参数的抽样误差较大(尤其是C_s),往往使理论频率曲线与经验频率点据配合不好,满足不了工程的需要,因此采用适线法来调整参数。

目前工程中常用的有求矩适线法和三点适线法,现分别介绍如下:

1. 求矩适线法

求矩适线法是利用矩法估计的统计参数作为初值,绘出皮尔逊Ⅲ型曲线,并根据曲线与经验频率点据的配合情况,调整统计参数,直至曲线与点据配合良好为止。$\bar{x}$、C_v 的初值用式(2-31)和式(2-35)计算,而 C_s 的矩法公式抽样误差太大,一般不直接计算,而是假定 C_s 为 C_v 的若干倍(2 ~ 4 倍)。适线调整参数时,首先调整 C_s,当调整 C_s 不能满足要求时,再调整 C_v 和 $\bar{x}$。为便于调整参数,把参数 $\bar{x}$、C_v 和 C_s 对频率曲线的影响示于图 2-13。下面举例说明求矩适线法的计算过程。

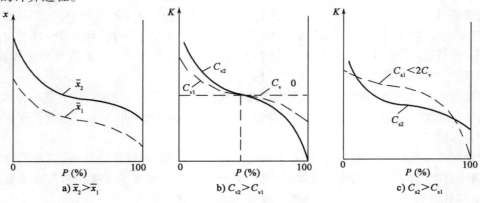

图 2-13　统计参数对频率曲线的影响

【例2-1】 已知某站共有实测最大流量资料35年,见表2-2,求该站设计频率 $P = 2\%$ 的设计洪峰流量。

某站实测年最大流量资料 表 2-2

年 份	年最大流量 $Q_i(\mathrm{m^3/s})$	年 份	年最大流量 $Q_i(\mathrm{m^3/s})$	年 份	年最大流量 $Q_i(\mathrm{m^3/s})$	年 份	年最大流量 $Q_i(\mathrm{m^3/s})$
1950	1 120	1959	1 070	1 968	802	1977	559
1951	815	1960	1 210	1969	1 080	1978	365
1952	969	1961	1 390	1970	800	1979	522
1953	1 280	1962	1 770	1971	729	1980	785
1954	1 850	1963	1 200	1972	549	1981	452
1955	822	1964	596	1973	1 079	1982	595
1956	1 330	1965	1 060	1974	534	1983	510
1957	850	1966	322	1975	1 150	1984	745
1958	1 050	1967	616	1976	424		

【解】 计算步骤如下:

(1)列出计算表(表2-3),将实测流量资料按由大到小的递减次序列入表中。

(2)计算系列的均值:

$$\overline{Q} = \frac{1}{n}\sum_{i=1}^{n} Q_i = \frac{31\,010}{35} = 886(\mathrm{m^3/s})$$

(3)利用计算器的统计功能计算均方差 σ_{n-1}。

如果某些计算器没有 σ_{n-1},只有 σ_n,则: $\sigma_{n-1} = \sigma\sqrt{\dfrac{n}{n-1}}$,并用下式计算离差系数 C_v:

$$C_v = \frac{\sigma_{n-1}}{\overline{Q}} = 0.42$$

(4)用式 $P = \dfrac{m}{n+1}$ 计算系列中各项的经验频率。

某站年最大流量频率计算表 表 2-3

序 号	发生年份	Q_i	$P(\%)$
1	1954	1 850	2.8
2	1962	1 770	5.6
3	1961	1 390	8.3
4	1956	1 330	11.1
5	1953	1 280	13.9
6	1960	1 210	16.7
7	1963	1 200	19.4
8	1975	1 150	22.2
9	1950	1 120	25.0
10	1969	1 080	27.8
11	1973	1 079	30.6

序　号	发生年份	Q_i	$P(\%)$
12	1959	1 070	33.3
13	1965	1 060	36.1
14	1958	1 050	38.9
15	1952	969	41.7
16	1957	850	44.4
17	1955	822	47.2
18	1951	815	50.0
19	1968	802	52.8
20	1970	800	55.6
21	1980	785	58.3
22	1984	745	61.1
23	1971	729	63.9
24	1967	616	66.7
25	1964	596	69.4
26	1982	595	72.2
27	1977	559	75.0
28	1972	549	77.8
29	1974	534	80.6
30	1979	522	83.3
31	1983	510	86.1
32	1981	452	88.9
33	1976	424	91.7
34	1978	365	94.4
35	1966	322	97.2
总计	—	31 010	—

（5）取 $C_s = 2C_v$，由附表 4 查得模比系数 K_p 值，列出理论频率曲线计算表（表 2-4）。

理论频率曲线计算表　　　　表 2-4

$P(\%)$		0.01	0.1	1	5	10	20	50	75	90	95	99
$C_s = 2C_v$	K_P	3.35	2.82	2.23	1.78	1.56	1.33	0.94	0.69	0.51	0.42	0.28
	Q_P	2 968	2 499	1 976	1 577	1 382	1 178	833	611	452	372	248
$C_s = 3C_v$	K_P	3.75	3.06	2.34	1.80	1.56	1.30	0.91	0.69	0.55	0.49	0.41
	Q_P	3 323	2 711	2 073	1 595	1 382	1 152	806	611	487	434	319
$C_s = 4C_v$	K_P	4.15	3.31	2.45	1.82	1.55	1.28	0.89	0.70	0.59	0.55	0.52
	Q_P	3 677	2 933	2 170	1 613	1 373	1 134	789	620	523	460	443

（6）在概率格纸上点绘出经验频率点据及 $C_s = 2C_v$ 时的理论频率曲线，发现曲线与经验频率点据的配合不够理想。再取 $C_s = 4C_v$，重新列表计算和绘制理论频率曲线，发现仍不够理

想。再取 $C_s = 3C_v$,绘出理论频率曲线,此线与经验频率点据配合较好,可以采用,因此最后取 $\overline{Q} = 886\mathrm{m^3/s}$,$C_v = 0.42$,$C_s = 3C_v = 1.26$(图 2-14)。

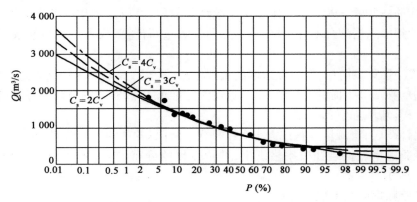

图 2-14　某站年最大流量频率曲线

当仅调整 C_s 不能满足要求时,可调整 C_v 甚至 $\overline{x}$,重新进行适线,直至满意为止。

(7)从理论频率曲线上查得 $P = 2\%$ 的设计洪峰流量 $Q_{2\%} = 1\,880\mathrm{m^3/s}$

2.三点适线法

皮尔逊Ⅲ型曲线具有 3 个参数 $\overline{x}$、C_v 和 C_s,如果已知曲线上的 3 个点,代入曲线方程,可以联解出 3 个参数。

三点适线法首先选取经验频率曲线上的 3 个点,使理论频率曲线通过此三点,并求解出 3 个统计参数的初值,绘出理论频率曲线。再比较曲线与经验频率点据的配合程度,调整参数,使曲线与点据配合良好。

根据所选的三点 (P_1,x_1)、(P_2,x_2) 和 (P_3,x_3),可以建立 3 个方程:

$$\left. \begin{array}{l} x_1 = \overline{x}(1 + \varPhi_1 C_v) \\ x_2 = \overline{x}(1 + \varPhi_2 C_v) \\ x_3 = \overline{x}(1 + \varPhi_3 C_v) \end{array} \right\} \tag{2-48}$$

联立求解得:

$$S = \frac{x_1 + x_3 - 2x_2}{x_1 - x_3} = \frac{\varPhi_1 + \varPhi_3 - 2\varPhi_2}{\varPhi_1 - \varPhi_3} \tag{2-49}$$

$$\sigma = \frac{x_1 - x_3}{\varPhi_1 - \varPhi_3} \tag{2-50}$$

$$\overline{x} = x_2 - \sigma\varPhi_2 \tag{2-51}$$

$$C_v = \frac{\sigma}{\overline{x}} \tag{2-52}$$

式中:S——偏度系数,只与三点的频率 P_1、P_2、P_3 和 C_s 有关,当 P_1、P_2、P_3 已定时,只与 C_s 有关。

为了计算方便,已制成了 S 与 C_s 的关系表,见附表 5。可根据计算的 S 值查表得到 C_s。式中 $\varPhi_2$ 和 $(\varPhi_1 - \varPhi_3)$ 可根据 C_s 查附表 6 得到,代入式(2-50)和式(2-51)可计算出 σ 和 $\overline{x}$,代入式(2-52)可得 C_v 值。

三点中的第二点一般取 $P=50\%$，其他两点尽量离远一点，但不宜超过实测范围太远。一般可取下列四组数值：①$P=1\%$—50%—99%，②$P=3\%$—50%—97%，③$P=5\%$—50%—95%，④$P=10\%$—50%—90%。当求出三个统计参数后，就可绘制理论频率曲线，进行适线。若曲线与经验频率点据配合不好，可调整三点的读数重新计算，或直接调整参数，直至配合较好时为止。

三点适线法计算较简单，但三点选取的主观任意性较大，有时不易得到理想的结果。

【例2-2】 按表2-2提供的资料，用三点适线法推求 $P=2\%$ 时的设计洪峰流量。

【解】 计算步骤如下：

（1）列出计算表，将流量资料按大小次序排列，并计算各项的经验频率，方法与前面相同。

（2）将经验频率点据绘在概率格纸上，并依点据的分布趋势，徒手绘出一条经验频率曲线，如图2-15所示。

（3）在经验频率曲线上取三点：

$P_1=3\%$ 时，$\qquad\qquad\qquad Q_1=1\,805$

$P_2=50\%$ 时，$\qquad\qquad\qquad Q_2=835$

$P_3=97\%$ 时，$\qquad\qquad\qquad Q_3=340$

（4）确定偏差系数 C_s：

$$S=\frac{Q_1+Q_3-2Q_2}{Q_1-Q_3}=\frac{1\,805+340-2\times835}{1\,805-340}=0.324\,2$$

查附表5得 $C_s=1.02$。

（5）计算 C_v 和 $\overline{Q}$：

按 $C_s=1.02$ 查附表6，得 $\Phi_{50\%}=-0.167$，$\Phi_{3\%}-\Phi_{97\%}=3.67$，按式（2-50）和式（2-51）计算 σ 及 $\overline{Q}$：

$$\sigma=\frac{Q_1-Q_3}{\Phi_1-\Phi_3}=\frac{1\,805-340}{3.67}=399.2$$

$$\overline{Q}=Q_2-\sigma\Phi_2=835+399.2\times0.167=901.7$$

$$C_v=\frac{\sigma}{\overline{Q}}=0.443$$

（6）根据 $\overline{Q}=901.7$，$C_v=0.443$，$C_s=1.02$，查附表3得 Φ_p 值，并计算出 K_p 和 Q_p，列于表2-5中。

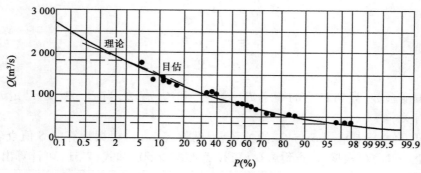

图2-15 三点法目估频率曲线和理论频率曲线

理论频率曲线计算表　　　　　　　　　　　　　　　表 2-5

$P(\%)$	0.01	0.1	1	5	10	25	50	75	90	95	99
Φ_P	6.002	4.559	3.036	1.881	1.341	0.550	-0.167	-0.733	-1.122	-1.310	-1.574
K_P	3.659	3.020	2.345	1.833	1.594	1.244	0.926	0.675	0.503	0.420	0.303
$Q_P(\mathrm{m^3/s})$	3 299	2 723	2 114	1 653	1 437	1 122	835	609	454	379	273

（7）将此理论频率曲线绘在同一概率纸上,并与经验频率点据比较,可见基本接近,可以采用。

（8）从频率曲线上读得 $P=2\%$ 时的设计流量 $Q_{2\%}=1\,920\mathrm{m^3/s}$。

第五节　相 关 分 析

一、简述

自然界中的许多现象并不是各自孤立的,而是存在一定的关系。例如,降水与径流,同一河流上、下游的洪水,水位与流量等,它们之间都有一定的关系。我们把这种关系称为相关关系,对这种关系进行分析,称为相关分析。

相关分析是从大量的统计资料出发,剔除一些次要的影响因素,来寻求随机变量之间的相关关系。相关分析的应用相当广泛,在水文分析中,相关分析可以插补和延长资料系列,以解决资料不足或部分缺测不连续的情况,也可用于经验公式的推求等。

各种现象之间的关系,有的比较密切,有的不甚密切。如果变量 x 的每个值都有一个确定的 y 与它相对应,则这种关系就称为完全相关,即数学上的函数关系。如果两变量相互独立,没有对应关系,则称为零相关。相关关系是介于完全相关和零相关之间的一种统计关系。如果变量 x 与 y 的对应值所绘出的点子,虽不严格地落在一条直线或曲线上,但仍显示出一定的趋势,如图 2-16 所示。这种关系称为相关关系,它是数理统计研究的对象。

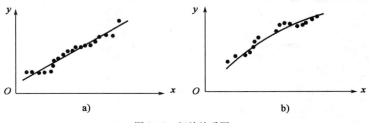

a)　　　　　　　　　　　b)

图 2-16　相关关系图

水文计算中经常遇到的一些变量间的关系大多为相关关系。这是因为,一种水文现象是在许多因素的影响下形成的,目前人们还不可能对各种因素逐一进行定量分析,仅仅只取几个主要因素来研究,这样就使水文现象中某些变量的关系只是相关关系了。例如降雨与径流之间有密切的关系,但径流还受其他气象因素和流域下垫面因素的综合影响,所以对于同一降雨量并不对应一个确定的径流量,两者之间的关系是相关关系。

相关关系按相关变量的多少可分为简相关和复相关。简相关是指两个变量之间的相关;复相关则是三个或三个以上变量的相关。工程应用中以简相关为主。在简相关中又可分为直

51

线相关和曲线相关两种,其中以直线相关应用较广,因此本节主要介绍直线简相关。

二、相关分析方法

相关分析一般有图解法和分析法两种。

1. 图解法

在直线简相关中,常用图解法进行分析。此法简单明了,可以省去大量的计算。当两个变量之间的关系比较密切时,本法也可获得比较满意的结果。

图解法就是把两个变量的同期观测资料点绘在图上,得到若干个相关点据,根据相关点据的分布趋势,目估一条相关线,使相关点据均匀分布在相关线的两侧。如有个别点子偏离相关线较远,则要查明原因,如果没有错误,要加以适当照顾,但也不宜过分迁就。相关线定好后,即可利用长系列的变量资料插补或延长另一短系列的变量资料。

【例2-3】 已知某站只有11年不连续的年平均流量资料(以 Q 表示),另有17年的年降雨量记录(以 H 表示),见表2-6。用图解法以 H 系列插补和延长 Q 系列。

【解】 (1)将表2-6中同期对应的流量和雨量资料点绘在方格纸上,得11个相关点据,如图2-17所示。

(2)按点据分布趋势目估定出相关线。

(3)根据年雨量 H 和图2-17的相关线,即可得出对应的年平均流量 Q ,计入表2-6中第(3)栏(括号内的数值)。

Q-H 图解相关计算表 表2-6

序　　号	年　　份	流量 Q_i(m^3/s)	雨量 H(mm)
(1)	(2)	(3)	(4)
1	1950	(82.5)	190
2	1951	(57.0)	150
3	1952	(23.3)	98
4	1953	(24.7)	100
5	1954	25	110
6	1955	81	184
7	1956	(18.5)	90
8	1957	(63.3)	160
9	1958	36	145
10	1959	33	122
11	1960	70	165
12	1961	54	143
13	1962	20	78
14	1963	44	129
15	1964	1	62

续上表

序　　号	年　　份	流量 Q_i(m^3/s)	雨量 H(mm)
(1)	(2)	(3)	(4)
16	1965	41	130
17	1966	75	168

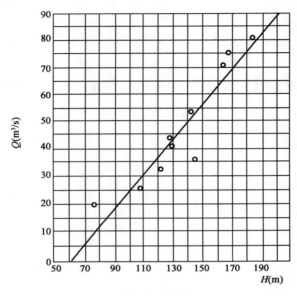

图 2-17　相关图解

2. 分析法

(1) 回归直线与回归方程式

设 x_i、y_i 代表两系列的对应观测值,共有 n 对。将此 n 对 x_i、y_i 点绘于方格纸上,如果这些点据分布在一条直线附近,如图 2-18a)所示,则可以认为 x 和 y 之间的关系是直线相关关系,于是在点据中间可以定出一条与点据配合最佳的直线,此直线就称为回归直线,其方程称为回归方程式,设为:

$$y = ax + b \qquad (2-53)$$

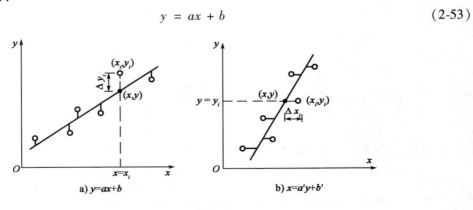

图 2-18　两种回归直线

在直线简相关中,根据要求的不同,可以定出两种回归直线及相应的方程式,如图 2-18 所示。第一种称为 y 依 x 的回归直线,其方程式为 $y = ax + b$,这种直线的配合要求是使实测点平均分布在它的上下,因此,当 $x = x_i$ 时,在直线上所得的 y 值($y = ax_i + b$)对实测点的 y_i 值代表性最好。

第二种称为 x 倚 y 的回归直线,其方程式为 $x = a'y + b'$,这种直线的配合要求是使实测点平均分布在它的左右,因此,当 $y = y_i$ 时,在直线上所得的 x 值($x = a'y_i + b'$)对实测点的 x_i 值代表性最好。

当 y 依 x 而变时,在 $x = x_i$ 点,实测点据与相关直线的纵向离差为:

$$\Delta y = y_i - y = y_i - ax_i - b$$

根据最小二乘法原理,要使直线为最佳配合直线,须使所有点据对相关直线的离差平方和为最小,即:

$$\sum_{i=1}^{n} (\Delta y)^2 = \sum_{i=1}^{n} (y_i - ax_i - b)^2 = E(最小值) \tag{2-54}$$

欲使上式为最小,须令:

$$\frac{\partial E}{\partial a} = -2 \sum_{i=1}^{n} (y_i x_i - ax_i^2 - bx_i) = 0$$

$$\frac{\partial E}{\partial b} = -2 \sum_{i=1}^{n} (y_i - ax_i - b) = 0$$

两式联立求解得:

$$a = \frac{n \sum_{i=1}^{n} x_i y_i - \sum_{i=1}^{n} x_i \sum_{i=1}^{n} y_i}{n \sum_{i=1}^{n} x_i^2 - (\sum_{i=1}^{n} x_i)^2} = \frac{\sum_{i=1}^{n} x_i y_i - n \bar{x} \bar{y}}{\sum_{i=1}^{n} x_i^2 - n \bar{x}^2} \tag{2-55}$$

$$b = \frac{\sum_{i=1}^{n} x_i^2 \sum_{i=1}^{n} y_i - \sum_{i=1}^{n} x_i \sum_{i=1}^{n} x_i y_i}{n \sum_{i=1}^{n} x_i^2 - (\sum_{i=1}^{n} x_i)^2} = \frac{\bar{y} \sum_{i=1}^{n} x_i^2 - \bar{x} \sum_{i=1}^{n} x_i y_i}{\sum_{i=1}^{n} x_i^2 - n \bar{x}^2} \tag{2-56}$$

或改写为:

$$a = \frac{\sum_{i=1}^{n} (x_i - \bar{x})(y_i - \bar{y})}{\sum_{i=1}^{n} (x_i - \bar{x})^2} \tag{2-57}$$

$$b = \bar{y} - \frac{\sum_{i=1}^{n} (x_i - \bar{x})(y_i - \bar{y})}{\sum_{i=1}^{n} (x_i - \bar{x})^2} \bar{x} \tag{2-58}$$

将 a、b 值代入式(2-53),得 y 依 x 的回归方程式为:

$$y - \bar{y} = \frac{\sum_{i=1}^{n} (x_i - \bar{x})(y_i - \bar{y})}{\sum_{i=1}^{n} (x_i - \bar{x})^2} (x - \bar{x}) \tag{2-59}$$

同理,可得 x 依 y 的回归方程式为:

$$x - \bar{x} = \frac{\sum_{i=1}^{n} (x_i - \bar{x})(y_i - \bar{y})}{\sum_{i=1}^{n} (y_i - \bar{y})^2}(y - \bar{y}) \tag{2-60}$$

式中: x、y——回归线的坐标;

　x_i、y_i——观测点的坐标;

　$\bar{x}$、$\bar{y}$——两系列的均值。

(2)相关系数和回归系数

回归直线及其方程式可以代表两种变量之间的相关关系,但它不能直接说明相关程度是否密切。相关分析中,用来描述相关程度的特征值,称为相关系数,以 γ 表示。

定义 γ 为:

$$\gamma = \frac{\sum_{i=1}^{n} (x_i - \bar{x})(y_i - \bar{y})}{\sqrt{\sum_{i=1}^{n} (x_i - \bar{x})^2 \sum_{i=1}^{n} (y_i - \bar{y})^2}} \tag{2-61}$$

完全相关时, $\gamma = \pm 1$;

零相关时, $\gamma = 0$;

统计相关时, $0 < |\gamma| < 1$ 。

又因为:

$$\sigma_x = \sqrt{\frac{\sum_{i=1}^{n} (x_i - \bar{x})^2}{n - 1}}$$

$$\sigma_y = \sqrt{\frac{\sum_{i=1}^{n} (y_i - \bar{y})^2}{n - 1}}$$

将以上两式及式(2-61)代入式(2-57)得:

$$a = \gamma \frac{\sigma_y}{\sigma_x} \tag{2-62}$$

式中 a 称为 y 倚 x 的回归系数,它表示回归直线的斜率,或以 $R_{y/x}$ 记之。

将式(2-62)代入式(2-59), y 依 x 的回归方程式可改写成:

$$y - \bar{y} = \gamma \frac{\sigma_y}{\sigma_x}(x - \bar{x}) \tag{2-63}$$

同理, x 依 y 的回归方程可写成:

$$x - \bar{x} = \gamma \frac{\sigma_x}{\sigma_y}(y - \bar{y}) \tag{2-64}$$

相关系数 γ 可正可负,当 $\gamma > 0$ 时,表示 x 增加, y 亦增加,称为正相关。当 $\gamma < 0$ 时,表示 x 增加, y 反而减小,称为负相关。当 γ 的绝对值越大,相关程度就越密切。对于 y 依 x 和 x 依 y 两种情况,相关系数相同。

式(2-63)和式(2-64)表明,回归直线具有这样一个特性,就是必然通过 x_i、y_i 的均值点($\bar{x}$,

$\bar{y}$)。因此,当我们用图解法进行分析时,掌握这一特性,将有助于提高目估定线的准确性。

比较式(2-43)及式(2-64)可见,当 $\gamma = \pm 1$ 时,y 依 x 和 x 依 y 的两根直线完全重合。在其他情况下,这两根直线并不重合,而有一交角,且两线交于($\bar{x},\bar{y}$)点。因此,实际工作中,须视分析的需要,正确地选定依变量和自变量系列,两者不要混用。

(3)相关分析的误差

回归直线是观测资料的最佳配合线(在最小二乘的意义下),但在一般情况下,观测点并不完全落在直线上,而是散布于直线的两旁。所以回归直线对观测点具有一定的误差。这个误差可用均方误(S_x 或 S_y)来表示:

$$S_x = \sqrt{\frac{\sum\limits_{i=1}^{n}(x_i - x)^2}{n-2}} \tag{2-65}$$

$$S_y = \sqrt{\frac{\sum\limits_{i=1}^{n}(y_i - y)^2}{n-2}} \tag{2-66}$$

由统计推理可以证明,回归线的均方误 S 与系列的均方差 σ 有下列关系:

$$S_x = \sigma_x \sqrt{1 - \gamma^2} \tag{2-67}$$

$$S_y = \sigma_y \sqrt{1 - \gamma^2} \tag{2-68}$$

因此,只要知道系列的均方差 σ 和相关系数 γ,均方误就很容易求得,并可在相关图上描绘出回归线的误差范围。

当 x_i 不变时,回归方程 $y = ax_i + b$ 给出最佳估计值 y。但实际上可能有很多相应的观测值 y_i,而最佳估计值 y 只代表这许多 y_i 中的一个平均值。根据误差理论,y_i 近似按正态分布,它落在 $y \pm S_y$ 范围内的概率为 68.3%,落在 $y \pm 3S_y$ 范围内的概率为 99.7%。实用上称 $\pm S_y$ 为一般范围,而 $\pm 3S_y$ 为极限范围。上述观测值 y_i 可能出现的误差范围,可见图 2-19。

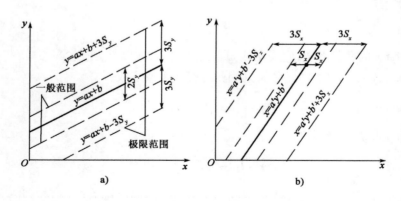

图 2-19　回归线的误差范围

(4)相关系数的误差

由样本所得的相关系数必然会有抽样误差,按统计理论,相关系数的误差可按以下公式估算均方误：

$$\sigma_\gamma = \frac{1 - \gamma^2}{\sqrt{n}} \qquad (2\text{-}69)$$

相关系数的误差也可用机误 E_γ 来表示，机误的计算公式为：

$$E_\gamma = 0.6745\sigma_\gamma = 0.6745 \frac{1 - \gamma^2}{\sqrt{n}} \qquad (2\text{-}70)$$

其最大误差范围为：

$$\Delta\gamma_m = 4E_\gamma = 2.698\sigma_\gamma = 2.698 \frac{1 - \gamma^2}{\sqrt{n}} \qquad (2\text{-}71)$$

水文统计中，一般认为当 $\gamma > 0.8$，且 $|\gamma| > 4E_\gamma$ 时，两系列的相关关系是密切的，可以采用直线相关分析。有些水文资料之间可能是某种曲线相关，因此当直线相关关系不够密切时，还不能说明它的相关很差，也可能曲线相关关系密切。

当两变量为曲线相关时，可凭经验选配一种曲线函数形式，通过函数转换将原变量换成新变量。若新变量在图上显示出直线关系，则仍可利用直线相关法进行计算。实际工作中，多用下面两种曲线函数：幂函数（$y = ax^b$）和指数函数（$y = ae^{bx}$）。对于幂函数，等式两边取对数可得：

$$\lg y = \lg a + b\lg x \qquad (2\text{-}72)$$

因此 x、y 在双对数纸上呈直线关系，可用图解法直接确定相关直线。我们也可令 $\lg y = Y$，$\lg x = X$，则：

$$Y = c + bX \qquad (2\text{-}73)$$

式中，$c = \lg a$。X、Y 就是直线关系，可用分析法求出 c 和 b，得到直线方程。

同理，对于指数函数，等式两边取对数可得：

$$\lg y = \lg a + bx \qquad (2\text{-}74)$$

因此 x、y 在单对数纸上呈直线关系，可用图解法直接确定相关直线。也可令 $\lg y = Y$，$x = X$，则：

$$Y = c + dX \qquad (2\text{-}75)$$

式中，$d = b\lg e$。X、Y 就是直线关系，可用分析法求出 c 和 d，得到直线方程。

在使用相关分析插补延长资料时，还必须注意，同期观测资料不能太少，一般要求 n 在 10 或 12 以上。另外，还须分析相关变量之间是否有客观存在的成因关系，以防止假相关。

【例 2-4】　根据例 2-3 的资料，用分析法以 H 系列插补和延长 Q 系列。

【解】　（1）把同期对应流量 Q 和雨量 H 资料列于表 2-7。

雨量和流量资料　　　　　　　　　　　　　　　　表 2-7

年　份	1954	1955	1958	1959	1960	1961	1962	1963	1964	1965	1966
雨量 H	110	184	145	122	165	143	78	129	62	130	168
流量 Q	25	81	36	33	70	54	20	44	1	41	75

（2）把上述对应资料点绘在方格纸上，如图 2-17 所示。从图上可以看出，其关系大致可用直线方程表示。

（3）确定关系后，列出相关计算表，见表 2-8。

流量 Q 和雨量 H 相关计算表　　　　　　表 2-8

序号	年份	流量 Q_i (m^3/s)	雨量 H_i (mm)	$Q_i - \overline{Q}$	$H_i - \overline{H}$	$(Q_i - \overline{Q})^2$	$(H_i - \overline{H})^2$	$(Q_i - \overline{Q})(H_i - \overline{H})$
(1)	(2)	(3)	(4)	(5)	(6)	(7)	(8)	(9)
1	1950	(81.8)	190	—	—	—	—	—
2	1951	(56.6)	150	—	—	—	—	—
3	1952	(23.8)	98	—	—	—	—	—
4	1953	(25.1)	100	—	—	—	—	—
5	1954	25	110	− 19	− 20	361	400	380
6	1955	81	184	37	54	1 369	2 916	1 998
7	1956	(18.8)	90	—	—	—	—	—
8	1957	(62.9)	160	—	—	—	—	—
9	1958	36	145	− 8	15	64	225	− 120
10	1959	33	122	− 11	− 8	121	64	88
11	1960	70	165	26	35	676	1 225	910
12	1961	54	143	10	13	100	169	130
13	1962	20	78	− 24	− 52	576	2 704	1 248
14	963	44	129	0	− 1	0	1	0
15	1964	1	62	− 43	− 68	1 849	4 624	2 924
16	1965	41	130	− 3	0	9	0	0
17	1966	75	168	31	38	961	1 444	1 178
Σ	—	480	1 436			6 080	13 772	8 736

(4)计算均值 $\overline{Q}$ 和 $\overline{H}$：

$$\overline{Q} = \frac{1}{n}\sum_{i=1}^{n} Q_i = \frac{480}{11} = 44(m^3/s)$$

$$\overline{H} = \frac{1}{n}\sum_{i=1}^{n} H_i = \frac{1\ 436}{11} = 130(mm)$$

(5)计算 $Q_i - \overline{Q}$、$(Q_i - \overline{Q})^2$、$H_i - \overline{H}$、$(H_i - \overline{H})^2$ 及 $(Q_i - \overline{Q})(H_i - \overline{H})$，分别计入表 2-8 第 5、6、7、8 及 9 栏。

(6)计算相关系数 γ 值：

$$\gamma = \frac{\sum_{i=1}^{n}(Q_i - \overline{Q})(H_i - \overline{H})}{\sqrt{\sum_{i=1}^{n}(Q_i - \overline{Q})^2 \sum_{i=1}^{n}(H_i - \overline{H})^2}} = \frac{8\ 736}{\sqrt{6\ 086 \times 13\ 772}} = 0.95$$

(7)计算回归系数 a 值：

$$a = \gamma\frac{\sigma_Q}{\sigma_H} = 0.95 \times \frac{\sqrt{6\ 086/(11-1)}}{\sqrt{13\ 772/(11-1)}} = 0.63$$

(8)建立 Q 倚 H 的回归方程式：

将回归系数代入式(2-63)得：

$$Q - 44 = 0.63(H - 130)$$

或：
$$Q = 0.63H - 37.9$$

依此方程即可以雨量资料系列插补、延长流量资料系列,结果见表 2-8 第(3)栏中括号内的数值。

（9）计算回归线的误差：

$$S_Q = \sigma_Q \sqrt{1 - \gamma^2} = 24.67 \times \sqrt{1 - 0.95^2} = 7.65$$

（10）计算相关系数的误差：

$$\sigma_\gamma = \frac{1 - \gamma^2}{\sqrt{n}} = \frac{1 - 0.95^2}{\sqrt{11}} = 0.029$$

$$\Delta\gamma_m = 4E_\gamma = 2.698\sigma_\gamma = 2.698 \times 0.029 = 0.078$$

因为 $\gamma = 0.95 > 0.8$，且 $|0.95| > 0.078$，所以 Q 系列与 H 系列的相关关系甚为密切，可以进行插补延长。

目前，有许多应用软件可进行相关分析，使用非常方便。其中最简单和常用的为 Microsoft Excel 软件。只要将需要相关分析的两列数据输入到 Excel 表中，选定这两列数据，插入散点图，则得到图 2-20 所示的散点。选定散点，点击鼠标右键，选择添加趋势线。如果是直线相关，选择"线性"，并选择"显示公式"、"显示 R 平方值"，则得到相关直线，并得到相关公式和相关系数的平方值。见图 2-20。

图中显示相关方程为 $y = 0.643\,3x - 39.213$，相关系数的平方为 $0.911\,4$，则可算得相关系数为 0.955。根据此相关相关方程，可进行插补、延长。

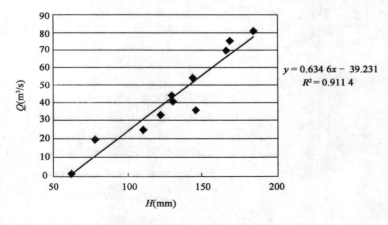

图 2-20　用 Excel 软件进行相关分析

用 Excel 软件进行相关分析，不但能进行线性相关，而且能进行指数、对数、幂函数、多项式等曲线相关，使用非常方便。

复习思考题

1. 水文现象的确定性与水文现象的随机性之间有无矛盾？

2. 什么是重现期？它与物理学中的周期有什么区别？

3. 皮尔逊Ⅲ型频率曲线有何特点？它是否是水文特征值的理论分布？

4. 为什么要提出理论频率曲线计算的问题？

5. 为什么要采用适线法？常用的适线方法有哪几种？

6. 已知统计参数 $\overline{Q} = 500 \text{m}^3/\text{s}$、$C_v = 0.45$、$C_s = 2C_v$，试绘制 P-III 型频率曲线，并确定 $P = 1\%$ 时的设计流量 $Q_{1\%}$。若取 $C_s = 3C_v$，频率曲线和 $Q_{1\%}$ 有什么变化？

7. 某水文站自 1961 年至 1990 年有实测 30 年资料，见表 2-9。试用求矩适线法推求该站的频率曲线，并求百年一遇的洪峰流量。

实 测 流 量   表 2-9

年　份	流量（m^3/s）	年　份	流量（m^3/s）	年　份	流量（m^3/s）
1961	4 450	1971	1 290	1981	397
1962	860	1972	1 570	1982	1 020
1963	1 540	1973	1 700	1983	5 470
1964	3 470	1974	1 810	1984	744
1965	2 690	1975	1 150	1985	78
1966	6 420	1976	5 200	1986	676
1967	2 650	1977	830	1987	575
1968	8 000	1978	880	1988	302
1969	612	1979	1 450	1989	818
1970	1 300	1980	406	1990	710

8. 相关分析的意义是什么？相关分析的方法有哪几种？

9. 系列均方差与回归直线的均方误有什么区别？

第三章　由流量资料推求设计洪水

第一节　设计洪水及设计标准

一、设计洪水

1. 洪水

暴雨或迅速的融雪使大量的径流在短期内自地面汇入河流中,于是河中流量激增,水位猛涨。河槽水流成波状下泄并具有一定危害性的大水称为洪水。我国的洪水多为夏、秋季发生的暴雨或大面积淫雨引起。此外,由于迅速融雪、冰凌塞流、地震影响和溃坝等原因,也可造成灾害性洪水,但这种情况较少遇见。城镇、道路、机场等在使用期间都可能面临洪水的袭击。

研究洪水的目的是为防洪、排水工程的规划设计提供必要的洪水资料。所有防洪、排水工程必须能抵御一定的洪水而不致遭受破坏。如果估计的洪水偏小,则将招致祸患;如果过大,则将造成无谓的浪费。所以恰当地估算洪水大小对于工程设计来说是很重要的。有了较可靠的洪水资料,各种工程或建筑物才能凭而进行规划和设计。

2. 设计洪水

任何一种防洪、排水工程,在设计时必须考虑工程本身所能防御洪水的大小,需要结合工程服务期间可能发生的情况拟定一个适当的洪水作为设计的标准和依据,这种设计中预计的洪水称为设计洪水。

设计洪水包括三个要素:设计洪峰流量、一定时段的设计洪水总量和设计洪水过程线。

桥梁、涵洞、截排洪沟等建筑物,由于没有调蓄洪水的能力,在设计中必须按照上游的来水量使其如数下泄,否则宣泄不及造成漫溢过水,而直接威胁工程的安全。因此,洪水三要素中洪峰流量对设计起着决定性作用,洪水总量及洪水过程线对确定有关工程尺寸时的影响很小,甚至完全没有作用。在防洪堤设计中,堤顶高程的确定主要取决于洪峰水位。这些工程的设计均应以设计洪峰流量(或洪峰水位)为依据。

水库、调蓄池等建筑物具有一定的调洪能力,可以储蓄暂时宣泄不及的水量。特别是较大的水库,调蓄能力较强。这些建筑物的设计就需要考虑洪水过程线。当用池塘、洼地等作为机场的容泄区时,必须能容纳所有上游来水,因此在设计时就需要考虑洪水总量。

在机场防洪、排水设计中所研究的多为截排洪沟、小桥、涵洞、防洪堤及局部改河工程的设计洪水,起决定作用的主要是设计洪峰流量,所以本章主要讨论设计洪峰流量的推求问题,对设计洪水过程线只作简单介绍。

二、设计洪水的分析方法

设计洪水的确定,过去曾用历史上发生过的某次大洪水作为设计洪水,或再加一定的安全值作为设计的依据。这种方法简单、直观,但有明显的缺陷,如当地洪水资料不多,未包括较大的洪水,据此设计的工程就会不安全;若加安全值,其数值很难确定,特别在全国范围内很难规定一个统一的标准。另外,各工程的重要性不同,设计标准也应不一样,不可能都拿历史最大洪水作为设计依据。

因此,目前设计洪水的确定多采用频率分析的方法,把洪水的大小与发生的频率相联系,在设计中根据工程的性质、重要性等确定其设计频率。如当地具有一定数量的实测洪水资料,则用频率分析方法确定指定频率的设计洪水;若缺乏实测洪水资料,而有一定数量的实测暴雨资料时,则先用频率分析方法推求设计暴雨,再通过流域产、汇流计算推求设计洪水;对既无实测洪水资料,也无暴雨资料的小流域,还可利用各地区的经验公式或水文手册中的有关图表确定设计洪水。

除了频率分析法以外,还可用水文气象方法,推求可能最大降水(PMP)和可能最大洪水(PMF)。此法从物理成因入手,由水文气象因素估算暴雨的上限,即可能最大降水,再通过产汇流计算推求出可能最大洪水。我国把可能最大洪水作为重要水库中大坝的校核洪水,有些国家也把可能最大洪水(或者乘某个百分比后)作为重要工程的设计洪水。

对于一般的水利工程及城市、机场的防洪、排水等工程,目前都用频率分析方法确定设计洪水。因此本书只介绍频率分析方法,其中由实测流量资料推求设计洪水的方法在本章介绍,由暴雨资料推求设计洪水的方法将在第五章中介绍。

三、设计标准

用频率分析方法确定设计洪水,首先要确定设计洪水的频率或重现期。理想的方法是通过风险—效益分析来确定设计频率。所谓风险,是指工程在其规定的工作年限内,不能完成预定功能的概率。对于防洪工程来说,因洪水超过了防洪工程的承载能力,导致工程不能正常发挥作用甚至破坏的概率。如用 L 表示洪水的大小,R 表示防洪能力,则风险 r 为:

$$r = P(R < L) \qquad (3-1)$$

洪水的大小是一个随机变量,其概率分布规律已在前面作了研究。防洪能力 R 实际上也是一个随机变量。例如对于排洪沟来说,L 是洪峰流量,R 是排洪沟的过水能力 Q_g。在设计中 Q_g 值一般根据断面尺寸、纵坡和粗糙度,由明渠均匀流公式计算。但由于断面尺寸、纵坡等都存在施工误差,在使用期间也会因各种原因而发生变化,实际过水能力与设计值有一定差异。此外,在计算理论和参数取值上都会有误差,如洪水期间水流往往不是均匀流,用均匀流公式计算会有一定误差,粗糙系数 n 值可能与实际情况也有差异,使得实际过水能力成为一个不确定的数值,即是一个随机变量。要准确计算防洪风险,应该考虑 R 和 L 的联合分布。目前在风险计算上已取得不少进展。

在防洪工程设计中,若取较大的设计频率(即较小的重现期),工程的建造费用较低,但防洪风险较大,在使用期间因洪灾而造成的损失较高。若取较小的设计频率(较大的重现期),

则工程费用高,但防洪风险小,洪灾损失小。如图 3-1 所示,图中工程费用 F 随重现期的增大而增大,但洪灾损失 S 随重现期增大而减小。两者的总费用($F+S$)如图中用虚线表示,它有一个最小值,当设计重现期取 N_0 时,总费用最小,这个重现期就是最佳重现期。

通过风险—效益分析的方法可以获得最佳重现期(或频率),但目前使用这一方法还有不少困难。一是风险分析的方法比较复杂,目前还不够成熟;二是效益分析中,洪灾损失难于估计,特别是人员伤亡、战机延误等的损失更难估计,因此这一方法目前实际应用还不多。

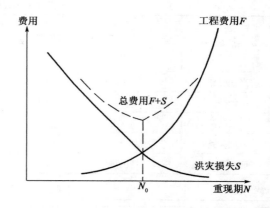

图 3-1 工程费用、洪灾损失与设计重现期的关系

目前,设计重现期都是根据工程的性质、重要性等,按有关标准或规范来确定。如国家《防洪标准》(GB 50201—2014)中,对城市、乡村、工矿企业、公路、民用机场等都作了规定,见表 3-1、表 3-2。各种行业标准中对防洪重现期也作了规定。有些标准与国家标准是一致的,如交通部门颁布的《公路工程技术标准》(JTG B01—2014)。也有一些不一致,如《民用机场总体规划规范》(MH 5002—1999),见表 3-3。应根据实际情况选用。原《军用永备机场场道工程战术技术标准》(GJB 525—88)中对军用机场的防洪标准作了规定,见表 3-4。在《军用永备机场场道工程战术技术标准》(GJB 525A—2005)中,去掉了按汇水面积和工程复杂程度划分截排洪沟重现期的方法。统一按机场等级和重要性划分重现期,见表 3-5。

城镇、乡村、工矿企业、海港及民用机场防洪标准(GB 50201—2014)　　　表 3-1

防护对象的等级		I	II	III	IV
城市	重要性	特别重要	重要	中等	一般
	非农业人口(万人)	≥150	150~50	50~20	≤20
	防洪标准[重现期(年)]	≥200	200~100	100~50	50~20
乡村	防护区人口(万人)	≥150	150~50	50~20	≤20
	防护区耕地(万亩)	≥300	300~100	100~30	≤30
	防洪标准[重现期(年)]	100~50	50~30	30~20	20~10
工矿企业	工矿企业规模	特大型	大型	中型	小型
	防洪标准[重现期(年)]	200~100	100~50	50~20	20~10
海港	重要性	重要港区	比较重要港区	一般港区	
	防风暴潮标准[重现期(年)]	200~100	100~50	50~20	
民用机场	重要程度	特别重要的国际机场	重要国内干线机场及一般的国际机场	一般的国内支线机场	
	飞行区指标	4D 及以上	4C、3C	3C 以下	
	防洪标准[重现期(年)]	≥100	≥50	≥20	

公路防洪标准（GB 50201—2014） 表 3-2

公路等级	防洪标准[重现期（年）]				
	路 基	特大桥	大、中桥	小 桥	涵洞及小型排水构筑物
高速公路	100	300	100	100	100
一级公路	100	300	100	100	100
二级公路	50	100	100	50	50
三级公路	25	100	50	25	25
四级公路	视具体情况确定	100	50	25	视具体情况确定

民用机场防洪标准（MH 5002—1999） 表 3-3

飞行区指标	旅客航站区指标	设计洪水频率≥（年）	备 注
3B、2C 及以下	1	10	
3C、3D	2	20	
4C、4D	3、4	50	
4D 及 4D 以上	5、6	100	旅客航站区指标为 5、6 的机场应按 300 年一遇校核

原军用机场防洪标准（GJB 525—88） 表 3-4

防洪等级	适 用 条 件	重现期（年）
一	特级机场及战略要地的Ⅰ、Ⅱ级机场的安全洪水位和防洪堤	100
二	(1)Ⅰ、Ⅱ级机场的安全洪水位和防洪堤； (2)汇水面积在 10km² 以上，工程技术条件较复杂的截洪沟	50
三	(1)Ⅲ级机场的安全洪水位和防洪堤； (2)汇水面积在 10km² 以下，工程技术条件一般的截洪沟	25
四	应急起飞跑道、备用跑道及拖机道的安全洪水位	20

军用机场防洪标准（GJB 525A—2005） 表 3-5

防洪等级	适 用 条 件	重现期（年）	
		安全洪水位及防洪堤	截、排洪沟
一	四级机场及重要的二、三级机场	100	50
二	普通的二、三级机场	50	20
三	一级机场；应急起飞跑道、备用跑道及拖机道	20	10

第二节　洪　水　调　查

一、洪水调查的意义

频率分析所依据的基本资料，主要为水文站的实测流量资料。但由于水文站的设站时间往往不长，资料的代表性不高。如果能通过洪水调查，实地考察历史上曾经发生过的大洪水的痕迹,估算出这些洪水的流量,就可起到增补资料、增加实测系列代表性的作用。

洪水调查不但可以起到展延系列的作用,还可审校现有实测资料的可靠性,合理确定系列中特大洪水的重现期。对无实测流量资料的流域,洪水调查更是收集水文资料的重要手段,它对分析其他间接计算方法成果的合理性起着重要作用。当历史洪水资料比较多时,还可直接用于推算设计洪水。实践证明,洪水调查是收集水文资料的一种有效方法,不论有无实测水文资料,都应充分重视。

二、调查工作及资料收集

1. 洪水调查的内容及方法

洪水调查应通过现场调查、访问、历史文献考证等,弄清工程所在地点或上下游发生过的大洪水情况,如洪水发生的年月、洪痕位置,河道变迁及过水断面的变化等,同时要了解雨情、灾情、洪水来源等情况,以便推算洪峰流量、确定历史洪水的重现期。有些河流过去水利部门可能已经作过洪水调查,应尽可能收集,并进行分析整理。根据资料情况,可进行必要的补充调查或复查。

在进行洪水调查前,首先要根据本次洪水调查的任务,搜集有关该流域的水文、地质、气象等资料,然后开始文献考证工作。所谓文献考证就是从有关历史文献中搜集并了解历史洪水的情况。我国的历史文献极为丰富,并有专门的水利史书,如豫河志、淮系年表等,再者地方志几乎每省都有,某些县也有县志。此外还可从旧报纸、账本、家谱等有关资料中了解历史洪水的信息。

文献考证一般只能了解洪水发生情况及洪水的量级,而定量的任务主要还是靠实地调查工作。实地调查的关键在于依靠当地政府和群众的帮助,才能获得较为详细的历史洪水资料。

（1）初步调查

首先应与当地政府机关及水文站联系,提出要求,并请他们初步介绍当地情况。其次到现场踏勘,了解河道的一般情况,如河床断面形状、主槽弯曲情况,有无支流、卡口等现象。根据河道的情况,选择调查的河段。

在选择调查河段时,要考虑以下几个要求:

①尽量靠近工程地点;

②河段上有明显的洪水痕迹。洪痕数目较多,附近有居民点;

③河道较为顺直,水流通畅,没有大的支流加入,没有回水或分流;

④河床较稳定,冲淤变化不大。河段内河床质组成及岸边植被情况大体一致。

河段选定后,就可进行深入的访问和调查研究。

（2）深入调查访问

其内容大致有:

①在可能调查到的时期内发生过几次大洪水？哪年洪水最大？哪年次之？

②洪水一般发生在什么月份？洪水一般涨落历时及来源等;

③记录各次洪水发生的年、月、日;

④洪水痕迹以及碑记、壁字和文献材料,以便确定洪水位;

⑤当时河道及断面情况;

⑥洪水河槽的情况(如有无树木、庄稼等)及河槽的土质情况等,以便确定河槽粗糙系数;

⑦洪水发生时邻近流域的降雨及洪水情况;

⑧上下游有无支流加入及决口、溃坝、分流等情况。

根据上述内容,在访问时还要请被访者能亲自到现场帮助我们共同调查,尤其在指认洪痕时,应当认真仔细请群众辨认,因为洪水痕迹对计算成果的影响很大。

在调查洪水中,还可组织有关被访者举行座谈会以共同回忆,互相启发,彼此验证。访问与座谈会的材料应详细记录。

对洪水发生年代,如被访人记忆不清,不宜直接提示,应尽量结合群众容易记忆的事件或历史重大事件,如自然灾害、战争、婚丧、房屋变迁等,以推算洪水发生的日期。对洪水痕迹如被访者模糊时,不宜代指,最好是通过争论辨明。在无居民地区调查时,可依据洪水漂浮物、河流沉积物的高度、水流冲刷痕迹、洪水淹没两岸引起的物理、化学及生物作用而留下的标志,判断洪水到达的大致位置。洪水痕迹经调查和分析后,可参考表3-6评定其可靠度。

洪水痕迹可靠程度评定标准 表3-6

评 定 因 素	等 级		
	可 靠	较 可 靠	供 参 考
1. 指认人的印象和旁证情况	亲身所见,印象深刻,所讲情况逼真,旁证确凿	亲身所见,印象不深,所述情况较逼真,旁证材料较少	听传说,或印象不够清楚具体,缺乏旁证
2.标志物和洪痕情况	标志物固定,洪痕位置具体,或有明显的洪痕	标志物的变化不大,洪痕位置较具体	标志物已有较大的变化,洪痕位置不具体
3. 估计可能误差范围(m)	0.2 以下	0.2 ~ 0.5	0.5 ~ 1.0

注:上表应用时,以表中1、2项为主,3项仅作一般性参考。

2. 形态断面的选择和测量

为了确定洪水的过水断面,需要选择适当的地点作为形态断面进行测量。

计算流量所依据的河流横断面,称为形态断面。其位置选择与洪峰流量计算的方法有关。

按水力学方法计算流量时,断面宜选择在河道较顺直、河床较稳定、河床比降没有急剧变化及河槽平面上无大的收缩或扩张,无大量树枝、柴草等漂浮物堵塞,受下游河流壅水影响不大,无支流汇入的地段。

形态断面选定后,即可进行测量。高程一般测至洪水痕迹线以上 1 ~ 2m。当选定的断面处无洪水痕迹时,可将其断面附近上下游的同一次洪水痕迹点连线,从而得出形态断面处的洪水位。水面比降亦同时测定,施测长度与地区有关。对比降小的平原区,在形态断面上游 100 ~ 200m、下游 50 ~ 100m 范围内施测;对比降大的山区,在形态断面上游 50 ~ 100m、下游 25 ~ 50m 范围内施测。确定某次洪水流量时,应采用该次洪水的水面比降。当无法取得时,可用常水位的水面比降。

三、历史洪水流量推求

1. 利用水位—流量关系曲线查算

若调查河段内或上下游不远处有水文站,应将所调查到的洪水位推引至水文站的基本断面,并外延该站实测的水位—流量关系推求洪峰流量。

2. 用比降法推算

无水文站的河段,一般可用比降法计算洪峰流量。当河段内断面变化不大时,可按稳定均匀流公式计算:

$$Q = AC\sqrt{RJ} \tag{3-2}$$

其中:

$$C = \frac{1}{n}R^{1/6}$$

式中:A——过水断面面积;

　　　C——谢才系数;

　　　R——水力半径;

　　　J——水面坡降,$J = \Delta H/L$,其中 ΔH 为河段两端水面落差,L 为河段长度;

　　　n——河床粗糙系数。

上式也可写成如下形式:

$$Q = K\sqrt{\frac{\Delta H}{L}} \tag{3-3}$$

式中:K——输水率,$K = AR^{2/3}/n$。

当河段上下断面形状、面积差别较大时,应按稳定非均匀流公式计算:

$$Q = \overline{K}\sqrt{\frac{\Delta H}{L - \frac{1 \pm \zeta}{2g}\left(\frac{\overline{K}^2}{A_1^2} - \frac{\overline{K}^2}{A_2^2}\right)}} \tag{3-4}$$

式中:$\overline{K}$——上、下两断面 K 值的平均值;

　A_1、A_2——分别为上、下断面的过水面积;

　　　ζ——局部水头损失系数,断面收缩时,$\zeta = 0.1$ 或 0,断面突然扩散时,$\zeta = 0.5 \sim 1.0$,逐渐扩散时,$\zeta = 0.3 \sim 0.5$,收缩河段为 $1 + \zeta$,扩散河段为 $1 - \zeta$。

在计算中,要合理确定断面面积 A、粗糙系数 n。对河段顺直、河床稳定的河道,一般以实测断面面积作为有效过水面积;如断面内有明显的死水、回水区时,这部分面积应予扣除;对有冲刷和淤积的断面,要进行冲淤改正;如为复式断面,宜分别计算主槽和滩地的断面面积和流量。确定 n 值时,可根据河道特征按表3-7 和表3-8 选取。

3. 利用堰流公式计算

当调查河段下游有天然或人工的控制断面,如卡口、桥孔、闸堰等,可用堰流公式计算洪峰流量:

$$Q = mb\sqrt{2g}H_0^{3/2} \tag{3-5}$$

式中:H_0——由洪水痕迹所得的堰上水头;

　　　b——堰宽;

　　　m——流量系数。

4. 用水面曲线法推算

当调查河段距离较长,洪痕点较少,不能应用比降法时,可用水面曲线法推求洪峰流量。此法先假定流量,反推水面曲线,若能与洪水痕迹符合良好,则所设流量即为所求的历史洪水流量。

天然河道洪水粗糙系数（河槽部分） 表 3-7

河段平面及水流状况	河床组成及床面情况	岸壁及植被情况	1/n
河段顺直或下游略有扩散；断面宽阔、规则；水流通畅	砂质或土质河床，河底平顺	平顺的土岸或人工堤防	55（45～65）
		略有坍塌的土岸或杂草稀的平顺土岸	50（40～60）
	卵石、圆砾河床，河底较平顺	砂、圆砾河岸或平整的岩岸	45（36～54）
		不够平整的岩岸或灌丛中密的河岸	40（32～48）
	卵石、块石河床，河床上有水生植物	不平顺的砂砾河岸；风化剥蚀的岩岸	35（28～42）
		不平顺的岩岸或灌丛中密的河岸	30（24～36）
河段上下游接弯道或下游有卡口、支流汇入等束水影响；复式断面；水流不够通畅	砂、圆砾河床，边滩交错	有坍塌的土岸或砂砾河岸；风化岩岸	45（36～54）
		不平顺的岩岸或灌丛中密的河岸	40（32～48）
	卵石、圆砾河床，河底不够平顺；长中密水生植物	岩岸或不平顺的卵石、圆砾河岸	35（28～42）
		不平顺的岩岸或灌丛中密的河岸	30（24～36）
	卵石、块石、圆漂河床；河底间有深坑、石梁或生长水生植物	参差不齐的卵石、圆砾河岸或土岸；略有凹凸的岩岸	25（20～30）
		参差不齐的岩岸或灌木丛生的河岸	20（16～24）
河段上下游水流不够通畅	砂、圆砾河床，边滩、沙洲犬牙交错	人工堤防强制弯曲者	35（28～42）
		有矶石或丁坝挑流者	30（24～36）
	卵石、圆砾河床，起伏不平或长水生植物	参差不齐的卵石、圆砾河岸或灌丛中密的河床	25（20～30）
		参差不齐的岩岸或灌丛中密的河岸	20（16～24）
	卵石、块石、大漂石河床，石梁、跌水、孤石交错，或水生植物稠密，阻水严重	参差不齐的岩岸或灌丛中密的河岸	15（12～18）
		两岸时有岩嘴突出，很不平顺，形成强烈斜流、回水、死水的河岸	12（10～14）

天然河道洪水粗糙系数（河滩部分） 表 3-8

滩地植被情况	平面及水流状况	1/n
基本无植物或仅有稀疏草丛	平面顺直，纵面平坦，水流通畅；没有串流且滩宽不大者	25（20～30）
	下游有束水影响，水流不够通畅；水流虽通畅，但河滩甚宽者（滩宽在槽宽的 3 倍以上）	20（15～25）
长有中等密度植物或已垦为耕地	下游无束水影响，河滩甚宽或有束水影响，河滩较窄	15（12～18）
	平面不够平顺，下游有束水影响，河滩甚宽	10～13

滩地植被情况	平面及水流状况	$1/n$
长有稠密灌木丛或杂草林木丛生,阻水严重		$7 \sim 10$

注:①表中采用曼宁粗糙系数 n 的倒数 $1/n$ 作为分析值,因此,从本表查得的 $1/n$ 值,必须用曼宁公式计算断面流速系数,即 $C = 1/n \cdot R^{1/6}$,断面平均流速 $v = C\sqrt{RJ}$ 式计算。

②表中描述的河段长度,一般为 $4 \sim 8$ 倍高水位的河宽,但不小于 $300m$ 。

③河床组成分类及其平均粒径变幅为:砂 $0.05 \sim 2.00mm$;圆砾 $2 \sim 20mm$;卵石 $20 \sim 200mm$;块石、漂石 $200mm$ 以上。

④包括河槽和河滩的断面称为复式断面。发生底沙运动的那部分河床(包括边滩)称为河槽;只有洪水流过而不发生泥沙运动的那部分河流泛滥宽度称为河滩。河滩一般种有作物或有茂密的植被。

⑤稀疏杂草或灌丛:人行其中无甚阻碍;
中密灌丛或农作物:人行其中多受阻碍;
稠密灌丛:人难入其中。

⑥表中 $1/n$ 值:当洪水比降变化在 $1‰$ 以上者,可采用括号内较低的数值;洪水比降变化在 $0.1‰$ 以下者,可采用括号内较大的数值。

⑦测流河段的形态是千变万化的,可以形成各种各样的组合。应用时,首先应弄清调查地点的河段平面和水流状态属于表列三类中那一类,其次才是河床质的组成和起伏状况,岩壁及植被状况是第三位的。调查地点的河段特性若与表列的组合方式不尽相同,可根据实际情况,对表列数值适当调整。

四、历史洪水在调查考证期中的排位分析

历史洪水的流量确定后,为了估计其经验频率(或重现期),还必须分析各次历史洪水在调查考证期内的排列序号。显然,应当在尽可能长的时期内进行排位分析,以期降低经验频率的抽样误差。通常把具有洪水观测资料的年份称为实测期,从最早的调查年份到最近的实测年份称为调查期。在调查期中,最大的几次洪水的排列序号往往是能够通过调查或由历史文献来确定的。有些洪水由于难于定量而不能判断其确切排位,但可以参照历史文献中关于这些洪水的雨情、灾情的记载,把它们分成若干等级,再由每级中选取一两次可以定量的洪水作为该级的中值或下限,分级统计洪水的洪峰流量和相应的经验频率,也可以作为洪水频率分析的依据。

调查期以前的历史洪水情况,有时还可通过历史文献的考证获得。通常把有历史文献资料可以考证的时期称为文献考证期。考证期中,一般只有少数历史洪水可以大致定量,多数是难于确切定量的。

洪水调查一般只能获得最近一两百年的历史洪水。在一些大型的水利工程设计中,常需千年甚至万年一遇的设计洪水,洪水调查资料往往不能满足这些设计洪水推求的需要。近年来我国开展的古洪水研究基本可以解决这一问题。它利用物理和生物方法来研究古代的洪水。遗留在河流两岸的古洪水沉积物,可以通过地层分析等方法找到,从而可确定古洪水的最高水位。古洪水发生的时间,可以通过测定沉积物中有机质[14]C 的放射性强度来确定。河海大学詹道江教授领导的古洪水研究小组,已成功地完成了响洪甸水库、黄壁庄水库、长江三峡水库、黄河小浪底水库等大型水利工程的古洪水研究,为洪水计算提供了一条新的途径。

第三节　设计洪水推求

一、资料分析

洪水资料包括水文站的实测洪水资料和调查的历史洪水资料。它是洪水频率计算的基

础,是决定计算成果精度的关键。因此做好资料的分析与处理,尽可能地提高资料的质量,是一个非常关键的环节。

1. 洪水资料可靠性审查

水文分析中一般使用经有关部门整编刊布的资料。从总体上看,这些资料是比较可靠的,但也不能排除某些资料存在的差错,尤其是受到社会动乱影响的年份。另外,在一些大洪水期间,由于水情变化迅猛,观测条件可能受到限制,因而影响成果的可靠性。因此,首先应进行必要的审查,一般要复核水位和流量资料。

水位审查时,应了解水文站的水准基面和基本水尺的情况,历年有无变动。如有变动,整编时是否已经修正。了解水位观测过程中,有无冲毁水尺而中断观测的情况。对较大洪水有无漏测洪峰水位的情况,若有漏测是采用何种办法补救的。若发现异常水位,应查明原因,及时改正。

流量审查时,应了解水文站的控制断面及控制河段的情况,洪水时断面的变化,上下游有无分洪、决堤的情况,以及流量的测算方法和精度。流量若由观测的流速计算而得,应了解流速的观测和计算方法,前后有无变动,整编时是否经过校正;若由水位—流量关系曲线外延而得,则应注意外延部分是否合理。审查时,还可通过历年水位流量关系曲线的相互对比,上下游站洪水流量过程线的对照等方面进行。

关于历史洪水资料的审查主要分两个方面:一是调查计算洪峰流量的可靠性;二是发生年份的考证。洪峰流量的可靠性,主要审查洪水痕迹是否可靠,上下游痕迹是否一致,以及流量计算是否合理。对于洪水发生年份,主要了解确定发生年份的依据是否充分,与河流上下游和邻近流域是否一致,有无当时的气象资料旁证等。

2. 洪水资料的选样

从历年实测洪水资料中,合理地选取若干个数值组成一个样本系列,作为频率分析的基础,这个工作称为选样。选样的方法有以下几种:

(1)年最大值法

从每年的资料中选取一个最大值组成样本系列,称为年最大值法。此法选样,n 年资料可选出 n 个最大值。由年最大值组成的样本独立性强,但所选某些年份的最大值可能小于另一些年份的次大值。

(2)超定量法

此法先规定一个标准(阈值),凡超过这一标准的洪水都作为样本。这样每年选出的样本数目是变动的,可以选出所有大的洪水,但其标准较难确定。

(3)超大值法

把 n 年资料中所有大洪水按大小次序排列,从中选出最大的 n 项作为样本。此法相当于以第 n 项洪水作为超定量法的标准。

(4)年平均数量法

每年先选出 6~8 场较大的洪水,然后统一按大小排列,选择资料年限 n 的 3~4 倍的最大洪水作为样本。

在城市和机场场内的排水设计中,设计重现期较小,有时在 1 年以下,因此宜用年平均数量法选样;在水利工程及机场的防洪工程设计中,设计重现期较大,如机场防洪中重现期为

20～100年,为简化选样和保证资料的独立性,常用年最大值法。

机场排水、防洪设计中一般只选洪峰流量,有时也可根据需要选择洪水位或一定时段内的洪水总量。

3.洪水资料的一致性审查和改正

数理统计法要求,在同一计算系列中,所有资料应在同一条件下产生,即资料具有一致性。有时因流域内修建蓄水、引水、分洪、滞洪等工程,以及发生决堤、溃坝、河流改道等情况,使洪水形成条件明显不一致。此时应进行一致性改正,把资料换算到同一基础上,才能进行频率分析。由于造成不一致的原因较多,改正的方法也较灵活,具体方法可参阅有关文献。

4.资料代表性分析

用 n 年样本资料的频率分布代替总体分布,是有误差的。第二章中介绍的抽样误差,是一数学概念,它只说明大量同容量的样本中出现某种误差的可能性。而工程上常用代表性的概念,它表示某个具体样本与总体之间的离差情况。

水文系列的代表性,主要是反映各时期气候条件的随机波动,它们在地区上往往呈现出同步性,即在较大范围内具有相似的丰枯水变化过程。由于水文资料的总体未知,所以仅就当地几十年样本系列,是无法知道本身的代表性的,必须参考本地区更长系列的水文气象资料才能作出推断。根据误差理论,样本容量越大,样本的代表性一般也越高。因此,一般分析代表性的方法如下:

某设计站具有 n 年的资料系列,为检验这一系列的代表性,可选择本地区与它成因上有联系且具有 N 年长系列的参证变量(流量或雨量)来进行比较。首先计算参证变量长系列 N 年的统计参数 $\bar{x}_N$、C_{vN},然后计算与设计站 n 年资料同期的参证变量 n 年系列的统计参数 $\bar{x}_n$、C_{vn}。假如两者的统计参数大致相近,就可以认为参证变量 n 年这一段系列在长系列 N 年中具有代表性,从而说明与该站有成因联系的设计站 n 年的资料系列也具有代表性。若参证变量长短系列统计参数相差较大,则认为设计站 n 年的资料系列缺乏代表性。此时,应当尽量设法插补展延系列,以提高系列的代表性。

5.资料的插补延长

如果水文资料观测年限较短或有缺测年份,代表性较差,可以用相关分析方法插补和延长系列,即建立设计变量与参证变量之间的相关关系,而后用较长系列的参证变量来展延设计变量。

参证变量必须与设计变量在成因上有密切联系,这样才能保证插补延长成果的可靠性。参证变量的实测年限必须比设计变量大,且与设计变量要有相当长的平行观测资料,以便建立可靠的相关关系,并据此关系展延设计变量系列。根据具体情况,参证变量可选择上下游或邻近流域水文站的洪水资料、本站的峰量关系、本流域暴雨资料等。

插补延长的具体方法,见第二章相关分析。

二、设计洪峰及洪量的推求

洪水资料经过审查、选样、插补延长后,如有 20 年以上的最大流量(或一定时段的洪量),则可利用频率分析方法推求设计洪峰或洪量。

如果系列中没有特大洪水,可按第二章介绍的方法进行频率分析;若系列中有特大洪水,应先作特大值处理,然后进行频率分析。

1. 特大洪水处理

所谓特大洪水,是指实测系列中数值特别大的洪水,或由洪水调查得到的历史大洪水,如图 3-2 所示。目前,我国河流的流量资料系列一般不长,通过插补延长展延的系列也极有限。若是根据短期资料系列计算,所得成果很不稳定。例如,我国某河的一个水文站,1955 年进行规划时,根据 20 年实测洪峰流量系列得出千年一遇的洪峰流量为 7 500m³/s;而 1956 年发生一次特大洪水,实测洪峰达 13 100m³/s。若把 1956 年洪水看成普通洪水,直接加入系列(n = 21)计算,求得千年一遇的洪峰为 25 900m³/s,是原成果的 3 倍多。显然,由于前 20 年资料没有包括大洪水资料,使推求的千年一遇洪水明显偏小。而把 1956 年洪水作为普通洪水,其经验频率定为 $P = 1 \div (21 + 1) = 4.54\%$,显然也是不合理的。因而这种特大洪水资料如何处理,是一个值得研究的问题。另外,通过洪水调查得到的历史大洪水资料,显然不能与实测的普通洪水同样对待。如果能在计算中合理地利用这些特大洪水资料,有助于解决目前实测资料不长,代表性不足的问题,提高计算成果的可靠性。

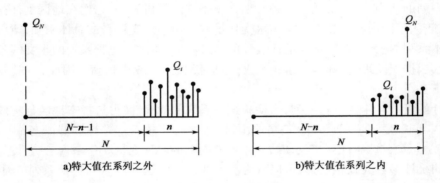

a)特大值在系列之外   b)特大值在系列之内

图 3-2　有特大值系列示意图

(1)特大洪水的重现期确定

特大洪水处理的关键是确定它们的重现期。特大洪水的重现期应通过洪水调查和考证,在比较长的时期内排位分析,合理确定。如图 3-2 中,洪水的调查考证期 N 年,则特大洪水首项的重现期可定为 N。这里 N 从调查考证所及的最早年代到实测流量资料的最后年代,即:

$$N = T_2 - T_1 + 1$$

式中:T_1——调查考证所及的最早年代;

　T_2——实测系列的最后年代。

其他特大洪水的重现期,可根据它们在 N 年中的排位情况确定。

(2)有特大洪水时经验频率的计算

洪水系列有两种情况:一是系列中有特大洪水(包括实测的特大值和调查的历史大洪水);二是没有特大洪水。对于后者,无论资料中是否有缺测年分,按大小次序排列的序号 m 是连序的,这种系列称为连序系列。而前者在调查期 N 年内,只有 n 年实测系列和几个调查的大洪水,有许多年份的洪水数值不知道。因此在 N 年中排位时,除了几个特大洪水和 n 个实测洪水以外,其他序位是空缺的,这种包含特大洪水的系列称为不连序系列。

连序系列中各项的经验频率,按第二章中介绍的期望公式估算:

$$P_m = \frac{m}{n+1} \qquad\qquad (3\text{-}6)$$

式中：P_m——n 年连序系列中按大小排列后第 m 项的经验频率。

不连序系列中各项的经验频率，有两种方法估算：

方法一：将实测系列和特大洪水系列看作是从总体中独立抽取的两个随机样本。特大洪水在调查期 N 年内排位，而实测洪水在实测期 n 年内排位，这样，实测洪水仍按式（3-6）计算经验频率，而特大洪水的经验频率可用下式计算：

$$P_M = \frac{M}{N+1} \qquad\qquad (3\text{-}7)$$

式中：P_M——调查考证期 N 年中 a 项特大洪水按大小排列后第 M 项的经验频率，$M=1$、2、$\cdots$、a。

若因年代久远，在 N 年中除了 a 项特大洪水外，可能还有遗漏时，则可根据对特大洪水的调查考证情况，分别在不同的调查期内排位估算其经验频率。

此法比较简单，但有时估算的特大洪水和实测洪水前几项的经验频率可能出现重叠现象。

方法二：将实测系列和特大洪水系列共同组成一个不连序系列，作为代表总体的一个样本，各项在调查期 N 年内统一排位。

若 N 年中有 a 项特大值，其中 l 项发生在 n 年实测系列之内，则 a 项特大洪水的经验频率仍按式（3-7）计算，实测系列中其余 $(n-l)$ 项用下式计算：

$$P_m = \frac{a}{N+1} + \left(1 - \frac{a}{N+1}\right)\frac{m-l}{n-l+1} \qquad\qquad (3\text{-}8)$$

式中：m——实测洪水的序位，$m = l+1$、$l+2$、$\cdots$、n。

【例3-1】　某站自 1935～1972 年的 38 年中，有 5 年因战争缺测，故实有洪水资料 33 年。其中 1949 年为最大，经考证应从实测系列中抽出作为特大值处理。另外，查明自 1903 年以来的 70 年间，为首的 3 次大洪水，其大小排位为 1921、1949、1903 年，并能判断出这 70 年间不会遗漏掉比 1903 年更大的洪水，现按两种方法估算各项的经验频率。

【解】　根据上述情况，实测期 $n=33$，调查期 $N=70$。有 3 个特大洪水（2 个调查洪水和 1 个实测大洪水）在 N 年内排位，因此 $a=3$，$l=1$。按两种方法分别计算经验频率，见表 3-9。

洪水系列经验频率计算 表 3-9

调查或实测期	系列年数	洪水序位	洪水年份	经验频率 P	
				方　法　一	方　法　二
调查期 N	70 (1903～1972)	1	1921	$P_{M-1} = \dfrac{1}{70+1} = 0.014$	同方法一
		2	1949	$P_{M-2} = \dfrac{2}{70+1} = 0.028$	
		3	1903	$P_{M-3} = \dfrac{3}{70+1} = 0.042$	
实测期 n	33 (1935～1972 缺 5 年)	1	1949	已抽到上一栏排位	
		2	1940	$P_{m-2} = \dfrac{2}{33+1} = 0.059$	$P_{m-2} = 0.042 + (1-0.042)\dfrac{2-1}{33-1+1} = 0.071$
		$\vdots$	$\vdots$	$\vdots$	$\vdots$
		33	1968	$P_{m-33} = \dfrac{33}{33+1} = 0.969$	$P_{m-33} = 0.042 + (1-0.042)\dfrac{33-1}{33-1+1} = 0.971$

由表 3-9 可见,特大洪水的经验频率两种方法相同,实测洪水中最末几项的频率也相差不大,只有中间部分有所差异,但对频率计算结果影响不大。

(3)有特大洪水时统计参数的计算方法

用矩法确定统计参数时,首先要估算统计参数 $\bar{x}$ 和 C_v。若系列为没有特大洪水的连序系列,$\bar{x}$ 和 C_v 可用式(2-31)和式(2-35)估算,但如系列为有特大洪水的不连序系列,N 年中有许多缺测年份,就不能直接用这些公式计算。

在 N 年中,如有 a 个特大值,其中 l 个在 n 年实测系列中,则 N 年中共有 $N-a$ 个普通洪水。由于这些普通洪水中有许多洪水的数值未知,无法直接计算,我们假定它们的均值和均方差与实测系列中 $(n-l)$ 年普通洪水的均值和均方差相同。即:

$$\bar{x}_{N-a} = \bar{x}_{n-l}$$

$$\sigma_{N-a} = \sigma_{n-l}$$

这样,就可计算出 N 年系列的均值和均方差:

$$\bar{x} = \frac{1}{N}\Big[\sum_{j=1}^{a} x_j + (N-a)\bar{x}_{N-a}\Big] = \frac{1}{N}\Big[\sum_{j=1}^{a} x_j + (N-a)\bar{x}_{n-l}\Big]$$

$$= \frac{1}{N}\Big[\sum_{j=1}^{a} x_j + \frac{N-a}{n-l}\sum_{i=l+1}^{n} x_i\Big] \tag{3-9}$$

$$\sigma = \sqrt{\frac{1}{N-1}\Big[\sum_{j=1}^{a}(x_j-\bar{x})^2 + \sum_{i=1}^{N-a}(x_i-\bar{x})^2\Big]}$$

$$= \sqrt{\frac{1}{N-1}\Big[\sum_{j=1}^{a}(x_j-\bar{x})^2 + (N-a)\sigma_{N-a}^2\Big]}$$

$$= \sqrt{\frac{1}{N-1}\Big[\sum_{j=1}^{a}(x_j-\bar{x})^2 + (N-a)\sigma_{n-l}^2\Big]}$$

$$= \sqrt{\frac{1}{N-1}\Big[\sum_{j=1}^{a}(x_j-\bar{x})^2 + \frac{N-a}{n-l}\sum_{i=l+1}^{n}(x_i-\bar{x})^2\Big]} \tag{3-10}$$

因此,偏差系数 C_v 为:

$$C_v = \frac{\sigma}{\bar{x}} = \sqrt{\frac{1}{N-1}\Big[\sum_{j=1}^{a}(K_j-1)^2 + \frac{N-a}{n-l}\sum_{i=l+1}^{n}(K_i-1)^2\Big]} \tag{3-11}$$

式中:$\bar{x}$、σ、C_v——分别为 N 年不连序系列的均值、均方差和偏差系数;

x_i、x_j——分别为一般洪水和特大洪水的变量;

K_i、K_j——分别为一般洪水和特大洪水的模比系数,$K_i = x_i/\bar{x}$,$K_j = x_j/\bar{x}$。

2. 设计洪峰或洪量的推求

频率曲线的线形,我国一般采用皮尔逊Ⅲ型(P-Ⅲ)曲线,该曲线与我国大部分地区的经验频率点据配合较好,但有些北方河流,P-Ⅲ曲线有时与经验频率点据配合不够理想,对这种特殊情况,经分析研究,也可采用其他线形。

统计参数的确定,我国一般采用适线法,可用求矩适线法或三点适线法。适线方法见第二章。但根据洪水计算的特点,还应注意以下几点:

①要尽量照顾点群的趋势,使曲线通过点群中心,如有困难,可侧重考虑上部和中部点据。

②要考虑各个点据的精度情况,适线时区别对待,使曲线尽量靠近精度较高的点据。

③对调查考证期内的几次特大洪水,要具体分析。历史特大洪水加入系列适线,对合理选定统计参数有很大的作用,但这些资料本身的误差可能较大。因此在适线时,不宜机械地通过特大洪水点据,而使曲线偏离点群过大,但也不能因照顾点群趋势使曲线离开特大洪水过远,应该在特大洪水的误差范围内调整曲线。

④统计参数在地区分布上有一定的变化规律,适线时应注意与地区规律相协调。

下面通过例题说明设计洪峰流量推求的方法。

【例3-2】　已知某站在1987年前具有27年的实测最大洪峰流量资料,如表3-10所示,另外又调查到1928年的洪峰流量为11 180m³/s,求该站百年一遇的洪峰流量。

【解】　(1)特大洪水的重现期

$$N = T_2 - T_1 + 1 = 1987 - 1928 + 1 = 60(年)$$

(2)经验频率计算

把特大洪水和27年实测系列按大小次序排位,列于表3-10,经验频率用方法一计算。

特大洪水:

$$P_M = \frac{M}{N+1} = \frac{1}{60+1} = 0.016$$

实测洪水:

$$P_m = \frac{m}{n+1} \qquad (m = 1、2、\cdots、27)$$

频 率 计 算 表

表3-10

序　　号	年　　份	Q_i	K_i	$K_i - 1$	$(K_i - 1)^2$	$P(\%)$
特大值	1928	11 180	2.8	1.8	3.24	1.6
1	1987	7 750	1.95	0.95	0.90	3.6
2	1957	7 710	1.94	0.94	0.88	7.1
3	1972	7 000	1.76	0.76	0.58	10.7
4	1986	6 420	1.61	0.61	0.37	14.3
5	1964	6 260	1.57	0.57	0.33	17.9
6	1969	5 730	1.44	0.44	0.19	21.4
7	1971	4 930	1.24	0.24	0.06	25.0
8	1980	4 780	1.2	0.2	0.04	28.6
9	1977	4 360	1.10	0.10	0.01	32.1
10	1967	3 970	1.00	0.00	0.00	35.7
11	1976	3 750	0.94	−0.06	0.00	39.3
12	1966	3 600	0.9	−0.1	0.00	42.9
13	1968	3 580	0.9	−0.1	0.01	46.4
14	1979	3 500	0.88	−0.12	0.01	50.0
15	1960	3 310	0.83	−0.17	0.03	53.6
16	1962	3 280	0.82	−0.18	0.03	57.1
17	1985	3 260	0.82	−0.18	0.03	60.7
18	1959	3 120	0.78	−0.22	0.05	64.3
19	1963	2 870	0.72	−0.28	0.08	67.9

序　号	年　份	Q_i	K_i	$K_i - 1$	$(K_i - 1)^2$	$P(\%)$
20	1958	2 800	0.70	−0.30	0.09	71.4
21	1978	2 130	0.53	−0.47	0.22	75
22	1973	2 090	0.52	−0.48	0.23	78.6
23	1974	2 040	0.51	−0.49	0.24	82.1
24	1961	1 660	0.42	−0.58	0.34	85.7
25	1970	1 640	0.41	−0.59	0.35	89.3
26	1975	1 500	0.38	−0.62	0.38	92.9
27	1965	1 280	0.32	−0.68	0.46	96.4
总计	特大值	11 180	2.8	1.8	3.24	
	实测值	104 320	26.19	−0.81	5.92	

（3）统计参数初估

用矩法初估 $\overline{Q}$ 和 C_v：

$$\overline{Q} = \frac{1}{N}\left(\sum_{j=1}^{a} x_j + \frac{N-a}{n-l}\sum_{i=l+1}^{n} x_i\right)$$

$$= \frac{1}{60}\left(11\,180 + \frac{60-1}{27} \times 104\,320\right) = 3\,986\,(\text{m}^3/\text{s})$$

$$C_v = \sqrt{\frac{1}{N-1}\left[\sum_{j=1}^{a}(K_j-1)^2 + \frac{N-a}{n-l}\sum_{i=l+1}^{n}(K_i-1)^2\right]}$$

$$= \sqrt{\frac{1}{60-1}\left(3.24 + \frac{60-1}{27} \times 5.92\right)} = 0.52$$

C_s 仍假定为 C_v 的倍数，先假定 $C_s = 2C_v$。

（4）适线调整统计参数

根据 $\overline{Q} = 3\,986$，$C_v = 0.52$，$C_s = 2C_v = 1.04$，列表求出 P-Ⅲ 曲线的坐标，见表 3-11。把经验频率点据和理论频率曲线绘在概率格纸上，由图 3-3 看出 $C_s = 2C_v$ 曲线配合不够好。再取 $C_s = 3C_v$，虽然曲线的尾部与点据配合差一点，但上部要好得多，因此采用 $C_s = 3C_v = 1.56$。

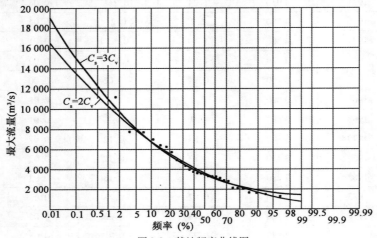

图 3-3　某站频率曲线图

（5）查洪峰流量

从频率曲线上查得百年一遇的洪峰流量 $Q_{1\%} = 11\,000\text{m}^3/\text{s}$。

表 3-11

P-Ⅲ型曲线计算表

$P(\%)$		0.01	0.1	1	5	10	25	50	75	90	95	99
$C_s = 2C_v$	K_p	4.15	3.39	2.59	1.98	1.70	1.29	0.91	0.62	0.42	0.32	0.19
	Q_p	16 500	13 500	10 300	7 890	6 770	5 140	3 620	2 470	1 675	1 275	757
$C_s = 3C_v$	K_p	4.76	3.77	2.75	2.02	1.69	1.24	0.87	0.62	0.48	0.42	0.36
	Q_p	19 000	15 000	11 000	8 050	6 740	4 940	3 470	2 470	1 910	1 670	1 435

3. 计算成果的合理性检查

频率计算的成果不可避免地存在误差。其中一部分是原始资料或分析计算中的误差，另一部分是抽样误差。为了避免出现较大误差，可以利用洪水及某些参数的地区分布特性和其他一些已知的规律，对频率计算成果做合理性检查。

合理性分析一般可从本站洪峰及各种历时洪量的对比，同一河流上下游、干支流站洪水计算成果分析，邻近河流洪水计算成果分析，暴雨径流之间的关系分析等途径进行。例如，当上下游气候、地形条件相似时，洪峰流量的均值一般应该由上游向下游递增，洪峰模数则递减，C_v 值也向下游减小。但有时也有例外，分析时应认真检查，若有异常现象应具体分析，针对原因进行修正。

三、设计洪水过程线

机场排水、防洪设计中，一般只需设计洪峰流量或洪水总量，但有时也需要设计洪水过程线，这里简单介绍设计洪水过程线确定的方法。

洪水过程线的形状是千变万化的，是一种随机过程。为了满足工程需要，目前一般选取某个洪水过程线作为典型，并进行放大，使其洪水特征等于频率计算得出的设计值，即得到设计洪水过程线。放大的方法有同倍比放大法和同频率放大法。

1. 同倍比放大法

（1）典型过程线的选择

典型洪水过程线是放大的基础。选择典型时应符合以下 3 个原则：一是典型洪水要大，其洪水特征接近于设计值，放大时变形小，接近真实情况；二是要求典型洪水有代表性，即要求在洪水发生季节、地区组成、洪峰次数、历时、峰量关系、主峰位置等方面能够代表该流域较大洪水的一般特性；三是要选择对工程较为不利的典型，如峰型比较集中、洪峰偏后的洪水，以保证工程安全。

（2）放大方法

典型洪水过程线选定后，可按一定的放大倍数进行放大。放大前首先要确定控制时段 T，然后按下式计算放大倍数 K：

$$K = \frac{W_{TP}}{W_{TD}} \tag{3-12}$$

式中：W_{TP}——时段为 T 的设计洪量；

W_{TD}——时段为 T 的典型洪水过程线的洪量。

设计洪量 W_{TP} 根据频率分析确定,而典型洪量 W_{TD} 从典型过程线上获得。K 得到后,用 K 乘以整个典型洪水过程线的纵坐标,就得到设计洪水过程线。这样得到的设计洪水过程线,在 T 时段内的洪量等于设计洪量,而其他时段的洪量及洪峰不一定等于设计值。选择不同的时段就会得到不同的设计洪水过程线,因此时段的选择是一个很关键的问题。对有调洪能力水库或调蓄区,应根据库容的大小,选择一个对库容影响最大的时段 T 作为控制时段;对蓄洪为主的水库或蓄水区,应选择洪水过程总历时作为控制时段;对调洪能力很小的工程,可取控制时段为 0,即以洪峰 Q_m 作为控制,其放大倍数按下式计算:

$$K = \frac{Q_{mP}}{Q_{mD}} \tag{3-13}$$

式中:Q_{mP}、Q_{mD}——分别为指定频率 P 的设计洪峰流量和典型过程线的洪峰流量。

2. 同频率放大法

由于同倍比放大法的结果一般峰、量不能同时符合设计频率,控制时段也较难确定。因此提出了同频率放大法。该法采用多个时段分别放大,使设计洪水过程线上各个时段的洪量都等于设计值。

放大前先求出指定频率的洪峰流量 Q_{mP} 和各种时段洪量 W_{TP}。对较大的流域,时段一般选择 1d、3d、7d 等;对小流域,时段可选 1h、3h、7h 等。分段也不宜过多,一般以 3 ~ 4 段为宜。然后选择典型洪水过程,求出典型过程线的洪峰 Q_{mD} 及各相应时段的洪量 W_{TD},分段求出放大倍数 K(时段长以天为例):

洪峰放大倍数: $$K_{Qm} = \frac{Q_{mP}}{Q_{mD}}$$

最大 1d 放大倍数: $$K_1 = \frac{W_{1P}}{W_{1D}}$$

最大 3d 中除最大 1d 以外,其余 2d 的放大倍数:

$$K_{3-1} = \frac{W_{3P} - W_{1P}}{W_{3D} - W_{1D}}$$

典型洪水过程线的各段分别按上述倍数放大,由于放大倍数不同,在各段交接处会出现不连续现象,此时可徒手修匀,就得到设计洪水过程线。这样得出的设计洪水过程线,各时段的洪量为同频率,它受典型洪水过程线的影响较小,计算成果较稳定,但比同倍比放大法复杂。

【例 3-3】 根据表 3-12 所列资料,用同频率放大法推求某水库 $P = 1\%$ 的设计洪水过程线。

某水库洪峰与洪量   表 3-12

项　　目	洪峰(m³/s)	洪量[(m³/s)h]		
		1d	3d	7d
$P = 1\%$ 的设计洪峰、洪量	3 530	42 600	72 400	117 600
典型洪水过程线的洪峰、洪量	1 620	20 290	31 250	57 620
起讫日期	21 日 9:40	21 日 8:00 ~ 22 日 8:00	19 日 21:00 ~ 22 日 21:00	16 日 7:00 ~ 23 日 7:00

【解】 （1）计算放大倍数

$$K_{Qm} = \frac{Q_{mP}}{Q_{mD}} = \frac{3\,530}{1\,620} = 2.18$$

$$K_1 = \frac{W_{1P}}{W_{1D}} = \frac{42\,600}{20\,290} = 2.10$$

$$K_{3-1} = \frac{W_{3P} - W_{1P}}{W_{3D} - W_{1D}} = \frac{72\,400 - 42\,600}{31\,250 - 20\,290} = 2.72$$

$$K_{7-3} = \frac{W_{7P} - W_{3P}}{W_{7D} - W_{3D}} = \frac{117\,600 - 72\,400}{57\,620 - 31\,250} = 1.71$$

（2）放大

把典型过程线的流量和对应的放大倍数按时间顺序填入表 3-13 第（2）、（3）栏中，再分别相乘得到放大流量，列入第（4）栏中。

（3）修匀

将放大后的流量过程线修匀，并在表 3-13 第（5）栏中列入修匀后的流量，得到设计洪水过程线，如图 3-4 所示。

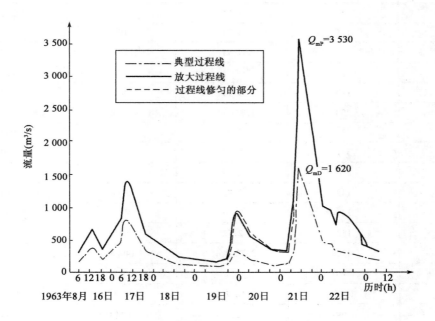

图 3-4 某水库 P =1% 设计洪水过程线

某水库 P =1% 设计洪水过程线计算表   表 3-13

时　　间	典型流量（m³/s）	放大倍比	放大流量（m³/s）	修匀流量（m³/s）
（1）	（2）	（3）	（4）	（5）
16 日 7:00	200	1.71	342	343
13:00	383	1.71	655	656
14:30	370	1.71	633	634

续上表

时 间	典型流量（m³/s）	放大倍比	放大流量（m³/s）	修匀流量（m³/s）
（1）	（2）	（3）	（4）	（5）
18：00	260	1.71	445	446
20：00	205	1.71	351	351
17 日 6：00	480	1.71	822	823
8：00	765	1.71	1 310	1 310
9：00	810	1.71	1 390	1 390
10：00	801	1.71	1 370	1 370
12：00	727	1.71	1 240	1 240
20：00	334	1.71	572	572
18 日 8：00	197	1.71	337	338
11：00	173	1.71	296	297
14：00	144	1.71	246	247
20：00	127	1.71	217	218
19 日 2：00	123	1.71	211	211
14：00	111	1.71	190	190
17：00	127	1.71	217	218
19：00	171	1.71	293	293
20：00	180	1.71	308	309
21：00	250	1.71/2.72	428/680	580
22：00	337	2.72	916	950
24：00	331	2.72	900	930
20 日 8：00	200	2.72	544	580
17：00	142	2.72	386	386
23：00	125	2.72	340	340
21 日 5：00	152	2.72	413	413
8：00	420	2.72/2.10	1 140/882	882
9：00	1 380	2.1	2 900	2 900
9：40	1620	2.10/2.18	3 400/3 530	3 530
10：00	1 590	2.1	3 340	3 340
24：00	473	2.1	993	970
22 日 4：00	444	2.1	932	910
8：00	334	2.10/2.72	702/908	890
12：00	328	2.72	892	870
18：00	276	2.72	750	750
21：00	250	2.72/1.71	680/428	570
24：00	236	1.71	404	404

续上表

时　　间	典型流量（m³/s）	放大倍比	放大流量（m³/s）	修匀流量（m³/s）
（1）	（2）	（3）	（4）	（5）
23 日 2：00	215	1.71	368	368
7：00	190	1.71	325	325

复习思考题

1.什么是设计洪水？可通过哪些途径推求设计洪水？

2.洪水调查对设计洪水计算有什么作用？如何推求调查洪水的流量？

3.资料选样方法有哪些？机场防洪、排水设计中常用什么方法？

4.已知某站 1959～1978 年实测流量资料（见表 3-14）。另经洪水调查，得 1887 年、1933 年历史洪峰流量分别为 4 100、3 400m³/s，试推算 $P=2\%$ 的设计洪峰流量。

某站实测流量　　　　　　　　　　　　　　　表 3-14

年　份	流量（m³/s）	年　份	流量（m³/s）	年　份	流量（m³/s）
1959	1 820	1966	1 170	1973	1 390
1960	1 310	1967	2 900	1974	720
1961	996	1968	1 260	1975	1 360
1962	1 090	1969	1 500	1976	2 380
1963	2 100	1970	2 300	1977	1 450
1964	1 400	1971	5 600	1978	1 210
1965	996	1972	2 900		

第四章　设　计　暴　雨

第一节　概　　述

工程设计中所需的设计洪水可从两条途径获得：一是通过工程所在地点的实测流量资料，经频率分析直接确定设计洪水，这一方法已在第三章作了介绍；二是通过工程所在地区的暴雨资料，经过频率分析获得设计暴雨，再由产、汇流计算间接获得设计洪水。直接用流量资料推求设计洪水精度高，方法简单。但在工程所在流域内必须有建站时间足够长的水文站，且离工程地点不能过远。同时，不能在观测期间因修建水利工程或下垫面状况改变而使径流发生很大变化。对于大多数小流域上的工程来说，这种要求是很难满足的。尤其是机场工程，涉及的多为小河小沟，很少有实测流量资料。因此只能通过设计暴雨间接推求设计洪水。暴雨资料的收集相对要容易得多，因为暴雨在一定的区域内比较一致，受流域下垫面变化的影响较小。只要该地区有气象站或水文站，气象条件与工程所在地点相差不大，就可使用这些站的雨量资料。用雨量资料推求设计洪水，首先要推求设计暴雨。

一、暴雨

暴雨是指降水强度很大的雨。暴雨是引起洪水的主要原因，因而是排水、防洪工程设计的主要研究对象。

气象部门规定，1h 降雨量超过 16mm，或连续 12h 降雨量超过 30mm、24h 降雨量超过 50mm 即为暴雨。暴雨按强度大小又分为 3 个等级，即 24h 雨量为 50～99.9mm 称为暴雨，100～249.9mm 称为大暴雨，250mm 以上称为特大暴雨。

我国暴雨的成因，各地并不相同。例如东北区的暴雨，是由大陆以内局部低压所构成，其南部并与极锋回旋有关；华北区的暴雨，主要受台风和来自西伯利亚及长江流域低气压的影响所致；淮河流域的暴雨，主要由于低气压和台风的影响所致；长江流域的暴雨，上游大多由于地形和低气压的关系，中、下游则多由于低气压和冷锋的影响；钱塘江流域、珠江流域和台湾省的暴雨，多为台风引起等等。暴雨成因不同，则暴雨量也不同。通常台风侵袭严重的地区，暴雨量都较大。

二、暴雨的分析

分析暴雨主要是分析暴雨强度的变化规律，即暴雨强度与历时和重现期的关系。小流域的暴雨着重分析形成洪峰的那部分降雨，即在图 4-1 中的阴影部分。这部分降雨称为暴雨核心。在此之前的部分称为暴雨头部，在此之后的部分称为暴雨尾部。雨头和雨尾部分的强度和总量都不大，对洪峰的形成影响较小。暴雨核心部分的历时为 t，与流域大小有关，一般取流

域的汇流时间 τ。

1. 暴雨强度 a 与历时 t 的关系分析

暴雨核心部分的降雨强度可用它的平均雨强 a
表示：

$$a = \frac{H}{t} \qquad (4-1)$$

式中：a——暴雨核心的平均雨强，以 mm/min 或
mm/h 计；

  H——暴雨核心内的降雨量，以 mm 计；

  t——暴雨核心的历时，以 min 或 h 计。

当所取的历时不同时，核心部分的平均雨强就

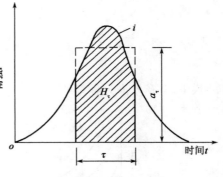

图 4-1 暴雨强度过程线

会变化，如图 4-2 所示。图 4-2a) 是某场暴雨的瞬时强度过程线，以雨峰为中心，分别取历时 t_1、t_2、t_3、$\cdots$，求得相应的最大平均雨强 a_1、a_2、a_3、$\cdots$，即可绘出 $a\text{-}t$ 关系，如图 4-2b) 所示。显然，历时 t 越长，平均雨强 a 越小。

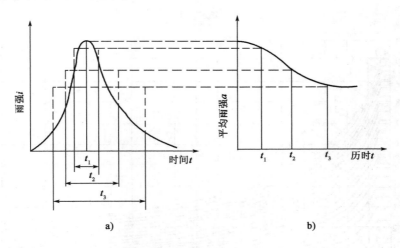

图 4-2 暴雨强度与历时关系图

2. 暴雨强度 a、历时 t 和重现期 N 关系的分析

根据某场暴雨的具体资料，作出 $a\text{-}t$ 关系并非难事，但水文计算中，要拟定出符合设计频率标准的暴雨特性，借以推求设计洪水。显然，在同一地区中，不同的降雨对应的重现期也是不相同的。强度越大，出现的机会越少，对应的重现期就越大，如图 4-3 所示。因此在 a 和 t 关系以外，还须列入重现期 N。即 $a = f(t, N)$。此外，在不同地区这一关系也是不同的。例如降雨丰沛、夏季炎热的地区，同一历时和同一重现期对应的雨强就较大。因此这一关系具有地区性，应考虑地区性参数的影响。这种关系称为设计暴雨的 $a\text{-}t\text{-}N$ 关系。

设计暴雨 $a\text{-}t\text{-}N$ 关系的表示方法有两种，其一以曲线形式表示，即综合某一地区的降雨资料，绘制出该地区的 $a\text{-}t\text{-}N$ 关系曲线或 $H\text{-}t\text{-}N$ 关系曲线，如图 4-3、图 4-4 所示，以供该地区内任一地点采用。美国经常采用这一方法，美国气象局曾出版全美范围内 $a\text{-}t\text{-}N$ 关系曲线，供设计使用。其二以公式形式表示，即根据某一地区的雨量资料，选配反映 $a = f(t, N)$ 的经验公式。

这种经验公式称为暴雨强度公式。常用的暴雨强度公式有下列几种形式：

$$a = \frac{A + B\lg N}{t^n} \qquad (4-2)$$

$$a = \frac{A + B\lg N}{(t + b)^n} \qquad (4-3)$$

式中，A、B、n、b 为参数。

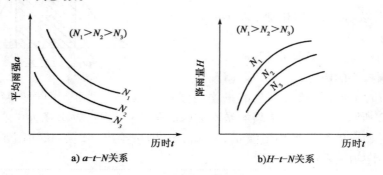

图 4-3　暴雨特性曲线

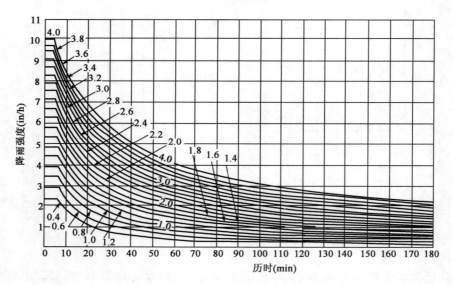

图 4-4　降雨强度—历时曲线（美国）

注：曲线号数是表示各个曲线的 1h 的降雨值（in）。在同一条曲线上的所有点假定有相同的平均出现频率。

  a-t-N 关系曲线较直观，但计算不太方便，尤其不适应编程计算。我国一般采用经验公式的形式。全国各主要城市和地区都已编制了暴雨强度公式，可从《给水排水设计手册》第 5 册（城镇排水）或其他资料查阅。若机场与有暴雨强度的城市距离较近，气象条件相近，就可直接采用这些公式。若机场附近的城市没有暴雨强度公式，或虽有暴雨强度公式，但气象条件与机场有较大差别时，则需要收集雨量资料，自行制定暴雨强度公式。我国一些偏远的省区，如西藏、青海、宁夏等，有暴雨公式的城市很少。在这些省区修建机场时，往往需要自行制定暴雨公式。

第二节　暴雨资料的收集与统计

机场排水设计中,流域面积一般不大,可用点雨量资料制定暴雨公式。但由于飞行场内排水和场外防洪设计中汇水面积、设计重现期等不同,对雨量资料的要求也不相同。

一、暴雨资料的收集

用于制定暴雨强度公式的雨量资料通常有两种:一是日雨量资料;二是自记雨量计资料。雨量资料可从机场附近的气象站或水文站收集,也可从机场所在的省级或地市级气象、水文部门收集。目前气象、水文部门都建立了数据库,可提出具体要求,由这些部门提供。气象或水文数据库中往往只有各历时的年或月最大值,如查阅其他资料,需要从自记雨量计纸带或原始记录上直接摘录。

根据暴雨公式制定的要求,每年选出几场最大的暴雨记录,然后逐场摘录规定时段的降雨量,计算相应时段的暴雨强度。对摘录时段的要求,场内外暴雨公式制定时有所不同。场内汇水面积小,汇流时间短,只需摘录 2h 以内的雨量,摘录时段一般为 5min、10min、15min、20min、30min、45min、60min、90min、120min 共 9 个时段。而场外汇水面积大,汇流历时长,要求摘录 24h 内的雨量,摘录历时一般为 10min、15min、30min、45min、60min、120min、180min、240min、360min、540min、720min、1 440min共 12 个时段。场外汇水面积不太大时,也可只摘录到 360min(6h)。现以某场降雨记录纸带上的曲线为例,说明摘录的方法。

图 4-5 是某站记录到的一场暴雨曲线,历时为 102min,雨量为 23.1mm,现要摘录 120min以内 9 个历时的雨量。若是经验比较丰富的人员可直接从曲线上摘录规定时段的降雨量,摘录时从曲线最陡(雨强最大)的地方开始,逐渐向两边扩展,获得该时段的最大雨量,填入表 4-1 中,并计算相应时段的暴雨强度。

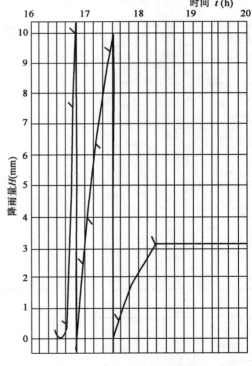

图 4-5　自记雨量计记录曲线

雨强—历时关系　　　　　　　　　　　　　表 4-1

历时(min)	雨量(mm)	降雨强度(mm/min)	所选时间	
			起	讫
5	7.0	1.40	16:43	16:48
10	9.8	0.98	16:43	16:53

历时（min）	雨量（mm）	降雨强度（mm/min）	所选时间	
			起	讫
15	12.1	0.81	16:43	16:58
20	13.7	0.68	16:43	17:03
30	16.0	0.53	16:43	17:13
45	19.1	0.42	16:43	17:28
60	20.4	0.34	16:37	17:37
90	22.4	0.25	16:37	18:07
120	23.1	0.19	16:37	18:37

如果对实际工作还不太熟练,则可按降雨进程以最小时段(如5min)为单位,依次摘录相应的降雨量并填入表4-2中,然后从表中最大的一个降雨量为准,依次扩展成规定时段的雨量,填入表4-3。这种方法也很方便,且不易出错。

5 min 降 雨 量　　　　　　　　　　　　　　　　　表4-2

历时（min）	雨量（mm）	时段起、讫时间		历时（min）	雨量（mm）	时段起、讫时间	
		起	讫			起	讫
5	0.4	16:37	16:42	5	0.5	17:32	17:37
5	7.1	16:42	16:47	5	0.4	17:37	17:42
5	2.6	16:47	16:52	5	0.4	17:42	17:47
5	2.4	16:52	16:57	5	0.3	17:47	17:52
5	1.6	16:57	17:02	5	0.3	17:52	17:57
5	1.2	17:02	17:07	5	0.3	17:57	18:02
5	1.2	17:07	17:12	5	0.3	18:02	18:07
5	1.1	17:12	17:17	5	0.2	18:07	18:12
5	1	17:17	17:22	5	0.1	18:12	18:17
5	0.9	17:22	17:27	5	0.1	18:17	18:22
5	0.7	17:27	17:32	15	0	18:22	18:37

雨强—历时关系　　　　　　　　　　　　　　　　　表4-3

历时（min）	雨量（mm）	降雨强度（mm/min）	所选时段	
			起	讫
5	7.1	1.42	16:42	16:47
10	9.7	0.96	16:42	16:52
15	12.1	0.81	16:42	16:57
20	13.7	0.68	16:42	17:02
30	16.1	0.53	16:42	17:12
45	19.1	0.42	16:42	17:27
60	20.7	0.34	16:37	17:37

历时 （min）	雨量 （mm）	降雨强度 （mm/min）	所 选 时 段	
			起	讫
90	22.7	0.25	16:37	18:07
120	23.1	0.19	16:37	18:37

应当指出，无论怎样摘录，所得各时段的雨量必须是相同时段的最大值。在摘录后，可前后移动起、讫时间，检查摘得的雨量是否是该历时内的最大值。如没有取得最大值，则应进行调整。

自记雨量计资料收集时应注意下列事项：

（1）记录纸带上的降雨曲线应是完整的。当曲线有欠缺但尚能根据已知的数据用适当的方法插补欠缺部分的数据时，也可采用。如果曲线既不完整，又无法插补时，应弃置不用。但对一些影响较大的大暴雨，应设法从附近站点的记录插补。

（2）当一次降雨的实际降雨总历时小于规定的长时段时，大于实际降雨总历时的各时段的暴雨强度仍由总降雨量除于该时段而得，即认为超过降雨总历时的时段内仍有降雨，但其雨量为0。

目前，自动气象站不再采用纸带记录，而是直接记录在电脑上。可根据记录的分钟雨量资料，摘出各历时的最大雨量。

如青海省某气象站2013年8月22日21、22、23时的小时雨量分别5.0、15.7、0.6mm。分钟雨量如表4-4所示，从此表摘得5～120分钟各历时的雨量和雨强，如表4-5所示。

分 钟 雨 量　　　　　　　　　　　　　　　　表4-4

分　　钟	21时分钟雨量(0.1mm)	22时分钟雨量(0.1mm)		23时分钟雨量(0.1mm)
1(31)		1	3	2
2(32)		1	2	1	1
3(33)	1		3	2
4(34)		1	3	1
5(35)		1	2	2	2
6(36)			3	1
7(37)		1	3	2
8(38)	1		4	3	1
9(39)		1	2	2
10(40)		1	4	2
11(41)	1	1	3	1
12(42)		1	4	1
13(43)		3	4	2	1
14(44)	1	1	5	1
15(45)		2	3	1
16(46)		2	3	1

87

分　钟	21 时分钟雨量(0.1mm)		22 时分钟雨量(0.1mm)		23 时分钟雨量(0.1mm)	
17(47)		3	5			
18(48)	2	2	3	1		
19(49)		2	4	1		
20(50)		1	6	1		
21(51)	1	1	7	1	1	
22(52)		1	5			
23(53)		2	6	1		
24(54)		2	6	1		
25(55)	1	1	6	1		
26(56)		1	7			
27(57)		2	5	1		
28(58)	1	1	4			
29(59)		2	4			
30(60)		3	4	1		

雨强—历时关系 表 4-5

历时(min)	雨量(mm)	降雨强度(mm/min)	所 选 时 间	
			起	讫
5	3.0	0.60	22:21	22:25
10	5.6	0.56	22:20	22:29
15	7.5	0.5	22:16	22:30
20	9.4	0.47	22:11	22:30
30	12.3	0.41	22:01	22:30
45	15	0.33	21:56	22:40
60	17.5	0.29	21:41	22:40
90	19.8	0.22	21:31	22.60
120	20.9	0.17	21:08	23:07

二、暴雨资料的审查与选样

1. 资料的审查

暴雨资料收集后,应对资料进行审查,以保证资料的质量。暴雨资料审查的方法与洪水资料的审查相似,包括资料的可靠性,代表性和一致性审查。

(1)资料的可靠性

暴雨资料是制定暴雨公式,推求设计暴雨的基础,因此必须可靠。即使是整编刊布的成果,应做必要的检查。通过检查可发现资料是否有错测、错记、错抄,使得资料相互矛盾。资料中的特大值对于推算成果影响很大,检查时更需特别仔细。

(2)资料的代表性

这里的代表性有两层含义:一是时间上的代表性,即短期的雨量观测资料能否代表长期的暴雨特性。即数理统计中的抽样误差问题。为了减少抽样误差,对雨量资料的年限有一定要求。用于制定场外防洪设计的暴雨公式,资料不应少于 20 年。用于制定场内排水设计的暴雨公式,资料一般不少于 10 年;如不足 10 年,但在连续 5 年以上,且在此年限内无特殊干旱、特大雨洪或其他特殊情况时,可进行统计分析,但只能作为参考,还应通过其他资料进行检验。这种代表性检查的方法与洪水资料代表性检查类似,可参见第三章。二是空间上的代表性,即用作统计的气象站或水文站的雨量资料能否代表机场汇水区的暴雨特性。有些机场距离有较长雨量资料的气象站或水文站比较远,且地形条件也有一定区别,可能造成暴雨特性的差异。因此,应多找几个附近的气象站或水文站资料,进行对比分析。或利用机场临时气象站的短期资料进行对比分析。如果差异较大,应分析原因,并作必要的修正。

(3)资料的一致性

用于统计分析的资料产生条件应该一致。雨量资料的一致性检查主要包括雨量站的位置是否有迁移、观测仪器及其他条件是否变化等。当资料条件前后不一致时,应作适当的改正。

2.资料的选样

从现有的雨量资料中,用适当的方法选出一个样本,用于制定暴雨公式。选样的方法已在第三章介绍。用于场外防洪设计,应采用年最大值法,每年选择一个最大值,各时段应分别选取各自的年最大值,不论这些值是否出于同一场暴雨。而用于场内排水设计时,一般应采用年平均数量法,即每年各个时段选择 6~8 个最大值,然后不论年次,将每个时段的子样分别按大小次序排列,再从中选择资料年数 3~4 倍的最大值,作为统计的基础。但用年平均数量法选样所需的资料很多,且一般的水文、气象数据库中不易查到,需要从自记雨量计纸带或原始雨量记录中摘录,非常麻烦,有时很难获得。为此,我们提出了用年最大值法选样,并作一定修正的方法来代替年平均数量法。

年最大值法选样时,每年选一个最大值。在多雨年份排位第二、第三的暴雨可能比少雨年份的最大值还要大。用年最大值法选样,就会漏掉这些数值较大,但并不是年内最大的暴雨。年最大值法与年平均数量法的统计结果差异主要在重现期较小的部分,即年最大值法的结果在重现期 5 年以下部分明显偏小。而城市、机场场内排水的设计重现期都在 5 年以下。因此年最大值法不能直接用于城市、机场场内排水的暴雨资料选样。根据数理统计理论,年最大值法和非年最大值法(超大值法、年平均数量法)的重现期有如下关系:

$$N_E = \left[\ln\left(\frac{N_M}{N_M - 1} \right) \right]^{-1} \qquad (4-4)$$

式中:N_M——年最大值法选样的重现期;

N_E——非年最大值法选样的重现期。

两者之间的数值关系见表4-6。通过此式转换后,就可将年最大值法应用于城市和机场场内排水。详细方法在后面介绍。

年最大值法与非年最大值法重现期的比较　　　　　　　表 4-6

N_E(年)	1	2	5	10	20	50
N_M(年)	1.58	2.54	5.51	10.51	20.50	50.50
相对误差(%)	58	27	10.2	5.1	2.5	1.0

三、暴雨资料的统计

暴雨资料收集以后,应进行统计,得出该地区的 a-t-N 关系,以便制定暴雨强度公式。雨强统计时,把各时段的雨强作为一个样本,分别进行频率分析。频率曲线可以用 P-Ⅲ 分布,也可以用指数分布。

1. P-Ⅲ分布

用 P-Ⅲ曲线适线的方法在前几章已作了介绍,一般用于年最大值选样的资料,具体步骤如下:

(1)按某种选样方法选取各时段的暴雨强度,排成递减系列,计算经验频率,填入表 4-7。

$$P = \frac{m}{n+1} \qquad (4-5)$$

式中:P——年频率;

n——资料年数;

m——从大到小排列的序号。

(2)把经验频率点据点绘在概率纸上,用理论频率曲线适线,如图 4-6 所示。各历时的曲线可绘于同一概率纸上(曲线过多时可分为两张图),适线时应注意各历时的统计参数相互协调,以避免曲线相交等不合理现象。

(3)从频率曲线上获取各历时规定重现期的强度,填入表 4-8,得到该地区的 a-t-N 关系,作为制定暴雨公式的依据。

各历时暴雨强度记录(mm/min)　　　　　　　表 4-7

序　号	降雨历时(min)										P_m
	10	20	30	45	60	90	120	180	240	360	
1	1.07	0.615	0.567	0.471	0.378	0.274	0.226	0.178	0.136	0.093	$1/(n+1)$
2	0.83	0.545	0.397	0.342	0.280	0.222	0.177	0.122	0.094	0.081	$2/(n+1)$
3	0.77	0.480	0.367	0.327	0.265	0.204	0.159	0.112	0.094	0.073	$3/(n+1)$
⋮	⋮	⋮	⋮	⋮	⋮	⋮	⋮	⋮	⋮	⋮	⋮
m	⋮	⋮	⋮	⋮	⋮	⋮	⋮	⋮	⋮	⋮	$m/(n+1)$
⋮	⋮	⋮	⋮	⋮	⋮	⋮	⋮	⋮	⋮	⋮	⋮

a-t-N 关 系 值　　　　　　　表 4-8

N \ a \ t	10	20	30	45	60	90	120	180	240	360
100	1.238	0.762	0.615	0.488	0.398	0.309	0.244	0.184	0.152	0.106
50	1.115	0.693	0.558	0.440	0.358	0.278	0.222	0.168	0.138	0.097
30	⋮	⋮	⋮	⋮	⋮	⋮	⋮	⋮	⋮	⋮
20	⋮	⋮	⋮	⋮	⋮	⋮	⋮	⋮	⋮	⋮
10	0.820	0.531	0.420	0.324	0.264	0.205	0.168	0.1262	0.104	0.077

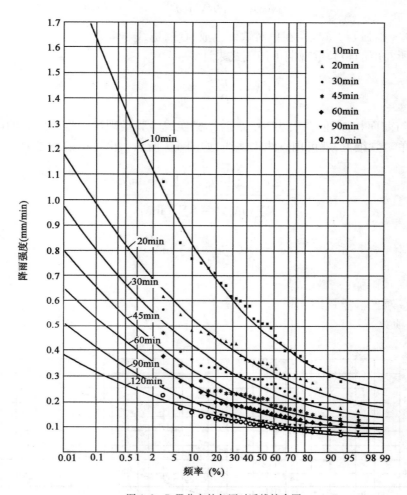

图 4-6　P-Ⅲ分布的各历时适线综合图

场外暴雨公式制定时,选取的重现期一般为 10 年、20 年、30 年、50 年、100 年等,也可根据需要选定。

如果用年最大值法选样,年频率 P 与重现期 N 互为倒数关系。

2. 指数分布

指数分布适用于非年最大值法(如平均数量法)选样的资料。其分布函数为:

$$P = e^{-(x-d)/c} \tag{4-6a}$$

式中:P——频率;

　　x——随机变量;

　c、d——分布参数。

两边取对数,并整理后得:

$$x = c\ln\frac{1}{P} + d \tag{4-6b}$$

用重现期 $N = 1/P$ 代入,则:

$$x = c\ln N + d \tag{4-6c}$$

此式中随机变量(雨强)与重现期在单对数纸上成直线,适线非常方便。

各个雨强所对应的经验重现期可用下式来计算:

$$N = \frac{1}{P} = \frac{n+1}{m} \tag{4-7}$$

具体方法与前面相似,但在表4-7中最后一栏换成经验重现期。将各历时的雨强与经验重现期绘制在单对数纸上,就可用直线来适线,如图4-7所示。也可用最小二乘法适线:

$$c = \frac{\sum\limits_{i=1}^{S} a_i \cdot \sum\limits_{i=1}^{S} \ln N_i - S\sum\limits_{i=1}^{S} a_i \cdot \ln N_i}{(\sum\limits_{i=1}^{S} \ln N_i)^2 - S\sum\limits_{i=1}^{S} (\ln N_i)^2} \tag{4-8a}$$

$$d = \frac{1}{S}(\sum\limits_{i=1}^{S} a_i - c\sum\limits_{i=1}^{S} \ln N_i) \tag{4-8b}$$

式中: a_i ——第 i 项雨强;

N_i ——第 i 项经验重现期;

S ——总项数。

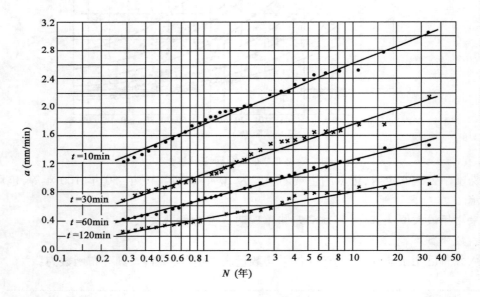

图 4-7 指数分布的适线图

最后,从直线或公式中得到规定重现期的雨强,填入表4-8中。

制定场内暴雨公式时,选取的重现期一般为 0.25 年、0.33 年、0.5 年、1 年、2 年、5 年、10 年。目前机场排水设计重现期一般都在 1 年以上,因此也可不选过小的重现期,可去掉 0.25 年、0.33 年。

在城市和机场场内排水设计中,暴雨资料如果用年最大值法选样,需要用式(4-4)对重现期进行修正。一种方法是先按年最大值法的资料制定暴雨公式,在使用时将重现期转换到非年最大值的重现期。例如,设计重现期取 1 年,先用式(4-4)反算出 $N_M = 1.58$ 年,再用 1.58 年代入暴雨公式计算雨强。这种方法比较麻烦,而且给人一种重现期提高的错觉。笔者曾提出另一种方法,在制定暴雨公式时先将各资料所对应的重现期转换过来,在使用时就可用设计重现期直接代入计算。这样比较方便,而且制定的暴雨公式与采用年平均数量法制定的公式相差不大,平均误差在 2% 左右,完全满足工程需要。具体方法如下:

(1)先用年最大值法选取各历时的雨强,并按大小次序排列。

(2)用式(4-10)计算经验重现期,并用式(4-4)转换成非年最大值的重现期。将式(4-8)代入式(4-4)得:

$$N_E = \left[\ln\left(\frac{\frac{n+1}{m}}{\frac{n+1}{m} - 1} \right) \right]^{-1} = \left[\ln\left(\frac{n+1}{n+1-m} \right) \right]^{-1} \tag{4-9}$$

因此可直接用式(4-9)计算经验重现期。

(3)统计各历时的雨强与重现期的关系。通过式(4-4)的转换,雨强一般服从指数分布,雨强与重现期在单对数纸上成直线,如图 4-8 所示。因此统计方法完全与前面相同。

总之,用年最大值法选样时,资料统计的方法与用年平均数量法类似,只是用式(4-9)代替式(4-8)计算经验重现期,因此是很方便的。但该法要求资料年限不能过短,否则点据过少影响适线精度,一般应不少于 15 年。这种方法解决了年平均数量法资料收集难的问题,值得今后推广。

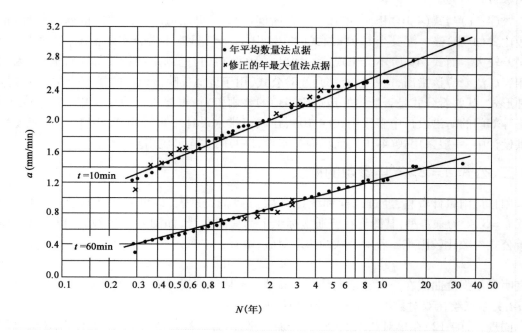

图 4-8 修正的年最大值法和年平均数量法适线(温州市暴雨资料)

第三节　暴雨强度公式的推求

一、暴雨强度公式

用来反映暴雨特性的公式形式有多种,目前常用的形式有下列两种:

$$a = \frac{S_p}{t^n} \tag{4-10}$$

$$a = \frac{S_p}{(t + b)^n} \tag{4-11}$$

式中:n——暴雨衰减指数;

b——时间参数或调直参数;

S_p——雨力,它随重现期的不同而变。

S_p、n、b 均为暴雨的地区性参数。

S_p 与 N 的关系常用下列关系式表达:

$$S_p = A + B\lg N = A(1 + C)\lg N \tag{4-12}$$

式中 A、B、C 也为暴雨的地区性参数。

公式中的暴雨强度 a,是历时 t 内的最大平均暴雨强度值。t 的单位为 min 或 h,相应的雨强单位为 mm/min 或 mm/h。地区性参数 n、b、A、B、C 随各地的气候条件而异,也与历时和雨强的单位有关。所谓制定暴雨强度公式,就是根据 a-t-N 关系值(表4-8),确定公式形式和其中的参数。

式(4-11)与式(4-10)相比,增加了一个时间参数 b,更能适应不同地区的暴雨特性,精度一般比式(4-10)高。尤其当 $t \to 0$ 时,式(4-10)中 $a \to \infty$,显然不符合实际情况,因此当 t 较小时误差较大。而式(4-11)不会出现这一情况。但式(4-10)的制定和使用都比较简单,因此应用相当广泛。应该指出,这些公式都是经验公式,用于近似反映该地区的暴雨特性。究竟采用哪种形式,既要看公式是否能更好地适应当地的暴雨资料,也要考虑简单实用。目前在水利、公路等部门的防洪设计中多采用式(4-10),在城市排水设计中多采用式(4-11)。在机场场外防洪设计中,一般采用式(4-10),而场内排水设计中,两式均可使用。

二、公式 $a = S_p/t^n$ 中参数的推求

用自记雨量计资料,经过选样和统计,得到 a-t-N 关系表,即可确定暴雨公式中的参数。公式 $a = S_p/t^n$ 为乘幂型,其图形在普通坐标纸上为递减曲线,如图 4-9a)所示。根据这一曲线分析公式参数比较困难。若对公式两边取对数,则有:

$$\lg a = \lg S_p - n\lg t \tag{4-13}$$

这表明暴雨强度曲线在双对数纸上是一条直线。n 是该直线的斜率,如图 4-9b)所示。因此,当 a-t 关系点绘在双对数纸上呈直线趋势时,即可用此式。

同理,式(4-12)在单对数纸上(S_p 为普通分格,N 为对数分格)也是一条直线,B 为直线的斜率。经过这种转换,将比较复杂的曲线适线问题变成了简单的直线适线问题,就可用图解法

或解析法（最小二乘法）确定公式中的参数。

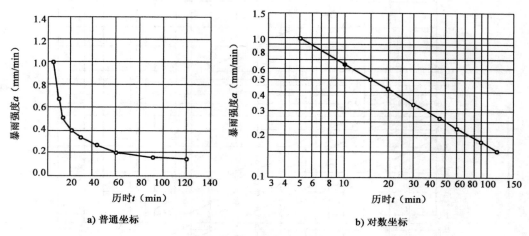

a) 普通坐标 　　　　　　　　　　　b) 对数坐标

图 4-9　暴雨强度—历时关系曲线

1. 图解法

将经过整理的 a-t-N 值（表 4-9），以重现期 N 为参数，将 a-t 关系点绘在双对数纸上，如图 4-10 所示，共有 7 组点据。目估定出每组点据的相关直线，使直线与点据的误差最小。由于斜率 n 是一个地区性参数，一般不随重现期 N 而变，因此各直线应相互平行。为简化这一工作，可将历时 t 相同的各暴雨强度求平均值，点绘于图 4-10 的上方，并作相关线，可从图中获得斜率 $n=0.487$。作其他各组点据的相关线时，都与此线平行。

某站自记雨量资料记录整理成果　　　　　　　　　　　　　　　　表 4-9

重现期（年）	降雨历时 t(min)								
	5	10	15	20	30	45	60	90	120
	降雨强度 a(mm/min)								
10	3.800	2.820	2.240	2.090	1.750	1.440	1.240	0.965	0.825
5	3.330	2.480	2.060	1.840	1.530	1.260	1.080	0.840	0.719
2	2.710	2.020	1.690	1.500	1.250	1.020	0.863	0.675	0.578
1	2.240	1.680	1.420	1.240	1.030	0.838	0.701	0.550	0.472
0.5	1.760	1.340	1.140	0.988	0.817	0.656	0.537	0.425	0.366
0.33	1.480	1.140	0.971	0.834	0.688	0.548	0.439	0.350	0.302
0.25	1.290	1.000	0.860	0.732	0.602	0.474	0.374	0.300	0.259
$\bar{a}$	2.370	1.780	1.480	1.320	1.100	0.891	0.748	0.586	0.503

由式（4-10）可知，当 $t=1$ 时，$a=S_p$，由此即可获得各重现期所对应的雨力 S_p 值，填入表 4-10。

S_p-N 关系值　　　　　　　　　　　　　　　　　表 4-10

重现期 N(年)	10.0	5.0	2.0	1.0	0.5	0.33	0.25
雨力 S_P(mm/min)	8.77	7.77	6.27	5.15	4.02	3.38	2.92

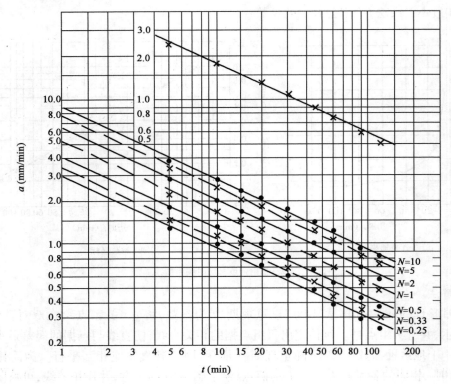

图 4-10　某地 a-t-N 关系曲线

将表中数值点绘在单对数坐标纸上,绘出与该组点据相适应的直线,如图 4-11 所示。由式(4-12)可知,当 $N = 1$ 时,$S_{p1} = A$;当 $N = 10$ 时,$S_{p10} = A + B$,所以斜率 $B = S_{p10} - A$。由图 4-11 即得 $A = 5.16$,$B = 3.69$。所以得当地的暴雨公式为:

$$a = \frac{5.16 + 3.69\lg N}{t^{0.487}} \qquad (4\text{-}14)$$

或:

$$a = \frac{5.16(1 + 0.715)\lg N}{t^{0.487}}$$

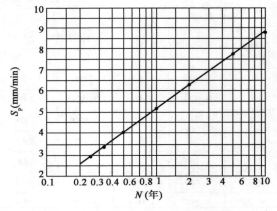

图 4-11　参数 A 及 B 的图解

2. 解析法

用图解法求暴雨公式的参数简单直观,但相关线完全由目估确定,受主观影响较大。因此可用最小二乘法原理,用解析法确定暴雨公式的参数。

将式(4-13)作适当的代换,即令 $x = \lg t$,$y = \lg a$,$a = -n$,$b = \lg S_p$,则标准直线方程为:

$$y = ax + b$$

就可直接用第二章介绍的直线相关方程确定参数。将每一重现期的暴雨强度 a 与历时 t 看作一组点据作回归线,把上述代换代入公式(2-55)和公式(2-56),得:

$$n = \frac{m\sum_{i=1}^{m}\lg a_i \cdot \lg t_i - \sum_{i=1}^{m}\lg a_i \cdot \sum_{i=1}^{m}\lg t_i}{(\sum_{i=1}^{m}\lg t_i)^2 - m\sum_{i=1}^{m}(\lg t_i)^2} \qquad (4\text{-}15)$$

$$\lg S_P = \frac{1}{m}(\sum_{i=1}^{m}\lg a_i + n\sum_{i=1}^{m}\lg t_i) \qquad (4\text{-}16)$$

式中:m——降雨历时的总项数。

由式(4-15)求得的暴雨参数 n 值,只是某个重现期的参数。对不同的重现期,可得不同的 n 值。为了统一,可取各重现期的平均值 $\bar{n}$,在式(4-16)中的 n 也用 $\bar{n}$ 值代替。

为简化计算,平均值 $\bar{n}$ 可按下式计算:

$$\bar{n} = \frac{m\sum_{i=1}^{m}\lg \bar{a}_i \cdot \lg t_i - \sum_{i=1}^{m}\lg \bar{a}_i \cdot \sum_{i=1}^{m}\lg t_i}{(\sum_{i=1}^{m}\lg t_i)^2 - m\sum_{i=1}^{m}(\lg t_i)^2} \qquad (4\text{-}17)$$

或:

$$\bar{n} = \frac{m\sum_{i=1}^{m}\overline{\lg a_i} \cdot \lg t_i - \sum_{i=1}^{m}\overline{\lg a_i} \cdot \sum_{i=1}^{m}\lg t_i}{(\sum_{i=1}^{m}\lg t_i)^2 - m\sum_{i=1}^{m}(\lg t_i)^2} \qquad (4\text{-}18)$$

式中:$\bar{a}_i$——同一时段各雨强的平均值;

$\overline{\lg a_i}$——同一时段各雨强对数值的平均值。其值为:

$$\overline{\lg a_i} = \frac{1}{M}\sum_{j=1}^{M}\lg a_j$$

M——重现期的总项数。

求得 $\bar{n}$ 值后,用式(4-16)($\bar{n}$ 代替 n)计算各重现期对应的 $\lg S_P$ 值,继而获得 S_P 值。同理,参数 A、B 也可用类似的公式确定:

$$A = \frac{\sum_{j=1}^{M}(S_{pj} \cdot \lg N)\sum_{j=1}^{M}\lg N - \sum_{j=1}^{M}S_{pj} \cdot \sum_{j=1}^{M}(\lg N)^2}{(\sum_{j=1}^{M}\lg N)^2 - M\sum_{j=1}^{M}(\lg N)^2} \qquad (4\text{-}19)$$

$$B = \frac{\sum_{j=1}^{M}S_{pj} \cdot \sum_{j=1}^{M}\lg N - M\sum_{j=1}^{M}S_{pj} \cdot \lg N}{(\sum_{j=1}^{M}\lg N)^2 - M\sum_{j=1}^{M}(\lg N)^2} \qquad (4\text{-}20)$$

【例 4-1】 仍以表 4-9 的资料为例,说明解析法的应用。

方法一:

【解】 其计算步骤如下:

(1)求暴雨衰减指数 n

为计算方便,列出计算表 4-11。

n、S_p 值计算用表　　　　　　　　　　　　　　　　　　表 4-11

	$t_{\min}$	5	10	15	20	30	45	60	90	120	Σ	
N	$\lg t$	0.699	1.000	1.176	1.301	1.477	1.653	1.778	1.954	2.079	13.117	$\Sigma \lg a$
	$(\lg t)^2$	0.489	1.000	1.383	1.692	2.182	2.766	3.162	3.819	4.323	20.783	
10		3.800	2.820	2.240	2.090	1.750	1.440	1.240	0.965	0.825		2.097
5		3.330	2.480	2.060	1.840	1.530	1.260	1.080	0.840	0.719		1.595
2		2.710	2.020	1.690	1.500	1.250	1.020	0.863	0.675	0.578		0.775
1	a	2.240	1.680	1.420	1.240	1.030	0.838	0.701	0.550	0.472		0.017
0.5		1.760	1.340	1.140	0.988	0.817	0.656	0.537	0.425	0.366		−0.927
0.33		1.480	1.140	0.971	0.834	0.688	0.548	0.439	0.350	0.302		−1.62
0.25		1.290	1.000	0.860	0.732	0.602	0.474	0.374	0.300	0.259		−2.172
	$\lg \bar{a}$	0.375	0.250	0.170	0.121	0.041	−0.050	−0.126	−0.232	−0.294	0.255	
	$\lg \bar{a} \cdot \lg t$	0.262	0.250	0.200	0.157	0.061	−0.083	−0.224	−0.453	−0.611	−0.441	

$$\bar{n} = \frac{m\sum_{i=1}^{m}\lg \bar{a_i} \cdot \lg t_i - \sum_{i=1}^{m}\lg \bar{a_i} \cdot \sum_{i=1}^{m}\lg t_i}{(\sum_{i=1}^{m}\lg t_i)^2 - m\sum_{i=1}^{m}(\lg t_i)^2} = \frac{9 \times (-0.441) - 0.255 \times 13.117}{(13.117)^2 - 9 \times 20.783} = 0.488$$

（2）求不同重现期的雨力 S_p

把 n 及表 4-11 中的 $\sum \lg a$ 代入式（4-16），就可得到 S_p。以 $N = 10$ 年为例，有：

$$\lg S_P = \frac{1}{m}(\sum_{i=1}^{m}\lg a_i + \bar{n}\sum_{i=1}^{m}\lg t_i) = \frac{1}{9}(2.097 + 0.488 \times 13.117) = 0.944$$

$$S_p = 8.79$$

同样，可获得其他重现期的 S_p 值，列于表 4-12 中。

S_p-N 关 系 值　　　　　　　　　　　　　　　　　　表 4-12

重现期 N（年）	10	5	2	1	0.5	0.33	0.25
雨力 S_P（mm/min）	8.79	7.74	6.27	5.17	4.06	3.38	2.95

（3）求参数 A 和 B

列出计算表 4-13，用式（4-19）和式（4-20）计算 A 和 B。

$$A = \frac{\sum_{j=1}^{M}(S_{pj} \cdot \lg N)\sum_{j=1}^{M}\lg N_j - \sum_{j=1}^{M}S_{pj} \cdot \sum_{j=1}^{M}(\lg N_j)^2}{(\sum_{j=1}^{M}\lg N_j)^2 - M\sum_{j=1}^{M}(\lg N_j)^2} = \frac{11.46 \times 0.615 - 38.35 \times 2.262}{(0.615)^2 - 7 \times 2.262} = 5.16$$

$$B = \frac{\sum_{j=1}^{M}S_{pj} \cdot \sum_{j=1}^{M}\lg N_j - M\sum_{j=1}^{M}(\lg N_j \cdot S_{pj})}{(\sum_{j=1}^{M}\lg N_j)^2 - M\sum_{j=1}^{M}(\lg N_j)^2} = \frac{38.35 \times 0.615 - 7 \times 11.46}{(0.615)^2 - 7 \times 2.262} = 3.67$$

A、B 计 算

表 4-13

序　　　号	重现期 N(年)	lg$N$	(lg$N$)^2	雨力 S_P(mm/min)	$S_P \times$ lg$N$
1	10	1.000	1.000	8.79	8.79
2	5	0.699	0.489	7.74	5.41
3	2	0.301	0.090	6.27	1.89
4	1	0.00	0.000	5.17	0.00
5	0.5	−0.301	0.090	4.06	−1.22
6	0.33	−0.482	0.231	3.38	−1.63
7	0.25	−0.602	0.362	2.95	−1.78
$\sum_1^7$		0.615	2.262	38.35	11.46

（4）得出暴雨公式：

$$a = \frac{5.16 + 3.67\lg N}{t^{0.488}} \tag{4-21a}$$

或写成：

$$a = \frac{5.16(1 + 0.711\lg N)}{t^{0.488}} \tag{4-21b}$$

解析法精度较高，但公式很多，计算复杂，而且没有图解法直观。如果采用 Microsoft Excel 软件辅助进行解析法计算，既直观，又比较方便。现仍以表 4-9 的数据为例，介绍用 Excel 表辅助计算的方法。

方法二：

【解】 步骤如下：

（1）将表 4-14 中的 a-t-N 关系数据拷入 Excel 软件，并由 Excel 软件求平均值功能，计算各历时的雨强平均值。

a-t-N 关 系

表 4-14

重现期 （年）	降雨历时 t(min)								
	5	10	15	20	30	45	60	90	120
10	3.8	2.82	2.24	2.09	1.75	1.44	1.24	0.965	0.825
5	3.33	2.48	2.06	1.84	1.53	1.26	1.08	0.84	0.719
2	2.71	2.02	1.69	1.5	1.25	1.02	0.863	0.675	0.578
1	2.24	1.68	1.42	1.24	1.03	0.838	0.701	0.55	0.472
0.5	1.76	1.34	1.14	0.988	0.817	0.656	0.537	0.425	0.366
0.33	1.48	1.14	0.971	0.834	0.688	0.548	0.439	0.35	0.302
0.25	1.29	1	0.86	0.732	0.602	0.474	0.374	0.3	0.259
平均值	2.373	1.783	1.483	1.318	1.095	0.891	0.748	0.586	0.503

（2）将历时 t 和平均雨强两行数值求对数，选定两项对数值，插入散点图，然后选定数据点，击右键后添加数据线，选定线性曲线，并设置数据线格式，选定显示公式、显示 R 平方值。得到相关曲线方程和相关系数 R 的平方。然后设置纵、横坐标轴标题，得到图 4-12 的图形。

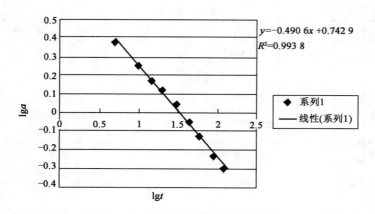

图 4-12　平均雨强与历时关系适线图

从图中看出,平均雨强与历时的点据与适配曲线配合良好,相关系数的平方高达 0.993 8,曲线方程为 $y = -0.490\,6x + 0.742\,9$。即得暴雨衰减指数 $n = 0.490\,6$。

(3)利用 Excel 软件中的函数公式计算各项雨强的对数值,然后求每行的和(同一重现期中各历时的雨强对数值之和)。根据式(4-16)得到式:

$$S_{P} = 10^{\frac{1}{m}(\sum_{i=1}^{m}\lg a_{i} + n\sum_{i=1}^{m}\lg t)}$$

利用 Excel 软件编写公式完成 S_{P} 计算,结果见表 4-15。

雨强对数值及 S_{p} 计算表　　　　　　　　　　　　　　　　表 4-15

N	t	5	10	15	20	30	45	60	90	120	Σ	S_{p}
	$\lg t$	0.699	1.000	1.176	1.301	1.477	1.653	1.778	1.954	2.079	13.118	
10		0.580	0.450	0.350	0.320	0.243	0.158	0.093	−0.015	−0.084	2.096	8.883
5		0.522	0.394	0.314	0.265	0.185	0.100	0.033	−0.076	−0.143	1.595	7.814
2		0.433	0.305	0.228	0.176	0.097	0.009	−0.064	−0.171	−0.238	0.775	6.335
1	$\lg a$	0.350	0.225	0.152	0.093	0.013	−0.077	−0.154	−0.260	−0.326	0.017	5.219
0.5		0.246	0.127	0.057	−0.005	−0.088	−0.183	−0.270	−0.372	−0.437	−0.925	4.101
0.33		0.170	0.057	−0.013	−0.079	−0.162	−0.261	−0.358	−0.456	−0.520	−1.622	3.432
0.25		0.111	0.000	−0.066	−0.135	−0.220	−0.324	−0.427	−0.523	−0.587	−2.172	2.981
平均		0.375	0.251	0.171	0.120	0.040	−0.050	−0.126	−0.232	−0.298		

(4)将 N 取对数,并和 S_{P} 数据放在一起,选定 $\lg N$ 和 S_{P} 两列数据,插入散点图,然后选配线性曲线,并显示公式和 R 平方值。如图 4-13 所示。

从图中得到相关方程 $y = 3.688\,6x + 5.206\,2$,相关系数为 1。即得暴雨公式参数 $A = 5.206\,2$,$B = 3.688\,6$。

最终得暴雨公式:

$$a = \frac{5.206\,2 + 3.688\,6\lg N}{t^{0.490\,6}} \qquad (4\text{-}22)$$

利用 Excel 软件,不仅能方便地完成所有计算,还可得到适线图,是比较实用的方法。

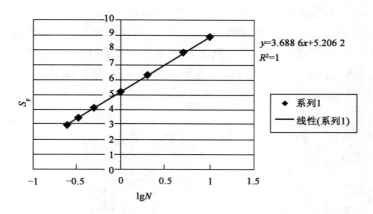

图 4-13　S_p 与 lg$N$ 关系适线图

3. 暴雨强度公式的标准差

暴雨强度公式的标准差,是衡量暴雨强度公式精度的指标。标准差越小,公式的精确度越高。当以同一资料按不同方法制定出两个以上的暴雨强度公式时,应进行标准差计算,选择标准差最小的作为采用的暴雨强度公式。暴雨公式的标准差可按下式计算:

$$\sigma = \sqrt{\frac{\sum_{1}^{m}\left(a_g - a_j\right)^2}{m}} \tag{4-23}$$

式中:m——降雨历时的总项数;

a_g——观测值;

a_j——计算值。

例如,应用式(4-23)求得暴雨强度公式(4-14)、(4-21)和(4-22)的标准差,如表 4-16所示。

各公式标准差比较表

表4-16

N(年)	10	5	2	1	0.5	0.33	0.25	$\overline{\sigma}$
$\sigma_{(4-14)}$	0.099 6	0.076 5	0.059 7	0.048 6	0.044 7	0.042 6	0.042 8	0.059 2
$\sigma_{(4-21)}$	0.093 5	0.073 3	0.058 4	0.048 5	0.045 0	0.042 9	0.042 7	0.057 8
$\sigma_{(4-22)}$	0.098 8	0.078 0	0.062 0	0.051 1	0.046 4	0.043 2	0.042 5	0.060 3

由表可见,式(4-21)的精度略高,但相差很小。图解法的精度受工作人员的经验影响,有时差异较大。当目估定线把握不大时,最好用数解法或用 Excel 辅助求解。

三、公式 $a = S_p/(t+b)^n$ 中参数的推求

当 a 与 t 点绘在双对数纸上呈曲线分布时,用式(4-10)就会有较大误差,此时可用式(4-11),在历时 t 上加一个调直参数 b,使曲线成为直线,如图 4-14 所示。当 b 确定后,把 $t+b$ 看作历时 t',参数 n 和 A、B 的确定方法与前面完全相同。因此确定参数 b 是关键。b 的确定可用图解法(试摆法),也可用数解法。

1. 试摆法

试摆法就是在图 4-14 上保持纵坐标 lg$a$ 不变,在各个历时 t 上,试加相同的 b 值,使横坐

标 $\lg t$ 变为 $\lg(t+b)$，直至试凑到各点呈直线趋势时为止。此时试加之值就是所求之 b 值。由于各重现期可能有各自合适的 b 值，因此在试摆时应照顾多组点据，且要使各直线相互平行。直接求统一的 b、n 比较困难。一般先分别确定每个重现期的 b、n 的初值，并求出 n 的第一次平均值，再调整 b，S_p，求出 b 的平均值和 n 的第二次平均值，最后求出 A、B 值。由于试摆法需手工作图计算，工作量大，且精度不高，目前较少采用。

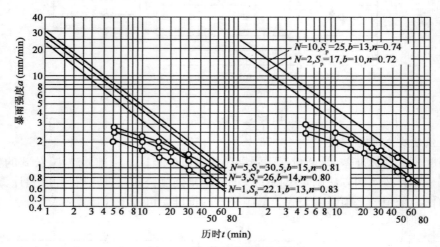

图 4-14　用试摆法求暴雨公式参数

2. 数解法

由于式(4-11)是非线性方程，直接求解参数比较困难。一般都采用迭代法求解。目前解法比较多。较好的有高斯—牛顿法或修正的高斯牛顿法——麦夸尔特法，可参考有关教材和学术刊物。这里介绍一种最简单的优化方法——0.618 法。

先假定一个 b 值，用 $t+b$ 作为式(4-15)～式(4-18)中的 t，计算参数 n、A、B，得到一个暴雨公式。假定不同的 b 值，就可得到不同的公式。这些公式的标准差也是不同的。因此可以把标准差看成是变量 b 的函数。我们可以在一定范围内找到一个 b 值，使标准差最小。这是一个一维函数的极小值问题，由于标准差与 b 的关系很复杂，我们用 0.618 法进行优化。其原理如下：

设单峰函数 $f(x)$ 在区间 $[c,d]$ 上有一极小值，如图 4-15 所示。取内点：

$$x_r = c + \tau(d - c) \qquad (4-24)$$
$$x_1 = c + (1 - \tau)(d - c) \qquad (4-25)$$

其中：

$$\tau = \frac{1}{1 + \sqrt{5}} \approx 0.618$$

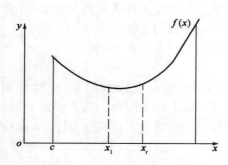

图 4-15　用 0.618 法优选参数 b

若 $f(x_r) > f(x_1)$，说明 x_r 以右不会有极小值，把搜索区间缩短到 $[c, x_r]$，即区间左端点不变，原右内点 x_r 变成右端点 $d = x_r$，原左内点 x_1 变为新右内点($x_r = x_1$)，并用式(4-25)计算新左内点 x_1；反之，若 $f(x_r) < f(x_1)$，说明 x_1 以左不会有极小值，把搜索区间缩短到

$[x_1,d]$，即令$c=x_1,x_1=x_r$，并用式（4-24）计算新右内点x_r。重复上述过程继续搜索，每一次搜索可将区间缩短0.618倍，因此经过有限次搜索区间长度就可小于规定的精度要求。

用此法确定暴雨公式的参数，计算工作量很大，因此必须编程计算。

在工作实践中，我们总结出一种利用Excel表的试摆法。即将$\lg(t+b)$和$\lg a$的关系用Excel表适线，不但可目估看点据是否成直线趋势，还可根据R^2的大小判断适线的好坏。调整b值，当R^2值最大时，即为最佳的b值。

仍以例4-1的资料为例，当$b=0$时，从图4-12中看出$\lg t$与$\lg a$的点据不完全成直线。现将t上试加3、4、5等，得到的R^2分别为0.998 7、0.999和0.998 9，因此，可看出当$b=4$时，R^2最大。因此可确定$b=4$。适线图如图4-16所示。此时$n=0.588 3$。将$t+4$作为原来的t，分别计算S_p，并适线得A、B，如图4-17所示。从图中得到$A=8.073$，$B=5.719 7$。因此暴雨公式为：

$$a = \frac{8.073 + 5.719\,7\lg N}{(t+4)^{0.588\,3}}$$

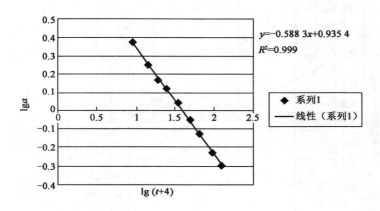

图4-16　试加b后的适线图

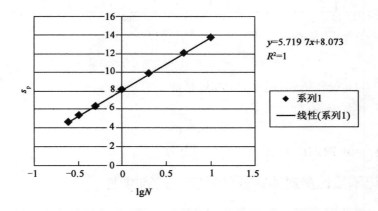

图4-17　S_p与$\lg N$适线图

求该公式的标准差，得平均值为0.030 9，比式（4-14）、式（4-21）、式（4-22）的标准差均有大幅度的减小，即公式的精度有很大提高。

这一方法与 $a = S_p/t^n$ 公式制定相比,增加的工作量不多,只需在 $\lg a$ 与 $\lg t$ 适线环节中试加 b,取 R^2 最大时的 b 值,在 S_p 计算时,用 $\lg(t+b)$ 代替原来的 $\lg t$,其他步骤完全相同。与手工作图的试摆法和数解法相比,工作量减小几倍甚至几十倍。因此值得推广应用。

一般情况下,制定形式为 $a = S_p/(t+b)^n$ 的暴雨强度公式,要比制定形式为 $a = S_p/t^n$ 的暴雨强度公式复杂得多。因此,水利、公路等部门在小流域洪水计算中采用的暴雨公式,只用 $a = S_p/t^n$ 型。当 a 与 t 点绘在双对数坐标纸上不呈直线分布时,将它概化为不同斜率的两条直线,分属长、短历时,其转折点的时间为 t_0。经水利科学研究院水文所对上海、北京、天津、天水、成都、贵阳、昆明等地自记雨量计资料的分析,认为 t_0 一般可取 1h。这样的暴雨强度公式就有两个斜率,即短历时($t < 1h$)直线的斜率 n_1,长历时($t \geqslant 1h$)直线的斜率 n_2,且 $n_2 > n_1$,如图 4-18 所示。当 t 以小时计时,雨力 S_p 相当于 1h 的暴雨强度,故 n 的变动对 S_p 没有影响。

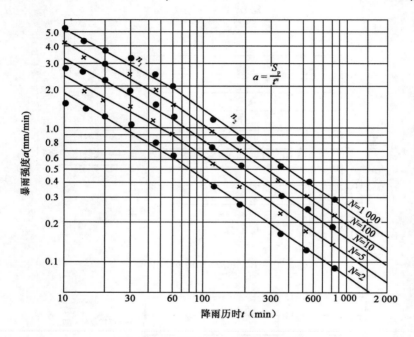

图 4-18 暴雨强度与历时关系的分段表示

有时除在 $t = 1h$ 处转折外,还在 $t = 6h$ 处增加一个转折点,成为三段直线。第三段的斜率为 n_3,雨力 S_p' 与 n 有关,需重新确定:

$$S_p' = S_p 6^{(n_2 - n_3)} \tag{4-26}$$

式中,S_p' 是 $t \geqslant 6h$ 时的雨力,S_p 是 $t < 6h$ 的雨力。

四、无自记雨量计资料地区暴雨强度公式的推求

在无自记雨量计记录,或自记雨量计记录过短,不符合有关规范要求时,其暴雨强度公式可按下列方法确定。

1. 利用日雨量资料推求

在场外防洪设计中,设计重现期较大,要求的资料记录年限也较长。《军用机场排水工程

设计规范》(GJB 2130A—2012)规定不少于20年。一些地区自记雨量计资料较短,但日雨量记录记载年份较长。因此,为了满足机场排水设计的要求,可以利用气象站或水文站已有的多年最大日雨量资料来确定公式参数。

暴雨公式采用 $a = S_p / t^n$ 型,由于仅凭日雨量无法确定暴雨强度随时间的衰减规律,即不能确定 n 值。因此 n 值必须从其他途径获得,一般可利用本站短年限的自记雨量资料推求,或由附近气候条件相同地区取用;或从当地水文手册等查取。利用日雨量资料仅能得到 S_p 值。

推求方法为频率分析法,即借助第二章所介绍过的理论频率曲线,应用适线的方法求出各重现期的最大日雨量,进而推求出公式中的参数 S_p。

由式(4-10)可知,当降雨历时 t 为24h时,其降雨量为:

$$H_{24} = S_p \times 24^{1-n}$$

故:

$$S_p = H_{24} \times 24^{n-1} \tag{4-27}$$

式(4-27)表明,如果 H_{24} 及 n 为已知,则 S_p 亦为已知。

H_{24} 是最大24h降雨量,与日雨量 H_d 是不同的概念。日雨量的起止时间是固定的,而最大24h降雨量的起止时间可以变化,以取得该时段内最大雨量为准。这样必然有 $H_{24} \geqslant H_d$。当仅有日雨量资料时,可用下式计算 H_{24}:

$$H_{24} = H_d + \frac{H_n}{2} \tag{4-28}$$

式中:H_d——最大日雨量;

H_n——与 H_d 相邻的2个日雨量中之较大者。

当地有短期自记雨量计资料时,可以统计 H_{24} 与 H_d 的比值。当缺乏上述资料时,其比值可取1.1～1.3,即:

$$H_{24} = (1.1 \sim 1.3) H_d \tag{4-29}$$

其中干旱地区降雨持续时间一般较短,H_{24} 与 H_d 的差异比较小,其比值可取小值,而多雨地区两者差异较大,可取大值。

某一重现期的最大一日降雨量可按下式计算:

$$H_{d,p} = \overline{H_d}(\Phi_p C_v + 1) = K_p \overline{H_d} \tag{4-30}$$

于是:

$$H_{24,p} = (1.1 \sim 1.3) H_{d,p} = (1.1 \sim 1.3) \overline{H_d} \cdot K_p = \overline{H_{24}} \cdot K_p \tag{4-31}$$

代入式(4-27)式即可得某一频率的 S_p 值:

$$S_p = H_{24,p} 24^{n-1} = (1.1 \sim 1.3) \overline{H_d} K_p 24^{n-1} \tag{4-32}$$

式中:$H_{d,p}$——某一频率的最大日雨量(mm);

$H_{24,p}$——某一频率的最大24h降雨量(mm);

S_p——某一频率的雨力(mm/h);

$\overline{H_d}$——多年平均最大日雨量(mm);

$\overline{H_{24}}$——多年平均最大24h降雨量(mm)。

【例4-2】 已知某测站具有29年的最大日雨量资料,整理后列于表4-17。试用频率分析法推求重现期 $N = 100$ 年时的雨力 S_p。

【解】 （1）计算系列的均值

$$\overline{H_d} = \frac{\sum\limits_{i=1}^{n} H_{di}}{n} = \frac{1\ 598.7}{29} = 55.13(\text{mm})$$

（2）计算系列的离差系数 C_v

$$C_v = \sqrt{\frac{\sum\limits_{i=1}^{n}(K_i - 1)^2}{n - 1}} = \sqrt{\frac{5.274}{29 - 1}} = 0.434$$

某测站最大日雨量经验频率计算表   表 4-17

序　号	发生年份	日雨量(mm)	$K_i = \dfrac{H_{di}}{\overline{H_d}}$	$K_i - 1$	$(K_i - 1)^2$	$P(\%)$
1	1978	144.2	2.616	1.616	2.611	3.33
2	1975	100.7	1.827	0.827	0.684	6.67
3	1955	98	1.778	0.778	0.605	10.00
4	1968	76	1.379	0.379	0.144	13.33
5	1962	68	1.234	0.234	0.055	16.67
6	1959	57.2	1.038	0.038	0.001	20.00
7	1976	56.6	1.027	0.027	0.000	23.33
8	1973	55.9	1.014	0.014	0.000	26.67
9	1964	54.6	0.990	-0.010	0.000	30.00
10	1970	54.4	0.987	-0.013	0.000	33.33
11	1956	54.3	0.985	-0.015	0.000	36.67
12	1979	53.0	0.961	-0.039	0.002	40.00
13	1952	52.5	0.952	-0.048	0.002	43.33
14	1957	51.4	0.932	-0.068	0.005	46.67
15	1951	50.7	0.920	-0.080	0.006	50.00
16	1958	48.5	0.880	-0.120	0.014	53.33
17	1966	48.4	0.878	-0.122	0.015	56.67
18	1953	47.0	0.852	-0.148	0.022	60.00
19	1960	45.7	0.829	-0.171	0.029	63.33
20	1971	45.4	0.823	-0.177	0.031	66.67
21	1974	45.1	0.818	-0.182	0.033	70.00
22	1954	44.0	0.798	-0.202	0.041	73.33
23	1961	42.6	0.773	-0.227	0.052	76.67
24	1967	40.6	0.736	-0.264	0.070	80.00
25	1963	38.6	0.700	-0.300	0.090	83.33
26	1969	35.8	0.649	-0.351	0.123	86.67
27	1972	33.5	0.608	-0.392	0.154	90.00

续上表

序　号	发生年份	日雨量(mm)	$K_i = \dfrac{H_{di}}{\overline{H}_d}$	$K_i - 1$	$(K_i - 1)^2$	$P(\%)$
28	1965	29.0	0.526	-0.474	0.225	93.33
29	1977	27.0	0.490	-0.510	0.260	96.67
$\sum\limits_{1}^{29}$		1 598.7	29.00	0	5.274	

（3）试取 $C_s = 3.5C_v$，由附表 4 查得一定频率的模比系数 K_p 列于表 4-18。

（4）进行适线，如图 4-19 所示。从图中直观地看适合情况基本良好。

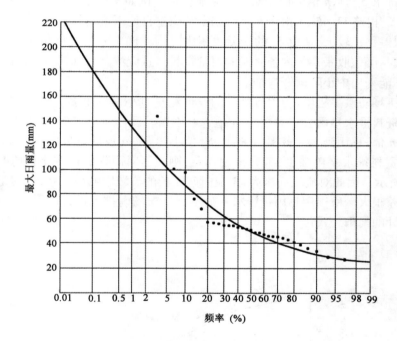

图 4-19 某站最大日雨量频率曲线

（5）由理论频率曲线得 $N = 100$ 年时，$K_p = 2.45$。

（6）由该站 5 年自记雨量计记录求得 $n = 0.65$。

（7）应用式（4-33）求得 $N = 100$ 年时的雨力 S_p 为：

$$S_p = 1.1 \times 55.13 \times 2.45 \times 24^{0.65-1} = 48.85 (\text{mm/h})$$

理论频率曲线计算表　　　　　　　　　　　　　　　　　表 4-18

$P(\%)$	0.01	0.1	0.2	0.5	1	2	5	10	20	50	75	90	95	99
K_p	4.093	3.281	3.038	2.70	2.45	2.192	1.848	1.578	1.30	0.896	0.686	0.56	0.51	0.46
H_p	225.6	180.9	167.5	148.9	135.1	120.8	101.9	87.0	71.7	49.4	37.8	30.9	28.1	25.4

用日雨量资料推求暴雨公式的 S_p 时，应注意以下几个问题：

（1）当 n 在不同历时内分段时

若 n 分为两段，且 $t_0 = 1h$，则 S_p 的仍可用式（4-27）计算，但用 n_2 代替 n 值，即：

$$S_p = H_{24,p} \times 24^{n_2-1}$$

当 t_0 不等于 1h 时，则：

$$S_p = H_{24,p} \times 24^{n_2-1} \times t_0^{n_1-n_2} \tag{4-33}$$

$$S'_p = H_{24,p} \times 24^{n_2-1} \tag{4-34}$$

式中：S_p——$t \leqslant t_0$ 时的雨力；

S'_p——$t > t_0$ 时的雨力。

（2）n 值对 S_p 的影响

用日雨量推求 S_p 时，n 值的误差对结果影响很大。例如 n 相差 0.05，S_p 的误差达17.2%；n 相差0.1，则 S_p 相差37.4%。由于 n 是根据本站少量自记雨量资料求得，或参考附近地区的资料取得，其误差往往较大，造成 S_p 的误差也很大。因此确定 n 时必须慎重。用短期自记雨量资料推求 n 时，必须收集 24h 内各时段的雨量资料。且应注意重现期对 n 值的影响，选择较大暴雨资料，不能采用中小降雨资料推求。

在空军某机场防洪工程中，曾因排洪沟的设计流量过小而发生多次洪水灾害。其主要原因是用日雨量资料推求暴雨公式参数时，n 值选取不当。设计中用 120min 以内的短历时自记雨量资料推求 n 值，移用到 24h 范围内，造成 S_p 偏小约 50%，设计流量相差更多。

用日雨量资料推求暴雨强度，若 n 出现误差，则短历时雨强的误差比长历时雨强的误差大，如图 4-20 所示。因此对流域面积大、汇流时间较长的流域影响小一些，但对汇流时间很短的特小流域误差很大。所以以日雨量资料一般不能推求场内排水设计的暴雨公式，仅用于推求场外防洪设计的暴雨公式。

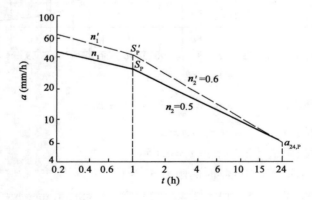

图 4-20 n 的误差对 S_p 的影响

除了日雨量资料外，有些气象站还有 12h 雨量或 6h 雨量。也可利用这些资料推求暴雨公式的参数。但应注意，12h、6h 雨量的起止点为固定整点，与变动起止点的雨量在概念上是不同的，需要通过一定的方法进行修正。

2. 利用暴雨参数等值线图推求

当机场所在地缺乏雨量资料时，还可利用暴雨参数等值线图推求暴雨公式的参数。全国性的暴雨参数等值线图有《中国暴雨统计参数图集》(水利部水文局、南京水利科学研究院编制,中国水利电力出版社出版),各省及某些地区都有暴雨洪水图集。这些图集中一般都有雨量参数等值线图。常见的有年最大 10min、1h、6h、24h 雨量的均值和离差系数等值线。

先查出工程所在地点 4 种历时雨量的均值和离差系数,按 P-Ⅲ分布求出设计频率的雨量值 H(假设 $C_s = 3.5C_v$)。再计算各段的 n 和 S_P 值:

$$n_1 = 1 - \frac{\lg H_1 - \lg H_{1/6}}{\lg 1 - \lg \frac{1}{6}} = 1 - \frac{\lg H_1 - \lg H_{1/6}}{\lg 6}$$

$$n_2 = 1 - \frac{\lg H_6 - \lg H_1}{\lg 6}$$

$$n_3 = 1 - \frac{\lg H_{24} - \lg H_6}{\lg 4}$$

$$S_P = H_1$$

式中,$H_{1/6}$、H_1、H_6、H_{24} 分别为 10min(1/6h)、1h、6h、24h 的设计雨量;n_1、n_2、n_3 分别为 <1h、1~6h、6~24h 的暴雨衰减指数。

S_p' 仍可用式(4-26)计算。

【例 4-3】　青海省某机场设计中缺乏自记雨量资料,查《青海省东部地区暴雨洪水图集》得到机场所在地 10min、1h、6h、24h 的年最大雨量均值和离差系数,见表 4-19。机场防洪设计重现期为 50 年一遇。求该机场防洪所需的暴雨强度公式。

【解】　假设暴雨服从 P-Ⅲ 型概率分布,并取 $C_s = 3.5C_v$,查教材附表 4 得出各历时 P = 2% 的 K_p 值,并计算出 50 年一遇的设计雨量,也列于表 4-19。

各历时暴雨参数及设计雨量　　　　　　　　　　　　　　　　　表 4-19

历时	10min	1h	6h	24h
年最大雨量均值(mm)	6.3	15	23	30
年最大雨量变差系数	0.58	0.52	0.45	0.38
$K_{2\%}$	2.69	2.48	2.25	2.02
50 年一遇设计雨量(mm)	16.95	37.2	51.75	60.6

因此得:$S_P = H_1 = 37.2 (\text{mm/h})$

$$n_1 = 1 - \frac{\lg H_1 - \lg H_{1/6}}{\lg 6} = 1 - \frac{\lg 37.2 - \lg 16.95}{\lg 6} = 0.561$$

$$n_2 = 1 - \frac{\lg H_6 - \lg H_1}{\lg 6} = 1 - \frac{\lg 51.75 - \lg 37.2}{\lg 6} = 0.816$$

$$n_3 = 1 - \frac{\lg H_{24} - \lg H_6}{\lg 4} = 1 - \frac{\lg 60.6 - \lg 51.75}{\lg 4} = 0.886$$

$$S_p' = S_p \cdot 6^{n_3 - n_2} = 37.2 \times 6^{0.886 - 0.816} = 42.17 (\text{mm/h})$$

因此得 50 年一遇暴雨强度公式为:

$$10\text{min} \leqslant t < 1\text{h}, a = \frac{37.2}{t^{0.561}} (\text{mm/h})$$

$$1\text{h} \leqslant t < 6\text{h}, a = \frac{37.2}{t^{0.816}}(\text{mm/h})$$

$$6\text{h} \leqslant t < 24\text{h}, a = \frac{42.17}{t^{0.886}}(\text{mm/h})$$

t 的单位为 h(小时)。

五、暴雨强度公式的合理性检查

推求暴雨强度公式后,一般应进行合理性检查,避免因资料代表性不足,或推求方法不合理等问题引起较大误差。尤其是自记雨量记录年限较短或没有自记雨量资料的地区,必须进行合理性检查。合理性检查的方法比较多,主要有以下几种,在实际应用中应根据收集到的资料情况灵活使用。

1. 与当地暴雨参数等值线图对照

采用自记雨量资料或其他雨量资料获得场外防洪的暴雨公式后,收集本省(区)暴雨参数等值线图,查得 10min、1h、6h、24h 的年最大雨量均值和离差系数,按[例4-3]的方法计算某些重现期的设计雨量,并与暴雨公式计算出的对应雨量进行对照,如果存在较大差异,应分析原因,确有问题时,应进行修正。

2. 与邻近地区暴雨强度公式对照

对自行制定的场内暴雨强度公式,应查《给水排水设计手册》或通过其他途径,获得附近城市的暴雨强度公式(最好有 2 ~ 3 个城市),计算一些典型历时(如 10min、30min、60min、120min)、典型重现期(如 1 年、2 年、5 年、10 年等)的暴雨强度,进行对照,分析雨强的变化规律与地区降雨规律(年雨量、最大月雨量、最大日雨量等)是否一致。一般情况下,年雨量、最大月雨量或最大日雨量大的地区,短历时暴雨强度也大。如果出现反常现象,应认真分析原因。

3. 与其他降水资料对照

在同一地区,可能既有气象站,又有水文站。此时尽可能同时收集气象站和水文站的雨量资料,用其中条件较好的一份资料制定暴雨公式,用另一份资料进行对照检查。在同一气象站或水文站,也可能存在不同观测方法的资料,如自记雨量资料、日雨量资料等。自记雨量资料的年限往往较短,用自记雨量资料制定暴雨公式后,可用日雨量资料进行校验。另外,近年来气象部门建立了不少自动气象站,可自动记录各种气象要素,但长期保存的往往只有小时资料,即只能获得每小时的总雨量,没有详细的分钟雨量。这种资料也可用于暴雨公式的合理性检查。但要注意,小时雨量的起止点是固定的,要通过变动起止点与固定起止点雨量的比例关系修正后,才能用于检验暴雨公式。

4. 与有关规范、手册中的参数对照

在公路、铁路等部门制定的一些规范中,有一些暴雨公式参数,也可用于合理性检查。如《公路排水设计规范》(JTG/TD 33—2012)中附有 5 年一遇 10min 雨强等值线图,并有历时、重现期转换系数,可以获得不同历时、不同重现期的暴雨强度,可与场内暴雨公式计算的结果进行对照。《公路涵洞设计细则》(JTG/TD 65—2007)附有暴雨公式参数 S_p、n 等值线图,也可进行对照检查。但这些等值图是全国性的,等值线很稀,精度比较低,在暴雨公式合理性检查时只能作为参考。

第四节 设计暴雨的时程分配

设计暴雨像实际暴雨一样,存在时空分布。暴雨公式只反映了暴雨核心部分的平均雨强与历时的关系,但没有反映暴雨的时空分布。因此在一些场合如推求设计洪水过程线、计算设计洪水总量等,仅有暴雨公式还不够,还需了解设计暴雨的时空分布。

暴雨强度在空间的变化对小流域的影响相对较小,一般用面平均雨强计算。对面积小于 $10km^2$ 的特小流域,常用点雨量代替。但雨强在时间上的变化,即时程分配,对洪峰流量和洪水过程线都有较大影响。我们在室内模拟降雨径流试验中发现,在平均雨强相同的条件下,不同的时程分配可使洪峰流量相差 30% 以上。因此在比较精确的洪峰流量计算方法及需要推求洪水过程或总量时,需要设计暴雨的时程分配。

确定时程分配的方法有典型放大法和时程分配模式法两种。

一、典型放大法

暴雨过程的典型放大法和洪水过程的典型放大法相似,首先选择一场量级与设计暴雨接近,过程线形状具有一定代表性的典型暴雨过程,选择几个控制时段,用同频率放大法进行放大。这一方法一般用于水利工程和机场防洪工程的设计洪水计算中。

二、时程分配模式法

在城市和飞行场内排水设计中,设计重现期较小,量级与设计暴雨相近的暴雨较多,选择典型比较困难,因此一般采用时程分配模式法。目前在设计中使用的时程分配模式较多,根据我们的研究,芝加哥法(或称 Keifer 和 Chu 法)比较简单,结果也比较好。

该法充分利用暴雨公式,当暴雨公式为 $a = \dfrac{S_p}{(t+b)^n}$ 时,雨强过程为

雨峰前:

$$i = \frac{S_p}{\left(\dfrac{t_1}{r} + b\right)^n}\left[1 - \frac{nt_1}{t_1 + rb}\right] \tag{4-35}$$

雨峰后:

$$i = \frac{S_p}{\left[\dfrac{t_2}{1-r} + b\right]^n}\left[1 - \frac{nt_2}{t_2 + (1-r)b}\right] \tag{4-36}$$

式中:i——瞬时雨强;

t_1——峰前历时;

t_2——峰后历时;

r——雨峰相对位置。

雨强过程如图 4-21a)所示。该过程中任何历时内暴雨核心的平均雨强都符合暴雨公式。

公式中除了用到暴雨公式的参数外,还需要雨峰相对位置r。此值表示雨峰出现时间与总历时比值,可由当地的暴雨资料统计得到。

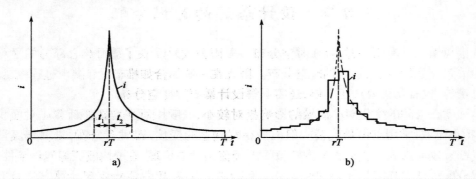

图 4-21 暴雨时程分配模式

$$r = \frac{1}{N}\sum_{i=1}^{N}\frac{t_{mi}}{T} \tag{4-37}$$

式中:N——统计的降雨场数;

t_{mi}——各场降雨的雨峰出现时间;

T——各场降雨的总历时。

r值一般在 0.3 ~ 0.5 之间,见表 4-20。若当地没有详细的资料,可参考附近地区的r值,或取 0.4 左右的经验值。

国内外雨峰相对位置 r 值   表 4-20

国　家	地　区	r 值	国　家	地　区	r 值
	巴尔的摩	0.399	日本	九州地区	0.50
	芝加哥	0.375		各大分区	0.3 ~ 0.4
美国	辛辛那提	0.325		北京	0.355
	克利夫兰	0.375		上海	0.367
	费城	0.414		合肥	0.414
印度	瓜哈堤	0.416	中国	锦州、长春、牡丹江	0.3 ~ 0.4
加拿大	安大略	0.480		武汉、开封	0.3 ~ 0.4
俄罗斯	远东地区	0.35		大连	0.45
乌克兰		0.20		营口	0.35

该法的主要缺点是雨峰过分尖瘦,尤其是b值较小时,雨峰过高。在实际使用时,可以 5min 作为一个时段,求各时段的平均值,如图 4-21b)所示,雨峰部分明显改善。

复习思考题

1. 什么是暴雨?如何表示暴雨的特性?

2. 数理统计法对降雨资料有哪些要求?选样方法有哪些?

3. 如何用图解法和数解法求暴雨强度公式 $a = \dfrac{A + B\lg N}{t^n}$ 中的参数?

4. 简述推求暴雨强度公式 $a = \dfrac{A + B\lg N}{(t + b)^n}$ 中参数的方法要点。

5. 对无自记雨量计记录地区的暴雨强度公式,用什么方法去推求?

6. 根据自记雨量计纸带,摘出时段为 5min、10min、15min、20min、30min、45min、60min、90min、120min 的雨量。

7. 根据某水文站1954~1960年共7年的自记雨量计资料(表4-21),试用图解法制定该地区的暴雨公式。并求出当 $N = 5$ 年,$t = 30\text{min}$ 时的降雨量和降雨强度。

8. 根据表4-21的资料,试用数解法配制出该地区的暴雨公式。并求出当 $N = 5$ 年,$t = 30\text{min}$ 时的降雨量和降雨强度。

9. 根据表4-22所给的某水文站1958~1978年共21年最大日雨量资料,试配制出该地区的暴雨公式(已知:$t_0 = 1\text{h}$,$n_1 = 0.45$,$n_2 = 0.71$)。并求出当 $N = 20$ 年,$t = 2\text{h}$ 的降雨量和降雨强度。

某水文站自记雨量计资料摘录(mm) 表4-21

时段(min) 年份	5	10	15	20	30	45	60	90	120
1954	3.0	5.5	6.8	7.5	8.0	8.0	8.0	10.2	14.2
	2.8	3.2	4.6	5.2	6.6	6.8	7.8	9.9	11.8
	2.5	3.0	3.7	4.4	5.4	6.8	7.5	8.8	10.5
	2.2	3.0	3.6	4.0	4.8	6.1	6.9	8.7	10.2
1955	3.5	5.2	7.5	9.4	12.2	14.0	15.2	18.4	24.8
	3.3	5.0	6.7	9.2	10.6	12.0	13.4	14.0	15.7
	3.0	4.8	6.5	6.8	7.3	7.3	7.3	9.2	11.7
	2.5	3.4	4.0	5.1	6.4	7.0	7.1	8.1	9.6
1956	3.5	4.3	4.8	5.1	6.7	8.8	10.2	12.0	15.8
	3.1	4.3	4.6	5.0	6.5	7.9	9.2	11.0	13.2
	2.7	4.3	4.4	5.0	5.7	6.7	8.5	11.0	12.8
	2.5	3.5	4.2	4.9	5.4	6.5	8.0	9.9	11.3
1957	6.0	10.0	15.5	18.2	22.2	24.2	28.2	31.3	35.1
	3.0	5.3	7.8	9.8	12.8	16.6	20.1	26.8	31.0
	2.7	5.0	7.0	8.8	10.0	14.5	18.0	23.5	30.8
	2.5	3.7	4.9	6.3	9.1	13.1	16.5	22.0	26.0
1958	5.7	9.6	12.3	15.5	20.4	28	36.4	51.2	57.3
	5.2	7.8	8.0	8.2	8.5	11.8	15.0	17.3	21.4
	5.0	5.5	6.8	6.9	8.4	8.4	8.6	10.0	11.1
	3.8	5.5	5.7	6.0	6.9	7.0	8.4	9.2	9.4

续上表

时段（min） 年份	5	10	15	20	30	45	60	90	120
1959	4.0	6.5	8.5	10.0	11.7	12.7	12.8	15.8	19.7
	3.7	5.7	8.0	9.3	10.5	12.3	12.8	13.6	16.7
	3.5	4.5	4.9	6.5	9.8	11.3	11.7	13.0	14.5
	2.0	3.5	4.5	5.0	6.6	9.1	10.2	11.0	12.1
1960	6.5	11.2	12.3	16.3	17.3	17.6	18.5	18.9	19.1
	5.5	8.5	11.7	11.9	12.6	13.0	14.0	15.2	15.2
	3.6	8.3	9.0	10.9	11.8	12.3	12.4	14.0	14.3
	3.4	7.0	8.8	9.5	10.5	11.3	12.3	12.5	12.5

某水文站最大日降雨量资料   表 4-22

年　份	日雨量（mm）	年　份	日雨量（mm）	年　份	日雨量（mm）
1958	45.6	1965	115.6	1972	53.4
1959	61.3	1966	27.1	1973	36.2
1960	38.0	1967	32.9	1974	49.0
1961	48.6	1968	41.0	1975	57.7
1962	61.6	1969	41.6	1976	54.0
1963	55.3	1970	44.5	1977	42.9
1964	49.0	1971	27.6	1978	44.9

第五章 小流域设计洪水计算

第一节 概 述

一、小流域暴雨洪水计算的特点

机场排水和防洪构筑物与城市、厂矿中排除雨水的管渠、厂矿周围地区的排洪渠道、铁路和公路的桥涵等十分相似,都属小流域面积上的排水构筑物。在设计时,需要求得该排水面积上一定暴雨所产生的相应于某设计频率的最大流量,以便按照这个流量确定管渠尺寸或桥涵的孔径。

小流域的洪水计算有以下特点:

(1)一般没有实测的流量资料。小流域很少有水文站的实测流量资料,所需的设计流量往往用暴雨资料间接推算,并以暴雨的设计频率作为设计流量的相应频率。这种假定暴雨与洪水在设计条件下可以视为同频率的考虑,尚缺少严格的理论论证。但从解决实际问题出发,如果能正确确定计算方法中其他计算参数的定量关系,这种考虑并不一定会导致洪水计算成果的偏大或偏小。

(2)流域面积较小,汇流时间较短,短历时暴雨起决定作用。小流域面积的范围,一般在300km²以下。有些小流域洪水计算方法,把流域面积限制在100km²甚至30km²以内。由于面积小,汇流时间很短,洪水在几个小时甚至几十分钟就能到达建筑物所在地。因此,设计暴雨的历时一般小于24h;对飞行场地等特小流域,一般小于2h。

(3)一般只推求洪峰流量。小流域中大多为沟渠、桥涵等构筑物,只需推求设计洪峰流量。对于小型水库,由于调蓄作用较小,常以洪峰来控制。

(4)计算方法应简单易行。在小流域上的排水构筑物,一般情况下无论在其规模和重要性方面都比大中流域上相应的工程为小,但在一个修建工程内往往数量较多,而其资料条件又较差。因此,小流域设计暴雨洪峰流量的计算方法,对资料和计算技术的要求不应太高,方法应简单易行,以便广大基层技术人员能掌握和应用,而又能基本保证实用上所要求的精度。

二、小流域暴雨洪水计算的方法

由于小流域洪峰流量的计算在工程设计中具有重要意义,世界各国的水文学者都在这方面进行了大量的研究。其计算理论与计算方法的种类很多,主要有经验公式法、推理公式法、综合单位线法等。近年来,水文模型在小流域洪水计算中的应用也逐渐普遍。

1. 经验公式法

在一定的地区范围内,利用具有实测流量资料的部分小流域建立洪峰流量与主要影响因素之间的经验关系,以便估算无实测资料流域的设计洪峰流量。对某一地区,经验公式的建立,必须有一定数量的实测流量资料,而且要求这些实测流量资料在该地区应有代表性,即该地区自然地理条件的代表性。只有这样,才能使建立起来的经验公式在该地区通用。经验公式的形式可分为两类,如

单参数型:

$$Q_P = C_P F^n$$

多参数型:

$$Q_P = c K_1^\alpha K_2^\beta K_3^\gamma F^n$$

式中:　　　　Q_P——某一设计频率的洪峰流量;

　　　　　　F——流域面积;

　　　C_P、c、n——相应频率的经验系数与指数;

K_1、K_2、K_3、a、β、γ——与气候因素及流域因素有关的计算参数、指数。

一般说来,计算参数越少,对实测资料条件的要求越少,公式的建立和使用就越简单,但反映不同地点自然条件的特殊性较差。反之,计算参数越多,反映不同地点自然条件的影响比较好,但对实测资料条件的要求也就越多,公式的建立和使用越繁,而且往往造成多参数定量误差的累积。因此,经验公式中参数的选择应当考虑地区自然地理特点,抓住影响计算精度的主要因素。由上述看,对于小流域来说,尤其是特小流域,建立和采用经验公式受到了观测资料的限制;对于各地区已建立的经验公式,在我国的实践中,尚能适用于小流域的洪峰流量计算。

2. 推理公式法

推理公式是在径流成因公式的基础上,根据小流域的特点,对产汇流条件进行概化,建立起理论模式,并用实际资料来分析计算参数。这种公式由于有一定的理论基础,在使用上不像单纯经验公式的使用常受到地区的局限。同时由于参数值依靠实测资料的综合分析,因而也有较好的精度。

由于推导过程中概化条件及参数确定方法不同,推理公式也有多种形式。各种形式对气象资料及流域资料的要求往往有差异。因此,在选用时要特别注意。

在机场排水工程的水文计算中,通常在可行性研究中采用对资料要求不高且又有一定精度的地区性经验公式;而在初步设计和施工图设计中采用精度较高的推理公式。具体设计中究竟采用哪一种方法,应根据当地条件决定。若有可能,则用多种方法计算,并通过综合比较分析,最后确定出设计洪峰流量。

第二节　流域产流

一、产流概论

在第一章中,我们简单讨论了地面径流的形成过程。当降雨量满足植物截留、蒸发、下渗和填洼损失后,才能形成地面径流。降雨发生后,部分雨水首先被植物的茎叶拦截。其截留量与植物种类和密度有关,但一般数量不大。即使在草类茂密、灌木丛生的地区,一次较大降雨中的截留损失也很难超过10mm。在降雨期间,由于空气湿度比较大,蒸发量一般不大。雨水

的填洼损失,与流域的坡度和地面坑洼程度有关,在一般流域一次降雨的填洼量约 3～5mm,但如果地形特殊或有大量的人工蓄水工程(塘堰、小水库、梯田、稻田等),填洼量则将大为增加,必须另行考虑。在地面径流形成过程中,主要的降雨损失是土壤下渗,因此下面主要讨论土壤下渗。

土壤下渗特性在第一章已经作过详细讨论。当降雨强度超过土壤的下渗能力时,会出现地面径流。如果土壤下渗曲线已知,则可根据降雨过程求得地面径流量,如图 5-1 所示。

在以超渗产流为主的地区,可以用下渗曲线来进行产流计算。但下渗曲线的确定需要较多的实测降雨径流资料,计算也比较复杂。因此在小流域常采用简化方法——初损后损法。

二、初损后损法

把实际下渗过程分为初损和后损两个阶段,如图 5-2 所示。初损指产流开始以前的损失,包括植物截留、填洼及前期下渗;后损是产流以后的损失,主要为下渗,用平均下渗率表示。一次降雨所形成的径流 R 可用下式表示:

$$R = P - I_0 - \bar{f} t_c - P_0 \tag{5-1}$$

式中:P——次降雨量;

I_0——初损量;

$\bar{f}$——平均后损率;

t_c——后损历时;

P_0——后期不产流的雨量。

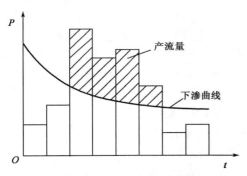

图 5-1　用下渗曲线计算产流量

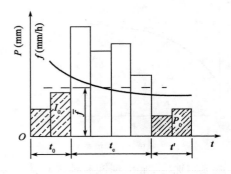

图 5-2　初损后损示意图

各次降雨的初损量 I_0 可根据实测洪水过程线及雨量累积曲线求出。小流域汇流时间短,出口断面的起涨点大体可作为产流开始时刻,因此起涨点以前的累积雨量可近似作为初损值。但对较大流域需要考虑汇流时间的影响。初损量因与前期雨量、降雨强度等因素有关,因此需将各次降雨获得的初损值与这些因素建立相关关系,以便查用。

平均后损率 $\bar{f}$ 可用下式计算:

$$\bar{f} = \frac{P - R - I_0 - P_0}{t_c} \tag{5-2}$$

求出多次降雨的后损率后,取平均值作为该流域的后损率。各单站资料还可进行地区综合,以用于无资料的小流域。

三、径流系数法

在城市、机场等小流域的产流计算中,常采用径流系数法:

$$a_1 = \Psi a \tag{5-3}$$

式中:a_1——某段时间内的平均净雨强度;

a——某段时间内的平均雨强;

Ψ——径流系数。

在洪峰流量计算中,其时间往往取流域汇流时间。径流系数一般根据地表类型直接查相关规范获得。如我国《室外排水设计规范》(GB 50014—2006)中,规定的径流系数如表 5-1 所示。

我国城市的径流系数   表 5-1

地 面 种 类	Ψ
各种屋面、混凝土或沥青路面	0.85 ~ 0.95
大块石铺砌路面或沥青表面处治的路面	0.55 ~ 0.65
级配碎石路面	0.40 ~ 0.50
干砌砖石或碎石路面	0.35 ~ 0.45
非铺砌土路面	0.25 ~ 0.35
公园或绿地	0.10 ~ 0.20

在一些城市和机场的水文模型中,有时要计算某一瞬时的净雨强度,此时可用下式表示:

$$r = \Psi i \tag{5-4}$$

式中:r——某一瞬时的净雨强度(产流率);

i——某一瞬时的降雨强度。

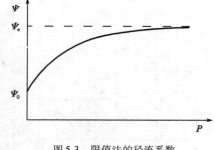

图 5-3   限值法的径流系数

此时径流系数 Ψ 在一场降雨中是随时变化的,如图 5-3 所示。如限值法中:

$$\Psi = \Psi_e - (\Psi_e - \Psi_0) e^{-CP} \tag{5-5}$$

式中:Ψ_e——最终径流系数;

Ψ_0——初始径流系数;

P——累积降雨量;

C——参数。

在湿润地区,常出现饱和地表径流产流模式,或称为蓄满产流模式。这种模式主要出现在湿润地区的多雨季节,地下水位比较高,地下水位以上非饱和土层(称为包气带)比较薄,植被较好,表层土壤有较大的下渗能力。在较大的降雨过程中,包气带的缺水量满足后,余下的降雨全部转化为径流(包括饱和地表径流、地下径流及壤中流)。这种产流模式在大中流域的水文模型中使用较多,在小流域洪水计算中应用不多,不再详细介绍。

第三节   流 域 汇 流

一、汇流概论

在第一章中已介绍了径流形成的一般过程,初步建立了流域汇流的概念。汇流理论在水文学中占有很重要的地位。长期以来,国内外许多学者在这方面作了大量的研究。1871 年圣·维南提出了水流不稳定运动的微分方程组,从此开始了汇流理论研究的水力学途径。但由于该方程组不易求解,实际应用很少。直至 20 世纪 50 年代以后,随着计算机的出现和数值计算的兴起,水力学方法才大量应用。1931 年 M. A. 维利加诺夫提出等流时线概念;1932 年 L. R. K. 谢尔曼提出单位线;1935 年 G. T. 麦卡锡提出马斯京根演算法;1957 年 J. E. 纳希提出线性水库串联模型和瞬时单位线等,开辟了汇流理论研究的水文学途径。

本节主要介绍等流时线原理与径流成因公式,并简要介绍单位线法、马斯京根法、水力学计算方法等。

二、等流时线与径流成因公式

1. 等流时线原理

地面径流的汇集过程,包括坡地漫流和河槽集流两个阶段。但在分析计算时常当作一个整体来处理,统称为流域汇流过程。

降落于流域不同位置上的各水质点,由于所流经的路径不同,到达出口断面所需的时间也各不相同。如果把同一时间到达出口断面的水质点连成一条线,则称该线为等流时线。

流域上最远点水流到出口断面所需的时间 τ,称为流域汇流时间。若把 τ 分成 n 个相等的时段,每个时段长为:

$$\Delta\tau = \frac{\tau}{n}$$

以 $\Delta\tau$ 为间隔分别作 n 条等流时线,见图 5-4。由于流域内地面坡度以及地表性质等不均匀的影响,等流时线是极不规则的,呈弯弯曲曲的形状。为了便于绘制,实际工作中往往作一些简化。如假定各点汇流速度等于平均流速,则可绘出比较规则的等流时线。

相邻两条等流时线与流域分界线所围成的小面积 Δf 称为共时径流面积。降落在 Δf 上的雨水,流达出口断面的时间相差不超过 $\Delta\tau$。当 n 很大时,几乎同时流达出口断面。

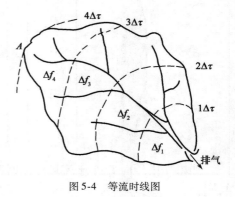

图 5-4 等流时线图

这样,降落在 Δf_1 上的雨水,经过 $\Delta\tau$ 流达出口断面;降落在 Δf_2 上的雨水,经过 $2\Delta\tau$ 流达出口断面……

等流时线原理形象化地描述了流域汇流的理想过程,即把十分复杂的流域水流汇集过程简化成了有条不紊的、便于研究的水体位移模型。

2. 径流成因公式

为了定量计算流域出口的流量过程,我们把产流过程与等流时线原理结合起来,以推求流量计算的公式。

有一场降雨,我们把净雨划分为 m 个时段,时段长 $\Delta t(=\Delta\tau)$。净雨强度为 I_i,并假定在 Δt 时段内全流域净雨均匀。

根据等流时线原理,净雨开始后第一个时段内出口断面处的流量是从面积 Δf_1 上的径流产生的：

$$Q_1 = \Delta f_1 I_1$$

在第二个时段末，到达出口断面的是第一个时段的净雨 I_1 在 Δf_2 上产生的径流和第二个时段的净雨 I_2 在 Δf_1 上产生的径流，因此：

$$Q_2 = I_1 \Delta f_2 + I_2 \Delta f_1$$

同理，第三个时段末，到达出口断面的径流来自 Δf_1、Δf_2、Δf_3，其流量为：

$$Q_3 = I_1 \Delta f_3 + I_2 \Delta f_2 + I_3 \Delta f_1$$

如果净雨继续，参加汇流的面积继续增加，到 n 时段末，全部面积参加汇流：

$$Q_n = I_1 \Delta f_n + I_2 \Delta f_{n-1} + \cdots + I_n \Delta f_1$$

因此，出口断面任一时段末的流量可写成：

$$Q_i = \sum_{j=1}^{i} I_j \Delta f_{i-j+1} \tag{5-6}$$

当 $i > n$ 时，如果净雨仍继续，则式中 j 应从 $(i-n+1)$ 开始。当净雨停止，仍可按上式计算，只是净雨停止以后的强度为 0，直至流量结束。

式(5-6)反映了从流域上各处汇流条件下的雨洪形成规律，称为径流成因公式。

径流成因公式还可写成矩阵的形式：

$$
\begin{bmatrix}
Q_1 \\
Q_2 \\
Q_3 \\
\vdots \\
\vdots \\
\vdots \\
\vdots \\
Q_{m+n-1}
\end{bmatrix}
=
\begin{bmatrix}
I_1 & & & & \\
I_2 & I_1 & & 0 & \\
\vdots & I_2 & \ddots & & \\
I_m & \vdots & \ddots & \ddots & \\
& I_m & & \ddots & I_1 \\
& & \ddots & & I_2 \\
& 0 & & \ddots & \vdots \\
& & & & I_m
\end{bmatrix}
\cdot
\begin{bmatrix}
\Delta f_1 \\
\Delta f_2 \\
\Delta f_3 \\
\vdots \\
\vdots \\
\vdots \\
\vdots \\
\Delta f_n
\end{bmatrix}
\tag{5-7}
$$

如果净雨历时 t_c 小于流域汇流时间 τ，即 $m < n$，仍可用径流成因公式计算。如 $m = 3$，$n = 4$，则：

$$Q_1 = \Delta f_1 I_1$$
$$Q_2 = I_1 \Delta f_2 + I_2 \Delta f_1$$
$$Q_3 = I_1 \Delta f_3 + I_2 \Delta f_2 + I_3 \Delta f_1$$
$$Q_4 = I_1 \Delta f_4 + I_2 \Delta f_3 + I_3 \Delta f_2$$
$$Q_5 = I_2 \Delta f_4 + I_3 \Delta f_3$$
$$Q_6 = I_3 \Delta f_4$$

这时始终只有部分面积参加汇流，洪峰也是由部分面积所形成。如果净雨历时 t_c 大于等于流域汇流时间，则洪峰由全部面积汇流所形成。

等流时线法把流域汇流看作各等流时面积依次出流。但实际上由于断面流速分布不均、干支流相互干扰、漫滩等，使水质点的流速差异很大，各等流时面积之间的水质点相互混杂。等流时线未考虑这种河槽调蓄作用，计算的洪峰流量往往偏高，洪峰出现时间偏前。对较大流域误差较大，需要作调蓄改正。

三、其他汇流计算方法

汇流计算方法很多，常用的有单位线法、马斯京根法，以及水力学计算方法等。

1. 单位线法

在目前的水文计算中，最常用的汇流计算方法为单位线法。它是1932年由美国的谢尔曼所提出。

单位线是指流域上单位时段内均匀分布的单位净雨所形成的流域出口断面的流量过程线。单位净雨深一般取10mm，单位时段长根据流域大小而定，可取1h、2h、6h等。假设流域上有一次均匀降雨，所形成的净雨恰好是一个时段，净雨量又恰好是一个单位，则出口断面的流量过程线即为单位线。单位线一般用于推求地面径流，加上稳定的地下径流后就可得总径流。

由于实际净雨量并不是一个单位和一个时段，因此用单位线作汇流计算时需作两条假定：

（1）倍比假定：如果单位时段内的净雨不是一个单位而是 n 个单位，则它所形成的径流过程线的流量值为单位线流量的 n 倍，其历时仍与单位线的历时相同。

（2）叠加假定：如果净雨时段不是一个时段，而是 m 个时段，则各时段净雨所形成的流量过程之间互不干扰，出口断面的流量等于几个过程之和（注意起点不同）。

上述两条假定是把流域看成一个线性系统，所以称为线性汇流假定。有了这两条假定，就可根据单位线求出一场实际降雨所形成的出口流量过程（图5-5）。例如，表5-2所示的资料，单位时段 $\Delta t = 6h$，有三个时段的净雨列于第（2）栏，6h 内 10mm 净雨的单位线列于第（3）栏，利用倍比假定求得各时段净雨所产生的流量过程列于第（4）、（5）、（6）栏，利用叠加假定求得的地面总径流过程列于第（7）栏，基流列于第（8）栏，最后求得流域出口断面的流量过程，列于第（9）栏。

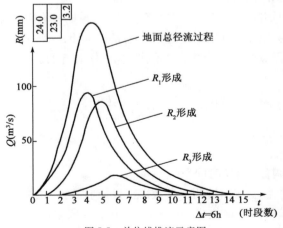

图 5-5　单位线推流示意图

单位线法中，单位线的确定是关键。它只能从实测降雨、径流资料中分析推求。一般采用试错法，即假定一条单位线，由倍比叠加假定原理计算出口的地面径流过程，与实测的地面径流过程比较。若不符,调整单位线,最终使计算与实测的出口流量过程基本相符,就得到了所求的单位线。此外,还可采用最小二乘原理推求单位线,详细方法可参见有关文献。

利用单位线推求流量过程线计算($F = 341\text{km}^2$)　　　　表5-2

时　间 月　日　时	净雨深 R （mm）	单位线 q （m^3/s）	部分径流 $= \dfrac{R}{10}q$（m^3/s）			地面径流 $Q_上$（m^3/s）	基流 $Q_下$（m^3/s）	总流量 Q（m^3/s）
			$R_1 = 24.0$	$R_2 = 23.0$	$R_3 = 3.2$			
（1）	（2）	（3）	（4）	（5）	（6）	（7）	（8）	（9）
8　31　2		0	0			0	5	5.0
8	24.0	2	4.8	0		4.8	5	9.8
14	23.0	15	36.0	4.6	0	40.6	5	45.6
20	3.2	35	84.0	34.5	0.6	119.0	5.0	124.0
9　1　2		41	98.5	80.5	4.8	184.0	5	189.0
8		25	60.0	94.2	11.2	165.0	5	170.0
14		15	36.0	57.5	13.0	106.0	5	111.0
20		9	21.6	34.5	8.0	64.1	5	69.1
9　2　2		6	14.4	20.6	4.8	39.8	5	44.8
8		4	9.6	13.8	2.9	26.3	5	31.3
14		3	7.2	9.2	1.9	18.3	5	23.3
20		2	4.8	6.9	1.3	13.0	5	18.0
9　3　2		1	2.4	4.6	1.0	8.0	5	13.0
8		0	0	2.3	0.6	2.9	5	7.9
14				0	0.3	0.3	5	5.3
20					0	0	5	5.0
合计	50.2	158				792.1		

上述单位线与时段有关,不同时段的单位线也不同,所以称为时段单位线。当实际降雨的历时与单位线的时段不相同时,就需要进行时段转换。

1957年纳希(J. E. Nash)提出了瞬时单位线。所谓瞬时单位线,就是当净雨历时无限小($\Delta t \to 0$)时单位净雨所形成的出口流量过程线。通常以$u(0,t)$表示。

纳希将流域汇流过程概化为n个串联的线性水库对水流的调节过程,推导出如下的瞬时单位线方程:

$$u(0,t) = \frac{1}{K\Gamma(n)} \left(\frac{t}{K} \right)^{n-1} e^{-\frac{t}{K}} \tag{5-8}$$

式中:n——线性水库的个数;

　$\Gamma(n)$——n的伽马函数;

　K——线性水库的调蓄系数(时间单位)。

式中只有n、K两个参数。求出这两个参数,就可得到瞬时单位线。参数n、K也要通过实测降雨径流资料推求。当获得瞬时单位线以后,可以转化为时段单位线,再计算流域的出流过程。

单位线完全从实测降雨径流资料推得,所以对资料的依赖性很强。它只考虑流域的输入(净雨)和输出(流量),而不考虑内部的汇流过程。所以也有人称它为黑箱子模型。当实测资料比较多时,可以方便地求出单位线。在实测资料缺乏的小流域,无法得到单位线,但可以从有资料的小流域得到瞬时单位线的参数,并与流域特征参数之间建立经验关系,推广到无资料的小流域。

单位线是在线性汇流假定下得到的,如果实际汇流不符合线性假定,需要进行一些处理和修正,才能保证计算的精度。当然,等流时线方法也是在线性假定下得到的,同样存在这一问题。

2. 马斯京根法

在汇流计算中,经常要涉及河道洪水演算。如在水文预报中,已知上游站的流量过程要预报下游站的流量,这种计算称为河道洪水演算。

洪水在河道中传播时,流量过程线会发生变化。如果上下断面之间没有区间入流,洪水过程不仅会向后推移,洪峰还会衰减,如图 5-6 所示。这种变化不仅与河段的长度、坡度、断面特性有关,也与水流特性有关。

河道洪水演算常采用马斯京根法。图 5-7 所示的河段,时段初的蓄水量为 S_1,上端入流量为 $Q_{上1}$,下端出流量为 $Q_{下1}$;经过时段 Δt,蓄水量为 S_2,入流量为 $Q_{上2}$,出流量为 $Q_{下2}$。根据水量平衡原理,有:

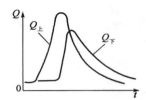

图 5-6　洪水波的传播和变形

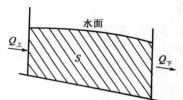

图 5-7　河段蓄水量示意图

$$\frac{Q_{上1} + Q_{上2}}{2}\Delta t - \frac{Q_{下1} + Q_{下2}}{2}\Delta t = S_2 - S_1 \tag{5-9}$$

河道中的蓄量与上、下游流量之间有一定关系,这种关系称为槽蓄方程。马斯京根法采用如下的槽蓄方程:

$$S = K[xQ_{上} + (1 - x)Q_{下}] \tag{5-10}$$

式中:x——流量比重因子;

K——相当于河段汇流时间。

式(5-9)和式(5-10)联立并经整理得:

$$Q_{下2} = C_1 Q_{上1} + C_2 Q_{上2} + C_3 Q_{下1} \tag{5-11}$$

式中:

$$\left.\begin{aligned}
C_1 &= \frac{\frac{1}{2}\Delta t + Kx}{K - Kx + \frac{1}{2}\Delta t} \\[2mm]
C_2 &= \frac{\frac{1}{2}\Delta t - Kx}{K - Kx + \frac{1}{2}\Delta t} \\[2mm]
C_3 &= \frac{K - Kx - \frac{1}{2}\Delta t}{K - Kx + \frac{1}{2}\Delta t}
\end{aligned}\right\} \tag{5-12}$$

并有：

$$C_1 + C_2 + C_3 = 1$$

只要确定了参数 K、x，就可算得这些系数，并由初始条件和上游断面的流量过程逐时段算得下游断面的流量过程。参数 K、x 可根据实测流量资料反推，反推方法可见有关文献，这里不再详细介绍。

3. 汇流计算的水力学方法

（1）基本方程

流域汇流可分为坡面汇流和河槽汇流两个阶段。这两个阶段的水流运动都可用一维明渠非恒定流方程，即圣·维南方程组描述：

$$\frac{\partial A}{\partial t} + \frac{\partial Q}{\partial x} = q_e \tag{5-13}$$

$$\frac{1}{g}\frac{\partial v}{\partial t} + \frac{v}{g}\frac{\partial v}{\partial x} + \frac{\partial h}{\partial x} - (S_0 - S_f) = 0 \tag{5-14}$$

式中：Q——流量；

A——过水断面面积；

q_e——单位河长（或坡长）的旁侧入流量；

v——断面平均流速；

h——水深；

S_0——底坡；

S_f——摩阻坡度；

g——重力加速度；

x——沿水流方向的距离坐标，向下游为正；

t——时间坐标。

式（5-13）称为连续方程，是水量平衡方程的微分形式；式（5-14）称为动量方程或能量方程，也称为动力方程。其中 $\frac{1}{g}\cdot\frac{\partial v}{\partial t}$ 称为时间惯性力项，$\frac{v}{g}\frac{\partial v}{\partial x}$ 称为空间惯性力项，两项合起来称为惯性力项。$\partial h/\partial x$ 为压力项，S_0 为重力项，S_f 为摩阻力项。式中忽略了旁侧入流对动量的影响。

运动波：在动力方程（5-14）中，若忽略惯性力项和压力项，则称为运动波，其动力方程为：

$$S_f = S_0 \tag{5-15}$$

扩散波：在动力方程（5-14）中，若忽略惯性力项，则称为扩散波或非惯性波，其动力方程为：

$$\frac{\partial h}{\partial x} - (S_0 - S_f) = 0 \tag{5-16}$$

动力波：在动力方程（5-14）中每项都不忽略，则称为动力波。

（2）坡面汇流

在坡面上，一般取单位宽度计算，旁侧入流为净雨，如图5-8所示。坡面水流一般用运动波方程来简化，其方程为：

$$\frac{\partial h}{\partial t} + \frac{\partial q}{\partial x} = I_e \tag{5-17}$$

$$S_f = S_0$$

式中: q——坡面的单宽流量;

I_e——净雨强度。

摩阻坡度若用曼宁公式表示,则:

$$S_f = \frac{n^2 v^2}{R^{4/3}} \qquad (5-18)$$

式中: n——粗糙系数;

R——水力半径, $R = h$;

v——坡面流速, $v = q/h$。

由此得

$$q = \frac{\sqrt{S_0}}{n} h^{5/3} \qquad (5-19)$$

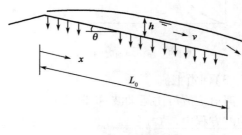

图 5-8　坡面汇流示意图

若采用谢才公式,则:

$$q = C\sqrt{S_0} h^{3/2} \qquad (5-20)$$

式中: C——谢才系数。

一般地,运动波的动力方程可写成:

$$q = \alpha h^m \qquad (5-21)$$

与连续方程(5-17)联立,即为完整的运动波方程组。

如果净雨强度在时空上均匀不变,则可得到解析解。其中坡脚的汇流时间(波动从坡顶传播到坡脚的时间) t_e 为:

$$t_e = \left(\frac{L_0}{\alpha I_e^{m-1}} \right)^{\frac{1}{m}} \qquad (5-22)$$

式中: L_0——坡面长度。

坡脚处的流量 q 为:

$$q = \alpha(I_e t)^m \qquad (0 \le t \le t_e) \qquad (5-23)$$

$$q = I_e L_0 \qquad (t > t_e) \qquad (5-24)$$

当降雨停止后,坡面水流处于消退阶段。如净雨历时为 t_c,则退水阶段的流量用下面的隐式表示:

$$q - I_e L_0 + I_e m \alpha^{1/m} q^{(m-1)/m} (t - t_c) = 0 \qquad (t > t_c) \qquad (5-25)$$

净雨均匀条件下坡脚的流量过程如图 5-9 所示。在一般情况下,净雨强度随时间而变,方程组没有解析解,需要通过数值方法求解,如差分法或有限元法。

用运动波描述坡面水流运动,只是一种近似。由于实际坡面形状比较复杂,在计算时需作一定概化,如把坡面简化成打开的书本状,如图 5-10 所示。两侧坡面为矩形,坡度和糙率均匀。水流先从坡面汇集到中间的沟槽,再由沟槽汇集到出口断面,坡面和沟槽中的水流分别用运动波法求解。这种概化大大方便了计算,但也带来了一定的误差。机场表面形状规则,坡度和糙率比较均匀,不需要作较多概化就可直接应用运动波法。因此在机场汇流计算中应用运动波法是可行的,我们已经建立了计算模型,计算精度比较高。

125

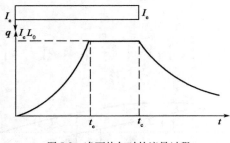

图 5-9　净雨均匀时的流量过程

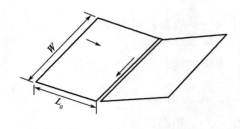

图 5-10　坡面形状概化

（3）河道汇流

河道汇流可用运动波、扩散波或动力波计算。首先研究无旁侧入流时的运动波方程。在运动波方程中，动力方程等价于恒定均匀流的水位流量关系。如用谢才公式表示断面流速，则有：

$$Q = AC\sqrt{RS_0} \qquad (5\text{-}26)$$

其流量与水位（或断面面积）成单一关系，即 $Q = Q(A)$，则：

$$\frac{\partial A}{\partial t} = \frac{\mathrm{d}A}{\mathrm{d}Q}\frac{\partial Q}{\partial t}$$

代入连续方程得：

$$\frac{\mathrm{d}A}{\mathrm{d}Q}\frac{\partial Q}{\partial t} + \frac{\partial Q}{\partial x} = 0$$

或：

$$\frac{\partial Q}{\partial t} + C_k\frac{\partial Q}{\partial x} = 0 \qquad (5\text{-}27)$$

式中：C_k——波速，$C_k = \dfrac{\mathrm{d}Q}{\mathrm{d}A}$。

式（5-27）称为运动波方程式。运动波在传播过程中洪峰不衰减，但波形会发生变化。运动波的传播速度为 C_k，它一般大于同流量下的断面平均流速。可用下式表示：

$$C_k = \eta v \qquad (5\text{-}28)$$

式中：η——波速系数；

　　　v——断面平均流速。

若用曼宁公式计算流速，三角形断面 $\eta = 1.33$；宽浅矩形断面 $\eta = 1.67$。如用谢才公式，则三角形断面 $\eta = 1.25$；宽浅矩形断面 $\eta = 1.50$。

运动波传播过程中洪峰没有衰减，只能用于坡度较陡的山区河流。因为这种河流的衰减不太明显，可用运动波近似。对大部分河流，洪峰在传播过程中有较明显的衰减，需用扩散波或动力波计算。

扩散波方程经过转换可得如下形式：

$$\frac{\partial Q}{\partial t} + C_k\frac{\partial Q}{\partial x} = \mu\frac{\partial^2 Q}{\partial x^2} \qquad (5\text{-}29)$$

式中：μ——扩散系数。

与运动波方程相比,扩散波方程增加了扩散项 $\mu\partial^2 Q/\partial x^2$。它仍以波速 C_k 向下游传播,但在传播过程中洪峰会出现衰减。上述方程的求解一般需要用差分或有限元等数值方法,这里不作详细介绍。

第四节　推理公式的一般形式

上面介绍的产、汇流计算方法,一般用于大、中流域的水文计算,对于小流域,常采用推理公式法计算设计洪峰流量。推理公式又称合理化公式,早在 1851 年,就由摩尔凡尼(T. J. Mulvaney)提出。一个多世纪来,该法得到了广泛的应用,并得到不断发展和完善。

用径流成因公式虽然可以计算出流量过程及洪峰流量,但需要确定各等流时块面积和逐时段的净雨强度,计算相当复杂,且需要很多气象、流域资料,不便于在小流域中应用。推理公式根据小流域的特点,对产流或汇流条件进行概化,以便把径流成因公式简化。

一、对产流条件的概化

小流域面积小,汇流时间短,降雨和损失在时间和空间上的变化与大中流域相比要小得多,因此可以假定净雨时空分布均匀。

1. 对暴雨的概化(图 5-11)

(1)只考虑暴雨核心部分。因为雨头、雨尾对洪峰流量的影响不大。

(2)暴雨核心部分的强度在一定时间内变化不大,以平均过程代替之,平均强度 a。

(3)暴雨核心在整个流域上均匀一致。

2. 对暴雨损失的概化(图 5-12)

(1)降雨初损部分假定已由雨头部分所满足。

(2)后损部分损失率变化不大,用平均损失率 μ 表示。

(3)全流域损失均匀一致。

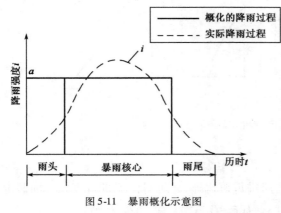

图 5-11　暴雨概化示意图

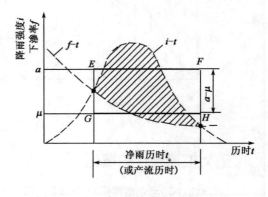

图 5-12　产流过程示意图

根据以上概化,径流成因公式中净雨强度 $I_i = a - \mu = \Psi a$,因此有:

$$Q_i = \sum \Delta f_j (a - \mu) = (a - \mu) \sum \Delta f_j$$
$$= \Psi a \sum \Delta f_j \tag{5-30}$$

式中:Q_i——流域出口断面某时刻的流量;

　　　Ψ——径流系数;

　　　a——平均雨强;

　　　μ——平均损失率;

　　　Δf_j——等流时块面积;

　　　I_i——时段净雨强度。

当净雨历时 t_c 与汇流时间 τ 的关系不同时,流量过程和洪峰流量也不同:

(1)$t_c > \tau$:流量过程如图 5-13a)所示。当 $t < \tau$ 时,$\sum \Delta f_j$ 不断增大,流量增加;当 $t = \tau$ 时,$\sum \Delta f_j = F$,全面积汇流,流量达到最大。在此后的一段时间内保持最大流量,直至 $t = t_c$ 时净雨结束,流量开始衰退。因此洪峰流量:

$$Q_m = \Psi a F \tag{5-31}$$

(2)$t_c = \tau$:流量过程如图 5-13b)所示,流量起涨与衰退阶段与第一种情况相同,但没有水平段。当 $t = \tau$ 时,$\sum \Delta f_j = F$,全面积汇流,流量达到最大,然后开始衰退。因此洪峰流量也为:

$$Q_m = \Psi a F$$

(3)$t_c < \tau$:流量过程如图 5-13c),当 $\sum \Delta f_j$ 未达到 F 时净雨就停止,因此始终只有部分面积参加汇流。当出现洪峰时,对应的共时径流面积为 $F_0(<F)$,洪峰流量:

$$Q_m = \Psi a F_0$$

设 $\varphi = F_0/F$,φ 称为共时径流面积系数。

综合三种情况,洪峰流量可写成通式:

$$Q_m = \Psi a \varphi F \begin{cases} 全面汇流时: \varphi = 1 \\ 部分汇流时: \varphi < 1 \end{cases} \tag{5-32}$$

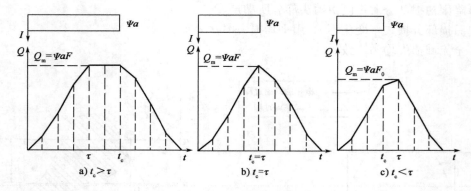

图 5-13　净雨均匀条件下三种情况的流量过程

二、对汇流条件的概化

从径流成因公式推导推理公式时,除可对产流进行概化外,还可对汇流进行概化。即假定共时径流面积按线性增长,各等流时块面积相等。$\Delta f_1 = \Delta f_2 = \cdots = \Delta f_n = F/n$,则:

$$Q_i = \sum I_j \Delta f_{i-j+1} = \frac{F}{n} \sum I_j \tag{5-33}$$

当 $t_c > \tau$(净雨时段 $m > n$),洪峰流量出现在 n 个净雨强之和最大时。即 $\sum I_j = n(a - \mu)$,

其中 $a-\mu=\Psi a$ 为雨峰部分平均净雨强度,如图 5-14a)。所以:

$$Q_m = \Psi aF$$

当 $t_c=\tau,m=n$,如图 5-14b)。在 $t=\tau$ 时,全面积汇流,$\sum I_j=n(a-\mu)$

$$Q_m = \Psi aF$$

当 $t_c<\tau,m<n$,如图 5-14c)。洪峰出现时只有部分面积汇流,$\sum I_j=m(a-\mu)$

$$Q_m = \frac{\Psi maF}{n} = \Psi a\varphi F$$

$$\varphi = \frac{m}{n} < 1$$

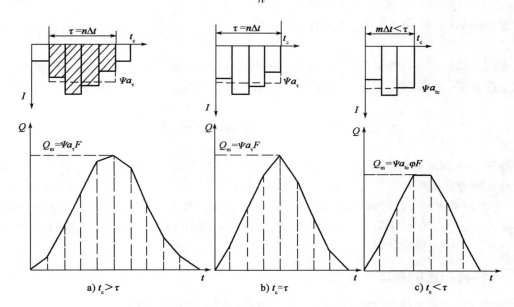

图 5-14 共时径流面积线性增长时三种情况的流量

上述推导可以看出,只要假定净雨均匀或共时径流面积线性增长,都可得到推理公式。

当 $t_c \geq \tau$ 时,$\varphi=1$,都为全面积汇流,此时取 $t=\tau$ 作为设计历时。因为平均雨强 a 随历时 t 的增大而减小,因此,当 $t>\tau$ 以后,随着时间的增大,共时径流面积不再增大,但平均雨强减小,计算的设计流量反而减小。因此取 $t=\tau$ 时,能取得最大流量。当 $t_c<\tau$ 时,尽管共时径流面积小于总面积,但平均雨强大于 $t=\tau$ 时的值,洪峰流量也有可能超过 $t=\tau$ 时的值。

考虑到式(5-32)中各参数的单位,则可得到:

$$Q_m = K\Psi a\varphi F \tag{5-34}$$

若 Q_m 以 m^3/s 计,F 以 km^2 计,a 以 mm/h 计,则 $K=0.278$。

推理公式在径流成因公式之前早已提出,当时并没有从径流成因公式推导,而是根据简单的推理得出。实际上,若假定净雨均匀,可从水量平衡原理就可得到推理公式。当流域内出现均匀净雨 $a-\mu$ 时,单位时间内进入流域的净水量为 $(a-\mu)F$。开始阶段,这些水量的一部分补充坡面和河槽的蓄水,流过出口断面的流量小于 $(a-\mu)F$;当净雨继续,流域水量达到平衡,蓄水不再增加,出口流量达到稳定最大值,如图 5-15。此时出口流量应等于进入水量,即:

$$Q_m = (a - \mu)F = \Psi a F$$

此式就是推理公式。

从净雨开始到流量达到平稳的时间即为流域汇流时间 τ。当净雨停止,进入流域的水量为零,坡面和河槽中的蓄水开始消退,出口流量逐渐减小。退水阶段的总水量等于涨水时流域的蓄水量。

图 5-15 的流量过程在天然流域中很少出现,因为实际净雨强度一般是不断变化的。但在室内模拟降雨实验中,很容易得到这种流量过程。

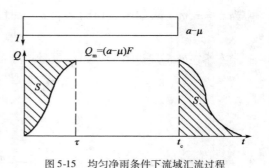

图 5-15　均匀净雨条件下流域汇流过程

推理公式中的洪峰流量只与净雨强度和流域面积有关,而与流域的汇流长度、坡度、糙率等无直接关系。但这些因素影响汇流时间,从而影响平均雨强,间接影响洪峰流量。

第五节　水科院水文所公式

1958 年水利水电科学研究院水文研究所陈家琦等提出的小流域洪峰流量计算方法,属于一般的推理公式范畴。它作为我国自己的一种计算方法,一开始就受到广泛重视和应用。至今,仍为我国小流域设计洪峰流量的基本计算方法之一。其适用的流域范围:在多雨地区,视地形条件一般为 300 ~ 500km² 以下;在干旱地区为 100 ~ 200km² 以下,但不能应用于岩溶、泥石流及各种人为措施影响严重的地区。

一、洪峰流量的基本计算式

水文研究所直接利用推理公式的一般形式,即式(5-34),并采用全面积汇流的理论,$\varphi = 1$,则得:

$$Q_m = K\Psi a\varphi F = K\Psi a F \tag{5-35}$$

确定最大设计流量 Q_m 的关键的问题是选定降雨历时,水文研究所考虑全面汇流,故取降雨历时等于流域最远点的集流时间,即 $t = \tau$。这里的汇流时间包括坡面汇流时间及沟槽集流时间。

引入暴雨公式(4-10),且 $K = 0.278$,则式(5-35)可写为:

$$Q_m = 0.278\Psi \frac{S_p}{\tau^n} F (m^3/s) \tag{5-36}$$

式中:S_p——设计暴雨雨力(mm/h);

　　τ——流域最远点至出口的汇流时间(h);

　　n——暴雨强度衰减指数;

　　Ψ——洪峰径流系数;

　　F——流域面积(km²)。

式(5-36)就是水科院水文所的设计洪峰流量的基本计算式。式中 S_p，n 可由暴雨公式获得，只要流域是确定的，F 值也即已知。因此，只要确定 Ψ、τ 值，即可求得 Q_m。

二、洪峰流量公式中参数的定量方法

1. Ψ、t 值的计算

直接求洪峰径流系数 Ψ 值，由于影响因素复杂，不容易得到满意的结果。目前都采用间接的方法，即用扣除平均损失率的方法解决。代入暴雨公式则得：

$$\Psi = \frac{a - \mu}{a} = 1 - \frac{\mu}{a} = 1 - \frac{\mu \tau^n}{S_p} \tag{5-37}$$

流域最大汇流时间 τ 不但与流域最远流程的汇流长度 L 有关，而且与沿流程的水力条件（如流量大小及流域比降等）有关，情况极为复杂。水文所采用流域平均汇流速度 v 来概括描述径流在坡面和河道内的运动，则 τ 可表示为：

$$\tau = 0.278 \frac{L}{v} \tag{5-38}$$

式中：v——流域平均汇流速度（m/s）；

L——流域汇流长度（km）；

0.278——单位换算系数。

流域平均汇流速度 v，目前多采用下列近似的半经验公式表达：

$$v = mJ^\sigma Q_m^\lambda \tag{5-39}$$

式中：m——汇流参数；

J——沿最远流程的平均纵比降，以小数表示；

Q_m——待定的洪峰流量；

λ、σ——反映本流域沿流程水力特性的经验指数，一般可采用推理和经验途径确定。

λ 和 σ 与出口断面形状有关，如为抛物线断面，则 $\sigma = 1/3$，$\lambda = 1/3$；如为矩形断面，$\sigma = 1/3$，$\lambda = 2/5$。对于一般山区性河道，可以把出口断面的形状近似地概化为三角形，则流速公式的指数可采用 $\sigma = 1/3$ 及 $\lambda = 1/4$，将它们代入式(5-39)，就得流域汇流时间的计算公式：

$$\tau = 0.278 \frac{L}{mJ^{1/3} Q_m^{1/4}} \tag{5-40}$$

将式(5-36)代入上式，并整理得：

$$\tau = \frac{0.278^{\frac{3}{4-n}}}{\left(\dfrac{mJ^{1/3}}{L}\right)^{\frac{4}{4-n}} (\Psi S_p F)^{\frac{1}{4-n}}} \tag{5-41}$$

若令：

$$\tau_0 = \frac{0.278^{\frac{3}{4-n}}}{\left(\dfrac{mJ^{1/3}}{L}\right)^{\frac{4}{4-n}} (S_p F)^{\frac{1}{4-n}}} \tag{5-42}$$

则流域汇流时间：

$$\tau = \tau_0 \Psi^{-\frac{1}{4-n}} \tag{5-43}$$

从计算洪峰流量的基本公式和上述推导中,可以看出 Ψ 和 τ 为求解 Q_m 时需要确定的两个未知数,其中 Ψ 还是 τ 的函数。因此可用式(5-43)和式(5-37)联立求解 Ψ 和 τ 值,并代入式(5-36)则得洪峰流量 Q_m。

这里,我们应注意到上面的式(5-37),对于长历时的降雨(因水文所取降雨历时 t 等于流域汇流历时 τ,所以长历时降雨也即当 τ 值较大的情况)其平均降雨强度 a 可能小于流域的平均损失强度,于是式(5-37)会得出 Ψ 为负值,这是不合理的。实际上,一次降雨中,雨强的大小是变化的,虽然在历时 τ 内的平均降雨强度小于流域的平均损失强度;但降雨过程中仍有一部分降雨强度(瞬时强度)大于流域平均损失强度,亦会有表面径流发生。如图5-16所示。

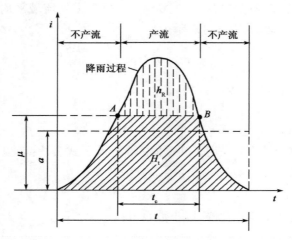

图5-16 长历时降雨产流示意图

由此可见,径流系数 Ψ 的计算式(5-37)只适用于历时短而强度大的降雨产流情况,对于长历时降雨的产流情况,Ψ 的计算尚需推求另外的公式。下面我们来分析这个问题。

由图5-16可看出,对于这种长历时降雨(图中降雨过程线系主雨峰段)总有一部分降雨产生地面径流(图中虚线部分表示),其产生径流的这部分历时即产流历时 t_c。

根据主雨峰段平均降雨强度的关系可求得一次降雨的总雨量为:

$$H_t = at = S_p t^{1-n} \tag{5-44}$$

并将其对 t 进行微分;即得瞬时强度为:

$$i = \frac{\mathrm{d}H_t}{\mathrm{d}t} = (1-n)S_p t^{-n} \tag{5-45}$$

根据产流历时 t_c 的含义,当 $i \geqslant \mu$ 范围内的时间,就代表产流历时,所以根据(5-45)可求得产流历时的计算式。取:

$$(1-n)S_p t_c^{-n} = \mu$$

则得:

$$t_c = \left[(1-n)\frac{S_p}{\mu}\right]^{\frac{1}{n}} \tag{5-46}$$

由式(5-46)可看出,在设计条件下,对于一定的流域(即 μ 值是确定的),一定的暴雨特性(即 S_p、n 是确定的),则在理论上产流历时 t_c 是一个定值。又由于 t_c 是某场雨产流或不产流的临界历时,因此,它可作为判别设计暴雨是否产流的重要特征值。

当 $\tau < t_\mathrm{c}$ 时,在 $t = \tau$ 的条件下,整个汇流过程中降雨都产流,出口断面处最大流量是全流域面积汇流所形成,即属全面汇流情况。此时,径流系数 Ψ 值可按式(5-37)计算;当 $\tau > t_\mathrm{c}$ 时,在 $t = \tau$ 的条件下,有一部分降雨不能产生表面径流,其径流总量只能达到本次降雨 $t = t_\mathrm{c}$ 时所产生的径流量。出口断面处最大流量只是部分流域面积汇流形成,即属部分汇流情况。此时径流系数 Ψ 值的计算则应按以下推求的公式计算。

如图 5-16,若 t_c 时段内的降雨平均强度为 a_{t_c},则此时段内的净雨量为:

$$h_\mathrm{R} = a_{t_\mathrm{c}} t_\mathrm{c} - \mu t_\mathrm{c} = \left[\frac{S_\mathrm{P}}{t_\mathrm{c}^{\,n}} - (1 - n) \frac{S_\mathrm{P}}{t_\mathrm{c}^{\,n}} \right] t_\mathrm{c} = n S_\mathrm{P} t_\mathrm{c}^{\,1-n} \tag{5-47}$$

根据径流系数的定义,在这种长历时降雨的情况下应为:

$$\Psi = \frac{h_\mathrm{R}}{H_\tau} = \frac{n S_\mathrm{P} t_\mathrm{c}^{\,1-n}}{a_\tau \tau} = n \left(\frac{t_\mathrm{c}}{\tau} \right)^{1-n} \tag{5-48}$$

因此,对于 $\tau > t_\mathrm{c}$ 的长历时降雨,可联解式(5-43)、式(5-48)求得 Ψ 及 τ 值。

但是,应该注意到,对于 $\tau > t_\mathrm{c}$ 的情况,因属于部分面积汇流,按汇流理论,其洪峰流量公式应为:

$$Q_\mathrm{m} = 0.278 \Psi a_{t_\mathrm{c}} F_{t_\mathrm{c}} = 0.278 \frac{h_\mathrm{R}}{t_\mathrm{c}} F_{t_\mathrm{c}} \tag{5-49}$$

式中:F_{t_c}——对应于出流历时 t_c 的流域共时径流面积中最大的一块(km^2)。

式(5-49)所给出的 Q_m 是指 F_{t_c} 出口处的最大流量,这个出口并不一定与指定流域的出口断面一致。在这一点上形成的最大流量 Q_m 传播到出口断面还要经过一段沿河道的演进,从而使出现在出口断面的最大流量应当比用公式(5-49)计算的要小一些。另外,应当指出,式(5-49)中的 $F_{t_\mathrm{c}}/t_\mathrm{c}$ 实际上是个无法进行客观检验的数值,因 F_{t_c} 本身就是一个概化条件下的产物,实际在流域上并不存在这样一块面积,因而就无从量测其大小。为此,式(5-49)在实际应用中很不方便。为简化计算,水文所采用了 $F_{t_\mathrm{c}}/t_\mathrm{c} \approx F/\tau$ 的假定。由于在一般情况下 $F_{t_\mathrm{c}}/t_\mathrm{c} > F/\tau$,但河道调蓄演进影响的因素考虑进去后,以上的代换形式是可以近似成立的。代换的结果,式(5-49)可改写为:

$$Q_\mathrm{m} = 0.278 \frac{h_\mathrm{R}}{\tau} F = 0.278 \frac{n S_\mathrm{P} t_\mathrm{c}^{\,1-n}}{\tau} F = 0.278 n \left(\frac{t_\mathrm{c}}{\tau} \right)^{1-n} \frac{S_\mathrm{P}}{\tau^{\,n}} F = 0.278 \Psi \frac{S_\mathrm{P}}{\tau^{\,n}} F$$

上式与式(5-36)一致,因此,当 $\tau > t_\mathrm{c}$ 时,洪峰流量虽是部分面积汇流,但用式(5-48)、式(5-43)算出 Ψ 及 τ 值后,仍可用式(5-36)计算洪峰流量 Q_m 值。

为明确起见,下面把上述两种计算 Ψ 及 τ 的情况归纳如下:

当 $t_\mathrm{c} \geqslant \tau$(全面汇流)时

$$\begin{cases} \Psi = 1 - \dfrac{\mu}{S_\mathrm{P}} \tau^{\,n} \\ \tau = \tau_0 \Psi^{\frac{1}{m-4}} \end{cases} \tag{A}$$

当 $t_c < \tau$（部分汇流）时

$$
\begin{cases}
\Psi = n\left(\dfrac{t_c}{\tau}\right)^{1-n} \\
\tau = \tau_0 \Psi^{\frac{1}{n-4}}
\end{cases}
\tag{B}
$$

在每一组联立方程式中，只能有一组 Ψ 和 τ 的解，将 Ψ 和 τ 值代入式（5-36）即得设计流量。

在实际计算时，由于洪峰流量及汇流时间都是未知量，无法事先判明应当使用方程组（A）或方程组（B）。因此水文所将方程式（5-37）与式（5-48）绘制在同一张诺模图上，如图 5-17 所示。这样在使用时就可不必事先判别取用哪个方程组，而由图 5-17 直接求出所需的 Ψ 和 τ 值。

Ψ、τ 诺模图的绘制原理：

将方程组（A）、（B）中的第二式代入第一式，并整理，即可得：

当 $t_c > \tau$ 时，此时 $\Psi > n$，则：

$$
\Psi^{\frac{n}{4-n}} - \Psi^{\frac{4}{4-n}} = \frac{\mu}{S_P}\tau_0^{\ n}
\tag{5-50}
$$

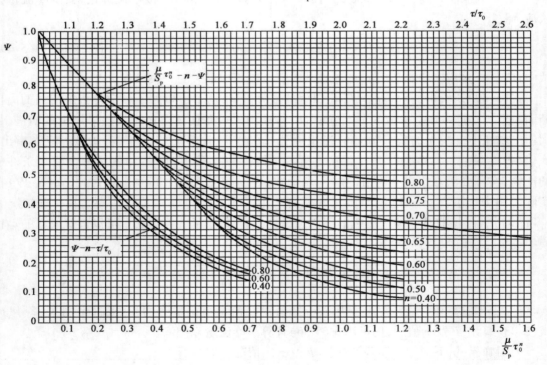

图 5-17　Ψ、τ 计算图

当 $t_c < \tau$ 时，此时 $\Psi < n$，则：

$$
(1-n)n^{\frac{n}{1-n}}\psi^{-\frac{3n}{(4-n)(1-n)}} = \frac{\mu}{S_P}\tau_0^{\ n}
\tag{5-51}
$$

由于 n、μ、S_P、τ_0 均为已知，可以 n 为参变数，以 Ψ 及 $\mu\tau_0{}^n/S_P$ 为纵横坐标，当 $\Psi > n$ 时用式(5-50)定点据，当 $\Psi < n$ 时用式(5-51)定点据，在普通坐标纸上 $\Psi \sim \mu\tau_0{}^n/S_P$ 呈曲线。

另将式(5-43)转换为下式：

$$\frac{\tau}{\tau_0} = \Psi^{-\frac{1}{4-n}} \tag{5-52}$$

然后以 τ/τ_0 为横坐标，仍以 Ψ 为纵坐标，以 n 为参变数，根据不同 Ψ 值求相应的 τ/τ_0 值。

使用该诺模图时，先计算 $\mu\tau_0{}^n/S_P$ 值，查图中 $\mu\tau_0{}^n/S_P$-n-Ψ 曲线得 Ψ，再根据 Ψ 值查 Ψ-n-τ/τ_0 曲线得 τ/τ_0，并求得 τ 值。将 Ψ 及 τ 值代入式(5-36)，即得设计流量。

必须提醒，上述的图解分析方法是以 t 时段最大降雨量 H_t 与其相应历时 t 的关系概化为：

$$H_t = at$$

$$a = \frac{S_P}{t^n}$$

的形式为基础的。当 H_t-t 关系与此形式不相合时，最大流量就不能直接应用前面介绍的方法计算，但仍可应用前述基本原理，推求得相应的计算式。

2. 产流参数 μ 值的计算

在计算 t_c 及 Ψ 时，都需要先定出流域损失参数 μ 值，μ 在推理公式中是综合反映流域产流过程中损失的参数。它不仅与土壤的透水性能、地区的植被情况和前期土壤含水量有关，而且与降雨的大小和时程分配的特征有关。因此，不同地区其数值不同，且变化较大。这里要注意，按水文所对 μ 值的定义，它并不同于一般文献中常提到的平均入渗率，尤其是不能理解为单点试验所得到的入渗率。在一次由暴雨形成洪水的过程中，对降雨过程实行平扣损失，当降雨强度小于平均损失率时，损失等于降雨，只能在降雨强度大于平均损失率时产流，在这样的概化条件下使总产流量与一次洪水径流量相等，所求得的平均损失率即为 μ 值。

由于 μ 值不易确定，水文所主张利用当地暴雨洪水实测资料进行分析。如无实测资料，可查有关图表。

将式(5-46)代入式(5-47)得：

$$h_R = nS_P \left[(1 - n) \frac{S_P}{\mu} \right]^{\frac{1-n}{n}}$$

移项化简后可得：

$$\mu = (1 - n)n^{\frac{n}{1-n}} \left(\frac{S_P}{h_R{}^n} \right)^{\frac{1}{1-n}} \tag{5-53}$$

式中：h_R——主雨峰产生的径流深(图5-16)。

这样在设计条件下如果 S_P、n 为已知，而 h_R 可以通过地区暴雨径流关系根据设计暴雨确定，则设计条件下的 μ 值就可以根据式(5-53)计算而得。因此，在参数 μ 的确定上，主要是建立地区的单峰暴雨洪水的暴雨径流相关关系。

暴雨径流相关关系综合反映流域降雨、自然地理、土壤含水、人为措施等因素对产流过程的影响，其地域性较强，因而不能任意搬用其他流域的分析成果。但小流域上的实测暴雨洪水资料非常缺少,也可以按流域的自然地理条件分区绘制地区综合暴雨径流关系。例如《湖南省小型水库水文手册》在利用式(5-53)确定 μ 时,h_R 就是利用 24h 设计暴雨量从 24h 综合暴雨径流相关图中查得的。

为简化计算手续和提高成果的精度,各省水文总站在综合分析了大量的暴雨洪水资料以后,都提出了确定 μ 值的简便方法。如福建省在进行综合时,认为全省各地的 μ 都相差不多,建议全省都采用 $\mu = 3.5\,mm/h$。江西省在进行综合时,把全省分为四个区,每区采用一个相同的 μ,全省 μ 的范围为 $1.0 \sim 2.0\,mm/h$。

在未进行多站综合分析的地区,水文所根据我国的暴雨情况,以 24h 暴雨量 H_{24} 近似地代表一次单峰降雨过程分析,给出了各区的 24h 径流系数 α 值表(表 5-3)。该表是利用广东、山西、湖南、浙江以及海河、辽河等地区的资料进行分析所得的部分成果归纳综合而成的。因而式(5-53)中的 h_R 在无资料地区可按下式概略计算:

$$h_R = \alpha H_{24,P} \tag{5-54}$$

式中:α——24h 的径流系数,查表 5-3;

$H_{24,P}$——年最大 24h 设计频率雨量(mm):

$$H_{24,P} = S_P\,24^{1-n}$$

或 $$H_{24,P} = (1 + \Phi_P C_{v,24})\overline{H}_{24} = K_P \overline{H}_{24}$$

S_P——设计频率 P 的暴雨雨力(mm/h);

n——暴雨强度衰减指数;

Φ_P——皮尔逊 III 型频率曲线的离均系数;

$C_{v,24}$——年最大 24h 雨量变差系数,可从有关水文手册中获得;

$\overline{H}_{24}$——年最大 24h 的平均雨量(mm)。该值若在当地收集不到,可参考图 5-18 查得。

降雨历时等于 24h 的径流系数 α 值 表 5-3

地 区	H_{24}(mm)	土 壤		
		黏 土 类	壤 土 类	砂 壤 土 类
山区	$100 \sim 200$	$0.65 \sim 0.8$	$0.55 \sim 0.7$	$0.4 \sim 0.6$
	$200 \sim 300$	$0.8 \sim 0.85$	$0.7 \sim 0.75$	$0.6 \sim 0.7$
	$300 \sim 400$	$0.85 \sim 0.9$	$0.75 \sim 0.8$	$0.7 \sim 0.75$
	$400 \sim 500$	$0.9 \sim 0.95$	$0.8 \sim 0.85$	$0.75 \sim 0.8$
	500 以上	0.95 以上	0.85 以上	0.8 以上
丘陵区	$100 \sim 200$	$0.6 \sim 0.75$	$0.3 \sim 0.55$	$0.15 \sim 0.35$
	$200 \sim 300$	$0.75 \sim 0.8$	$0.55 \sim 0.65$	$0.35 \sim 0.5$
	$300 \sim 400$	$0.8 \sim 0.85$	$0.65 \sim 0.7$	$0.5 \sim 0.6$
	$400 \sim 500$	$0.85 \sim 0.9$	$0.7 \sim 0.75$	$0.6 \sim 0.7$
	500 以上	0.9 以上	0.75 以上	0.7 以上

注:壤土相当于工程地质勘测规范中的亚黏土;砂壤土相当于亚砂土。

为应用方便,已将式(5-53)制成计算图,μ 值一般根据 S_P/h_R^n 及 n 值由图 5-19 查得。

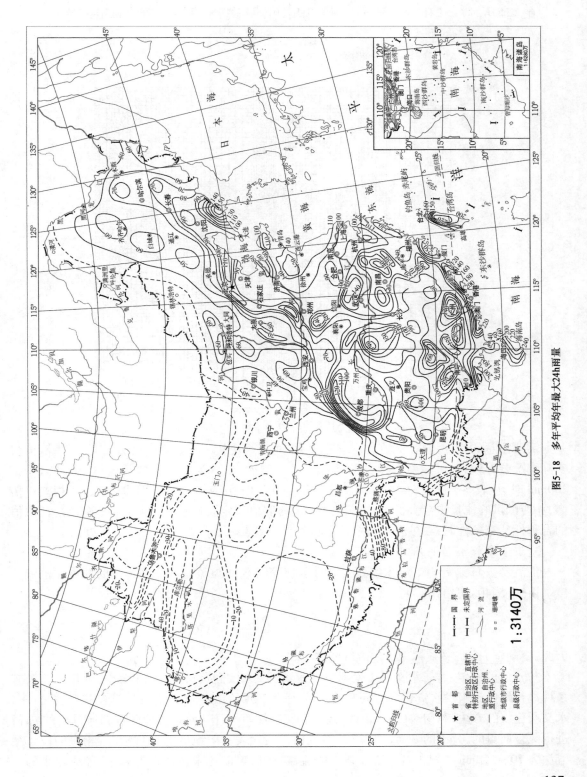

图5-18　多年平均年最大24h雨量

在产流历时 $t_c > 24h$ 的情况下，μ 值无须用计算图 5-19 查算，而按下式确定：

$$\mu = \frac{(1-\alpha)H_{24}}{24} \qquad (5-55)$$

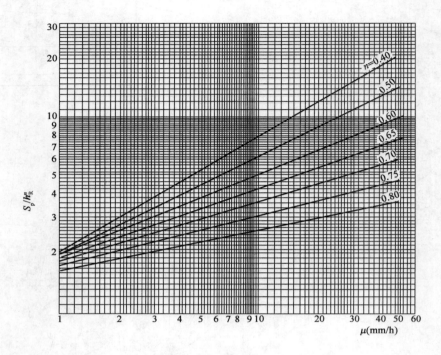

图 5-19 μ 值计算图

需要注意的是，α 值对 μ 值的影响非常大，而表 5-1 中 α 值的变化范围很宽，如果取值与实际情况差异较大，可能引起很大的计算误差。例如，土壤为壤土类的丘陵区，H_{24} 在 $100 \sim 200\text{mm}$ 时，从表 5-3 查得 $\alpha = 0.3 \sim 0.55$。当 $n = 0.7$ 时，α 从 0.3 变化到 0.55，μ 可相差 4 倍多，相应的洪峰流量也会有很大差别。因此 α 的取值一定要慎重，要通过多种途径论证取值的合理性。有条件时，尽量利用当地的经验公式和图表确定 μ 值。

3. 汇流参数 m 值的确定

汇流参数 m 是计算汇流速度公式中的参数，相当于单位流量与比降为 1 时的流域汇流速度。由式(5-40)可得出：

$$m = \frac{0.278L}{J^{1/3}Q_m^{1/4}\tau} \qquad (5-56)$$

因此，要确定 m 值，必须首先确定流域汇流时间 τ。

与 μ 值的确定一样，水文所主张利用当地暴雨洪水实测资料进行分析确定 m 值。当没有条件进行地区暴雨洪水资料分析的时候，可以按表 5-4 给出的 m 值进行估算。这个表是按照水文所建议的方法，利用对广东、山西、湖南、浙江、江西、河南、北京等地区资料所分析的 m 值进行综合而得的，其中的 $\theta = L/J^{1/3}$。表中数据只能代表一般地区的平均情况，相应的设计径流深为 $70 \sim 150\text{mm}$。对于具有特殊条件的流域，m 值可能还未包括在上表中；径流较小的干旱地区, m 值还将略有增加。

汇 流 参 数 m 值　　　　　　　　　　　　　　　表 5-4

类别	雨洪特性、河道特性、土壤植被条件简述	推理公式洪水汇流公式 $m \sim \theta = L/J^{1/3}$		
		$1 \sim 10$	$10 \sim 30$	$30 \sim 90$
I	雨量丰沛的湿润山区,植被条件优良,森林覆盖度可高达 70% 以上,多为深山原始森林区,枯枝落叶层厚,壤中流较丰富,河床成山区型大卵石、大砾石河槽,有跌水,洪水多呈缓落型	0.20 ~ 0.30	0.30 ~ 0.35	0.35 ~ 0.40
II	南方、东北湿润山丘,植被条件良好,以灌木林、竹林为主的石山区或森林覆盖度达 40% ~ 50% 或流域内以水稻田或优良的草皮为主,河床多砾石、卵石,两岸滩地杂草丛生,大洪水多为尖瘦型,中小洪水多为矮胖型	0.30 ~ 0.40	0.40 ~ 0.50	0.50 ~ 0.60
III	南北地理景观过渡区,植被条件一般,以稀疏林、针叶林、幼林为主的土石山丘区或流域内耕地较多	0.60 ~ 0.70	0.70 ~ 0.80	0.80 ~ 0.95
IV	北方半干旱区,植被条件较差,以荒草坡、梯田或少量的稀疏林为主的土石山丘区,旱作物较多,河道成宽浅型、间歇型水流,洪水陡涨陡落	1.0 ~ 1.3	1.3 ~ 1.6	1.6 ~ 1.8

目前,大部分省(区)都根据各地的洪水资料分析综合了本地区的 μ、m 值定量关系,在采用水文所的公式推求小流域设计洪水时,应该使用本地区所建立的 μ、m 值计算表。部分省区 m 值的经验关系见表 5-5。

部分省区参数 m 值经验关系　　　　　　表 5-5

省(市、区)名	分区			参数公式	θ 的定义	J 的取值	备　　注
河北	背风山区			$m = 1.4\theta^{0.25}$	$\theta = L/J^{1/3}$	千分率	
山西	I 密蔽林区			$m = 0.20h^{-0.25}\theta^{0.37}$	$\theta = L/$ $(J^{1/3}F^{1/4})$	千分率	θ 小于 1.5 时用 1.5 全省 $h > 120mm$ 时用 120mm
	II 疏林区			$m = 0.34h^{-0.26}\theta^{0.26}$			
	III 一般山区			$m = 0.38h^{-0.27}\theta^{0.27}$			
	IV 裸露山、丘区			$m = 0.375h^{-0.17}\theta^{0.22}$			
	V 晋西黄土丘陵沟壑区			$m = 0.37h^{-0.16}\theta^{0.38}$			θ 小于 3 时用 3
内蒙古	其他地区			$m = 0.402\theta^{0.286}$	$\theta = L/J^{1/3}$	小数	m 为 50 年一遇的值,其他频率的 m 值应乘以 0.9 ~ 1.05
	黄土高原沟壑区			$m = 0.482\theta^{0.286}$			
辽宁		x	y	$\tau = x\left(\dfrac{L}{\sqrt{J}}\right)^y$	$\theta = \dfrac{L}{\sqrt{J}}$	千分率	(1)x,y 为地区参数; (2)适用于 300km² 以下的中小流域
	I$_{1,2}$ 中部平原区	1.4	0.78				
	I$_3$ 中部平原区	2.5	0.85				
	II 北部半干旱丘陵区	0.84	0.72				
	III 东部湿润山区	0.96	0.73				

省(市、区)名	分 区			参 数 公 式	θ的定义	J的取值	备 注
辽宁	Ⅳ辽东半岛半湿润丘陵区	0.78	0.71	$\tau = x\left(\dfrac{L}{\sqrt{J}}\right)^{y}$	$\theta = \dfrac{L}{\sqrt{J}}$	千分率	(1) x,y 为地区参数; (2)适用于 300km² 以下的中小流域
	Ⅴ₁,₂西部干旱丘陵区	0.57	0.65				
	Ⅵ西部半干旱丘陵区	0.64	0.67				
吉林	鸭绿江、浑江、东辽河			$m = 0.056\,7\theta^{0.68}$	$\theta = L/$ $(J^{1/3}F^{1/4})$	小数	
	第二松花江、珲春河			$m = 0.046\,8\theta^{0.68}$			
	图们江、拉林河			$m = 0.032\,3\theta^{0.68}$			
陕西	Ⅰ₁陕北黄土丘陵沟壑区			$m = 4.95\theta^{0.325}h_{R}^{-0.41}$	$\theta = L/$ $(J^{1/3}F^{1/4})$	小数	$h_{R} \leqslant 90\text{mm}$
	Ⅰ₂陕北黄土丘陵沟壑区			$m = 4.2\theta^{0.325}h_{R}^{-0.41}$			
	Ⅰ₃陕北黄土丘陵沟壑区			$m = 3.6\theta^{0.325}h_{R}^{-0.41}$			
	Ⅰ₄陕北黄土丘陵沟壑区			$m = 2.6\theta^{0.325}h_{R}^{-0.41}$			
	Ⅱ₁渭北土石山区兼黄土沟壑区			$m = 1.34\theta^{0.587}h_{R}^{-0.541}$			
	Ⅱ₂渭北土石山区兼黄土沟壑区			$m = 2.1\theta^{0.435}h_{R}^{-0.47}$			
	Ⅲ₁渭南秦岭山区			$m = 0.061\,4\theta^{0.75}$	$\theta = L/$ $(J^{1/3}F^{1/4})$		$h_{R} \leqslant 70\text{mm}$
	Ⅲ₂陕南秦巴山区			$m = 0.193\theta^{0.584}$	$\theta = L^{2}/$ $(J^{1/3}F)$		
甘肃	六盘山土石山林区(植被优良)			$m = 0.1\theta^{0.384}$	$\theta = L/J^{1/3}$	小数	
	六盘山土石山林区(植被一般)			$m = 0.195\theta^{0.397}$			
	黄土区			$m = 1.845h^{-0.465}\theta^{0.515}$	$\theta = L/$ $(J^{1/3}F^{1/4})$		$h < 35\text{mm}$
青海	浅脑混合区			$m = 0.75\theta^{0.487}$	$\theta = L/$ $(J^{1/3}F^{1/4})$	小数	
	脑山区			$m = 0.45\theta^{0.36}$			

4. 流域特征参数 F、L、J 的确定

(1) F:代表出口断面以上的流域面积。利用适当比例尺的地形图直接量取。如地形图精度不高或分水线不清楚时,要进行现场查勘及测量,以确定分水线的确切位置。流域面积的单位以 km² 计。

(2) J:为沿 L 的坡地和河槽平均比降。可在地形图上量取自分水岭至出口断面的河槽纵断面图(如无地形图时,可直接沿河槽作高程测量,取得河槽纵断面图),然后采用等面积法,划出一条切割线,该切割线的坡度即为平均坡度,如图 5-20 所示。

$$J = \frac{H}{L}$$

式中:H——高差(km);

L——水平距离(km)。

在实际计算中,根据以上原理推导出下面的计算式:

$$J = \frac{(Z_0 + Z_1)l_1 + (Z_1 + Z_2)l_2 + \cdots + (Z_{n-1} + Z_n)l_n - 2Z_0 L}{L^2} \tag{5-57}$$

式中：Z_0、Z_1、$\cdots$、Z_n——自出口断面起沿流程各特征地面点高程；

　　　l_1、l_2、$\cdots$、l_n——各特征点间的距离，如图 5-21 所示。

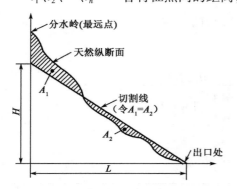

图 5-20　沿 L 的坡地和河槽平均比降示意图

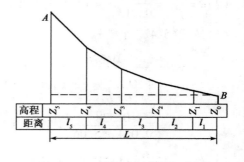

图 5-21　沿 L 的坡地和河槽纵断面图

三、设计洪峰流量 Q_m 的计算

应用水科院水文所方法计算 Q_m，需要具备下列几项基本资料：

流域地形图和流域情况说明，作为确定流域特征值和选用参数时的依据。

流域暴雨统计资料，或暴雨参数等值线图及频率查算表，用以确定暴雨参数。

本地区对参数 m、μ 进行综合分析的成果，如果缺少这部分资料而工程要求的精度允许时，可以利用式(5-54)、表 5-3 及图 5-19 确定 μ 值，用表 5-4 或表 5-5 估算 m 值。

具体计算步骤如下：

（1）求出 F、L、J。

（2）由暴雨公式求出对应于设计频率的 S_p 值或由其他方法直接定出 S_p 值。

（3）确定 m、μ 值。

（4）按式(5-42)计算 τ_0 值。

（5）按 $\mu_p \tau_0^n / S_p$ 值及 n 值由图 5-17 查取 Ψ 及 τ/τ_0 值，则可得 Ψ 及 τ 值。也可用试算法求解 Ψ、τ。该法必须先依式(5-46)求 t_c，然后用 τ 值与 t_c 比较，试用方程组（A）或（B），求解 Ψ、τ。最后验算，用初算得的 τ 与 t_c 比较，若比较结果与试用的方程组是一致的，则成立，反之用另一方程组重新求 Ψ、τ。

（6）将 Ψ 及 τ 值代入式(5-36)即得设计洪峰流量 Q_m 值。

【例 5-1】　某机场场外一截洪沟的汇水面积为 3.21km^2，流域最远点至计算断面的距离 $L = 4.2\text{km}$，$J = 0.013$。丘陵地区，地表土壤绝大部分属亚黏土，植被覆盖较差，河沟为周期性水流，宽浅性河道，河床为粗砾石，洪水时挟带大量泥沙。当选用重现期为 50 年时，该地区的暴雨公式为：$a = S_p / t^n = 83.5 / t^{0.55}$（mm/h）（$\overline{H}_{24} = 110\text{mm}$，$C_{v,24} = 0.52$，$C_s = 3.5C_v$，查得 $K_p = 2.48$，得 $H_{24,p} = 273\text{mm}$）。求截洪沟计算断面处重现期为 50 年的设计流量。

【解】　（1）由 $H_{24,p} = 273$，该地为丘陵区，土壤为亚黏土，查表 5-3 得：$a = 0.62$

141

由式(5-54)计算得：

$$h_R = aH_{24,p} = 0.62 \times 273 = 169(\text{mm})$$

根据 $\dfrac{S_P}{h_R{}^n} = \dfrac{83.5}{169^{0.55}} = 4.97$ 及 $n = 0.55$ 查图5-19得：$\mu = 7.6(\text{mm/h})$

(2) $\theta = \dfrac{L}{J^{1/3}} = \dfrac{4.2}{0.013^{1/3}} = 17.6$，并根据流域河道情况查表5-4，得：$m = 1.43$

(3) 按式(5-42)计算 τ_0

$$\tau_0 = \frac{0.278^{\frac{3}{4-n}}}{\left(\dfrac{mJ^{1/3}}{L}\right)^{\frac{4}{4-n}}(S_P F)^{\frac{1}{4-n}}} = \frac{0.278^{\frac{3}{4-0.55}}}{\left(\dfrac{1.43 \times 0.013^{1/3}}{4.2}\right)^{\frac{4}{4-0.55}}(83.5 \times 3.21)^{\frac{1}{4-0.55}}}$$

$$= \frac{0.328}{0.054 \times 5.06} = 1.21(\text{h})$$

(4) $\dfrac{\mu}{S_P}\tau_0{}^n = \dfrac{7.6}{83.5} \times 1.21^{0.55} = 0.101$

查图5-17，得：$\Psi = 0.89$ 及 $\tau/\tau_0 = 1.03$

则：$\tau = 1.03\tau_0 = 1.03 \times 1.21 = 1.25(\text{h})$

(5) $Q_m = 0.278\psi\dfrac{S_P}{\tau^n}F = 0.278 \times 0.89 \times \dfrac{83.5}{1.25^{0.55}} \times 3.21 = 58.6(\text{m}^3/\text{s})$

【例5-2】 某机场飞行场至飞机洞库的推机道横跨一小河，需修建一座桥。小河在桥位处的汇水面积 $F = 217\text{km}^2$，$L = 30\text{km}$，$J = 0.016$，从本地区水文站收集到 $\mu = 10\text{mm/h}$，$m = 1.2$，暴雨公式 $a = (20 + 50\lg N)/t^{0.7}(\text{mm/h})$。用试算法确定桥位处百年一遇的设计洪峰流量。

【解】 (1) 确定百年一遇的 S_P

$$S_P = 20 + 50\lg100 = 120(\text{mm/h})$$

(2) 计算 τ_0

$$\tau_0 = \frac{0.278^{\frac{3}{4-n}}}{\left(\dfrac{mJ^{1/3}}{L}\right)^{\frac{4}{4-n}}(S_P F)^{\frac{1}{4-n}}} = \frac{0.278^{\frac{3}{4-0.7}}}{\left(\dfrac{1.2 \times 0.016^{1/3}}{30}\right)^{\frac{4}{4-0.7}} \times (120 \times 217)^{\frac{1}{4-0.7}}} = 3.78(\text{h})$$

(3) 计算 t_c

$$t_c = \left[(1-n)\frac{S_P}{\mu}\right]^{\frac{1}{n}} = \left[(1-0.7)\times\frac{120}{10}\right]^{\frac{1}{0.7}} = 6.23(\text{h})$$

(4) 用分析试算法求解 Ψ、τ

因为一般情况下 τ 值比较接近 τ_0 值，为了确定使用方程(A)还是(B)，可先用 τ_0 值来判别。

$\because \tau_0 < t_c$

$\therefore$ 用方程组(A)求解 τ 与 Ψ：

$$\Psi = 1 - \frac{\mu}{S_P}\tau^n = 1 - \frac{10}{120}\tau^{0.7} = 1 - \frac{1}{12}\tau^{0.7} \tag{①}$$

$$\tau = \tau_0\Psi^{\frac{1}{n-4}} = 3.78\Psi^{-0.303} \tag{②}$$

将②式代入式①得：

$$\psi = 1 - 0.212\psi^{-0.212} \qquad ③$$

用试算法求解 ψ：

试设 $\psi = 0.750$，代入式③则：

$$0.750(\, = 1 - 0.212 \times 0.750^{-0.212} = 0.775\,)$$

再设 $\psi = 0.775$ 代入式③则：

$$0.775(\, = 1 - 0.212 \times 0.775^{-0.212} = 0.776\,)$$

再设 $\psi = 0.776$ 代入式③则：

$$0.776(\, = 1 - 0.212 \times 0.776^{-0.212} = 0.776\,)\quad（试算完）$$

$\therefore$ 取 $\psi = 0.776$

将 ψ 值代入式②得：

$$\tau = 3.78\psi^{-0.303} = 3.78 \times 0.776^{-0.303} = 4.08(\mathrm{h})$$

$\tau = 4.08 < t_c = 6.23$

$\therefore$ 符合前面假设。

(5) $Q_m = 0.278\dfrac{S_P}{\tau^n}\psi F = 0.278 \times \dfrac{120}{4.08^{0.7}} \times 0.776 \times 217 = 2\,099(\mathrm{m^3/s})$

另用图解法：

计算：

$$\frac{\mu}{S_P}\tau_0{}^n = \frac{10}{120} \times 3.78^{0.7} = 0.211$$

查图 5-17 得：$\psi = 0.775$ 及 $\tau/\tau_0 = 1.08$

则：$\tau = 1.08 \times 3.78 = 4.08(\mathrm{h})$

$$Q_m = 0.278 \times \frac{120}{4.08^{0.7}} \times 0.775 \times 217 = 2\,097(\mathrm{m^3/s})$$

由此看图解法的精度还是较高的。

四、讨论

水利水电科学研究院水文所计算洪峰流量的方法基于推理公式的一般理论,结合了我国的自然条件,公式中考虑了形成最大流量的主要因素(S_P、F、L、J、μ、m),并且把流量形成分为充分供水和不充分供水两种情况,即:当产流历时大于流域汇流时间时($t_c > \tau$),洪峰流量为全面积汇流形成;当产流历时小于流域汇流时间($t_c < \tau$)时,洪峰流量为部分面积汇流形成。洪峰流量形成与计算的这种划分,是对推理公式理论的一个发展。另外,在计算参数方面,采用暴雨洪水实测资料的综合分析方法,也使该计算方法具有较大的实用价值。

但是,水科院水文所的公式在汇流面积分配曲线的线性概化等一系列基本假设方面显然是保留了古典推理公式的特色。另外,在缺乏暴雨洪水实测资料的地区 μ 值及 m 值的准确确定比较困难,容易出现较大误差,在计算中一定要引起足够的重视。

第六节　小径流研究组公式

为了改进小流域洪水计算方法,原铁道部第一设计院、中国科学院地理研究所、铁道科学研究院西南研究所等 3 个单位合作成立了小流域暴雨径流研究组,开展了小流域暴雨洪峰流量形成与计算的研究,进一步考虑了洪峰流量形成中汇流面积的分配和流域的调蓄作用,得出了计算洪峰流量的图解法、数解法和简化方法。该方法发表于 1976 年,已在铁路行业及其他工程设计中应用,适用于流域面积在 $100km^2$ 以下的洪峰流量计算。

一、洪峰流量的计算公式

水科院水文所的方法来源于一般推理公式,它通过对降雨、产流与汇流的一系列概化,从等流时线原理出发,认为各共时径流面积 f 随汇流时间 t 呈直线增长,即共时径流面积增长速率为一常数(df/dt = 常数)。然后得出了洪峰流量 Q_m 计算式。小径流研究组通过大量的水文模型试验表明,即使是规则的矩形流域,其共时径流面积与汇流时间之间也并非线性关系,共时径流面积增长速率并非常数($df/dt \neq$ 常数)。同时,平均净雨强度也随历时而变。通过理论分析与实验证明,洪峰流量发生的规律是:净雨强度和最大共时径流面积的乘积为最大时才能形成洪峰。可用图 5-22 来说明。图 5-22a)中的曲线表示平均净雨强度 a_1 随历时变化的关系,是一非线性减函数。图 5-22b)中的曲线表示流域最大共时径流面积 f 随所取历时变化的关系,是一非线性的增函数。图 5-22c)中表示各对应历时净雨与共时径流面积相乘形成流量的规律(该曲线不是流量过程线)。各历时净雨和共时径流面积对应乘积所表示的流量(a_1f),它沿时间坐标由小到大,到某一历时出现了流量的最大值即洪峰流量。它的出现并不在 $t = \tau$ 的时候(即不在 $f = F$ 的时候),而是在某一特定历时,这个历时称为造峰历时,并以符号 t_Q 来表示。其相应(在 f-t 曲线上)的共时汇流面积,即为形成洪峰的最大共时汇流面积。造峰历时的概念正是建立在净雨强度和汇流面积均随历时而变的基础上。

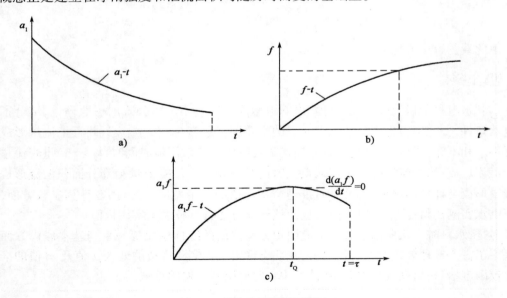

图 5-22　最大流量形成示意图

由上述暴雨洪峰流量形成规律的数学模型,暴雨洪峰流量为净雨与共时汇流面积乘积的最大值。因此洪峰流量 Q_m 计算的基本模式:

$$Q_{\mathrm{m}} = [a_1 f]_{\max} = [a_1 f]_{t=t_Q} \tag{5-58}$$

式中 a_1、f 均为时间 t 的函数。

据此原理推导,得洪峰流量 Q_{m} 的计算公式为:

$$Q_{\mathrm{m}} = 0.278 \frac{\Psi S_{\mathrm{P}}}{t_Q^{\ n}} PF \tag{5-59}$$

$$t_Q = P_1 \tau \tag{5-60}$$

令:

$$k_1 = 0.278 S_{\mathrm{P}} F \tag{5-61}$$

则:

$$\begin{cases} Q_{\mathrm{m}} = k_1 \Psi P t_Q^{\ -n} \\ t_Q = P_1 \tau \end{cases} \tag{5-62}$$

式中:Ψ——洪峰流量径流系数;

　　P——造峰面积系数;

　　t_Q——造峰历时(h);

　　P_1——造峰历时系数;

S_{p}、n、F、τ 的含义与水文所公式相同。

二、洪峰流量公式中参数的定量方法

1. 暴雨点面(雨量)折减系数 η

暴雨公式 $a = S_{\mathrm{P}}/t^n$,是雨量站所在地点的暴雨强度,当应用于较大流域($F>10\mathrm{km}^2$)时,点雨强与流域面平均雨强有一定差别,特别在西北地区暴雨笼罩面积甚小而不均匀分布程度较大的情况下,暴雨洪峰流量计算必须采用流域面积平均暴雨强度,这可以通过雨量折减系数把点雨量换算成面雨量来达到。折减系数 η 按下式计算:

$$\eta = \frac{\overline{H}}{H_0} \tag{5-63}$$

式中:$\overline{H}$——面平均雨量(mm);

　　H_0——点最大雨量(mm)。

经用等雨量线法对峨眉、子洲、天水、绥德、祁仪,崂山、丹东等48场次的暴雨进行点面关系的分析后,得出一般地区小流域的点面雨量折减系数公式:

$$\eta = \frac{1}{1 + 0.016 F^{0.6}} \tag{5-64}$$

式中:F——流域面积。

按照上式计算的 η 值见表5-6。

雨量折减系数 η 值　　　　　表5-6

$F(\mathrm{km}^2)$	3	5	7	10	15	20	30	40	50	60	70	80	90	100
η	0.97	0.96	0.95	0.94	0.92	0.91	0.89	0.87	0.86	0.84	0.83	0.82	0.81	0.80

注:当 F 为中间值时,η 可内插求出。

使用式(5-64)时须注意:

(1)将点暴雨参数 S_p 值,乘以由表5-6查出之 η,即得面平均暴雨参数,代入暴雨强度公式,得面平均暴雨强度,再据此计算设计洪峰流量。

(2)本公式按照一般地区的资料分析而得,可用于我国南北方一般地区。但对新疆、青海境内部分干旱地区(如吐鲁番盆地、柴达木盆地), η 值还应减小。目前缺乏这方面的观测资料,结合国内外已有资料,对干旱区可以下式为参考:

$$\eta_{\mp} = \frac{1}{1 + 0.026F^{0.6}} \tag{5-65}$$

(3)本公式系按小流域较大暴雨资料而得,所以基本上适用于设计暴雨的条件,可用于面积大于 $10km^2$ 及小于 $300km^2$ 的流域。

(4)对于台风雨及黄梅雨的情况,式(5-64)中的参数应予调整。

2. 暴雨损失强度 μ 及径流系数 Ψ 的计算

小径流组考虑到暴雨损失不仅受流域土壤、地质、植被等条件及土壤前期含水量的影响,而且还受暴雨强度大小的影响,在产流期内,暴雨强度 a 大的损失强度 μ 也大。通过对径流场与人工降雨的大量资料进行分析, a-μ 存在着如下关系:

$$\mu = Ra^{\gamma_1} \tag{5-66}$$

式中: μ——流域产流期内平均损失率(mm/h);

a——流域产流期内平均雨强(mm/h);

R、γ_1——损失系数和损失指数,可从表5-7查得。

净雨量为暴雨量扣除损失以后的余水量,其强度即为净雨强度 a_1。

$$a_1 = a - \mu$$

径流系数为净雨强度与暴雨强度的比值:

$$\Psi = \frac{a_1}{a} = 1 - \frac{\mu}{a}$$

将式(5-66)代入:

$$\Psi = 1 - \frac{Ra^{\gamma_1}}{a} = 1 - Ra^{\gamma_1 - 1}$$

代入暴雨公式 $a = S_p/t^n$,则:

$$\Psi = 1 - RS_p^{\gamma_1 - 1}t^{n(1-\gamma_1)} \tag{5-67}$$

上式反映了径流系数的有关影响因素,其中只有暴雨历时 t 是变数。在设计条件下, t 应为形成洪峰的汇流时间 t_Q,而 t_Q 与流域面积 F 有密切的关系。因此,利用上式,将其中的 t 按土壤类别、地形等级和汇水面积的不同情况确定一个数值,并将 n 值固定,作成径流系数 Ψ 值表(表5-8),以供查用(其中土壤类别见表5-7)。

3. 汇流时间 τ 的计算

流域汇流过程,按其水力特性的不同,可分为坡面汇流和河槽汇流两个阶段。在小流域汇流过程中,坡面汇流所占的比重很大,是一个不可忽视的因素。因此,坡面和河槽两部分的汇流应分别计算。

各类土壤损失参数 R、γ_1 值表　　　　表 5-7

土　类		II	III	IV	V	VI
特征		（1）黏土； （2）地下水位较高（0.3～0.5m）盐碱土地面； （3）土壤瘠薄的岩石地区； （4）植被差、轻微风化的岩石地区	（1）植被差的砂质黏土地面； （2）戈壁滩；土层较薄的土石山区； （3）植被中等、风化中等的山区； （4）北方地区坡度不大的山间草地	（1）植被差的黏质砂土地面； （2）风化严重土层厚的土石山区； （3）草灌较密的山丘区或草地； （4）人工幼林或土层较薄中等密度的林区； （5）水土流失中等的黄土地区	（1）植被差的一般砂土地面； （2）土层较厚森林茂密的地区； （3）有大面积水土保持措施、治理较好的土质山区	（1）无植被松散的砂土地面； （2）茂密并有枯枝落叶层的原始森林
地区举例		燕山、太行山区，秦岭北坡山区	陕北黄土高原丘陵山区，峨眉径流站丘陵区及山东崂山等地	峨眉径流站高山区，湖南龙潭及短坡桥径流站，广州径流站	广东北江部分地区，土层较厚郁闭度 70% 以上的森林地区	东北原始森林区及西北沙漠边缘地区
前期土壤湿润	R	0.83	0.93	0.98	1.10	1.22
	γ_1	0.56	0.63	0.66	0.76	0.87
前期土壤中等湿润	R	0.93	1.02	1.10	1.18	1.25
	γ_1	0.63	0.69	0.76	0.83	0.90
前期土壤干旱	R	1.00	1.08	1.16	1.22	1.27
	γ_1	0.68	0.75	0.81	0.87	0.92

径流系数 Ψ 值表　　　　表 5-8

土类	前期土壤水分	R	γ_1	t (h)	F（km²）			$n=0.4$（用于 0.25～0.55）S_P（mm/h）					$n=0.07$（用于 0.55～0.85）S_P（mm/h）					前期土壤水分对 Ψ 值改正数	
					高低山	丘陵	平坦	20	40	70	100	200	20	40	70	100	200	湿润	干旱
II	中等	0.93	0.63	0.1	0.01～1.0			0.78	0.83	0.86	0.88	0.91	0.87	0.87	0.9	0.91	0.93	1.08	0.92
				0.2	1.01～5.0	0.01～1.0		0.76	0.81	0.85	0.87	0.9	0.8	0.84	0.87	0.89	0.91		
				0.4	5.01～20	1.01～5.0	0.01～1.0	0.73	0.79	0.83	0.85	0.89	0.76	0.81	0.85	0.87	0.90		
				0.6	20.01～50	5.01～20	1.01～5.0	0.72	0.78	0.82	0.84	0.88	0.73	0.79	0.83	0.85	0.89		
				0.8	50.01～100	20.01～50	5.01～20	0.70	0.77	0.80	0.83	0.87	0.71	0.78	0.82	0.84	0.88		
				1.0		50.01～100	20.01～50	0.69	0.76	0.81	0.83	0.87	0.69	0.76	0.80	0.83	0.87		
				2.5			50.01～100	0.65	0.73	0.78	0.81	0.85	0.61	0.70	0.76	0.79	0.83		

续上表

土类	前期土壤水分	R	γ_1	t (h)	F (km²)			$n=0.4$ （用于0.25~0.55）					$n=0.07$ （用于0.55~0.85）					前期土壤水分对 Ψ 值改正数	
								S_P(mm/h)					S_P(mm/h)						
					高低山	丘陵	平坦	20	40	70	100	200	20	40	70	100	200	湿润	干旱
III	中等	1.02	0.69	0.1	0.01~1.0			0.70	0.76	0.80	0.82	0.85	0.76	0.80	0.83	0.85	0.88	1.12	0.87
				0.2	1.01~5.0	0.01~1.0		0.67	0.73	0.78	0.80	0.84	0.72	0.77	0.81	0.83	0.86		
				0.4	5.01~20	1.01~5.0	0.01~1.0	0.64	0.71	0.76	0.78	0.82	0.67	0.73	0.78	0.80	0.84		
				0.8	20.01~50	5.01~20	1.01~5.0	0.61	0.68	0.73	0.76	0.81	0.62	0.69	0.74	0.77	0.81		
				1.0	50.01~100	20.01~50	5.01~20	0.60	0.67	0.73	0.76	0.80	0.60	0.68	0.73	0.76	0.80		
				1.5		50.01~100	20.01~50	0.58	0.66	0.71	0.74	0.79	0.56	0.65	0.70	0.73	0.78		
				3.0			50.01~100	0.54	0.63	0.69	0.72	0.77	0.49	0.59	0.65	0.69	0.75		
IV	中等	1.10	0.76	0.1	0.01~1.0			0.57	0.64	0.68	0.71	0.75	0.64	0.69	0.73	0.75	0.79	1.25	0.80
				0.2	1.01~5.0	0.01~1.0		0.54	0.61	0.66	0.69	0.74	0.59	0.65	0.70	0.72	0.77		
				0.4	5.01~20	1.01~5.0	0.01~1.0	0.51	0.58	0.64	0.67	0.72	0.54	0.61	0.66	0.69	0.74		
				0.8	20.01~50	5.01~20	1.01~5.0	0.48	0.56	0.61	0.64	0.70	0.48	0.56	0.62	0.65	0.70		
				1.0	50.01~100	20.01~50	5.01~20	0.46	0.55	0.60	0.64	0.69	0.46	0.55	0.60	0.64	0.69		
				1.5		50.01~100	20.01~50	0.44	0.53	0.59	0.62	0.68	0.43	0.51	0.58	0.61	0.67		
				3.0			50.01~100	0.40	0.50	0.56	0.60	0.66	0.36	0.45	0.52	0.56	0.63		
V	中等	1.18	0.83	0.1	0.01~1.0			0.39	0.46	0.51	0.54	0.59	0.46	0.52	0.56	0.59	0.64	1.40	0.70
				0.2	1.01~5.0	0.01~1.0		0.36	0.44	0.49	0.52	0.57	0.41	0.48	0.53	0.56	0.60		
				0.4	5.01~20	1.01~5.0	0.01~1.0	0.33	0.41	0.46	0.49	0.55	0.36	0.44	0.49	0.52	0.57		
				0.8	20.01~50	5.01~20	1.01~5.0	0.3	0.38	0.44	0.47	0.53	0.31	0.39	0.44	0.48	0.53		
				1.0	50.01~100	20.01~50	5.01~20	0.29	0.37	0.43	0.46	0.52	0.29	0.37	0.43	0.46	0.52		
				2.0		50.01~100	20.01~50	0.26	0.34	0.40	0.44	0.50	0.24	0.32	0.38	0.41	0.48		
				3.5			50.01~100	0.23	0.31	0.38	0.41	0.48	0.18	0.27	0.34	0.37	0.44		
VI	中等	1.25	0.9	0.1	0.01~1.0			0.16	0.21	0.26	0.28	0.33	0.21	0.26	0.30	0.33	0.37	1.60	0.60
				0.2	1.01~5.0	0.01~1.0		0.13	0.19	0.23	0.26	0.31	0.17	0.23	0.27	0.30	0.34		
				0.4	5.01~20	1.01~5.0	0.01~1.0	0.11	0.17	0.21	0.24	0.29	0.13	0.19	0.23	0.26	0.31		
				0.8	20.01~50	5.01~20	1.01~5.0	0.08	0.14	0.19	0.22	0.27	0.09	0.15	0.20	0.22	0.28		
				1.5	50.01~100	20.01~50	5.01~20	0.06	0.12	0.17	0.20	0.25	0.05	0.11	0.16	0.19	0.24		
				3.0		50.01~100	20.01~50	0.03	0.10	0.15	0.18	0.23	①	0.06	0.12	0.15	0.21		
				4.0			50.01~100	0.02	0.09	0.14	0.17	0.22	①	0.05	0.10	0.13	0.19		

注：①为不产流。

由水文模型试验的结果知：流域汇流时间 τ 基本上等于河槽汇流时间 τ_1 和坡面汇流时间 τ_2 的代数和：

$$\tau = \tau_1 + \tau_2 \tag{5-68}$$

河槽汇流时间 τ_1 的计算,归结为水流的沿程平均汇流速度的计算,即:

$$\tau_1 = 0.278 \frac{L_1}{v_1} \qquad (5-69)$$

式中:τ_1——主河槽内洪水汇流时间(h);

L_1——主河槽长度,即由河槽明显起点至河槽出口断面的距离(km);

v_1——河槽平均汇流速度(m/s)。

由于河槽汇流运动是不稳定流,是一种洪水波的演进。因此,v_1 也就是指自河槽起点向出口断面传播的洪水波平均波速。

小径流组运用不稳定流的河槽汇流的连续方程和略去惯性项后的运动方程以及径流站的分析统计资料,推导得出不稳定流的河槽平均汇流速度公式:

$$v_1 = 0.052\,6 m_1^{0.705} \frac{\alpha^{0.175}}{(\alpha + 0.5)^{0.47}} I_1^{0.35} Q_m^{0.3} \qquad (5-70)$$

令:

$$A_1 = 0.052\,6 m_1^{0.705} \frac{\alpha^{0.175}}{(\alpha + 0.5)^{0.47}} \qquad (5-71)$$

则:

$$v_1 = A_1 I_1^{0.35} Q_m^{0.3} \qquad (5-72)$$

式中:I_1——流域出口断面附近河槽平均坡度(‰);

Q_m——需要计算的设计洪峰流量(m^3/s);

A_1——主河槽流速系数,可按表5-9查取,当 m_1 或 α 超过表列数值范围时,按式(5-71)计算;

m_1——河槽糙率系数,计算流速时,取沿程平均值;

α——河槽扩散系数,计算河段水深等于1m时的相应河宽之半。

河槽流速系数 A_1 值表　　　　　　　　　　　　　　　　　　　　表5-9

α m_1	1	2	3	4	5	7	10	15	20	30	50	主河槽形态特征
5	0.135	0.120	0.110	0.102	0.097	0.089	0.081	0.072	0.067	0.059	0.051	(1)丛林郁闭度占75%以上的河沟; (2)有大量漂石堵塞的山区型弯曲河床; (3)草丛密生的河滩
7	0.172	0.152	0.140	0.131	0.124	0.113	0.103	0.092	0.085	0.076	0.065	(1)丛林郁闭度占60%以上的河沟,有较多漂石堵塞的山区型弯曲河床; (2)有杂草死水的沼泽型河沟; (3)平坦地区的梯田漫滩地

m_1 ＼ α	1	2	3	4	5	7	10	15	20	30	50	主河槽形态特征
10	0.220	0.195	0.180	0.167	0.158	0.145	0.132	0.118	0.109	0.097	0.084	（1）植物覆盖度50%以上，有漂石堵塞的河床； （2）河床弯曲有漂石及跌水的山区型河槽； （3）山丘区的冲田滩地
15	0.293	0.259	0.239	0.222	0.210	0.193	0.175	0.157	0.145	0.129	0.112	植物覆盖度占50%以下有少量堵塞物的河床
20	0.358	0.318	0.292	0.272	0.257	0.236	0.214	0.192	0.177	0.158	0.137	弯曲或生长杂草的河床
25	0.420	0.372	0.342	0.318	0.301	0.276	0.251	0.225	0.207	0.185	0.166	杂草稀疏较为平坦、顺直的河床
30	0.479	0.424	0.390	0.363	0.344	0.315	0.286	0.257	0.236	0.211	0.181	平坦通畅顺直的河床

把式（5-72）代入式（5-69），则：

$$\tau_1 = 0.278 \frac{L_1}{v_1} = \frac{0.278 L_1}{A_1 I_1^{0.35} Q_m^{0.3}} \tag{5-73}$$

对于坡面流，小径流组曾作了许多野外观察试验和室内分析，认为在较大暴雨条件下，坡面径流一般多呈细沟流，其流速较一般薄层水流大。考虑到山坡坡面上微地形影响及土壤入渗、坡面松散风化物的冲刷等因素的影响，山坡汇流按不稳定流计算较为符合洪峰流量形成的实际情况。假定净雨在时间和空间上的分布是均匀的，运用不稳定流的坡面流连续方程和略去惯性项后的动力方程，并结合坡面流试验及分析实测径流资料推求得不稳定流的坡面流平均流速计算公式：

$$v_2 = A_2 I_2^{1/3} L_2^{1/2} Q_m^{1/2} F^{-1/2} \tag{5-74}$$

而

$$\tau_2 = 0.278 \frac{L_2}{v_2} = \frac{0.278 L_2^{0.5} F^{0.5}}{A_2 I_2^{1/3} Q_m^{0.5}} \tag{5-75}$$

式中：τ_2——坡面平均汇流时间（h）；

L_2——坡面平均长度（km）；

v_2——坡面平均汇流速度（m/s）；

F——流域面积（km^2）；

I_2——坡面平均坡度（‰）；

A_2——坡面流速系数，主要反映坡面粗糙系数对流速的影响，根据实际情况由表5-10

查取；

Q_{m} 含义同前。

坡地流速系数 A_2 值表　　　　　　　　表 5-10

类　别	地表特征及取值说明	举　例	变化范围	一般情况
路面	平整夯实的土、石质路面	沥青或混凝土路面	0.05~0.08	0.07
光坡	无草的土、石质地面；水土流失严重造成许多冲沟的坡地	陕北黄土高原水土流失严重地区	0.035~0.05	0.045
疏草地	种有旱作物、植被较差的坡地；稀疏草地；戈壁滩。对于坡面平顺、植被较差、水土流失明显的坡地及卵石较小的戈壁滩取较大值，对土层薄有大片基岩外露、植被覆盖差、有些小坑洼的坡面取较小值	新疆戈壁滩、青海胶结砾砂土地区、植被较差的北方坡草地、山西太原径流站	0.02~0.035	0.025
荒草坡、疏林地、梯田	覆盖度为 50% 左右的中等密草地；郁闭度为 30% 左右的稀疏林地。对无树木的北方旱作物坡耕地取较大值，对疏林类有中密草丛、带田埂的梯地或水田者取较小值	拉萨、林周地区、秦岭北坡山区、四川峨眉径流站保宁丘陵区、山东发城站、湖北小川站、浙江南雁站、福建造水站等	0.01~0.02	0.015
一般树林及平坦区水田	树林郁闭度占 50% 左右，林下有中密草丛；灌木丛生较密的草丛；地形较平坦、治理较好的大片水田流域。对中等密度的幼林、丘陵梯（水）田取较大值，对郁闭度 50% 以上的成林、地形平坦、简易蓄水工程（如冬水田、小塘、堰等）较多的大片水田地区取较小值	陕西黄龙森林区、四川峨眉径流站虎山区和十里山平坦区、浙江白溪站、湖南宝盖洞及龙潭站、山东崂山站、广东广州站和新政站、湖北铁炉坳等	0.005~0.01	0.007
森林密草	森林郁闭度 70% 以上，林下并有草被或落叶层；茂密的草灌丛林。对原始森林及林下有大量枯枝落叶层者取较小值	东北原始森林、海南茂密草灌丛林区等	0.003~0.005	0.004

将式(5-73)和式(5-75)代入式(5-68)即得流域汇流时间 τ 的计算式：

$$\tau = 0.278\left(\frac{L_1}{A_1 I_1^{0.35} Q_{\mathrm{m}}^{0.30}} + \frac{L_2^{0.5} F^{0.5}}{A_2 I_2^{1/3} Q_{\mathrm{m}}^{0.5}}\right) \tag{5-76}$$

若令：

$$K_1 = 0.278 \frac{L_1}{A_1 I_1^{0.35}} \tag{5-77}$$

$$K_2 = 0.278 \frac{L_2^{0.5} F^{0.5}}{A_2 I_2^{1/3}} \tag{5-78}$$

则流域汇流时间为：

$$\tau = \frac{K_1}{Q_m^{0.30}} + \frac{K_2}{Q_m^{0.50}} \tag{5-79}$$

K_1 和 K_2 分别称为河槽汇流因子和山坡汇流因子，反映流域坡面和河槽的水流运动条件（如调蓄能力及流域形状等）的影响。

4. 造峰历时系数 P_1 与造峰面积系数 P

流域共时径流面积 f-t 的关系，经过理论推演与大型水文模型室内试验证明，是一种抛物线类型的关系，其方程如下：

$$1 - \frac{f}{F} = \left(1 - \frac{t}{\tau}\right)^\gamma \tag{5-80}$$

对于洪峰流量的形成而言，上式就是最大共时径流面积分配曲线的方程式，其中 γ 值是一个综合性系数，它反映流域汇流运动的条件，其中包括流域形状与调蓄作用等的影响。对各种不同自然情况下的小流域实测资料进行分析后得出：

$$\gamma = 2.1(K_1 + K_2)^{-0.06} \tag{5-81}$$

式中：K_1、K_2——流域汇流因子，用式（5-77）及式（5-78）计算，γ 值一般在 1.5 ~ 2.5 之间。

将式（5-80）移项：

$$\frac{f}{F} = 1 - \left(1 - \frac{t}{\tau}\right)^\gamma$$

在形成洪峰的条件下，汇流时间 $t = t_Q$，共时径流面积 $f = f_Q$，则上式成为：

$$\frac{f_Q}{F} = 1 - \left(1 - \frac{t_Q}{\tau}\right)^\gamma \tag{5-82}$$

式中：f_Q / F——形成洪峰共时径流面积与流域面积的比值，称为形成洪峰共时径流面积系数，简称造峰面积系数，用 P 表示：

$$P = \frac{f_Q}{F} \tag{5-83}$$

t_Q / τ——形成洪峰汇流时间与流域汇流时间的比值，称为形成洪峰历时系数，简称造峰历时系数，用 P_1 表示：

$$P_1 = \frac{t_Q}{\tau} \tag{5-84}$$

因此式（5-82）可化为：

$$P = 1 - (1 - P_1)^\gamma \tag{5-85}$$

按照 $Q_m = [a_1 f]_{max}$ 的条件，经数学推演，可以得出 P_1 与暴雨衰减指数 n 和流域综合性指数 γ 具有下列函数关系：

$$n\left[\frac{1 - \gamma_1 k_2 t_Q^{n(1-\gamma_1)}}{1 - k_2 t_Q^{n(1-\gamma_1)}}\right] = \frac{\gamma P_1 (1 - P_1)^{\gamma-1}}{1 - (1 - P_1)^\gamma} \tag{5-86}$$

式中：n——暴雨衰减指数；

γ_1——损失指数。

为简化计算，式（5-86）左端作近似处理：

$$n\left[\frac{1 - \gamma_1 k_2 t_Q^{n(1-\gamma_1)}}{1 - k_2 t_Q^{n(1-\gamma_1)}}\right] \approx n\left(\frac{1 - \gamma_1 k_2}{1 - k_2}\right)$$

令：

$$n' = n\left(\frac{1 - \gamma_1 k_2}{1 - k_2}\right) \tag{5-87}$$

则：

$$n' = \frac{\gamma P_1 (1 - P_1)^{\gamma-1}}{1 - (1 - P_1)^{\gamma}} \tag{5-88}$$

为便于计算,将 n' 与 P_1 的关系制成表格,见表5-11。

P_1 值表 $\left(\text{根据 } n' = \dfrac{\gamma P_1 (1 - P_1)^{\gamma-1}}{1 - (1 - P_1)^{\gamma}} \text{计算}\right)$ 　　　　表 5-11

γ ＼ n'	0.50	0.55	0.60	0.65	0.70	0.75	0.80	0.85	0.90	0.95
1.50	0.86	0.83	0.79	0.74	0.68	0.62	0.53	0.44	0.33	0.18
1.55	0.84	0.80	0.76	0.71	0.65	0.59	0.50	0.41	0.30	0.16
1.60	0.82	0.78	0.73	0.68	0.63	0.56	0.47	0.38	0.27	0.15
1.65	0.80	0.75	0.71	0.66	0.60	0.53	0.45	0.36	0.26	0.14
1.70	0.78	0.73	0.69	0.63	0.58	0.51	0.43	0.34	0.25	0.13
1.75	0.76	0.71	0.67	0.61	0.55	0.49	0.41	0.33	0.24	0.13
1.80	0.74	0.69	0.64	0.59	0.53	0.46	0.39	0.31	0.22	0.12
1.85	0.72	0.67	0.62	0.57	0.51	0.44	0.37	0.29	0.21	0.11
1.90	0.70	0.65	0.60	0.55	0.49	0.43	0.36	0.28	0.20	0.11
1.95	0.68	0.64	0.59	0.54	0.48	0.41	0.34	0.27	0.19	0.10
2.00	0.67	0.62	0.57	0.52	0.46	0.40	0.33	0.26	0.18	0.095
2.05	0.65	0.61	0.56	0.50	0.45	0.39	0.32	0.25	0.17	0.085
2.10	0.63	0.59	0.54	0.48	0.43	0.37	0.31	0.24	0.16	0.08
2.15	0.62	0.58	0.53	0.47	0.42	0.36	0.30	0.23	0.16	0.078
2.20	0.61	0.56	0.51	0.46	0.41	0.35	0.29	0.22	0.15	0.075
2.25	0.60	0.55	0.50	0.45	0.40	0.34	0.28	0.21	0.14	0.073
2.30	0.58	0.53	0.49	0.44	0.39	0.33	0.27	0.20	0.14	0.07
2.35	0.57	0.52	0.48	0.43	0.38	0.32	0.27	0.20	0.13	0.07
2.40	0.56	0.51	0.47	0.42	0.37	0.31	0.26	0.19	0.13	0.07

注:表中 n',γ 值为中间值时可以内插。当超过了表中范围时按公式计算。

三、设计洪峰流量的简化方法

1. 简化公式的推导与计算

由上可知,计算设计洪峰流量的基本公式为:

$$\begin{cases} Q_{\mathrm{m}} = 0.278 \dfrac{\Psi S_{\mathrm{p}} PF}{t_{\mathrm{Q}}^{\,n}} \\ t_{\mathrm{Q}} = P_1 \tau \end{cases}$$

把式(5-79)代入式(5-60)得:

$$t_{\mathrm{Q}} = P_1 \tau = P_1 \left[\frac{K_1}{Q_{\mathrm{m}}^{0.30}} + \frac{K_2}{Q_{\mathrm{m}}^{0.50}} \right] \tag{5-89}$$

式(5-59)及式(5-89)中的各参数均可按已知公式计算,但由于都是隐函数,直接求解流量是比较困难的。为此在保证一定精度的前提下,通过反复地分析比较,除对上述式(5-86)的左端作近似处理外,又用下列近似公式代替式(5-89)右端方括号内的流域汇流时间 τ:

$$\frac{K_1}{Q_{\mathrm{m}}^{0.30}} + \frac{K_2}{Q_{\mathrm{m}}^{0.50}} = \frac{x}{Q_{\mathrm{m}}^{y}} \tag{5-90}$$

用 $Q_{\mathrm{m}} = 3.0$ 及 $300\mathrm{m}^3/\mathrm{s}$ 代入式(5-90)式并联立解出 x、y 值为:

$$x = K_1 + 0.95K_2 \tag{5-91}$$

$$y = 0.5 - 0.5\lg \frac{3.12 \dfrac{K_1}{K_2} + 1}{1.246 \dfrac{K_2}{K_2} + 1} \tag{5-92}$$

近似式(5-90)的平均误差为 1.8%,最大误差为 5.6%,可见此近似公式的精度是很高的。当然,上述 x 与 y 值计算式,也可根据计算流量的范围,选择不同的流量值推求 x,y 的计算式,使误差在该流量范围内达到最小。例如南方地区,可以用 $Q_{\mathrm{m}} = 5$ 与 $Q_{\mathrm{m}} = 1\,000$ 或 $Q_{\mathrm{m}} = 10$ 与 $Q_{\mathrm{m}} = 2\,000$ 代入求解,等等。

这样式(5-90)代入式(5-89)得:

$$t_{\mathrm{Q}} = P_1 \frac{x}{Q_{\mathrm{m}}^{y}} \tag{5-93}$$

式(5-93)把汇流时间的两项相加合并为乘积形式。其 x 与 y 随河槽汇流因子(K_1)与山坡汇流因子(K_2)的比值 K_1/K_2 而变,它的物理意义是很明确的。例如,小流域山坡流占比重大,K_1 小而 K_2 大,比值 K_1/K_2 就小,Q_{m} 的指数趋近于山坡流的流量指数 0.5;而大流域则 K_1 大而 K_2 小,比值 K_1/K_2 值就大,Q_{m} 的指数趋近于河槽流的流量指数 0.3。

联立求解方程式(5-59)和式(5-93),便可得到简化后的洪峰流量计算式:

$$Q_{\mathrm{m}} = \left[\frac{0.278 \Psi S_P PF}{(xP_1)^n} \right]^{\frac{1}{1-ny}} \tag{5-94}$$

或:

$$Q_{\mathrm{m}} = \left[\frac{k_1 \Psi P}{(xP_1)^n} \right]^{\frac{1}{1-ny}} \tag{5-95}$$

或:

$$Q_{\mathrm{m}} = [C_1 \cdot C_2]^{z} \tag{5-96}$$

式中:C_1——产流因素,$C_1 = \Psi k_1 = 0.278 \Psi S_{\mathrm{p}} F$; $\tag{5-97}$

C_2——汇流因素，$C_2 = \dfrac{P}{(xP_1)^n}$; (5-98)

Z——由暴雨与汇流因素决定的一个指数，一般变化在 1.1~1.5 之间。

用式(5-95)计算流量是比较简单的，通过大量的计算比较，说明了式(5-95)与详算解法的成果是比较接近的，平均误差仅为 6.5%，最大误差 +24.3%。因此，在实际应用中小径流组推荐用简化公式(5-95)计算流量。

用式(5-95)计算流量时，因暴雨强度公式中的 n 值有的地区分为 n_1，n_2，而 t_0 的分界一般固定为 1.0h，所以代入流量公式中的 n_1 或 n_2 应与计算时间 t_Q 相适应。是否相应，可用公式(5-93)来检验，即：

$$t_Q = P_1 x Q_m^{-y}$$

式中 Q_m 是由采用的某一个 n 值计算出来的流量。如先用短时段 n_1 算出了 Q_m，再由 Q_m 代入式(5-93)计算相应的 t_Q，然后检查 t_Q 是否在短时段内，即 t_Q 是否小于 t_0；若计算出来之 t_Q 与原假定不符，即 t_Q 大于 t_0，此时应改用 n_2 重新计算，并用式(5-93)检验 t_Q 要确实大于 t_0。在实际计算中，对于较小的流域一般先用短时段的 n_1，较大的流域则先用 n_2。

2. 径流系数 Ψ 的订正

(1)对时间 t_Q 的订正

由前面的分析可知，径流系数 Ψ 应由表 5-8 中查得，制定表 5-8 时，基本上考虑了影响径流系数的有关因素。表中 Ψ 值按式(5-67)算出。当 R、γ_1、S_p 基本上固定后，影响 Ψ 值的主要因素仅乘 t，这个 t 值在开始计算流量时是不知道的，一般情况下，可按不同地形、不同汇流面积初估一个初始值，见表 5-8。现在用式(5-95)求得 Q_m，再代入式(5-93)得到其相应的 t_Q 值，这个 t_Q 与表中 t 值相差较大时，例如，相差一倍以上时，可以将所求得的流量 Q_m 再乘以径流系数订正值 δ_Ψ，修正设计流量。修正值 δ_Ψ 的公式推导如下。

当用初始 t 值查得的 Ψ，用基本公式(5-95)计算时得到流量 Q_m：

$$Q_m = \left[\dfrac{k_1 \Psi P}{(xP)^n} \right]^{\frac{1}{1-ny}} = \left[\dfrac{k_1 P}{(xP)^n} \right]^{\frac{1}{1-ny}} \Psi^{\frac{1}{1-ny}} \tag{5-99}$$

现在应当按照式(5-93)式反求得到的 t_Q 值，从表 5-8 重新查出应该采用的径流系数 Ψ'（因为 t_Q 值的不同，$\Psi' \neq \Psi$），这样，代入公式(5-95)所得流量 Q_m' 应为：

$$Q_m' = \left[\dfrac{k_1 \Psi' P}{(xP)^n} \right]^{\frac{1}{1-ny}} = \left[\dfrac{k_1 P}{(xP)^n} \right]^{\frac{1}{1-ny}} \Psi'^{\frac{1}{1-ny}} \tag{5-100}$$

径流系数订正值：

$$\delta_\Psi = \dfrac{Q_m'}{Q_m}$$

将式(5-99)、式(5-100)代入此式并化简后得：

$$\delta_\Psi = \left[\dfrac{\Psi'}{\Psi} \right]^{\frac{1}{1-ny}} \tag{5-101}$$

当然，在一般情况下，即使 t 值稍有出入，对径流系数 Ψ 的影响是不大的，可以不必考虑 δ_Ψ 的订正，尤其当 II，III 类土壤时，即使 t 值相差较大，但对 Ψ 值的影响都在 ±5% 以内，出入较小。仅在Ⅳ、Ⅴ类土壤，S_p值又较小时，才应考虑径流系数订正值δ_Ψ。订正的方法是：按式（5-93）反求所得t_Q，在表5-8中查出相应的Ψ'，代入式（5-101）得到δ_Ψ，再乘以原来按式（5-95）算得的流量Q_m，就得到订正后所需推求的流量Q'_m，即：

$$Q'_m = \delta_\Psi Q_m \tag{5-102}$$

（2）n值的订正

径流系数表5-8中的径流系数值系固定n值给出的，即$n = 0.4$（用于$n = 0.25 \sim 0.55$）与$n = 0.7$（用于$n = 0.55 \sim 0.85$）。在一般情况下可不对n值作订正。但是，如果需要更精确一些的计算或者验算实测洪水时，可由下式订正径流系数：

$$\Psi' = 1 - (1 - \Psi)^{\frac{n_0}{n'}} \tag{5-103}$$

式中：n'——实际值；

$\quad\quad \Psi'$——实际n'值的径流系数；

$\quad\quad \Psi$——按表5-6中的某一个固定n值查出的径流系数。

至于直接对洪峰流量的订正，可将式（5-103）算得的Ψ'代入式（5-101）得到δ_Ψ值，通过式（5-102）订正洪峰流量。

这种在原有计算基础上的改正方法，既提高了精度，使用也是比较方便的。

四、应用简化方法计算洪峰流量的步骤与算例

1. 计算步骤

（1）搜集和整理原始资料

①制定暴雨公式：

一般采用$a = \dfrac{S_p}{t^n}$形式，决定t_0值（一般$t_0 = 1h$）。当$t < t_0$时，$a = \dfrac{S_p}{t^{n_1}}$，当$t > t_0$时，$a = \dfrac{S_p}{t^{n_2}}$。

当汇流面积大于$10km^2$时，计算点面折减系数：

$$\eta = \frac{1}{1 + 0.016F^{0.6}}$$

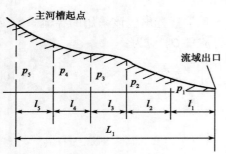

图5-23 河槽纵断面示意图

求得：$\quad\quad S = S_p \cdot \eta$

②确定汇流面积$F(km^2)$，主河槽长度$L_1(km)$和平均坡度$I_1(‰)$，山坡平均长度$L_2(km)$和平均坡度$I_2(‰)$。

L_1：在地形图上直接量取沿河槽明显起点至流域出口处的实际长度。

I_1：在沿L_1的主河槽纵断面上选若干有代表性的高程点，由下式计算沿程平均坡度，如图5-23所示。

$$I_1 = \frac{l_1 p_1 + (p_1 + p_2) l_2 + (p_2 + p_3) l_3 + \cdots}{L_1^2}$$

式中：p_1、p_2、p_3、$\cdots$——各点高程，以流域出口为假设基点；

$\quad\quad l_1$、l_2、l_3、$\cdots$——相应各高程点的距离。

L_2、I_2：直接从流域地形图上选若干有代表性的、垂直于等高线的、由分水岭到河槽的水平长度和坡度,取其平均值,即为山坡的平均长度和坡度。

③根据流域实际情况,按表5-7查得损失系数R和损失指数γ_1。

④根据流域地表特征和主河槽形态特征分别查表5-9,表5-10得河槽流速系数A_1和坡面流速系数A_2。

河槽沿程平均糙率系数m_1:选取时应考虑出口断面以上全河长的平均情况。在缺乏全河长勘测资料时,m_1值可近似地按计算断面附近选取的m_1值再乘以0.6~0.8的折减系数。

河槽沿程平均断面扩散系数α:为断面1m水深相应河宽之半。实际计算时,一般可在流域出口附近选取有代表性断面。以断面积为依据,将该断面概化为抛物线型,然后再求α值。对于复式断面的α要考虑设计洪水时的大致水深及水面宽D,此时,可按$\alpha = D/2H^{1/2}$计算或近似以$\alpha = D/2H$计算,考虑α沿程的变化然后再乘以0.5~0.7的调整系数。

（2）计算

若暴雨衰减指数分n_1、n_2时,则先假设$t_Q < t_0$,用S(若不作点面折减则为S_p)、n_1计算

①计算汇流因子:

$$K_1 = \frac{0.278L_1}{A_1I_1^{0.35}}$$

$$K_2 = \frac{0.278L_2^{0.5}F^{0.5}}{A_2I_2^{1/3}}$$

$$\gamma = 2.1(K_1 + K_2)^{-0.06}$$

②根据K_1、K_2值计算:

$$x = K_1 + 0.95K_2$$

$$y = 0.5 - 0.5\lg\frac{3.12\dfrac{K_1}{K_2} + 1}{1.246\dfrac{K_1}{K_2} + 1}$$

③计算产流因子:$k_1 = 0.278SF$,$k_2 = RS^{\gamma_1-1}$

④根据k_2和γ_1计算:

$$n' = n\left(\frac{1 - \gamma_1k_2}{1 - k_2}\right)$$

⑤根据n'和γ查表5-11得P_1值;再根据P_1和γ计算P值。

⑥根据汇流面积F,暴雨参数S和地形等级查表5-8得径流系数Ψ。

⑦计算洪峰流量:

$$Q_m = \left[\frac{k_1\Psi P}{(xP_1)^n}\right]^{\frac{1}{1-ny}}$$

（3）校核

用计算得的Q_m反求t_Q得:

$$t_Q = P_1xQ_m^{-y}$$

若$t_Q < t_0$,与假设相符,计算有效。

若$t_Q > t_0$,与假设不符,则用S,n_2值,重复上述过程计算。

（4）修正

上述不论哪种情况，若反求的 t_Q 与计算 Ψ 值时初估 t 值相差较大，则按 t_Q 值查表 5-8 得 Ψ' 值，求其修正系数：

$$\delta_\Psi = \left(\frac{\Psi'}{\Psi}\right)^{\frac{1}{1-ny}}$$

$$Q_m' = \delta_\Psi Q_m$$

对于 n 值的修正一般可不予进行。

（5）不定情况计算洪峰流量

若假设 $t_Q < t_0$，采用 S，n_1 计算得 Q_{m1}，反求 $t_Q > t_0$ 时，再重新假设 $t_Q > t_0$，采用 S，n_2 计算得 Q_{m2}，反算的 t_Q 又出现 $t_Q < t_0$，这时属于不定情况。则计算的洪峰流量采用：

$$Q_m = \frac{1}{2}(Q_{m1} + Q_{m2})$$

2. 算例

【例 5-3】 以我国西北地区某小河为例，按上述步骤计算。

【解】 （1）原始资料的收集与整理

①根据当地暴雨资料制定频率为 0.01 的设计暴雨参数为：$t_0 = 1(h)$。

当 $t < t_0$ 时，$S_p = 69(mm/h)$，$n_1 = 0.60$；

当 $t > t_0$ 时，$S_p = 69(mm/h)$，$n_2 = 0.75$。

②从地形图上求得：$F = 10(km^2)$，$L_1 = 6.36(km)$，$L_2 = 0.628(km)$，$I_1 = 28.3‰$，$I_2 = 315‰$。

点面折减系数：

$$\eta = \frac{1}{1 + 0.016F^{0.6}} = \frac{1}{1 + 0.016 \times 10^{0.6}} = 0.94$$

$$S = S_p h = 69 \times 0.94 = 65(mm/h)$$

③损失等级为Ⅲ类，前期土壤中等湿润。查表 5-7 得：$R = 1.02$，$\gamma_1 = 0.69$。

④根据 $\alpha = 4$ 及植物覆盖度占 32%，河床有少量堵塞物，查表 5-9 得 $A_1 = 0.222$。根据坡面有草但不密，水土流失较明显，查表 5-10 得 $A_2 = 0.03$。

（2）假设 $t_Q < t_0$，用 S、n_1 值计算

①计算汇流因子：

$$K_1 = \frac{0.278L_1}{A_1 I_1^{0.35}} = \frac{0.278 \times 6.36}{0.222 \times 28.3^{0.35}} = 2.47$$

$$K_2 = \frac{0.278L_2^{0.5}F^{0.5}}{A_2 I_2^{1/3}} = \frac{0.278 \times 0.628^{0.5} \times 10^{0.5}}{0.03 \times 315^{1/3}} = 3.42$$

$$\gamma = 2.1(K_1 + K_2)^{-0.06} = 2.1 \times (2.47 + 3.42)^{-0.06} = 1.89$$

②由 $K_1/K_2 = 2.47/3.42 = 0.72$ 计算得：

$$y = 0.5 - 0.5\lg\frac{3.12\dfrac{K_1}{K_2} + 1}{1.246\dfrac{K_1}{K_2} + 1} = 0.5 - 0.5 \times \lg\frac{3.12 \times 0.72 + 1}{1.246 \times 0.72 + 1} = 0.383$$

$$x = K_1 + 0.95K_2 = 2.47 + 0.95 \times 3.42 = 5.72$$

③计算产流因子：

$$k_1 = 0.278SF = 0.278 \times 65 \times 10 = 181$$

$$k_2 = RS^{\gamma_1-1} = 1.02 \times 65^{0.69-1} = 0.279$$

④根据 $k_2 = 0.279$，$\gamma_1 = 0.69$ 计算得：

$$n' = n\left(\frac{1-\gamma_1 k_2}{1-k_2}\right) = 0.6 \times \left(\frac{1-0.69 \times 0.279}{1-0.279}\right) = 0.672$$

⑤根据 $n' = 0.672$，$\gamma = 1.89$ 查表 5-11 得：

$$P_1 = 0.53$$

再由下式计算：

$$P = 1 - (1-P_1)^\gamma = 1 - (1-0.53)^{1.89} = 0.76$$

⑥根据 $F = 10\text{km}^2$，$n_1 = 0.60$，$S = 65$，Ⅲ类土壤，地形为低山，查表 5-8 得 $\Psi = 0.78$。

⑦计算洪峰流量：

$$Q_m = \left[\frac{k_1 \Psi P}{(xP_1)^n}\right]^{\frac{1}{1-ny}} = \left[\frac{181 \times 0.78 \times 0.76}{(5.72 \times 0.53)^{0.60}}\right]^{\frac{1}{1-0.6 \times 0.383}} = 182(\text{m}^3/\text{s})$$

（3）校核

$$t_Q = P_1 x Q_m^{-y} = 0.53 \times 5.72 \times 182^{-0.383} = 0.412(\text{h})$$

$t_Q < t_0$ 与假定相符，以上计算有效。

（4）修正

按 $t_Q = 0.412\text{h}$，$F = 10\text{km}^2$，$n_1 = 0.60$，$S = 65$，Ⅲ类土壤，低山地形查表 5-8 得 $\Psi' = 0.78$，故无需修正。实际上在查 Ψ 值时，初估 $t = 0.4\text{h}$，而反求得 $t_Q = 0.412\text{h}$，与初估 t 值基本一致，就可知不需要修正。

第七节　公路科研所推理公式

公路沿线有许多小桥涵，需要确定设计流量。由于公路小桥涵规模较小，数量众多，要求设计流量计算方法简便易行。从 1982 年开始，交通部公路科学研究所会同各省市交通设计、科研部门开展了公路小桥涵暴雨洪峰流量计算方法的研究，提出了公路系统的推理公式和经验公式。目前已在公路小桥涵设计及其他小流域洪水计算中应用。《军用机场排水工程设计规范》（GJB 2130A—2012）中也推荐了该公式。本节介绍推理公式，经验公式将在下节介绍。

一、基本公式

公路科研所推理公式为一般推理公式，取全面积汇流，$t = \tau$，基本形式为：

$$Q_m = 0.278\left(\frac{S_P}{\tau^n} - \mu\right)F \tag{5-104}$$

式中符号意义与前面相同。暴雨衰减指数可查表 5-12，暴雨衰减指数分区图见图 5-24。

二、参数 μ 和 τ 的确定

为了使计算方法尽量简便，公路部门通过地区综合的方法，建立了各省区的参数经验公式。

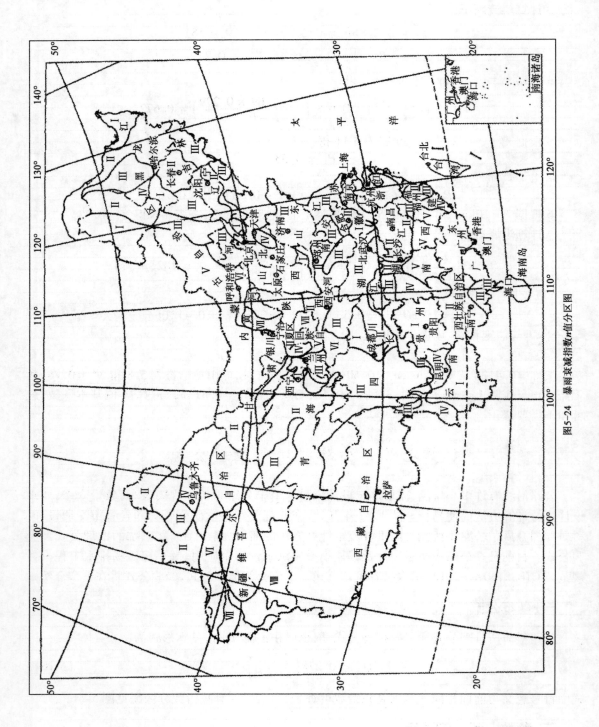

图5-24　暴雨衰减指数n值分区图

其中平均损失率 μ 的公式为：

$$\mu = K_1 S_{\mathrm{P}}^{\beta_1} \tag{5-105}$$

或：

$$\mu = K_2 S_{\mathrm{P}}^{\beta_2} F^{-\lambda} \tag{5-106}$$

式中：K_1、K_2——损失系数；

　　β_1、β_2、λ——损失指数。

　　汇流时间 τ 也制定了经验公式：

$$\tau = K_3 \left(\frac{L}{\sqrt{J}}\right)^{\alpha_1} \tag{5-107}$$

或：

$$\tau = K_4 \left(\frac{L}{\sqrt{J}}\right)^{\alpha_2} S_{\mathrm{p}}^{-\beta_3} \tag{5-108}$$

式中：K_3、K_4——汇流系数；

　　α_1、α_2、β_3——汇流指数；

　　　　L——主河道长度（km）；

　　　　J——沿 L 的平均坡度（‰）。

　　各省市公路部门根据本地资料制定了各参数值表，使用时可以直接查取。部分省市的参数列于表 5-13 和表 5-14。需要注意的是，用该方法计算的 μ、τ 有时存在较大误差，甚至出现极不合理的数值。如出现这种情况，应与该省区的公路部门核实公式的适用范围及有关参数的单位。如无法核实，只能采用别的方法计算设计流量。

　　【例 5-4】　四川省嘉陵江水系后河中洞站，地处盆地丘陵区，流域面积 $F = 54.9\mathrm{km}^2$，河长 $L = 15.6\mathrm{km}$，比降 $J = 8.08‰$，计算 50 年一遇的设计流量。

　　【解】　（1）S_{p}、n：在四川省 $S_{2\%}$ 等值线图中查得中洞站的 $S_{2\%} = 85\mathrm{mm/h}$，在 n 值分区表中查得 $n_1 = 0.45$，$n_2 = 0.75$，$t_0 = 1\mathrm{h}$。

　　（2）μ 值计算

　　公式采用：

$$\mu = K_2 S_{\mathrm{p}}^{\beta_2} F^{-\lambda}$$

公式中 K_2、β_2、λ 在表 5-13 盆地丘陵区查得：$K_2 = 0.270$；$\beta_2 = 0.897$；$\lambda = 0.272$

则：

$$\mu = 0.270 \times 85^{0.897} \times 54.9^{-0.272} = 4.93(\mathrm{mm/h})$$

　　（3）τ 值计算

　　公式采用：

$$\tau = K_4 \left(\frac{L}{\sqrt{J}}\right)^{\alpha_2} S_{\mathrm{p}}^{-\beta_3}$$

公式中 K_4、α_2、β_3 在表 5-14 盆地丘陵区查得：$K_4 = 3.67$；$\alpha_2 = 0.620$；$\beta_3 = 0.203$

则：

$$\tau = 3.67 \times \left(\frac{15.6}{\sqrt{8.08}}\right)^{0.620} \times 85^{-0.203} = 4.28(\mathrm{h})$$

汇流时间为 4.28h，故采用 $n = n_2 = 0.75$。

　　（4）洪峰流量计算

$$Q_{\mathrm{m}} = 0.278 \left(\frac{S_{\mathrm{p}}}{\tau^n} - \mu\right) F = 0.278 \times \left(\frac{85}{4.28^{0.75}} - 4.93\right) \times 54.9 = 360(\mathrm{m}^3/\mathrm{s})$$

暴雨衰减指数 n 值分区表 表 5-12

省名	分区	n 值			省名	分区	n 值		
		n_1	n_2	n_3			n_1	n_2	n_3
内蒙古自治区	I	0.62	0.79	0.86	吉林省	I	0.56	0.70	0.76
	II	0.60	0.76	0.79		II	0.56	0.75	0.82
	III	0.59	0.76	0.80		III	0.60	0.69	0.75
	IV	0.65	0.73	0.75	河南省	I	0.55~0.60	0.65~0.70	0.75~0.80
	V	0.63	0.76	0.81		II	0.50~0.55	0.70~0.75	0.75~0.80
	VI	0.59	0.71	0.77		III	0.45~0.50	0.60~0.65	0.75
	VII	0.62	0.74	0.82	广西壮族自治区	I	0.38~0.43	0.65~0.70	0.70~0.73
陕西省	I	0.59	0.71	0.78		II	0.40~0.45	0.70~0.75	0.75~0.85
	II	0.52	0.75	0.81		III	0.40~0.45	0.60~0.65	0.75~0.85
	III	0.52	0.72	0.78	新疆维吾尔自治区	I	0.63	0.70	0.84
福建省	I	0.53	0.65	0.70		II	0.73	0.78	0.85
	II	0.52	0.69	0.73		III	0.56	0.72	0.88
	III	0.47	0.65	0.70		IV	0.45	0.64	0.80
	IV	0.48	0.65	0.73		V	0.63	0.77	0.91
	V	0.51	0.67	0.70		VI	0.62	0.74	0.80
浙江省	I	0.60	0.65	0.78		VII	0.60	0.72	0.86
	II	0.49	0.62	0.65		VIII	0.60	0.66	0.85
	III	0.53	0.68	0.73	山西省		0.60	0.70	
安徽省	I		0.61	0.69	贵州省		0.47	0.69	0.80
	II	0.38	0.69	0.69	河北省	I	0.40~0.50	0.50~0.60	0.65
	III	0.39	0.76	0.77		II	0.50~0.55	0.60~0.70	0.70
甘肃省	I	0.69	0.72	0.78		III	0.55	0.60	0.60~0.70
	II	0.61	0.76	0.82		IV	0.30~0.40	0.70~0.75	0.75~0.80
	III	0.62	0.77	0.85	湖南省	I	0.45	0.62~0.63	0.70~0.75
	IV	0.55	0.65	0.82		II	0.30~0.40	0.65~0.70	0.75
	V	0.58	0.74	0.85		III	0.40~0.50	0.55~0.60	0.70~0.80
	VI	0.49	0.59	0.84		IV	0.40~0.50	0.65~0.70	0.75~0.80
	VII	0.53	0.66	0.75		V	0.40~0.50	0.70~0.75	0.75~0.80
宁夏回族自治区	I	0.52	0.62	0.81	辽宁省	I	0.60~0.66	0.70~0.74	—
	II	0.58	0.66	0.75		II	0.60~0.55	0.70~0.60	—
四川省	I	0.50	0.60~0.65	—		III	0.55~0.50	0.60~0.55	—
	II	0.45	0.70~0.75	—	云南省	I	0.50~0.55	0.75~0.80	0.75~0.80
	III	0.73	0.70~0.75	—		II	0.45~0.55	0.70~0.80	0.75~0.80
青海省	I	0.49	0.75	0.87		III	0.55	0.60	0.65
	II	0.47	0.76	0.82		IV	0.50~0.45	0.65~0.75	0.70~0.80
	III	0.65	0.78	—					

注: n_1 是小于 1h 的暴雨衰减指数, n_2 是 1~6h 的暴雨衰减指数, n_3 是 6~24h 的暴雨衰减指数。

162

损失参数的分区和系数、指数值表　　　　表 5-13

省　名	分　区	系数和指数 分区指标	K_1	β_1	K_2	β_2	λ
河北省	I	河北平原区	1.23	0.61			
	II	冀北山区	0.95	0.60			
		冀西北山间盆地	1.15	0.58			
		冀西山区	1.12	0.56			
	III	坝上高原区	1.52	0.50			
山西省	I	煤矿塌陷和森林覆盖区	0.85	0.98			
	II	裸露石山区	0.25	0.98			
	III	黄土丘陵区	0.65	0.98			
四川省	I	青衣江区			0.742	0.542	0.222
	II	盆地丘陵区			0.270	0.897	0.272
	III	盆缘山区			0.263	0.881	0.281
安徽省	II	根据表 5-7 土壤分类			0.755	0.74	0.017 1
	III				0.103	1.21	0.042 5
	IV				0.406	1.00	0.110 4
	V				0.520	0.94	0
	VI				0.352	1.099	0
湖南省	I	湘资流域	0.697	0.567			
	II	沅水流域	0.213	0.940			
	III	澧水流域	1.925	0.223			
宁夏回族 自治区	IV	根据表 5-7 土壤分类	0.93	0.86			
	V		1.98	0.69			
甘肃省	II	根据表 5-7 土壤分类	0.65	0.82			
	III		0.70	0.84			
	IV		0.75	0.86			
吉林省	II	根据表 5-7 土壤分类	0.12	1.44			
	III		0.13	1.37			
	IV		0.29	1.01			
	V		0.29	1.01			
河南省	I	根据 n 值分区	0.002 5	1.75			
	II		0.057	1.00			
	III		1.00	0.71			
	IV		0.80	0.51			
青海省	I	东部区	0.52	0.774			
	II	内陆区	0.32	0.913			

省　名	分　区	系数和指数 分区指标	K_1	β_1	K_2	β_2	λ
新疆维吾尔 自治区	I	$50 < F < 200$	0.46	1.09			
	II	$F > 200$	0.68	1.09			
浙江省	I	浙北地区	0.08	1.50			
	II	浙东南沿海地区	$0.1 \sim 0.11$	1.50			
	III	浙西南、西北及中部丘陵	$0.13 \sim 0.14$	1.50			
	IV	杭嘉湖平原区	0.15	1.50			
内蒙古 自治区	IV	大兴安岭中段及余脉山地	$0.51 \sim 0.83$	$0.4 \sim 0.71$			
	VI	黄河流域山地丘陵区	1.0	1.05			
福建省		全省通用	0.34	0.93			
贵州省	I	深山区			1.17	1.099	0.437
	II	浅山区			0.51	1.099	0.437
	III	平丘区			0.31	1.099	0.437
广西壮族 自治区	I	丘陵区	0.52	0.774			
	II	山区	0.32	0.913			

汇流时间分区和系数、指数值表　　表 5-14

省　名	分　区	系数和指数 分区指标	K_3	α_1	K_4	α_2	β_3
河北省	I	河北平原	0.70	0.41			
	II	冀北山区	0.65	0.38			
		冀西北山盆地	0.58	0.39			
		冀西山区	0.54	0.40			
	III	坝上高原区	0.45	0.18			
山西省		土石山覆盖的林区	0.15	0.42			
		煤矿塌陷漏水和严重风化区	0.13	0.42			
		黄土丘陵区	0.10	0.42			
四川省		盆地丘陵区 青衣江区	$J \leqslant 10‰$		3.67	0.620	0.203
			$J > 10‰$		3.67	0.516	0.203
		盆缘山区 及西昌区	$J < 15‰$		3.29	0.696	0.239
			$J \geqslant 15‰$		3.29	0.536	0.239
安徽省	I	$>15‰$			$37.5(F<90)$ $26.3(F>90)$	0.925	0.725
	II	$10‰ \sim 15‰$			11.0	0.512	0.395
	III	$5‰ \sim 10‰$			29.0	0.819	0.544
	IV	$<5‰$			14.3	0.300	0.350

续上表

省名	分区	系数和指数\分区指标	K_3	α_1	K_4	α_2	β_3
湖南省	I	湘资水系	5.59	0.380			
	II	沅水系	5.79	0.197			
	III	澧水系	1.57	0.636			
宁夏回族自治区	I	山区	0.14	0.44			
	II	丘陵区	0.38	0.21			
广西壮族自治区	I	山区	0.56	0.306			
	II	丘陵区	0.42	0.419			
甘肃省	I	平原	0.96	0.71			
	II	丘陵区	0.62	0.71			
	III	山区	0.39	0.71			
吉林省	I	平原	0.000 55	1.40			
	II	丘陵	0.032	0.84			
	III	山区	0.072	1.43			
河南省	I	根据 n 值分区	0.73	0.32			
	II		0.038	0.75			
	III		0.63	0.15			
	IV		0.80	0.20			
青海省	I	东部区	0.871	0.75			
	II	内陆区	0.96	0.747			
新疆维吾尔自治区	I	$50 < F < 200$	0.60	0.65			
	II	$F > 200$	0.20	0.65			
浙江省	I	浙北地区			72.0	0.187	0.90
	II	浙东南沿海地区			72.0	0.187	0.90
	III	浙西南、西北山区			72.0	0.187	0.90
	IV	杭嘉湖平原区			105.0	0.187	0.90
内蒙古自治区	I	大兴安岭中段及余脉山区	0.334 ~ 0.537	0.16			
	II	黄河流域山地丘陵区	0.354 ~ 0.537	0.16			
福建省	I	平原区			1.80	0.48	0.51
	II	丘陵区			2.00	0.48	0.51
	III	山区			2.60	0.48	0.51
贵州省	I	平丘区	0.080	0.713			
	II	浅山区	0.193	0.713			
	III	深山区	0.302	0.713			

注:F 单位为 km²。

第八节　地区性经验公式

推算小流域洪峰流量的另一个方法是用地区性经验公式。这种方法是根据一个地区各河流的实测洪水或调查洪水,找出洪峰流量与流域特征、降雨特性之间的关系,获得经验公式。这类公式计算简单,使用方便。如果公式制定时采用了足够数量且有较好代表性的实测资料,则计算结果也有较好的精度。但这些公式地区性强,不能随意移用到别的地区,也不能超出公式所规定的条件。经验公式的种类很多,这里仅介绍其一般形式,各省市及各地区的《水文手册》及其他有关手册中都有这些公式及使用方法,计算时可查有关手册。

一、单因素公式

目前各地区用得最普遍的经验公式的形式为:

$$Q_m = KF^n \tag{5-109}$$

式中:Q_m——设计洪峰流量(m^3/s);

　　F——流域面积(km^2);

　　K、n——随地区和洪水频率而变的系数和指数,可从各地水利、交通等部门制定的手册中查取。

该公式只包含了流域面积一个因素,计算非常方便。但较难反映小流域的各种特性,只有在实测资料较多的地区,分区范围不太大,分区内暴雨特性和流域特征比较一致时,才能得出符合实际情况的成果。

二、多因素公式

为了反映小流域上形成洪峰的各种特性,各地经常采用多因素的经验公式。多因素公式形式很多,一般都包含降雨特性,如:

$$Q_m = Ch_{24}^{\alpha}F^n \tag{5-110}$$

式中:h_{24}——设计最大24h净雨量;

　　C、α——地区性参数;

　　F、n 意义同前。

公路部门提出的经验公式为:

$$Q_m = CS_P^a F^b \tag{5-111}$$

式中:S_P——设计频率的雨力(mm/h);

　　F——流域面积(km^2);

　C、a、b——地区性参数,可查各省区公路部门有关手册,部分省区的参数列于表5-15。

公路系统经验公式中的系数和指数表

表 5-15

省　名	分　区	分区指标		C		a	b
山西省	I	石山、黄土丘陵植被差		0.24 ~ 0.20		1.00	0.78
	II	土石山、风化石山植被一般		0.19 ~ 0.16		1.00	0.78
	III	煤矿漏水区、植被较好地区		0.15 ~ 0.12		1.00	0.78
四川省	I	盆地丘陵区	$J \leqslant 10‰$	0.125		1.10	0.723
			$J > 5‰$	0.145		1.10	0.723
	II	盆缘山区 青衣江区	$J \leqslant 10‰$	0.140		1.14	0.737
			$J > 10‰$	0.160		1.14	0.737
安徽省	I	$J > 15‰$	1%	2.92×10^{-4}		2.414	0.896
			2%	3.15×10^{-4}			
			4%	3.36×10^{-4}			
	II	$J = 5 ~ 15‰$	1%	1.5×10^{-4}		2.414	1.0
			2%	1.32×10^{-4}			
			4%	1.27×10^{-4}			
	III	$J < 5‰$	1%	2.35×10^{-5}		2.414	0.965
			2%	2.66×10^{-5}			
			4%	2.75×10^{-5}			
宁夏回族自治区	I	丘陵区		0.061		1.51	0.60
	II	山区		0.082		1.51	0.60
	III	林区		0.013		1.51	0.75
甘肃省	I	平原区		0.018		1.40	0.95
	II	丘陵区		0.03		1.40	0.95
	III	山区		0.05		1.40	0.95
吉林省	I	松花江、图们江、牡丹江水系	山岭	0.075		0.80	1.12
			丘陵	0.035			
			平原	0.013 5			
	II	拉林河、饮马河水系	山岭	0.31		0.80	1.37
			丘陵	—			
			平原	0.14 ~ 0.018			
	III	东运河水系	山岭	—		0.80	1.52
			丘陵	—			
			平原	0.275			
河南省	I	见 n 值分区		0.18		1.0	0.86
	II			0.45		1.09	0.65
	III			0.36		1.07	0.67
	IV			0.48		0.95	0.80

省 名	分 区	系数和指数 / 分区指标	C	a	b
浙江省	Ⅰ	钱塘江流域	0.01	1.37	1.1
	Ⅱ	浙北地区	0.02	1.37	1.1
	Ⅲ	其他	0.015	1.37	1.1
福建省	Ⅰ	平原区	0.030	1.25	0.90
	Ⅱ	丘陵区	0.034	1.25	0.90
	Ⅲ	浅山区	0.050	1.25	0.90
	Ⅳ	深山区	0.071	1.25	0.90
贵州省	Ⅰ	平丘区	0.016	1.112	0.985
	Ⅱ	浅山区	0.030	1.112	0.985
	Ⅲ	深山区	0.056	1.112	0.985

复习思考题

1. 小流域暴雨洪水流量计算有什么特点?

2. 推求小流域洪峰流量的主要方法有哪些? 各方法有什么特点?

3. 推理公式的推导过程中有哪些概化条件? 这些概化的目的是什么?

4. 用推理公式确定流量时,试定性分析 t 取何值时可获得最大流量?

5. 利用水科院水文所公式推算暴雨洪峰流量需哪些基本资料? 推求流量的计算步骤。

6. 水科院水文所方法有哪些主要特点?

7. 小径流研究组公式在考虑暴雨点面关系、暴雨损失、流域汇流、洪峰流量形成的模式方面有哪些特点? 如何体现在推算洪峰流量的过程中?

8. 利用小径流研究组的简化法计算设计洪峰流量时需要哪些资料? 推求其计算步骤。

9. 公路科研所的推理公式有什么特点? 推求其计算步骤。

10. 某机场通向油库的公路经过李村附近拟建小桥一座,为确定桥孔尺寸,需推算其洪峰流量。原始资料:暴雨公式 $a = \dfrac{6.4 + 8.38\lg N}{t^{0.71}}$(mm/min),$N$ 取 25 年;流域地形见附图,位于湘西丘陵地带;风化中等,土壤为棕红色黏土质土壤,含砂率在 25% 左右,前期土壤中等湿润;流域大部分为山坡浅草地并有灌木丛,覆盖度 50% 左右;旱地梯田约占 30%,水稻田占 10%;河沟常干涸断水,河床虽为土质,但较稳定,有浅滩乱石,杂草较多,沿水流方向有不规则弯曲(α 可近似取 4)。试用水科院水文所公式及小径流研究组公式计算设计洪峰流量。

11. 陕北某机场场外一截洪沟的汇水面积为 $F = F_1 + F_2 = 1.47 + 1.96 = 3.43\text{km}^2$;汇流长度 $L_1 = 1.6\text{km}$,$L_2 = 1.9\text{km}$,$L_{1\text{-}2} = 1.0\text{km}$;平均纵坡分别为 $J_1 = 0.017$,$J_2 = 0.019$,$J_{1\text{-}2} = 0.003$;地表土壤为黄土,$\mu = 15\text{mm/h}$,流域处于黄土沟壑区,植被覆盖较差,地形为丘陵;河沟为周期性水流,宽浅性河道,洪水挟带大量泥沙。暴雨公式 $a = \dfrac{3.6 + 8.74\lg N}{t^{0.70}}$(mm/min)($N$ 取 50

年)。试用水科院水文所方法计算断面 1 和断面 2 处的设计流量(图 5-25)。

12. 某机场地处甘肃省黄土陵地区。进场公路横跨一条小河,需修建一座小桥。上游汇水面积 89km^2;主河沟长 21.32km;主河沟平均比降 $J = 16‰$;河床为砂砾夹卵石,两岸为粉质黏土,地表为黄土层,划分为 Ⅲ 类土。已知该地 50 年一遇的设计暴雨雨力 $S_p = 39 \text{mm/h}$,$n = 0.65$。试用公路科研所推理公式和经验公式计算该小桥处 50 年一遇的设计洪峰流量。

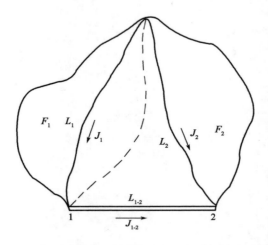

图 5-25　复习思考题 11 流域示意图

下篇

机场排水设计

　　本篇主要介绍机场防、排洪设计和飞行场地排水设计的基本原理与方法。该篇内容是机场设计工作中经常遇到的一些基本问题,大致可分成两类:一是介绍机场排水设计的平面布置、断面设计的基本要求和方法;二是运用水力学及水文学的基本理论解决排水工程中的实际问题,也即通常所说的水文水力计算。

第六章　机场防、排洪设计

第一节　机场防、排洪的特点与要求

一、机场防、排洪工程的特点

为了节省耕地、少占良田,以及利于机场防护,许多军用机场靠山修建。由于山区洪水陡涨陡落,来势迅猛,洪水从山坡直下,有时还挟带大量泥沙、树枝等顺坡下泄,可能威胁机场安全。过去靠山修建的一些机场,由于对防、排洪问题重视不够或处理不当,或施工期间防、排洪措施没有及时跟上,致使山洪突然到来时给飞行训练和施工造成巨大损失,这些经验教训应该引起重视。对这类机场,主要采用截水沟、排洪沟、排洪涵洞等拦截和疏导山洪。有时靠山机场还会遇到泥石流、水库溃坝等问题,需要采取相应措施。

对于平原机场或靠近河流修建的机场,可能遇到河流洪水泛滥而淹没机场的情况。如西北某机场位于河滩上,1976 年因河流发生大洪水而淹没机场,造成严重的人员伤亡和财产损失。对这类机场,在选址时应尽可能选择地势较高的场址。若场址已定,且机场地面高程低于设计洪水位,则应修建防洪堤坝或填高道面。

为解决防、排洪问题,设计人员应对当地的水文气象、地形地貌、土壤地质等的情况进行充分的调查研究,根据具体资料进行分析,掌握本机场防、排洪的特点,做出正确的设计。

我国地域辽阔,各地所处的自然条件存在较大差异,在设计工作中,机场防、排洪所涉及的内容各不相同。本章仅讲述在实际工作中经常遇到的截水沟与排洪沟设计、跌水与陡槽设计、河流和渠道改线设计、泥石流防治、排洪涵洞设计等内容。

二、机场防、排洪工程设计的一般规定及程序

1. 设计一般规定

(1)机场防、排洪工程方案,应根据机场总体规划、洪水情况、工程地质、水文、气象、地形等条件,通过全面技术经济比较确定。

(2)机场防、排洪工程应与当地的区域防洪、农田水利、水土保持等相结合。在飞行场地及重要营房的上游有水库时,应充分考虑其溃坝后的影响,并采取妥善措施。

(3)机场防、排洪工程的布置,应与飞行场地、营房、道路等的排水设施综合考虑确定。由于地形限制,场外排洪沟必须横穿跑道时,场内沟渠不能与排洪涵洞直接连通,以免洪水进入场内。只有当场内的沟底高于排洪涵洞顶部时,才可用跌水井与之相连。

(4)机场防、排洪工程应根据规范规定的重现期推算设计洪水。机场防、排洪设计时一般水文资料少、系列短,所以设计流量的确定应特别慎重,除利用多种方法计算外,应加强洪水调

查。计算时应尽量利用当地的地区性公式。把洪水调查和公式计算的数值,加以充分比较,最后确定出合理的设计流量。

2. 设计一般程序

机场防、排洪设计一般程序:

(1)收集汇水区特征及流量计算必需的有关资料:汇水区地形图、地貌、地质、暴雨、洪水等。了解与防、排洪工程有关的情况:地区建设规划、设防标准及原有排洪布置等。

(2)结合场址选择、总体规划,进行防排洪工程的布置,包括平面布置、纵坡规划、主要构筑物的设置等。

(3)进行方案比较。

(4)根据工程性质和等级确定采用的设计标准。

(5)进行洪水调查,计算设计洪峰流量,分析确定合理的流量值。

(6)根据确定的设计洪峰流量进行防、排洪工程的水力计算,确定过水断面及铺砌加固类型,并进行纵断面设计。

(7)对主要排水构筑物进行结构设计,对钢筋混凝土结构还要进行配筋计算。

在机场设计的各个阶段,防、排洪设计的内容是有区别的。在可行性研究阶段,主要是分析当地的洪水情况,确定设计洪水位,以便确定机场的位置和高程,并进行防洪方案的初步规划,估算防洪工程的规模和工程量。在初步设计阶段,主要进行防排洪工程的平面布置、设计流量计算、纵横断面设计、主要结构物的结构设计等。在施工图设计阶段,主要是对防、排洪工程设计进一步细化,完成局部设计,绘制施工图。

3. 需要收集的资料

(1)地形图:根据汇水面积大小收集 1∶5 000 ~ 1∶50 000 汇水区地形图,排洪沟布置应在 1∶2 000 ~ 1∶5 000 地形图上进行。重要防排洪工程施工图设计阶段尚需 1∶500 局部地区地形图。

(2)了解地形地貌:对河系、河(沟)槽、地貌等详细查勘,应有野外描述,对复杂的情况要进行百分率统计,如稻田、水塘、林木等各占多少。汇水区分水线应经过实地校核,必要时还应测绘主河沟的纵、横断面图。

(3)了解土壤性质及分布,对土壤有描述分析。

(4)向气象及水文部门了解暴雨情况,并摘抄有关资料,收集当地暴雨计算公式或参数。

(5)对当地历史洪水情况进行广泛调查。收集当地洪水计算的经验公式和计算参数。

(6)了解与排洪工程有关的情况:如建设规划、水利灌溉、建筑材料等。

(7)了解邻近地区与排洪有关的情况。

第二节　截水沟与排洪沟设计

对于靠山修建的机场,附近山坡或高地的坡积水会侵入机场,影响机场的正常使用。当暴雨时,常有山洪暴发,沿着山地河沟侵入机场,冲淹飞行场地和建筑物,对机场的危害性很大。为防止坡积水的危害,须在适当位置设置排水沟拦截,并输送至安全的容泄区。其中拦截坡面径流的排水沟称为截水沟。汇集较大面积坡积水或天然沟溪中的洪水,并排导至容泄区的排水沟称为排洪沟。本节介绍截水沟和排洪沟的布置、断面设计、水力计算、加固设计，以及排洪沟的进口与出口。

一、截水沟的布置

截水沟的位置，应根据坡积水的来源，被保护的建筑物位置，以及当地的具体地形情况综合考虑确定。因而具体情况不同，截水沟的布置方案也会不同，即使同一种情况，也会有几种方案。我们要以最有效地拦截坡积水为原则，再结合考虑经济和技术条件进行方案比较，找出最合适的方案。为了保证上述原则的实现，在选线时可参考以下要求：

（1）截水沟只设在被保护的建筑物受坡积水威胁的地段上，为了有效地拦截坡积水，截水沟应设在被保护的建筑物附近。

（2）保护飞行场地的截水沟，一般设在飞行场地边沿外侧，当坡积水的流量较小时，可用平行公路的边沟或场界沟兼作截水沟，但当场界沟或公路外侧有较高的挖方边坡，场界沟或公路边沟不宜兼作截水沟。因为边坡易被坡积水冲刷和过湿而失去稳定，造成塌方。所以应该在土坡上方，离开边缘一定距离设置截水沟，如图 6-1 所示。截水沟至边坡的净距一般应大于 5m。如土质良好，边坡不高或沟壁进行铺砌时，净距至少应大于 2m。

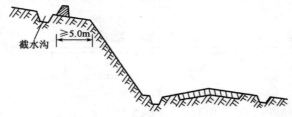

图 6-1　公路为路堑时截水沟的位置

（3）场外截水沟应尽量避免通过场内排水系统，而要单独从飞行场地以外排到容泄区。这样可以防止发生超标洪水时淹没机场，给机场带来严重影响。

现以图 6-2 为例，说明截水沟选线的具体方法。

为了达到有效的截水目的，可以提出几种方案。第一方案是沿公路边缘设置截水沟 $A_1A_2B_1$，并沿拖机道边缘设置截水沟 C_1B_1，汇合后用涵洞穿越拖机道排到冲沟。这一方案的特点是线路短，适合于雨量不是很大的地区，否则 B_1 处的涵洞及下游沟渠的尺寸比较大。第二方案是由 $A_1A_2C_1D_1$ 拦截大面积的水流。小面积 $A_2C_1B_1$ 上的径流，由 B_1 处的涵洞排除。第三方案是设置两道截水沟即 $A_1A_2B_1$、$A_3C_1D_1$。这一方案的特点是截水沟断面小，但线路长，占地范围较大，适合于山坡为荒地的情况，至于哪个方案最好，要根据当地具体情况，经过详细计算，求出具体的工程量、材料用量等，才能最后确定选用某一方案。

二、排洪沟的布置

排洪沟的作用主要是疏导天然河沟的雨洪和排泄截水沟中的水流。在山地丘陵地区修建机场时，常有一些冲沟或小溪流经场区。一般可修建排洪沟绕过飞行场区，排至下游的河沟。但当受地形或其他自然条件限制，不能绕过飞行场地时，可修建排洪涵洞穿越飞行场地。修建排洪涵洞的优点是水流路径改变不大，线路短，水流顺畅。但排洪涵洞结构较复杂，造价较高，

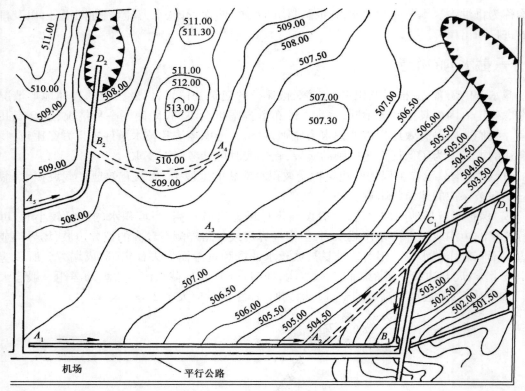

图 6-2 截水沟线路布置示意图

对机场的安全性也不如绕行方案。因此,在地形条件允许时,应尽量在飞行场地以外修建排洪沟,且离开端保险道一定距离,以防一旦飞机冲出端保险道造成事故。也可根据冲沟和地形情况,采用穿绕结合的方法。图 6-3 为某民用机场排洪沟布置图,该机场南侧为山坡,共有 10 条小冲沟流经机场。为拦截山坡洪水,在机场南侧靠近围界修建一条排洪沟。其中大部分径流向东排到飞行区东侧的扎曲河,西侧部分径流由飞行区西侧的排洪沟回到原冲沟。另外,在西停机坪东侧有一条冲沟规模较大,且地形较低。如果该冲沟的洪水进入向东的排洪沟,则东侧排洪沟断面尺寸将加大较多,由于距离很长,工程量比较大。如果进入向西的排洪沟,地形上有一段反坡,且西侧冲沟规模较小,无法容纳该主冲沟的洪水,需要对冲沟下游进行拓宽整治,工程量也较大。经过技术经济综合比较,决定在该冲沟附近修建一条横穿飞行区的箱涵,排导冲沟及附近的洪水。

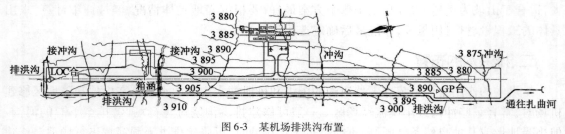

图 6-3 某机场排洪沟布置

排洪沟位置选择时,应注意以下几点:

（1）应少占耕地，尽量利用原有的排洪体系和天然沟渠。

（2）力求线路短，转弯少，一般不宜穿绕建筑群，减少与道路、灌渠等的交叉。

（3）应尽量选择在地形平缓、坡度适中、地质较稳定的地带，以减少工程量。

（4）支沟、截水沟等与排洪沟相接，应使水流顺畅。

（5）排洪沟的末端宜汇入原沟溪或其下游的天然河道。如确需跨流域排入其他河道时，应对加重其他河道防洪负担的后果进行估计，并采取必要的整治措施。

排洪沟转弯时，转弯半径不能过小，一般不小于设计水面宽度的5倍。当沟内有铺砌时，不小于设计水面宽度的2.5倍，并不小于5m。转弯时凹岸水位会壅高，设计中应予注意。

三、沟渠的纵、横断面

1.横断面设计

截水沟和排洪沟的横断面形式主要有梯形、矩形和矩梯形混合断面等。具体选用哪一种形式，要根据当地的地质、地形等条件，因地制宜确定。一般可按以下原则确定：

（1）梯形断面

梯形断面一般适用于土质地区，如图6-4a)所示。边坡系数根据当地土质条件等确定，见表6-1。梯形断面的优点是比较稳定，但占地较多。

a)梯形断面　　　　　　　　b)矩形断面　　　　　　c)矩梯形混合断面

图6-4　梯形截水沟断面形式

梯形明沟边坡系数　　　　　　　　　　　　　　表6-1

有　无　铺　砌	土　　　质	边　　　坡
无铺砌	粉沙	1:3.0 ~ 1:3.5
	松散的细砂、中砂和粗砂	1:2.0 ~ 1:2.5
	密实的细砂、中砂、粗砂或黏质粉土	1:1.5 ~ 1:2.0
	粉质黏土或黏土砾石或卵石	1:1.25 ~ 1:1.5
	半岩性土	1:0.5 ~ 1:1.0
	风化岩石	1:0.25 ~ 1:0.5
	岩石	1:0.1 ~ 1:0.25
有铺砌	浆砌块石	1:0.75 ~ 1:1.0
	干砌块石、混凝土预制块	1:1.0 ~ 1:1.5
	草皮护面	1:1.5 ~ 1:2.0

（2）矩形断面

矩形断面适用于岩石地区，其优点是占地少，开挖量小，但施工困难。用于土质地区时侧墙需设挡土墙加固，如图6-4b)所示。

（3）矩梯形混合断面

当沟渠通过坡度较陡的山区时，如果石质差，或为砂砾石土质时，为了减少开挖量，可用一边垂直挡土墙式，另一边为梯形断面边坡，组成混合式，如图6-4c)所示。

截水沟和排洪沟一般应采用挖方断面，在经过低洼地段时可采用半填半挖断面，但不应妨碍沿线的地面排水，以防局部地区积水受淹。另外，填方高度不宜过高，且沟堤的结构要牢固，以免洪水冲毁沟堤，造成较大的损失。

沟渠的横断面尺寸应根据流量、坡度等经水力计算确定。沟渠尺寸在施工过程中有一定误差，在使用过程中也会因淤积而使断面减小，因此沟的实际深度应在设计水深之上加一定的安全高度。安全高度一般为0.2~0.5m。其中较小的截水沟可取0.2~0.3m，较大的排洪沟可取0.3~0.5m。考虑施工和维护方便，沟渠的最小底宽和最小深度均不小于0.5m。当沟渠的底宽有变化时，应设渐变段。渐变段长度一般为底宽差的5~20倍。

截水沟和排洪沟一般应采用明沟。但在端保险道端部经过时，宜修成暗沟，以保证飞行安全。经过村镇时，为不影响交通及防止村民倾倒垃圾而堵塞沟渠，必要时也可修成暗沟。当必须修暗沟时，断面尺寸应满足检修要求，并每隔50~100m设检查井，在暗沟走向变化处也应设检查井。

2. 纵断面设计

沟渠纵断面设计的主要内容是：确定沟渠的深度、沟底纵坡和控制点高程。

（1）沟渠的深度

沟渠起始断面的流量往往较小，可用较小的起始深度，但不应小于0.5m。其他各断面处的沟深要经过水文水力计算确定。

（2）沟底纵坡

沟底纵坡应根据天然地形、土质、护砌等条件确定。选择纵坡时应保证沟槽不冲刷、不淤积。山洪往往夹带较多的泥沙，为防止淤塞和沟底生长杂草，沟底坡度不宜小于0.002，对于较小的截水沟，纵坡最好在0.003以上。为了防止淤积，有条件时设计的底坡应使水流流速向下游逐渐有所增加。沟渠的不冲刷流速与土壤种类和加固形式有关，详见表6-4。

为减小土方量，沟底纵坡在满足上述要求的前提下，应尽量接近于天然地面坡度。

（3）控制点高程

对沟渠的纵断面设计起控制作用的点称为控制点。由于控制点高程对整条沟的挖深和纵坡起着决定性作用，所以选择控制点和确定其高程时应全面考虑。

沟渠的起点和出水口是最重要的控制点。此外，沟渠线路的最低点、与支沟的汇合点、与道路和灌渠的交叉点等都应作为纵断面设计的控制点。

确定控制点高程时，应综合考虑整条沟的深度、底坡和水力条件，使水力条件既满足自流排水和流速限值的要求，又使工程量较小。

沟渠的起点应尽量采用最小深度。线路的最低点也宜采用较小的深度，以便依地形确定沟渠的底坡时有更多的选择余地。排洪沟的出口水位应高于容泄区的水位，避免回水顶托。

排洪沟与道路交叉时，一般应修桥涵。与灌渠交叉时，可根据具体情况修建涵洞、渡槽、倒虹吸等。倒虹吸一般只适合于灌渠输水，而不宜用于排洪沟排洪。因排洪沟中泥沙较多，容易造成倒虹吸堵塞。

当地面坡度很大(>5%)或有突然降落时,常采用陡槽或跌水。

截水沟和排洪沟设计的最后成果集中体现在纵断面图上,它作为施工的主要依据。纵断面图的水平比例尺通常为1:2 000~1:5 000,垂直比例尺通常为1:100~1:200。在图中应绘出地面线、沟顶线、沟底线等。在下面列表标出沟底纵坡坡度和长度、地面高程、沟槽顶面高程、沟底设计高程、沟槽土基高程、沟深、填挖高度、间距及桩号,以及加固材料等,如图6-5所示。

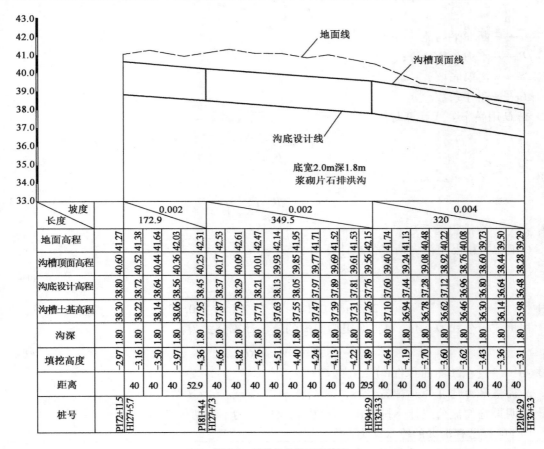

图6-5　排洪沟纵断面设计图

这里对表中各种高程作简要说明。地面高程是指沟槽开挖前沟槽中心处的原地面高程。沟底高程指沟底上表面高程。沟槽顶面高程,对护砌的明沟指侧墙顶面高程,对暗沟(或涵洞、盖板沟等)指顶板上表面高程。而沟槽土基高程是指沟槽施工时开挖的沟底土基高程。对于明沟,沟槽顶面高程与沟底设计高程之差等于沟深,而对于暗沟,两者之差等于沟深与顶板厚度之和。沟槽土基高程与沟底设计高程之差等于沟底结构层厚度(包括垫层厚度),对没有衬砌的土明沟,两者相同。而填挖高度是指沟槽土基高程与地面高程之差,填方为正,挖方为负。而表中的桩号是指机场方格网坐标,其中P为纵坐标,H为横坐标。

必须指出,截水沟和排洪沟的纵断面设计应与线路布置及水文水力计算综合考虑,交错进行。在水文水力计算前可先作纵断面草图,经过计算后,再补充、调整和修改,最后完成纵断面设计图。

四、沟渠的水力计算

截水沟和排洪沟的水力计算包括断面尺寸的确定及防止沟渠的冲刷和淤积问题。

1. 水力计算的主要公式

在沟渠中如无壅水和跌水等影响,可按明渠均匀流公式计算,流速可采用谢才公式:

$$v = C\sqrt{Ri} \tag{6-1}$$

式中:v——断面平均流速(m/s);

R——水力半径(m);

i——沟渠底坡;

C——谢才系数。

当 C 用曼宁公式计算时:

$$C = \frac{1}{n}R^{1/6} \tag{6-2}$$

则:

$$v = \frac{1}{n}R^{2/3}i^{1/2} \tag{6-3}$$

式中:n——沟槽粗糙系数。

C 值也可用巴甫洛夫斯基公式计算:

$$C = \frac{1}{n}R^{y} \tag{6-4}$$

其中:
$$y = 2.5\sqrt{n} - 0.13 - 0.75\sqrt{R}(\sqrt{n} - 0.10)$$

根据流量公式 $Q = Av$,可得明渠均匀流的流量计算公式为:

$$Q = AC\sqrt{Ri} \tag{6-5}$$

式中:A——过水断面面积(m^2)。

2. 沟渠水力计算的几种类型

用明渠均匀流公式计算排洪沟渠问题时,可归纳为下面两种类型:

(1)计算已有沟渠的输水能力

一般在改扩建机场或利用原有沟渠排洪时,需要进行这类计算。沟渠大部分为梯形断面,如图6-6。在计算时沟渠尺寸(包括沟深 H,底宽 b、边坡系数 m)、底坡 i、粗糙系数 n 已知,计算该沟所能通过的流量 Q。

计算步骤:

①确定沟渠正常水深 h:

根据设计规范和设计经验,排洪沟应有 0.3 ~ 0.5m 的安全深度。因此:

$$h = H - \Delta h \tag{6-6}$$

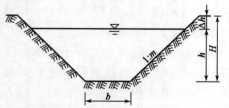
图6-6　梯形排洪沟示意图

式中:Δh——安全深度。

②计算过水断面面积 A 和水力半径 R:

$$A = (b + mh)h \tag{6-7}$$

$$R = \frac{(b + mh)h}{b + 2h\sqrt{1 + m^2}} \qquad (6\text{-}8)$$

③计算流速：

$$v = \frac{1}{n}R^{2/3}i^{1/2} \qquad (6\text{-}9)$$

④计算输水能力：

$$Q = Av \qquad (6\text{-}10)$$

（2）设计沟渠的断面

这是场外防洪中经常遇到的情况。在设计时，设计流量已知，底坡一般根据地形在排洪沟的纵断面规划中初步确定，边坡系数和粗糙系数则由土质及加固情况确定，即已知 Q、i、m、n，确定沟渠的底宽和深度。

第 1 种情况：先假定底宽 b，计算水深 h。

沟渠的底宽可根据流量大小、上下游宽度等条件先假定，然后确定水深 h，若计算的水深与沟宽不协调，可重新假定。

正常水深 h 的计算方法有试算法和查图法两种。试算法先假定一个水深，计算沟的输水能力，若与设计流量相差较大（如大于 5%），则重新计算，直至两者接近为止。查图法是查水力学教材或有关手册中的正常水深求解图，得正常水深。获得正常水深后，加安全深度，即得设计沟深。

【例 6-1】　已知某排洪沟的设计流量 $Q = 6\text{m}^3/\text{s}$，边坡系数为 1，粗糙系数为 0.025，底坡为 0.002，试确定排洪沟的断面尺寸。

【解】　设底宽 $b = 1.5\text{m}$。

采用试算法，假设 $h = 1.2\text{m}$，则：

$$A = (b + mh)h = (1.5 + 1 \times 1.2) \times 1.2 = 3.24(\text{m}^2)$$

$$R = \frac{A}{b + 2h\sqrt{1 + m^2}} = \frac{3.24}{1.5 + 2 \times 1.2 \times \sqrt{1 + 1^2}} = 0.662(\text{m})$$

$$v = \frac{1}{n}R^{2/3}i^{1/2} = \frac{1}{0.025} \times 0.662^{0.667} \times 0.002^{0.5} = 1.36(\text{m/s})$$

$$Q_{输} = Av = 3.24 \times 1.36 = 4.4(\text{m}^3/\text{s})$$

$Q_{输}$ 比设计流量小较多，需重新假定水深。

设 $h = 1.4\text{m}$，重新计算：

$$A = (b + mh)h = (1.5 + 1 \times 1.4) \times 1.4 = 4.06(\text{m}^2)$$

$$R = \frac{4.06}{1.5 + 2 \times 1.4 \times \sqrt{1 + 1^2}} = 0.744$$

$$v = \frac{1}{0.025} \times 0.744^{0.667} \times 0.002^{0.5} = 1.47(\text{m/s})$$

$$Q_{输} = 4.06 \times 1.47 = 5.97(\text{m}^3/\text{s})$$

$Q_{输}$ 与设计流量非常接近，说明假设水深合适。

取安全深度为 0.4m，则沟深为 1.8m。

在设计中也可先假定水深,然后计算沟宽,其方法与上面类似。

第 2 种情况:先确定沟的宽深比,再计算水深 h 和底宽 b。

沟的宽深比 $\beta = b/h$,可根据经验确定,也可按最佳水力断面确定。最佳水力断面时:

$$\beta = 2\sqrt{1 + m^2} - 2m$$

当 β 已知时,断面面积 $A = h^2(\beta + m)$,水力半径 $R = h(\beta + m)/(\beta + 2\sqrt{1 + m^2})$

流量:

$$Q = \frac{\sqrt{i}}{n} \frac{h^{8/3}(\beta + m)^{5/3}}{(\beta + 2\sqrt{1 + m^2})^{2/3}}$$

则:

$$h = \left[\frac{nQ(\beta + 2\sqrt{1 + m^2})^{2/3}}{\sqrt{i}(\beta + m)^{5/3}}\right]^{3/8}$$

可直接计算出水深 h,并由 $b = \beta h$ 得到底宽。

【例6-2】 已知截洪沟的设计流量 $Q = 10\mathrm{m}^3/\mathrm{s}$,边坡系数 $m = 1.5$,粗糙系数 $n = 0.022$,底坡 $i = 0.003$,求最佳水力断面。

【解】 $\beta = 2\sqrt{1 + m^2} - 2m = 2 \times \sqrt{1 + 1.5^2} - 2 \times 1.5 = 0.61$

$$h = \left[\frac{nQ(\beta + 2\sqrt{1 + m^2})^{2/3}}{\sqrt{i}(\beta + m)^{5/3}}\right]^{3/8} = \left[\frac{0.022 \times 10 \times (0.61 + 2 \times \sqrt{1 + 1.5^2})^{2/3}}{\sqrt{0.003} \times (0.61 + 1.5)^{5/3}}\right]^{3/8} = 1.51(\mathrm{m})$$

$$b = \beta h = 0.61 \times 1.51 = 0.92(\mathrm{m})$$

为便于施工,取 $b = 1.0\mathrm{m}$,$h = 1.5\mathrm{m}$,加 0.5m 的安全深度,沟深为 2.0m。

最后对流速和输水能力进行校核:

$$A = (1.0 + 1.5 \times 1.5) \times 1.5 = 4.875(\mathrm{m}^2)$$

$$R = \frac{4.875}{1 + 2 \times 1.5 \times \sqrt{1 + 1.5^2}} = 0.761(\mathrm{m})$$

$$v = \frac{1}{0.022} \times 0.761^{0.667} \times 0.003^{0.5} = 2.07(\mathrm{m}/\mathrm{s})$$

$$Q = Av = 4.875 \times 2.07 = 10.1(\mathrm{m}^3/\mathrm{s})$$

与设计流量非常接近,流速也适中,说明尺寸合适。

在沟渠的水力计算时,需要特别注意的是粗糙系数 n 值的选用应慎重。因为 n 值是否符合实际对排洪沟有很大影响。如陕西某渠道为浆砌块石护面,设计时选用了 $n = 0.0225$,但渠道护面施工中,浆砌块石表面较平整。结果通水后由于流速过大,形成冲刷。当然在实际工程中也经常因 n 值选用比实际为小,通水后造成输水能力不足的现象。因此 n 的选用应慎重,多作调查研究。

n 值的大小取决于渠道护砌材料的性质和施工质量,可参考有关手册中给出的粗糙系数表(表6-2),或查有关规范中的粗糙系数表(表6-3)。

沟渠粗糙系数 n 值 表 6-2

壁面材料		粗糙情况		
		较好	中等	较差
土渠	清洁,形状正常	0.020	0.0225	0.025
	不通畅、并有杂草	0.027	0.030	0.035
	线路略有弯曲、有杂草	0.025	0.030	0.033
	挖泥机挖成的土渠	0.0275	0.030	0.033
	砂砾渠道	0.025	0.027	0.030
	细砾石渠道	0.027	0.030	0.033
	土底、石砌坡岸渠	0.030	0.033	0.035
	不光滑的石底、有杂草的土坡渠	0.030	0.035	0.040
石渠	清洁的、形状正常的凿石渠	0.030	0.033	0.035
	粗糙的断面不规则的凿石渠	0.040	0.045	
	光滑而均匀的石渠	0.025	0.035	0.040
	精细开凿的石渠		0.02 ~ 0.025	
各种材料护面的渠道	三合土(石灰、砂、煤灰)护面	0.014	0.016	—
	浆砌砖护面	0.012	0.015	0.017
	条石护面	0.013	0.015	0.017
	浆砌石护面	0.017	0.0225	0.030
	干砌石护面	0.023	0.032	0.035
混凝土渠道	抹灰的混凝土或钢筋混凝土护面	0.011	0.012	0.013
	无抹灰的混凝土或钢筋混凝土护面	0.013	0.014 ~ 0.015	0.017
	喷浆护面	0.016	0.018	0.021

沟管粗糙系数(GJB 2130A—2012) 表 6-3

管沟类别	n	管沟类别	n
石棉水泥管、钢管	0.012	浆砌砖沟槽	0.015 ~ 0.020
陶土管、铸铁管	0.013	浆砌块石沟槽	0.017 ~ 0.027
混凝土管、钢筋混凝土管	0.013 ~ 0.014	干砌块石沟槽	0.020 ~ 0.030
水泥砂浆抹面沟槽	0.013 ~ 0.014	土明沟(包括带草皮)	0.025 ~ 0.045

(3)排洪沟的防冲防淤问题

在排洪沟的坡度和尺寸初步确定后,就可计算出设计流速。流速过大,会对沟床产生冲刷,造成沟壁坍塌,护砌破坏;流速过小,水流中的泥沙会淤积,使过水断面减小,同时沟内会杂草丛生,影响行洪能力,也给使用单位增加了很多维护工作量。因此设计时流速要控制在一定范围内。

为了防止水流冲刷,流速必须小于土壤或护砌材料的不冲刷流速。沟床的容许不冲刷流速与土壤性质和护砌材料有关,《军用机场排水工程设计规范》(GJB 2130A—2012)中规定了允许最大流速,可按表6-4执行。

允许最大流速(水深0.4~1.0m)　　　　　　　　　　　表6-4

明　沟　类　别	允许最大流速(m/s)	明　沟　类　别	允许最大流速(m/s)
砂性土	0.8	三维网草皮护面	2.0
粉性土	1.0	干砌片石	2.0~3.0
黏性土	1.2	浆砌片石或浆砌砖	3.0~4.0
普通草皮护面	1.6	混凝土	4.0~6.0

注:圬工砌体和混凝土的抗冲刷流速,当砌石或混凝土厚度较小、强度较低时取低值,厚度较大、强度较高时取高值。

水深在0.4~1.0m范围以外的明沟,表6-4中的允许最大流速应乘以以下系数:水深 $h < 0.4m$ 时为0.85;$1.0 < h < 2.0m$ 时为1.25,$h > 2.0m$ 时为1.40。

水流的不淤积流速与水中泥沙颗粒大小有关。当颗粒比较小时,不淤积流速也较小。颗粒增大时,不淤积流速也增大。在排洪沟中,径流经常挟带较大的泥沙颗粒,因此沟渠最小流速应适当增大,不得小于0.6m/s。

五、沟渠的加固设计

在沟渠设计中,当流速超过土壤的容许流速,或在弯道、进出口、跌水、陡槽等处,为保护沟床不受冲刷,保证边坡稳定,应该进行铺砌加固。

另外,沟渠的加固对维护管理很有利。土质沟渠经过一段时间使用后,边坡容易冲刷坍塌,沟壁和沟底容易生长杂草,需要经常维护。土质沟渠淤积后,清淤深度没有明显的界限,经常出现清不到位或局部超挖的情况。土质沟渠的边界不明确,常被附近村民或其他单位挤占,使沟宽减小。而用块石或混凝土护砌的沟渠避免了这些问题。另外,混凝土护面后使沟的粗糙系数减小,可增大流速。在坡度非常平缓的沟渠可减少淤积,减小清淤工作量。因此飞行场内的排水沟渠都应该护砌加固,飞行场外的沟渠也应尽可能采用护砌加固。

加固类型应根据流速大小、土壤性质、当地材料来源等因素确定。常用的加固类型有:

(1)草皮护面

草皮护面有平铺草皮和叠铺草皮两种。草皮加固的容许流速比较小,一般不超过1.6m/s,三维网草皮加固时不超过2.0m/s,且容易使沟内杂草丛生,影响水流通行。因此目前在截水沟和排洪沟中用草皮护面较少。但常用于过水断面以上的沟壁加固或其他边坡的加固,以防受坡面径流冲刷而坍塌。在场内的宽浅形三角沟或抛物线沟中,常用草皮加固。

(2)干砌石护面

干砌石护面用厚20~30cm的片石或块石砌筑而成,表面有时用砂浆勾缝,如图6-7所示。沟底宜设置垫层。当地下水位较高时,应设反滤层。反滤层或垫层厚10~20cm,材料为碎石、砾石或含土量小于5%的砂砾,也可用土工布。在流速较高的地段,可用双层砌石。干砌石护面的容许流速一般在2~4m/s之间,适用于沟内流速较低,无防渗要求的地段。

(3)浆砌石护面

浆砌石护面一般用M7.5或M10的水泥砂浆砌筑,如图6-8所示。石料可用片石或卵石,厚度一般为30~40cm,表面用水泥砂浆勾缝。浆砌石护面每隔10~15m应设置伸缩缝一道,缝宽为 2cm，缝内嵌放沥青浸泡木板或聚乙烯闭孔泡沫板，缝顶 2cm 灌填缝料。在有地下水地段，沟壁应设泄水孔。泄水孔一般用 DN50 钢管或 PVC 管，高出沟底 20cm 以上，泄水孔间距 3~4m。在有地下水或常年流水地段，浆砌片石护砌下面应设垫层。浆砌石护面的抗冲刷能力较强，容许流速一般在 3~5m/s，防渗性较好，适用于沟内流速较高，或有一定防渗要求的截排洪沟。另外，浆砌石还可用于矩形明沟及边坡较陡的梯形明沟的加固。此时，其厚度应按挡土墙计算确定。

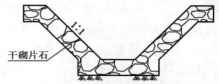

图 6-7　干砌片石或块石护面

（4）混凝土护面

混凝土护面见图 6-9。有现浇混凝土和混凝土预制块铺砌两种。有时还采用沟底现浇，沟壁预制的混合型。厚度一般为 6~12cm，混凝土强度一般不低于 C25。预制块不可太小，也不宜太大，以施工时能搬动为宜，平面尺寸一般为 40cm×40cm~60cm×60cm。每隔 10~15m 设一条伸缩缝，缝宽 2cm，缝内填充沥青泡制木板或聚乙烯闭孔泡沫板，缝表面 2cm 用聚氨酯等填缝材料。在地下水位较高的地段，也应设泄水孔和反滤层。在土基较差的地段，应设垫层。混凝土护砌的抗冲刷能力强，防渗效果好，可用于沟内流速较高，防渗要求严格的沟渠加固。另外，混凝土护砌的粗糙系数小，可有效减小过水断面。

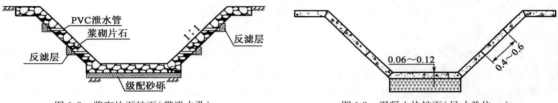

图 6-8　浆砌块石护面（带泄水孔）　　　图 6-9　混凝土块护面（尺寸单位:m）

对于山区的排洪沟，由于水流挟带大量泥沙石块，对沟底冲刷强烈，更应注意加强沟底的铺砌加固。

六、截排洪沟的进口与出口

当要拦截山洪或原沟改道时，洪水是否顺利进入截排洪沟，进口形式和布置是很重要的，特别在坡度较陡，水流速度较大时，它就起决定性的作用。

进口设计中应考虑：

（1）能顺利引入进口以上全汇水区的设计洪峰流量。

（2）尽量选择地形、地质及水流条件良好的地段设置。

（3）在进口的上游一定范围内应进行整治。在高程上应顺利衔接，平面上水流顺畅。

排洪沟的出口段，应尽量选择地形、地质及水流条件较好的河沟段设置。能平顺泄入下游水体。

排洪沟出口与河沟交汇时，其交角对下游方向应大于 90°，并做成弧形；出口段宜逐渐放大底宽，并采用消能、加固措施。

七、容泄区

容泄区是排泄和容纳机场排水沟渠中径流的场所。可分为场内排水的容泄区和场外排洪

185

的容泄区,有时两者也合在一起。容泄区一般应在机场附近的江河、湖泊、溪流或容量较大的排水干渠中选取。容泄区离机场不能过远,且位置应比机场低,沿途地形坡度合适,以便能自流排水。对容泄区的水位应作调查,当以河流、湖泊等作容泄区时,排水沟出口的设计水面一般应高于符合机场防洪标准的容泄区设计洪水位。条件不允许时,可适当低于容泄区设计洪水位,但应高于容泄区的正常洪水位,且机场的最低高程应高于设计洪水位,以免引起倒灌而淹没机场,并应核算对场内排水顶托引起的积水量和积水时间。在平原地区,如容泄区水位过高,应考虑抬高机场高程,或者修建防洪堤和排水泵站。在干旱地区,如附近没有合适的河渠,也可把雨水排入天然池塘、洼地或人工开挖的蓄渗池,通过蒸发、渗透消耗池中的雨水。

容泄区一般应选在原汇水区的下游,以保持原有的自然径流状态,避免加重其他流域的洪水负担。当利用小溪、池塘、洼地或人工排水干渠作容泄区时,应核算容泄能力是否能够排除上游汇水面积上的全部径流。若容泄能力不足,应考虑设多个容泄区分散排除,或者对容泄区进行必要的拓宽改造。

农用灌溉渠道一般不能作容泄区。因为灌渠直接通向农田,当暴雨时场外洪水或机场内部的雨水会冲淹农田。但对有些排灌结合的渠道,经渠道主管部门同意后,可以排除少量场内雨水。

第三节 跌水与陡槽设计

当排水沟渠经过地面较陡,或者有天然陡坎的地方时,如果沟渠的坡度不变,需要进行大量填方和挖方。如果加大沟渠的坡度,会由于流速过大而引起冲刷,破坏渠道。在这种情况下,常常按照天然地面坡度变化情况,将排水沟渠分成几个坡度较平缓的渠段,使相邻两个渠段之间形成集中落差,在形成集中落差的地方修建跌水或陡槽,将上下游沟渠连接起来。当坡度大于25%时宜修建跌水,坡度在5%～25%时宜修建陡槽。另外,在支沟汇入干沟的入口处,也常修建跌水和陡槽。因此跌水、陡槽又称连接构筑物,见图6-10。

图6-10　跌水、陡槽布置图

一、跌水的设计

1.跌水的组成

跌水一般由进口部分、跌水墙、消力池及出口部分等组成,如图6-11所示。上游沟渠中的水流经过进水口从跌水墙落到消力池内,由于下跌的水流具有较大的动能,对下游沟渠有破坏作用,所以设消力池消除多余的能量。然后经出口与下游沟渠内的水流平顺连接。当跌水落差较小时可修单级跌水,落差较大时可采用多级跌水。

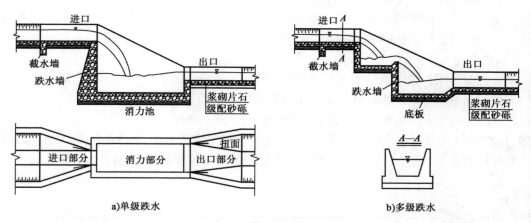

图 6-11　跌水的组成示意图

（1）进口部分

跌水的进口部分一方面保证水流平顺地进入跌水，另一方面控制上游水位，使其不要产生明显的水位降落，以防水流冲刷上游沟渠。进口部分包括两侧翼墙、护底和跌水口。进口翼墙一般采用八字形翼墙与扭曲形的过渡面。为了使上游水流平顺地进入跌水口，进口翼墙单侧平面收缩角可由进口段长度控制，但不宜大于 15°。进口长度 L 与沟底宽度 b、水深 H 有关。根据经验：

当 $b/H < 2.0$ 时，$L = 2.5H$；

$2.0 \leqslant b/H < 2.5$ 时，$L = 3.0H$；

当 $2.5 \leqslant b/H < 3.5$ 时，$L = 3.5H$；

当 $b/H > 3.5$ 时，L 宜适当加长。

翼墙顶要高出沟中设计水位 $0.3 \sim 0.5\mathrm{m}$。进口护底一般采用浆砌块片或混凝土结构，其长度与进口翼墙相等，厚度应视沟中水流速度和护砌材料而定。一般砌石护底厚度为 $0.3 \sim 0.6\mathrm{m}$，混凝土护底厚度为 $0.15 \sim 0.4\mathrm{m}$。在护底开始端要设防冲齿墙，伸入沟底的深度一般为 $0.5 \sim 1.0\mathrm{m}$，以防冲刷并减少水流对护底和跌水墙的渗透压力。跌水口一般为矩形或梯形断面，如图 6-12 所示。跌水口底部可以和上游渠底平齐，也可高于渠底而形成槛形。

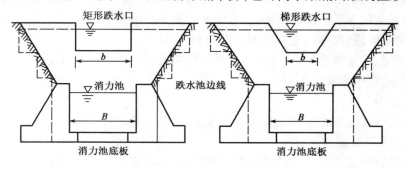

图 6-12　跌水进口形式

（2）跌水墙

跌水墙也称落水墙。水流从墙顶下跌时并不与墙面接触，所以无特殊水力学要求，只需按挡土墙原理设计。跌水墙的断面一般做成梯形。断面尺寸与墙高和基础好坏有关。通常顶宽为 0.5 ~ 1.0m,底宽为墙高的 1/3 ~ 1/2,用浆砌块石砌筑。

（3）消力池

消力池的作用是使下跌的水流在池内形成淹没式水跃,消除多余的能量,平顺地过渡到下游。当跌水下游沟渠的尾水深度不能满足淹没水跃要求时,应设消力池加深尾水深度,造成淹没水跃,如图 6-13 所示。当下游水深已足够产生淹没式水跃时,也可不设消力池,而做成平底护砌,如图 6-14 所示。当水深相差不多时,可在护底末端设消力槛,如图 6-15 所示。消力池的长度和深度与流量大小、上下游的水深及跌水墙的高度等因素有关,应通过水力计算确定。

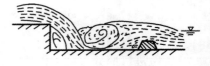

图 6-13　消力池　　　　　　　图 6-14　平底护砌　　　　　　　图 6-15　消力槛

由于下跌水流具有较大的冲击力,流速也比较大。因此需用浆砌片石或混凝土加固底板。底板厚度可参考表 6-5 选用。

消力池底板厚度　　　　　　　　　　　　　　　　　　　　　　　　　表 6-5

单宽流量（m³/s）	跌差（m）	底板厚度（m）
<2	<2	0.35 ~ 0.4
>2	<2	0.5
	2	0.6 ~ 0.7
>5	3.5	0.8 ~ 1.0

（4）出口部分

出口由侧墙和下游护底两部分组成,形状与进口相似,其作用是将水流由消力池平顺地引入下游沟渠。但由于出口处水流很紊乱,要使其平顺过渡到沟渠中去,就需要较长的出口段,以便使水流较充分地扩散,否则出口处容易产生旋涡,使渠道产生严重冲刷。一般出口部分均较长。当消力池宽度大于下游沟渠底宽时,平面收缩率一般为 1:3 ~ 1:5。为了防止下游受冲刷,在下游的沟渠要进行护底,通常加固长度为 $6H ~ 8H$。

根据一些单位的实践经验,由于山区排洪沟砂石较多和洪水暴涨暴落,消力池与消力槛易造成淤积,使用过程中应及时清理。

2. 跌水的水力计算

跌水的水力计算包括跌水口计算和消力池计算,关键是如何确定消力池的长度和深度。

（1）跌水口水力计算

水力计算的目的是选择合适的进口形式和进口宽度,以控制上游水位不至于发生显著的降落,避免流速过大冲刷上游沟渠。

如果跌水口为矩形断面,其宽度为 b,流量可按无底槛宽顶堰计算:

$$Q = \varepsilon M b H_0^{3/2} \tag{6-11}$$

则：

$$b = \frac{Q}{\varepsilon M H_0^{3/2}}$$ （6-12）

式中：Q——设计流量（m^3/s）；

ε——进口侧收缩系数；与进口形式有关，一般取 $0.85 \sim 0.95$；

M——第二流量系数，$M = m_0\sqrt{2g}$；

g——重力加速度；

m_0——流量系数，见表6-6；

H_0——上游水头（m），$H_0 = H + \alpha v_0^2/2g$，这里 H 为水深，v_0 为进口前水流的平均速度，α 为进口前水流流速系数，一般 $\alpha = 1.0 \sim 1.1$。

跌水口流量系数 m_0、M　　　　　　　　　　表6-6

序号	水流进口条件	m_0	M
1	进口无水头损失的理想情况	0.385	1.70
2	进口上游带有倾斜壁面	0.38	1.68
3	经过很好选择的进口形式	0.365	1.62
4	有槛进口边缘呈均匀圆形	0.35	1.55
5	有槛进口边缘修钝	0.335	1.48
6	进口边缘是锐缘的	0.32	1.42
7	进口水力条件不利(边缘锐缘和不均匀)	0.30	1.33

进口处越均匀，ε 和 m_0 值越大。如图 6-16 表示三种情况的进口段侧壁弯曲处的均匀性。图中 a) 为进口处不均匀，b) 为进口处较均匀，c) 为进口处均匀。

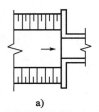 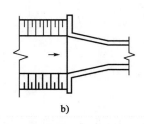 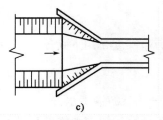

a)　　　　　　　　b)　　　　　　　　c)

图 6-16　进口平面图

若进口采用梯形断面，则用下列公式计算：

$$Q = \varepsilon M(b + 0.8mH)H_0^{3/2}$$ （6-13）

式中：b——进口的底宽；

m——进口的边坡系数；

ε 和 M 的意义同前，但 ε 一般取 1.0，M 根据 H/b 按表6-7确定。

表6-7

H/b	0.5	1.0	1.5	2.0	>2.0
m_0	0.37	0.415	0.43	0.435	0.45
M	1.64	1.84	1.91	1.93	2.00

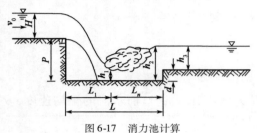

图6-17 消力池计算

（2）消力池的水力计算

消力池的计算包括确定消力池的长度 L 和深度 d，如图6-17所示。

① 计算消力池深度

计算前，应先假定一个消力池深度，然后根据流量 Q，跌落高度 P，消力池宽度 B 和上游水头 H_0 等值，求消力池内水流收缩断面水深 h_1 和跃后的共轭水深 h_2。

当消力池为矩形断面时：

$$h_1 + \frac{\alpha Q^2}{2g\varphi^2 B^2 h_1^2} = P + H_0 \tag{6-14}$$

式中：P——跌落高度，包含消力池深度（m）；

φ——流速系数，按表6-8确定；

H_0——上游水头（m），$H_0 = H + \alpha v_0^2/2g$。

（按 P 值确定） 表6-8

跌落高度 P(m)	1.0	2.0	3.0	4.0	5.0
φ	0.97～0.95	0.95～0.91	0.91～0.88	0.88～0.86	0.86～0.85

计算中可采用试算法，也可查有关图表。而跃后共轭水深 h_2 用下式计算：

$$h_2 = \frac{h_1}{2}\left(\sqrt{1 + \frac{8\alpha Q^2}{gB^2 h_1^3}} - 1\right) \tag{6-15}$$

消力池深度 d 用下式计算：

$$d = (1.05 \sim 1.10)(h_2 - h_3) \tag{6-16}$$

式中：h_3——下游沟渠水深。

如果计算的消力池深度和开始假设的深度很接近，则表示假设深度和计算结果相符。否则应重新假设和计算。

② 计算消力池长度

消力池的长度应为射流长度 L_1 和水跃长度 L_n 两部分之和：

$$L = L_1 + L_n \tag{6-17}$$

如跌水口为宽顶堰形式，则射流长度为：

$$L_1 = 1.74\sqrt{H_0(P + 0.24H_0)} \tag{6-18a}$$

如跌水口为折线型实用堰形式，则射流长度为：

$$L_1 = 0.3H_0 + 1.65\sqrt{H_0(P + 0.32H_0)} \qquad (6\text{-}18\text{b})$$

水跃长度可按下面的经验公式计算：

$$L_n = 2.5(0.9h_2 + a) \qquad (6\text{-}19)$$

式中：a——水跃高度，$a = h_2 - h_1$。

3. 多级跌水的计算

当落差大于 3m 时,常采用多级跌水,如图 6-18 所示。多级跌水中每级的落差一般相同。即：

$$P = \frac{P_0}{n} + d$$

式中：P_0——总落差；

n——级数；

d——消力池深度。

除最下一级可设消力池外,其他各级均设消力槛,如图 6-18 所示。消力槛水平部分的长度应经过计算确定,不能太短,否则易形成图 6-19 所示的现象,在工程上是不允许的。

多级跌水的水力计算与单级跌水相似。我们通过例子来说明计算方法。

【例 6-3】 机场场外截水沟经过一陡坡地段,沟底高程由 13.00m 变为 10.00m。已知设计流量 $Q = 1.14\text{m}^3/\text{s}$,上、下游水深 $H = h_3 = 0.80\text{m}$,速度 $v_0 = 0.65\text{m/s}$,沟底宽度为 1.00m,边坡系数为 1.5。现在设计一个跌水,用来连接上下游沟渠。经过经济技术比较,决定采用矩形断面三级跌水(各级高度相同,图 6-18)。试进行三级跌水的水力计算,并确定各部分尺寸。

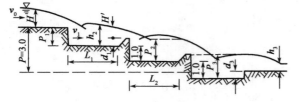
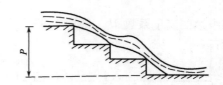

图 6-18 多级跌水(尺寸单位:m) 　　　　图 6-19 多级跌水(水平部分过短)

【解】 根据构造上的要求,跌水侧墙应高出水面 0.3 ~ 0.5m,所以取 1.10m (水深 H 加 0.3m),进口部分长度 $L_{进口} = 2.5H = 2.0\text{m}$;出口长度 $L_{出口} = 6H = 4.80\text{m}$,取 5.00m。在此范围内进行加固。下面计算跌水宽度、跌水台阶(或消力池)长度、消力槛高度(或消力池深度)。

跌水宽度 b：

$$b = \frac{Q}{\varepsilon M H_0^{3/2}}$$

M 查表 6-6,按经过很好选择的进口形式,取 $M = 1.62$。并取侧收缩系数 $\varepsilon = 0.95$,则：

$$b = \frac{1.14}{0.95 \times 1.62 \times \left(0.80 + \frac{0.65^2}{2 \times 9.81}\right)^{3/2}} = 1.00(\text{m})$$

消力槛高度：

设消力槛高度为 0.5m。则每级跌水的落差：

$$P = \frac{P_0}{n} + d = \frac{3.0}{3} + 0.5 = 1.5 (\text{m})$$

先计算第一级跌水的消力槛高度 $d = 0.5\text{m}$ 是否合适。即是否会产生淹没水跃。

收缩断面深度 h_1：

$$h_1 + \frac{\alpha Q^2}{2g\varphi^2 B^2 h_1^2} = P + H_0$$

查表 6-8，取 $\varphi = 0.95$，并取 $\alpha = 1.05$，则：

$$h_1 + \frac{1.05 \times 1.14^2}{2 \times 9.81 \times 0.95^2 \times 1.0^2 h_1^2} = 1.5 + 0.8 + \frac{0.65^2}{2 \times 9.81}$$

$$h_1 + \frac{0.077}{h_1^2} = 2.32$$

用试算法得到：$h_1 = 0.19 (\text{m})$

水跃后的共轭水深 h_2：

$$h_2 = \frac{h_1}{2}\left(\sqrt{1 + \frac{8\alpha Q^2}{gB^2 h_1^3}} - 1\right)$$

$$= \frac{0.19}{2} \times \left(\sqrt{1 + \frac{8 \times 1.05 \times 1.14^2}{9.81 \times 1.0^2 \times 0.19^3}} - 1\right) = 1.12 (\text{m})$$

为了验证水跃是否被淹没，还必须知道下游水深。第一、二级跌水的下游水深 H' 为消力槛上的水深，需要通过计算确定，仅最后一级跌水的下游水深为已知值，即下游渠道的水深。

经过消力槛的水流按堰流公式计算：

$$Q = MbH_0'^{3/2}$$

式中第二流量系数 M 一般取 1.86。

则：

$$H_0' = \left(\frac{Q}{Mb}\right)^{2/3} = \left(\frac{1.14}{1.86 \times 1.0}\right)^{2/3} = 0.721$$

行近槛前的流速 v' 可用下式计算：

$$v' = \frac{Q}{bh_2} = \frac{1.14}{1.0 \times 1.12} = 1.02 (\text{m/s})$$

$$H' = H_0' - \frac{v'^2}{2g} = 0.721 - \frac{1.02^2}{19.62} = 0.67 (\text{m})$$

若满足池内产生淹没水跃，消力槛高度应为：

$$d > h_2 - H' = 1.12 - 0.67 = 0.45 (\text{m})$$

故采用 $d = 0.5\text{m}$ 满足要求。

第一级台阶长度计算：

$$L_1 = 1.74\sqrt{H_0(P + 0.24H_0)}$$

$$= 1.74 \times \sqrt{0.821 \times (1.5 + 0.24 \times 0.821)} = 2.27 (\text{m})$$

$$L_n = 2.5(0.9h_2 + a) = 2.5 \times (0.9 \times 1.12 + 1.12 - 0.19) = 4.85 (\text{m})$$

$$L = 2.27 + 4.85 = 7.12(\text{m})$$

取 L 为 8.00m，并取消力槛宽度为 0.30m，计算结果如图 6-20 所示。

第二、三级跌水的计算方法与第一级相似。仅需将 H'_0 代替 H_0，第三级跌水的下游为渠道下游水深。其余相同，这里不再重复。

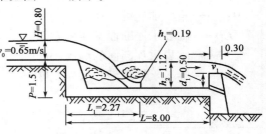

图 6-20　消力池尺寸(尺寸单位:m)

二、陡槽的设计

陡槽也称急流槽或陡坡，如图 6-21 所示。陡槽和跌水一样，用来连接地形高程有突变的上下游沟渠。我们从研究陡槽与跌水的联系和区别入手，就很容易认识陡槽的实质。设想把跌水的跌水墙做成倾斜的，使水流沿斜坡流动再进入消力池，就成了陡槽，因此两者的区别就在于中间部分是阶梯还是倾斜面，其余部分相同。陡槽的进口部分、消力池和出口部分与跌水相似，不再介绍。这里只介绍陡坡段的构造和水力计算。

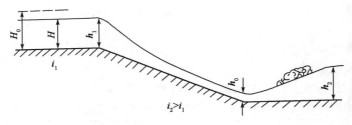

图 6-21　陡槽示意图

陡坡段一般为矩形或梯形断面。由于陡坡段流速大，侧墙和底部应进行加固，以防止冲刷。当断面为矩形时，侧墙按挡土墙设计。当断面为梯形时，侧墙做成边坡护砌的形式。护砌厚度一般为 0.2~0.4m，侧墙要高出水面一定距离，其安全高度比一般沟渠要大一些。护底的厚度一般为 0.3m 左右。当陡坡段较长时，应每隔一定距离设伸缩缝，并加设齿坎，以利于抗滑。

陡坡段的宽度可以不变，也可以逐渐扩散。底宽逐渐扩散可以减小陡坡出口的单宽流量，给下游消能创造有利条件。当底宽采用扩散时，扩散度常为 1:4。

陡坡段坡度的大小，往往由护砌材料的容许流速控制。当陡坡水流流速很大时，应注意选择相应的护砌材料。

陡坡上也可以采用人工加糙的措施，以达到消能的目的。最简单的加糙措施是在陡坡上嵌入凸出的石块，也可做成交错布置的凸出方块或人字形糙条等，如图 6-22。糙条的高度一般为水深的 1/8~1/3，间距为糙条高度的 8~10 倍。

1. 陡槽的水力计算

陡坡段的水力计算，可按明渠非均匀流理论进行。陡坡段的底坡应大于临界坡度。在进行计算前，首先应根据地形选定槽底坡度和槽身尺寸，然后验算底坡是否大于临界坡度 i_k。在确定大于临界坡度后，才能进行计算。临界坡度 i_k 按下式计算:

$$i_k = \frac{g}{C_k^2} \frac{x_k}{B_k} \qquad (6-20)$$

式中：g——重力加速度(m/s^2)；

$\quad C_k$——临界水深断面的谢才系数；

$\quad x_k$——临界水深断面的湿周(m)；

$\quad B_k$——临界水深断面的水面宽度(m)。

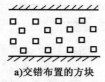 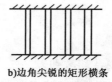 

a)交错布置的方块　　　b)边角尖锐的矩形横条　　　c)逆水流人字形横条

图 6-22　人工加糙形式

陡槽长度按下式确定：

$$L = \sqrt{P^2 + \left(\frac{P}{i}\right)^2} \qquad (6-21)$$

式中：P——陡槽的落差(m)；

$\quad i$——陡坡段的底坡。

陡槽起点处的水深等于临界水深 h_k，并沿陡槽逐渐减小，产生 b_3 型水面曲线，水面曲线的长度为 L_0。如果陡槽长度 $L > L_0$，表示 b_3 型降水曲线在槽身内结束，后面部分为均匀流，深度为正常水深 h_0，流速为 v_0；若 $L < L_0$，则说明 b_3 型降水曲线长度比槽身长，可根据水面曲线计算槽身末端水深 $h_末$ 及相应的流速 $v_末$。其流速应小于护砌材料的容许流速，否则可用人工加糙方法消除水流的动能。

然后，根据末端水深 $h_末$(或为 h_0)，计算水跃后的共轭水深 h_2。设下游渠道内正常水深为 h_3，则

当 $h_2 \geqslant h_3$ 时，产生远驱水跃或临界水跃，应设消力池或消力槛；

当 $h_2 < h_3$ 时，产生淹没水跃，可不设消力设施。

消能计算的方法与跌水相同。

【例 6-4】　某机场场外排水渠上用浆砌块石修筑一个陡槽，如图 6-23，其长度为 15m，底坡为 0.155。上游渠道水深为 0.7m，下游渠道水深为 0.6m。渠道的设计流量 $Q = 0.863\text{m}^3/\text{s}$。试进行此陡槽的水力计算。

【解】　如前所述，陡槽的进口部分、末端消力池的构造和水力计算与跌水相同。

(1)进口部分计算

进口宽度：

$$b = \frac{Q}{\varepsilon M H_0^{3/2}}$$

式中 $H = 0.7\text{m}$，$Q = 0.863\text{m}^3/\text{s}$，进口为经过很好选择的形式，查表 6-6，得 $\varphi = 0.95$，$M = 1.62$。略去上游行进流速，所以进口宽度为：

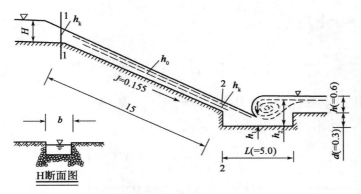

图 6-23　陡槽尺寸(尺寸单位:m)

$$b = \frac{0.863}{0.95 \times 1.62 \times 0.7^{1.5}} = 0.96(\text{m})$$

取 $b = 1.0\text{m}$,

则单宽流量:

$$q = \frac{Q}{b} = 0.863(\text{m}^3/\text{s})$$

取进口长度:

$$L = 2.0\text{m}$$

（2）陡槽槽身部分的水力计算

如图 6-23 所示,断面 1-1 处水深 $h = h_k$,而:

$$h_k = \sqrt[3]{\frac{aq^2}{g}} = \sqrt[3]{\frac{0.863^2}{9.81}} = 0.42(\text{m})$$

断面 1-1 处的流速为:

$$v_k = \frac{Q}{bh_k} = \frac{0.863}{0.42} = 2.05(\text{m/s})$$

槽内正常水深 h_0,根据流量及断面形状、粗糙系数等查梯(矩)形河槽正常水深求解图,得 $h_0 = 0.21\text{m}$。

为了确定陡槽末端水深和流速,还要求出槽内 b_3 型水面曲线的长度 L_0。如果 L_0 大于陡槽长度,需要根据水面曲线求末端水深。如果 L_0 小于槽身长度,则末端水深即为正常水深。

下面根据陡槽起始深度 $h = h_k = 0.42\text{m}$,末端深度 $h = h_0 = 0.21$,计算 b_3 型水面曲线长度 L_0。由水力学可知:

$$L_0 = \frac{\left(h_0 + \frac{v_0^2}{2g}\right) - \left(h_k + \frac{v_k^2}{2g}\right)}{i - \bar{J}}$$

式中:

$$v_0 = \frac{Q}{bh_0} = \frac{0.863}{1 \times 0.21} = 4.1(\text{m/s})$$

$$\bar{J} = \frac{\bar{v}^2}{\bar{C}^2 \bar{R}}$$

其中，$\bar{v} = \dfrac{v_k + v_0}{2} = \dfrac{2.05 + 4.1}{2} = 3.08 \, (\mathrm{m/s})$

$$\bar{R} = \frac{1}{2} \times \left(\frac{0.42}{1 + 2 \times 0.42} + \frac{0.21}{1 + 2 \times 0.21} \right) = \frac{1}{2} \times (0.228 + 0.148) = 0.188 \, (\mathrm{m})$$

$$\bar{C} = \frac{1}{2} \times \left(\frac{1}{0.025} \times 0.228^{1/6} + \frac{1}{0.025} \times 0.148^{1/6} \right) = 30.2$$

所以：

$$\bar{J} = \frac{3.08^2}{30.2^2 \times 0.188} = 0.055$$

$$L_0 = \frac{\left(0.21 + \dfrac{4.1^2}{19.62}\right) - \left(0.42 + \dfrac{2.05^2}{19.62}\right)}{0.155 - 0.055} = 4.33 \, (\mathrm{m})$$

陡槽长度为 15m，水流进入陡槽前 4.33m 范围内为降水曲线，以后呈均匀流动，水深为 0.21m。

（3）消力池计算

首先检查是否需要设消力池。如图 6-24 所示，$h_{\text{末}} = h_0 = 0.21 \mathrm{m}$，与此相应的共轭水深 h_2 为：

$$h_2 = \frac{h_{\text{末}}}{2} \left(\sqrt{1 + \frac{8q^2}{gh_{\text{末}}^3}} - 1 \right) = \frac{0.21}{2} \times \left(\sqrt{1 + \frac{8 \times 0.863^2}{9.81 \times 0.21^3}} - 1 \right) = 0.75 \, (\mathrm{m})$$

$h_2 = 0.75\mathrm{m}$，大于下游水深 0.6m，故需设消力池。

设消力池深 $d = 0.3\mathrm{m}$，则收缩断面水深为 h_1，如图 6-25 所示。利用下式求 h_2：

$$q = \varphi h_1 \sqrt{2g\left(h_{\text{末}} + \frac{v_0^2}{2g} + d - h_1\right)}$$

取 $\varphi = 0.95$，并将有关数值代入上式，则：

$$0.908 = h_1 \sqrt{26.82 - 19.62 h_1}$$

用试算法，得 $h_1 = 0.189\mathrm{m}$，其水跃后的共轭水深 h_2 为：

$$h_2 = \frac{h_1}{2} \left(\sqrt{1 + \frac{8q^2}{gh_1^3}} - 1 \right) = \frac{0.189}{2} \left(\sqrt{1 + \frac{8 \times 0.863^2}{9.81 \times 0.189^3}} - 1 \right) = 0.81$$

下游水深加消力池深度为 0.9m > 0.81m，故消力池深度是合适的。

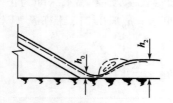

图 6-24　不建消力池时的共轭水深

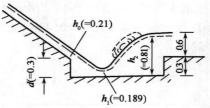

图 6-25　消力池尺寸（尺寸单位：m）

消力池长度：

$$L = L_1 + L_n$$

$$L_1 = 1.74 \sqrt{\left(h_{\text{末}} + \frac{v_{\text{末}}^2}{2g}\right) \left[d + 0.24 \left(h_{\text{末}} + \frac{v_{\text{末}}^2}{2g}\right) \right]}$$

$$= 1.74 \sqrt{1.07 \times (0.3 + 0.24 \times 1.07)}$$
$$= 1.34 \, (\text{m})$$
$$L_n = 2.5 \, (0.9 h_2 + a) = 2.5 \times (0.9 \times 0.81 + 0.81 - 0.189)$$
$$= 3.38 \, (\text{m})$$

故消力池长度为 $L = 1.34 + 3.38 = 4.72\text{m}$，取 5m。

校核水流速度：陡槽水流在收缩断面 h_1 处的流速最大：

$$v_1 = \frac{q}{h_1} = \frac{0.863}{0.189} = 4.57 \, (\text{m/s})$$

浆砌片石容许流速最大为 4m/s（详见表 6-4），故此陡槽流速超过了容许流速，需要采取加糙措施。

2. 陡槽加糙的水力计算

利用陡槽坡面人工加糙的方法消能是比较经济实用的。下面介绍几种常用加糙形式的水力计算。

加糙计算的关键是确定加糙后的陡槽坡面水流流速。对于加糙的陡槽，其水流仍近似均匀流动，故按谢才公式计算其流速，即：

$$v = C_{\text{加糙}} \sqrt{Ri}$$

应用上式计算水流速度的关键是确定加糙后的谢才系数 $C_{\text{加糙}}$。有学者通过试验研究，得到几种常用加糙形式下计算 $C_{\text{加糙}}$ 的经验公式。

令相对光滑度为：

$$\alpha = \frac{h}{\sigma} \tag{6-22}$$

式中：h——水面至粗糙顶部的水深；

σ——糙条的高度。

水流的相对宽度为：

$$\beta = \frac{b}{h} \tag{6-23}$$

式中：b——矩形槽的宽度。

计算 $C_{\text{加糙}}$ 的经验公式为：

$$\frac{1}{C_{\text{加糙}}} = (a - c\alpha + d\beta) S_i \tag{6-24}$$

式中：a、c、d——与加糙形式有关的系数，见表 6-9；

S_i——各种坡度下的修正系数，见表 6-10。

各种加糙形式见图 6-22。

a、*c*、*d* 值 表　　　　　　　　　　　　　　　　　表 6-9

加 糙 形 式	a	c	d
逆水流人字形横条	0.085 8	0.003 85	− 0.000 8
边角尖锐的矩形横条	0.047 5	0.001 17	0.000 075
交错布置的方块	0.052 0	0.005 10	− 0.000 8

S_i 值 表　　　　　　　　　　　　　　　　　　　表 6-10

底坡 i 加糙形式	0.04 ~ 0.06	0.10	0.15	0.20
逆水流人字形横条	0.75	0.9	1.0	1.0
边角尖锐的矩形横条	0.9	1.1	1.0	0.9
交错布置的方块	1.0	1.0	1.0	1.0

第四节　河渠改线设计

修建机场有时会截断一些河沟或农田排灌渠道。为了不影响河流的泄洪和农田排灌渠道的正常使用,应对河渠进行改线。河渠改线设计与截排洪沟设计有许多相似之处,但也有不少特点,本节重点介绍它们的特点及设计方法。

一、渠道改线设计

对于原来穿越飞行场地的排灌渠道,修建机场时一般应改线,绕出飞行场地,如图 6-26 所示。如果绕行线路过长,或由于地形限制绕行比较困难时,也可考虑用涵洞在飞行场地下面穿越。但穿越时结构比较复杂,如果出现淤塞、漏水、损坏等,会影响机场和渠道的使用,应作技术经济比较后确定。穿越位置尽量选在端保险道的土质地区。这样涵洞长度短,结构比较简单,如果涵洞漏水或损坏,也不会严重影响机场使用。穿越飞行场地时可采用圆涵或方涵,但不得使用倒虹管,因为倒虹管容易淤塞。对于支线渠道,也可在干渠的其他位置上引接或调整,以恢复原有的排灌功能。渠道改线设计的方案应与当地政府和农田水利部门协商。如果改线后不穿越机场,也可交由地方有关部门设计和施工。

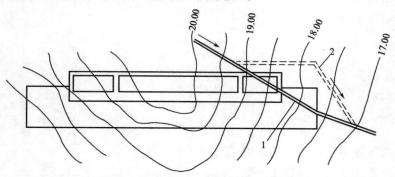

图 6-26　渠道改线布置
1-原渠道;2-改建后的渠道

渠道改线设计与一般明沟设计有许多相同之处,但也有特点。特别是灌溉渠道,必须符合农田灌溉的使用要求。

灌溉渠道的任务是根据用水计划由灌溉水源将所需的水量输送至灌溉面积上。因此灌渠改线设计的特点是:改建后的灌渠应满足灌区的用水;减少灌渠内的渗漏损失,提高灌渠的有效利用系数(指由渠道供给农田的水量与灌溉水源取得的水量之比值)。由于灌渠的改线设计具有上述特点,固其选线与断面设计同一般明沟设计有所不同。

渠道改线设计与当地农业生产的关系甚为密切,在设计前,必须对原来灌渠的水源情况、渠道输水能力、长度,原来控制的灌溉面积,机场修建后灌溉面积改变情况,渠道上原有的水工建筑物的现状,以及灌区的土壤、地形、水文地质等有关问题,进行详细的调查研究。渠道选线时,除与一般明沟选线时的要求相同外,根据其特点还应注意以下几点:

(1)灌渠系统应控制所有的灌溉面积。

(2)渠道应布置在灌溉地区地形较高的地带,以便自流灌溉。

(3)如果灌区位于分水岭两侧时,渠道应尽可能沿分水岭修筑,以控制两侧灌区。

(4)渠道线路要短。短的渠道不仅减少工程量和维护工作量,还可减少渠道的渗漏损失,提高灌渠的有效利用系数,增加灌溉的耕地面积。

(5)尽量避免经过砂土、砾石以及渗透水层距地面很近的地带,以减少渠道的渗漏损失。

根据地形、渠道的作用等具体情况不同,渠道的横断面可采用挖方渠道、半挖半填渠道、填方渠道等形式,如图 6-27 所示。

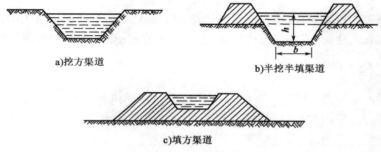

a)挖方渠道   b)半挖半填渠道

c)填方渠道

图 6-27　灌渠横断面形式

挖方渠道主要用于干渠的引水部分(即未进入灌溉面积部分)。挖方渠道以采用窄而深式的横断面为宜(取最佳水力断面或接近最佳水力断面)。最佳水力断面的优点是:土方小,占地少,渠内不易生长杂草,渗漏少。当配水渠(斗渠)位于分水岭或陡坡地段时,亦可采用挖方渠。因为渠中水位能够高于灌溉地面。干渠与配水渠(斗渠)的作用如图 6-28 所示。

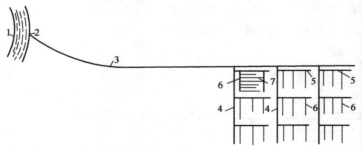

图 6-28　灌渠系统示意图

1-灌溉水源;2-渠首建筑物;3-干渠;4、5-配水渠(斗渠);6-临时灌溉渠;7-灌水垄沟

当配水渠道通过平缓低地及坡度很小的地面时,有时不得不做成填方渠道,以控制灌溉农田。这种渠道的缺点是:比前两种渠道造价贵,易于溃决,需要较大的取土坑,以致减少耕地面积。

渠堤顶的高度,在其沉实后,应高出渠中最高水位0.1～0.5m,其值依流量大小而定。如堤顶不做道路而只考虑平时维护、检查及人行,而渠中流量在0.5～30m³/s时,顶宽可在0.5～2.5m以内,其值随渠中水深的大小不同而定。堤的边坡值应保证土堤有足够的稳定性,不发生滑坡。坡度的大小取决于筑堤土的种类、水深、堤高等条件。当堤高在3m以内时,可采用表6-11内的数值。

渠堤的边坡系数 表6-11

筑堤土的性质	流量大于10m³/s		流量小于10m³/s	
	内坡	外坡	内坡	外坡
黏土	1.50	1.50	1.25	1.50
粉质黏土	1.75	1.50	1.50	1.50
粉土	2.00	2.00	1.75	1.75
粉质砂土	2.25	2.00	2.00	2.00

注:对于盐碱土内坡的边坡系数按上表中数值加0.50。

为了减少渠道的渗漏损失,可在渠道的边坡和渠底采取防渗措施。常用的防渗措施有:黏土灌浆、黏土护面、钙化黄土护面、渠床压实、土工膜防水层、浆砌块石或混凝土护面等。

二、改河工程

当飞行场地占用河道,或侵占河滩地较多时,应对河道进行改线,以免影响河道的正常泄洪,防止洪水冲淹机场。有时飞行场地没有直接压在河道上,但离河道很近,河道的冲淤变化趋势可能危及机场的安全时,也应对河道进行适当处理。

新改河道应离开飞行场地一定距离。河道改线的起点和终点应顺河势,设在河流较稳定的河段,与原河道平顺相接,不能有很大的转角。在新河道进口处的原河道上应筑拦水坝,将水引入新河道,如图6-29所示。河道转弯时,须有较大的转弯半径。转弯半径不宜小于稳定河宽的5～8倍。改线河道的终点一般应回到原河道。如果并入其他河道,可能会引起不良后果。如增加其他河道的洪水负担,水资源重新分配及环境问题等。因此一般不要随便引入其他河道。只有当河流较小,不会引起洪水和水资源矛盾等问题时才可考虑归并。在水网地区,被截断的小河也可考虑从整个河网中调整解决。

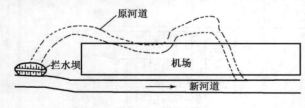

图6-29 改河工程

改河设计前,应对原河道的规模、汇水面积、断面形状和尺寸、坡度及冲淤情况、当地的气象、水文、地形条件等进行认真分析。改河断面的规模不能小于原河道,断面形式要考虑洪、枯水期间的水流特性,有条件时,宜采用复式断面。即枯水期间水流在较小的主河道上流动,以保证必要的流速;洪水期间在整个河道上流动,与原河道水流基本一致。改河部分的坡度尽量与上下游一致,以免引起较大的冲刷或淤积。

改河断面的尺寸,应根据设计洪水大小,由水力计算确定。当改线河道离机场较近时,应按机场防洪标准计算设计断面。当河道离机场较远时,可参照原河道的断面设计,但必须对洪水位进行校核,满足机场防洪的要求。必要时可在河道一侧或两侧设防洪堤。对于规模较大的河流,改河方案应慎重,须经多方面论证后才能确定。在我国机场修建史上曾出现因改河断面过小引起洪水冲淹机场,造成了严重的经济损失及人员伤亡事故,应该吸取教训。

为防止改线河道的冲刷,可对河岸进行加固。对于飞行场地及重要营房、仓库或飞机疏散区附近的天然河流,如果河岸受到冲刷,危及这些地区的安全时,也应根据洪水及河岸情况,进行必要的加固。尤其是河岸弯曲地段,冲刷比较严重,需特别重视。加固措施很多,如浆砌块石或混凝土护坡、挡墙。图 6-30 和图 6-31 所示为护坡和挡墙的实例。河岸的护坡与截排洪沟中的护坡相似,但由于河流中洪水的流速大,水位变化不定,护坡的要求更高。

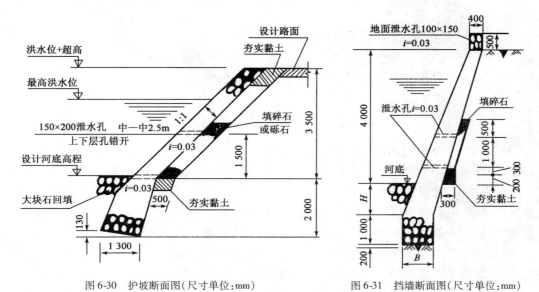

图 6-30　护坡断面图(尺寸单位:mm)　　　　图 6-31　挡墙断面图(尺寸单位:mm)

除护坡和挡墙外,河岸加固还可采用抛石防护、石笼防护及丁坝、顺坝等导治措施。

(1)抛石护岸。类似在坡脚处设置护脚,亦称抛石垛,如图 6-32 所示。抛石不受气候条件限制,适用于经常性浸水且水深较大的河岸防护。抛石垛的边坡坡度,不应陡于抛石浸水后的天然休止角,边坡 m_1 一般为 $1.5 \sim 2.0$, m_2 为 $1.25 \sim 3.0$;石料粒径视水深与流速而定,一般为 $20 \sim 50 \mathrm{cm}$。

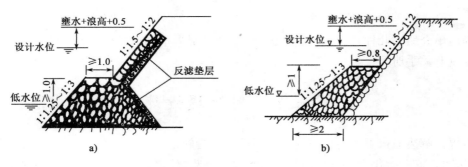

图 6-32　抛石防护(尺寸单位:m)

（2）石笼。石笼是用铁丝编织成框架，内填石料，设在坡脚处，以防急流和大风浪破坏堤岸，如图6-33所示。也可用来加固护坡、挡墙的基础受到严重冲刷的地段。铁丝框架一般为箱形，笼内石料粒径应大于网孔，一般为 $10 \sim 20cm$。石笼在坡脚处排列，用于防止冲刷淘底时，应平铺并与坡脚线垂直；用于防止堤岸边坡冲刷时，则垒码平铺成梯形，单个石笼的大小，以不被相应速度的水流冲动为宜。石笼下面应用碎（砾）石垫平。必要时，应将石笼用铁钎固定于基底，并用铁丝将相邻石笼连接成一体。普通的铁丝容易生锈，寿命较短。目前有一种包塑铁丝网，可以防锈，寿命较长。

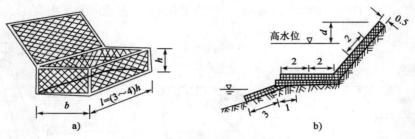

图6-33 铁丝石笼防护（尺寸单位：m）

（3）丁坝。丁坝是与河岸大致垂直或斜交的一种短坝（图6-34），适用于河道凹岸冲刷严重，或河道深槽靠近岸脚，河床失去稳定的河段，用以挑流或减低流速，减轻水流对河岸的冲刷。丁坝由坝头、坝身和坝根三部分组成，坝根应嵌入河岸。丁坝的长度应根据水流方向、河段地形等确定，但不应超过稳定河床宽度的 $1/4$，以免过多压缩河床，造成对岸的冲刷。当设丁坝群时，间距一般为坝长的 $1.0 \sim 2.5$ 倍。丁坝可用铁丝石笼或浆砌块石等修筑。

（4）顺坝。顺坝大致与堤岸平行（图6-35），适用于河床断面较窄、基础地质条件较差的河岸防护，调整流水曲度，改善流态，所以又称导流坝。顺坝与上、下游河岸的连接，应使水流顺畅，起点应选择在水流匀顺的过渡段，坝根位置宜设在主流转向点和上方，嵌入河岸不小于 $3 \sim 5m$。顺坝的结构与丁坝相似。

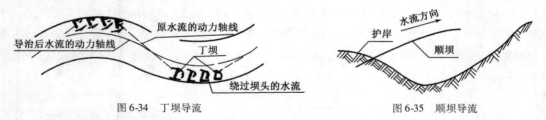

图6-34 丁坝导流　　　　　　　　　　　　　图6-35 顺坝导流

上面简单介绍了几种常用的护岸措施，设计时可根据不同的条件选用。护岸设计的详细要求可参见有关手册。

第五节 防洪堤设计

防洪堤是解决河道洪水与机场使用矛盾的工程措施之一。当机场地面低于附近河流的洪水位时，可采用两种解决办法。一是抬高机场设计高程，使之满足防洪要求；二是修建防洪堤，防止洪水淹没机场。抬高机场高程不但可防止洪水侵入，也可改善土基的水分条件，有利于场内排水,减少今后的维护管理工作。如果机场高程与设计洪水位相差不多,应尽量采用抬高机场高程方法。那么道面抬高多少合适呢? 一般情况下,机场飞行区最低点的设计高程应比设计洪水位高 0.5m 以上。特殊情况下,经主管部门批准,机场的次要部分,如土跑道、端保险道等允许暂时受淹,机场的主要部分,如跑道、滑行道、重要停机场坪等应高于设计洪水位,并有 0.2m 以上的安全高度。这样可大大节约工程费用。但若机场高程与设计洪水位相差较多,抬高机场高程需要很大的土方量,工程费用很高,此时应修建防洪堤,也可以两者结合,即适当抬高机场高程,以保证场内排水、改善土基水分条件,大洪水时用防洪堤防洪。本节将介绍防洪堤的布置及设计方法。

一、堤线位置选择

机场防洪堤的布置有两种形式:一是机场位于平原低洼区,雨后排水不畅而流向机场,或场区周围地区的地面均低于防洪水位,此时应在场区周围修筑防洪围堤,以保护机场不受洪水及坡积水的危害,如图 6-36a)所示;二是机场位于河流附近,当河流泛滥时水位高于机场局部或全部地面,此时可沿河岸修筑防洪堤,以防河洪侵入机场,如图 6-36b)所示。

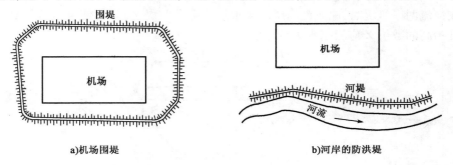

a)机场围堤　　　　　　　　　　b)河岸的防洪堤

图 6-36　机场防洪堤布置

不论哪种情况,正确选择堤线位置都是很重要的。正确选择堤线位置,不仅要使机场免受洪水淹没,同时要保证不因机场防洪堤的修建而加重洪水对人民群众的威胁。根据上面的指导思想进行选线时,应注意下面几点要求:

(1)力求堤线总长最短,转弯次数要少,转弯处要平缓。若堤顶兼作公路时,其曲率半径要考虑公路等级的要求。

(2)堤线应选在土质良好的地带,避免跨过深潭、深沟及经过砂层、淤泥层等不良地带,以免产生渗水或沉陷。

(3)充分利用地形,尽可能通过高地,以减少堤高和水对堤的压力。

(4)机场围堤一般应沿场区边缘设置,若场区附近有成片的营区,地面也低于洪水位,也可把营区围入。堤线在端保险道外通过时,堤的高度还应满足机场净空要求。

(5)沿河岸修筑的防洪堤,两端应与高于洪水位的地面相接,堤肩应嵌入岸边 3～5m;堤线应大致与洪水流向平行,并与中水位的水边线有一定距离。

(6)设于河滩的防洪堤,对河流过水断面有严重挤压时,防洪堤首段应布置成八字形,以使水流平顺,避免发生严重淘刷现象。

(7)河流两岸的堤线间距应考虑下列条件:

①两堤间水流的最大流速应小于堤的冲刷流速,否则堤的边坡应加固,而且堤前水位要避免过高,以免堤的构造复杂。

②堤线与岸边要留一定距离,供修堤取土用,同时要考虑将来河岸的冲淤变迁及因堤重和车重而可能引起的滑坡。

当机场修筑防洪堤后,场内雨水无法自流排出,需修建抽水泵站强制排水。如果平时外部水位低于机场,仅在洪水期间高于机场,则可采用半自流排水。即在防洪堤上设防洪闸,平时闸门打开自流排水,洪水期间闸门关闭,由抽水泵站排水。因此在堤线布置时还应规划泵站及防洪闸的位置。

二、确定堤高

确定防洪堤的高度必须先对机场附近的河流水文情况有详细的了解,才能对堤高做出正确的设计。洪水资料可在当地水文站收集。当附近没有水文站或水文站的资料不足时可通过洪水调查,了解和测量洪水痕迹,估算洪水位及流量。在掌握了水文资料后,应根据机场等级及重要性,按有关标准确定设计频率,计算设计洪水位和洪峰流量。

当在河流两岸筑堤时,原淹没两岸的洪水被约束在两堤之间,会使洪水位抬高,如图6-37所示。其抬高的数值 Z 应根据水力计算确定。

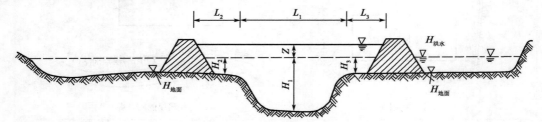

图6-37 两岸筑堤后水位的抬高

$$Q = V_2(H_2 + Z)L_2 + V_1(H_1 + Z)L_1 + V_3(H_3 + Z)L_3 \qquad (6-25)$$

式中: L_1 ——河宽;

L_2、L_3 ——分别表示河岸与堤之间的宽度;

H_1、H_2、H_3 ——分别表示 L_1、L_2、L_3 内的平均水深;

V_1、V_2、V_3 ——分别表示 L_1、L_2、L_3 内的平均流速,其值可用谢才—曼宁公式计算:

$$V = \frac{1}{n}R^{2/3}I^{1/2}$$

n ——粗糙系数;

I ——洪水水面坡度;

R ——水力半径。

公式中洪峰流量 Q 可根据第一篇介绍的方法推求,L_1、L_2、L_3、H_1、H_2、H_3、I、n 值都可实测或调查得到,故可求得筑堤后洪水抬高值 Z。

当修筑机场围堤时,应确定机场附近洪泛区的设计水位。这一水位与河流的洪水大小、两岸地形、植被等有很大关系,计算比较复杂。应多作调查研究,可参考当地的防洪规划,也可请水利部门协助确定洪水位。

在确定堤高时,要使堤顶高出洪水位一定高度,作为安全高。安全高应根据堤的规模和重要性确定,一般不小于0.5m。此外,当洪水水面宽阔,防洪堤边坡受到波浪侵袭时,应考虑风浪的影响,还需加浪爬高。因此堤顶高程为:

$$H = H_{洪水} + Z + h_{浪爬高} + \Delta H \tag{6-26}$$

式中:H——堤顶高程;

$\quad H_{洪水}$——筑堤前的洪水高程;

$\quad\quad Z$——筑堤后洪水的抬高;

$\quad h_{浪爬高}$——风浪爬高;

$\quad\quad \Delta H$——安全高度。

堤高为:

$$h = H - H_{地面} \tag{6-27}$$

式中:h——堤高;

$\quad H_{地面}$——堤址的地面高程。

当防洪堤修筑后可能出现沉降时,应预留沉降量。

风浪爬高与风速、风的吹程、边坡的坡度和粗糙系数等有关,可参考有关设计手册计算。在下列情况下,可不考虑风浪高度:

(1)吹程小于0.2km。

(2)水深在1.0m以下。

(3)河滩附近有不被波浪淹没的树林。

(4)计算波浪高度在0.15m以下。

三、堤的横断面及结构形式

当堤高确定后,即可确定堤的断面尺寸和结构形式。

机场防洪堤一般采用土堤,其断面为梯形,如图6-38。下面我们从土堤的性质及用途出发说明各部分构造的特点。

1.堤顶宽

堤顶的用途不同,采用的宽度也不同。

(1)堤顶仅供检查、平时维修、洪水期间抢修及人行之用时,可参考表6-12所列数值。为了便于堤顶排水,顶部应做成双坡,坡度为0.02~0.03。

(2)若防洪堤顶兼作公路时,则堤顶宽度按公路等级要求不同,采用不同的数值。

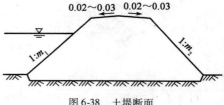

图6-38 土堤断面

堤 顶 宽 度   表6-12

堤高(m)	<6	6~10	>10
堤顶宽(m)	3	4	5

2.堤的边坡

土堤边坡坡度的大小应保证土堤有足够的稳定性,不发生滑坡。坡度大小取决于筑堤的材料、浸水历时、堤基的承载力、堤高及施工方法。迎水坡的浸水时间与范围均大于背水坡,因而其采用的坡度应小于背水坡。迎水面的边坡不宜陡于1:3.0。

当堤较高时(>6m),为了提高堤的稳定性,便于检查与维护,背水坡可作阶梯形的戗道(马道),其宽度不小于2m,如图6-39所示。

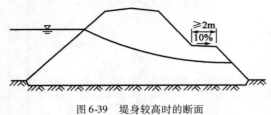

图6-39 堤身较高时的断面

3. 土堤的结构形式

土堤的结构形式取决于筑堤土的性质、堤基的渗水性及堤的工作条件。修筑土堤的土应当就地取材。当地如有足够数量的黏性土时,土堤应采用单一土质修筑,见图6-38、图6-39。此种结构形式施工简易而经济,也是最常用的一种结构。

当筑堤的土或堤基土的渗水性过大时,可用透水性小的黏土修筑心墙或斜墙,如图6-40和图6-41所示。心墙位于土堤的中心,与地基的不透水层相接。斜墙在迎水坡的一面修筑。也可采用防渗土工膜防渗,土工膜外面应有一定的土厚作为保护层。为了防止洪水和暴雨径流对土堤的冲刷,一般在堤顶和边坡用草皮加固。当洪水流速较大时,在迎水坡可用干砌片石、浆砌片石或混凝土加固。

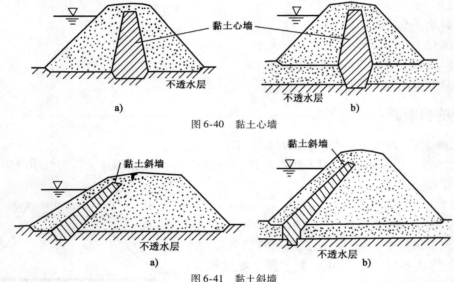

图6-40 黏土心墙

图6-41 黏土斜墙

对于有可能遭受洪水长期作用的土堤,水会沿着土的孔隙,从土堤的迎水面向背水面渗透。久而久之,将使堤身变软而失去稳定。因此对于规模较大且较重要的土堤,其断面尺寸和结构形式初步确定后,需进行渗透计算和稳定性分析。具体计算方法可参阅有关土坝设计的资料。

第六节 水库地区的防洪设计

水库是人类为了发电、供水及防洪等而修建的水利工程。水库蓄水以后,上游许多土地被淹没,并在上游较长河道内形成回水区。当机场或进场公路、疏散区等位于水库上游的回水范围内时,应根据水库的设计水位和回水高度确定机场或公路的高程。当机场或公路在库区边缘时,还应防止波浪侵袭及可能引起的坍岸等影响,确保机场及公路的安全。在勘察阶段一定要认真了解当地的水利建设情况,设计中充分予以考虑。某民用机场在扩建时跑道延长,需跨越一条小河,拟修建一个箱涵。该小河汇入一条较大的河流,在这条河流上正在修建一座中型水库。由于初步设计时没有了解到水库的情况,设计的箱涵高程较低,涵顶长期淹没在水库正常水位以下,工作条件极为不利。同时受下游水位顶托,涵洞的泄洪能力也严重不足。后来了解到这一情况,及时修改了设计,抬高了涵顶高程,扩大了涵洞孔径,使涵洞能够满足排洪的要求。

水库在洪水期间可以调蓄洪峰,有效减小洪峰流量,因此对下游地区的防洪是有利的。但若水库等级过低,或大坝质量不高,管理不当,也可能出现溃坝。另外,在战争期间,大坝也可能被敌人破坏,使下游地区发生严重的洪水灾害。因此当机场位于水库下游时,应根据水库的等级和规模,考虑水库对机场的影响。

一、永久性水库下游机场的防洪

当水库的设计等级较高,且没有严重病害,可以长久使用时,称为永久性水库。永久性水库的设计洪水重现期高于机场防洪标准,当机场位于永久性水库下游时,一般可不考虑水库溃坝的威胁。相反,由于水库的调蓄作用,可以减小设计洪峰流量。

当机场或公路桥涵的位置距水坝很近,中间无较大支流流入,则可直接向水库管理部门取得规定频率的下泄流量作为设计流量。如果机场或公路桥涵距坝址较远,中间有较大的支流流入,则水坝下游某处的设计流量可按减少系数法计算。

计算时先求各支流上游未建水库时设计流量的总和 $\sum Q_\text{支}$,与支流汇合后干流上相同频率的设计流量 $Q_\text{干}$ 之比值,即 $K = Q_\text{干} / \sum Q_\text{支}$,此式在任何情况下都小于 1。当支流上游修建水库后,假定该比值仍不变,故下游某处设计流量可用下式计算:

$$Q'_\text{p} = K\left(\sum Q_\text{T} + Q_\text{c}\right) \tag{6-28}$$

式中:Q_c——坝址与设计断面之间汇入的最大流量;

$\quad Q_\text{T}$——水库最大排洪流量,$\sum Q_\text{T}$ 为几条支流上水库排洪流量之和。如果水库管理部门不能提供该项资料,则按下列简化公式计算:

其中:
$$Q_\text{T} = Q_\text{p}\left(1 - \frac{W_\text{m}}{W_\text{c}}\right) \tag{6-29}$$

Q_p——未建水库时的设计流量;

W_m——调洪库容;

W_c——径流总体积。

调洪库容可根据地形图绘制水位与水库容积关系曲线确定。如有困难,可用下面简化公式进行计算:

$$W_\text{m} = \frac{B_\text{B} H_\text{B} L_\text{B}}{4} - \frac{B_0 H_0 L_0}{4}$$

式中:B_B——设计水位时坝址处水库水面宽(m);

H_B——相应于设计洪水频率时坝址断面上的最大水深(m);

L_B——设计水位时的水库淹没长度(m);

B_0、H_0、L_0——相应于正常壅水位时的水面宽度、最大水深及淹没长度(m)。

径流总体积可按下式计算:

$$W_c = 1\,000RF \; (\text{m}^3) \tag{6-30}$$

式中:R——径流深度(mm),可按第五章介绍的方法计算;

F——流域面积(km^2)。

设计水位、正常壅水位等概念详见图6-42。

减少系数法计算简单,有一定的实用意义;但其中假定 K 值在建库前后保持不变,显然与实际情况不符。因为支流上建库后的出流过程线其洪峰延续时间较长(近似梯形),下游设计断面的最大流量接近于各支流洪峰流量的叠加数值。而在天然情况下由于各支流洪峰的延续时间较短,其流量过程线各不一致,因此汇合后干流上的流量明显小于所有支流洪峰流量之总和。因此建库前的 K 值应小于建库后的 K 值,用减少系数法求得的设计流量有偏小的趋势,计算时应予注意。

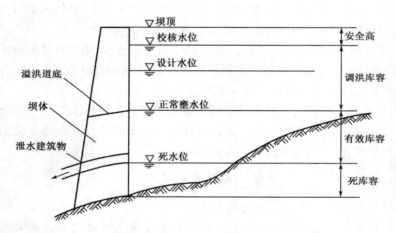

图6-42 水库基本要素示意图

注:1. 泄水建筑物:它是从水库中排放水量的结构物。

2. 死库容和死水位:死水位一般等于或略高于泄水洞底高程,位于死水位以下的库容称为死库容。

3. 有效库容和正常壅水位:该库容用于存蓄大坝下游农田灌溉、城市用水以及发电等所必需的水量,该水位在水库常年使用中维持时间较久,也是最主要的一个水位。

4. 调洪库容及设计水位:设计水位系指水库按某种规定的频率在正常状态下所设计的水位,根据坝的等级而不同。这部分库容是用在汛期调节洪水的。一般当水位超过正常壅水位,水库即通过溢洪道开始排洪。

5. 校核水位:一般永久性水库不但需要保证洪水在正常状态下安全通过,同时还需保证洪水在非常状态下安全通过;非常洪水的设计频率较正常设计洪水为高,前者超过后者部分库容就是用来应付非常洪水的。

6. 安全高:即坝顶超出校核洪水位的高度。这一高度包括波浪侵袭高度和规定安全高度。

【**例6-5**】 有一水库群在流域内呈扇形分布,如图6-43所示。试分别求算1、2、3等三处断面经水库调节后的最大流量($P = 2\%$)。已知数据和计算结果列于表6-13。

表6-13

断面号	流域面积 F(km^2)	最大流量 Q (m^3/s)	径流总体积 W_c (1 000m^3)	调洪库容 W_m (1 000m^3)	调节后的流量 Q_T(m^3/s)
1	10.0	16.5	182	132	4.5
2	30.0	35.0	810	585	9.8
3(部分的)	6.0	12.0	52	—	12.0
—	—	$\sum Q = 63.5$	—	—	$\sum Q_T = 26.3$
3(总的)	46.0	47.0	1 044	—	—

【**解**】　经水库调节后 1 号断面处的流量为:

$$Q_{T1} = 16.5 \times \left(1 - \frac{132}{182}\right) = 4.5(\text{m}^3/\text{s})$$

在 2 号断面处的流量为:

$$Q_{T2} = 35.0 \times \left(1 - \frac{585}{810}\right) = 9.8(\text{m}^3/\text{s})$$

减少系数:

$$K = \frac{Q_{干}}{\sum Q_{支}} = \frac{47}{63.5} = 0.74$$

在 3 号断面处的流量为:

$$Q'_p = 0.74 \times 26.3 = 19.5(\text{m}^3/\text{s})$$

若水库的位置呈阶梯形分布(图 6-44),如果水利部门没有任何资料而又必须进行验算时,则最大流量的计算应按各断面自上游至下游连续地进行。其步骤为

(1)按式(6-29)计算汇水区 F_1 经第一个水库调节后放出的流量 Q_{T1};

(2)按式(6-28)计算 Q_{T1} 与汇水区 F_2 所产生的 Q_{c2} 的汇合流量。

如此重复上述方法计算第二个水库的最大流量 Q_{T2},再计算第三个水库的最大流量 Q_{T3},直至第四断面为止。至于减少系数应每次分别予以确定。

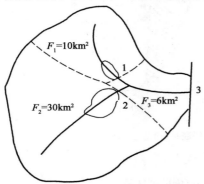

图 6-43　扇形分布水库群布置图

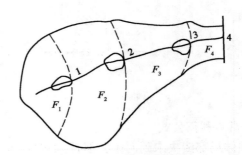

图 6-44　阶梯形水库群布置图

二、临时性水库下游机场的防洪

水库的设计标准较低,在使用期间可能因洪水超过设计标准或因坝体病害等原因导致溃坝的,称为临时性水库。当机场位于临时性水库下游时,其安全受到较大影响。若经与有关部

门协商,可以提高水坝的设计洪水标准,使能满足机场防洪的要求,则可不校核溃坝的威胁。但考虑到水库的寿命不长,设计洪水计算时不考虑水库的调节作用,仍按建库前的天然情况进行计算。如提高水坝设计标准有困难,则除按天然情况下的流量进行设计外,还应考虑溃坝洪水的影响。

溃坝洪水的计算分为坝址断面最大流量和下游某处最大流量计算两部分内容。

1. 坝址断面溃坝最大流量计算

水库溃坝时的流量可以通过水工模型试验或数学模型计算。这些方法精度较高,但比较复杂。对于小型水库的溃坝计算,常采用简便的近似计算方法,如经验公式法,波额流量法等,这里介绍几种经验公式:

(1)圣维南公式

当坝体瞬间全溃时,可用下式计算最大流量:

$$Q_\mathrm{m} = \frac{8}{27}\sqrt{g}\,Bh_0^{3/2} \tag{6-31}$$

式中:Q_m——溃坝时坝址的最大流量($\mathrm{m^3/s}$);

  B——坝址断面的平均宽度(m);

  h_0——溃坝前的坝前水深(m);

  g——重力加速度($\mathrm{m/s^2}$)。

当坝体一部分溃决到河底时(如图6-45),采用下式计算:

$$Q_\mathrm{m} = \frac{8}{27}\sqrt{g}\,\left(\frac{B}{b}\right)^{1/4} bh_0^{3/2} \tag{6-32}$$

式中:b——缺口宽度;

  其余参数意义同上。

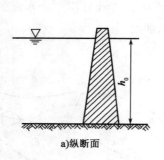 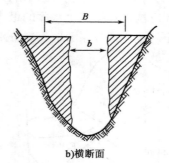

a)纵断面   b)横断面

图6-45　瞬间局部溃坝且一部分到河底时坝址断面示意图

(2)肖克利契公式

当坝体局部溃决未到河床底部时(如图6-46),可用下式计算:

$$Q_\mathrm{m} = \frac{8}{27}\sqrt{g}\left(\frac{h_0 - h'}{h_0 - 0.827}\right)B\sqrt{h_0}\,(h_0 - h') \tag{6-33}$$

式中:h'——溃坝后坝体剩余部分平均高度。

(3)桥涵水文计算法

$$Q_\mathrm{m} = KB_\mathrm{II} H_\mathrm{II}^{3/2} \tag{6-34}$$

式中:B_{II}——水库极限蓄水时沿上游边线的坝长(m);

H_{II}——溃坝前上下游水位差(m);

K——考虑决口可能宽度与坝长 B_{II} 之比,并考虑侧面收缩系数;对于新建的 V 级土坝,在良好的使用条件下,采用0.5;对无等级的旧土坝在不良的使用条件下采用0.75;对没有设计的土坝及谷坊等采用0.9;如能实地估计水坝可能破裂的宽度 b,则 $K = 1.35b/B_{II}$。

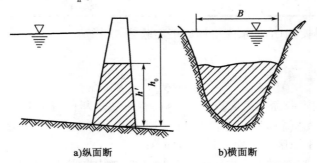

a)纵面断   b)横面断

图 6-46 瞬间局部溃坝未到河底时坝址断面示意图

2. 水坝下游距离为 L_p 处的流量计算

对于中小型水库下游某处的溃坝最大流量,可采用以下公式计算:

(1)李斯特万公式

$$Q_{mL} = \frac{W Q_m}{W + \lambda Q_m L_p} \qquad (6-35)$$

式中:Q_{mL}——离水坝距离为 L_p 处的溃坝最大流量(m^3/s);

L_p——坝址与计算断面间的距离(m);

λ——溃坝波在下游通过的条件系数,此值可按表6-14、表6-15查取;

W——最高水位时水库的容积(m^3),可按等高线平面图求算或从水库使用单位取得;如缺乏该项资料,可用下列近似公式计算:

$$W = \frac{B_B H_B L_B}{4}$$

Q_m 及 B_B、H_B、L_B 含义同前。

季 节 性 河 流   表6-14

序号	传播河段的坡度	λ 值	序号	传播河段的坡度	λ 值
1	0.000 5 ~ 0.001	1.25	3	0.005 ~ 0.01	0.90
2	0.001 ~ 0.005	1.00	4	0.01 ~ 0.05	0.80

经常有水的河流   表6-15

序号	河流类型	传播河段的坡度	λ 值
1	小型浅水	0.000 1 ~ 0.000 5	1.50
2	中型浅水	0.000 05 ~ 0.000 1	1.25
3	小型平原	0.000 5 ~ 0.005	1.00

序号	河流类型	传播河段的坡度	λ值
4	中型平原	0.000 1 ~ 0.000 5	0.80
5	小型半山区	0.005 ~ 0.05	0.65
6	中型半山区	0.000 5 ~ 0.005	0.50
7	小型山区	0.05 ~ 0.01	0.40
8	中型山区	0.005 ~ 0.05	0.35

（2）对于缺乏资料的中小型水库可用以下经验公式计算：

$$Q_{mL} = \frac{W}{\dfrac{W}{Q_m} + \dfrac{L_p}{v_m K}} \tag{6-36}$$

式中：v_m——洪水期河道断面的最大流速（m/s），有流量与断面资料时，可采用特大洪水的最大流速，无资料时，山区一般可采用 3.0 ~ 5.0m/s；半山区一般可采用 2.0 ~ 3.0m/s；平原区可采用 1.0 ~ 2.0m/s；

K——经验系数，一般情况下山区采用 1.1 ~ 1.5；半山区采用 1.0；平原区采用 0.8 ~ 0.9；其余符号意义同前。

由于溃坝时增加的流量往往很大，若按全部溃坝流量设计排洪沟的断面，造价过高。因此在设计中除适当增大设计断面外，还应根据具体情况采取综合措施。在防洪设施布置时应考虑溃坝后的安全，截排洪沟应离开机场一定距离，更不得穿越飞行场地，以减小溃坝时机场的损失；纵断面设计中尽量不设置填方沟渠，以免冲毁填方段沟渠；排洪设施的结构应可靠，能够抵御较大洪水的冲击等；也可在飞行场地及重要营区附近修建拦挡堤坝。如正常设计洪水由排洪沟排导，溃坝时溢出排洪沟的洪水由堤坝拦挡。如能结合平行公路或其他公路的路堤修建拦洪堤坝，则具有更好的安全性和实用性。

第七节　泥石流及其防治措施

泥石流是一种突然暴发的，持续时间很短，破坏作用巨大的特殊水流。它挟带大量的石块、泥沙等固体物质，其含量可占水流体积的 50% ~ 60%，最高可达 90%。

泥石流在我国主要分布在西南、西北、华北等地质不良的山区河流中，在东北、华南等山区河流亦有零星分布。

泥石流对机场工程的危害是多方面的。它不仅可直接冲毁机场设施、道路、桥梁等，而且泥石流所到之处遗留下大量的堆积物，排水系统堵塞，飞行场地被覆盖，严重影响飞行训练和安全。过去机场勘察及设计过程中对泥石流问题重视不够，空军和民航机场都出现过较严重的事故。

关于泥石流的形成、识别与分类均已在工程地质课中讲述，本节仅介绍泥石流流量与流速的计算及工程设计中应注意的问题。

一、泥石流流量与流速计算

关于泥石流流量和流速的计算，目前还缺少完备的理论公式。现结合我国的具体情况，介绍几种常用的方法。

1. 泥石流的流量计算

泥石流的流量计算多用雨洪修正法或形态调查法。在没有条件进行形态调查的小流域常用雨洪修正法，而对近年来发生过较大泥石流的大、中型泥石流沟常用形态调查法。如能两法并用，互相校核，则效果更好。

(1) 雨洪修正法

按上篇介绍的暴雨洪峰流量计算公式计算出本流域的设计洪峰流量 Q_B (即清水流量)，再乘以泥石流流量修正系数，即得该流域的泥石流最大流量。

我国目前应用较多的公式为：

$$Q_C = Q_B(1 + \Phi)\Phi_D \tag{6-37}$$

$$\Phi = \frac{\gamma_C - \gamma_w}{\gamma_H - \gamma_C} \tag{6-38}$$

式中：Q_C——在一定设计频率下的泥石流最大流量 (m^3/s)；

$\quad\quad Q_B$——与泥石流相同设计频率的洪水最大流量 (m^3/s)；

$\quad\quad \Phi$——泥石流泥沙修正系数；

$\quad\quad \gamma_H$——泥石流固体颗粒的重度 (kN/m^3)，通常取 $24 \sim 27 kN/m^3$；

$\quad\quad \gamma_C$——泥石流的重度 (kN/m^3)，可查表6-16；

$\quad\quad \gamma_w$——水的重度，$9.8 kN/m^3$；

$\quad\quad \Phi_D$——泥石流堵塞修正系数，为堵塞后所增加的附加流量，需经详细的调查，决定有否附加流量。可按表6-17选用。

泥 石 流 的 重 度　　　　　　　　　　　　　　　　　　　　表6-16

序号	泥石流的流域特征	泥石流的稠度特征	泥石流的重度（kN/m³）
1	轻微的泥石流	泥沙饱和的液体	11 ~ 12
2	中等的泥石流	流动果汁状的泥石流	13 ~ 14
3	泥石流	黏性粥状泥石流	15 ~ 16
4	严重的泥石流	挟有石块、黏性很重的浆糊状泥石流	17 ~ 18

泥石流堵塞系数 Φ_D　　　　　　　　　　　　　　　　　　表6-17

堵塞程度	最严重的	较严重的	一般的	微弱的
Φ_D	2.6 ~ 3.0	2.0 ~ 2.5	1.5 ~ 1.9	1.0 ~ 1.4

此外，还可用原苏联斯里勃内依1960年提出的公式：

$$Q_C = \frac{(1 + \Phi)^{7/6}}{\left(\Phi\dfrac{\gamma_H}{\gamma_w} + 1\right)^{1/4}}Q_B + Q_D \tag{6-39}$$

式中：Q_D——泥石流堵塞附加流量 (m^3/s)；

其余符号意义同前。

(2) 形态调查法

调查泥石流沟槽岸边留下的泥痕和沟槽形态，算得泥石流过流断面面积和平均流速，即可得泥石流的流量：

$$Q_C = W_C V_C \qquad (6\text{-}40)$$

式中：W_C——泥石流过流断面面积（m^2）；

V_C——泥石流流速（m/s），可按后面介绍的方法计算。

泥石流泥痕调查与普通洪水调查相近。泥石流流量计算断面，最好选在无太大冲淤处，以免误差过大。

2. 泥石流的流速计算

泥石流流速计算，目前大都采用以实测或调查资料确定的经验公式，因而都有一定的局限性和地域性。下面分别介绍稀性泥石流和黏性泥石流较常用的流速计算公式。

（1）稀性泥石流流速计算公式

①斯里勃内依公式

斯里勃内依从动力平衡概念出发，推导出泥石流流速公式：

$$V_C = \frac{m_0}{\alpha} R^{2/3} I^{1/4} \qquad (6\text{-}41)$$

式中：R——水力半径（m）；

I——泥石流水面坡度；

m_0——河床糙率系数，取 6.5；

α——系数。

$$\alpha = \sqrt{\Phi \frac{\gamma_H}{\gamma_w} + 1} \qquad (6\text{-}42)$$

式中，γ_H, γ_w, Φ 意义同前。

②东川泥石流流速改进公式

我国铁路部门根据云南东川泥石流资料提出的改进公式为：

$$V_C = \frac{m_C}{\alpha} R^{2/3} I^{1/2} \qquad (6\text{-}43)$$

式中：m_C——泥石流沟糙率系数，见表 6-18。

泥石流沟糙率系数 m_C 　　　　　表 6-18

组别	河槽特征	m_C 极值	m_C 平均值	I
1	糙率系数最大的泥石流沟槽。沟中堆积有难于滚动的棱角石或稍能滚动的大石块，河槽被树木（树干、树枝或树根）严重阻塞，无水生植物，沟底呈阶梯式降落	3.9~4.9	4.5	0.375~0.174
2	糙率系数较大的不平整的泥石流沟槽。沟床无急剧突起，沟床内堆积大小不等的石块。沟槽被树木所阻塞，沟槽内两侧有草本植物。沟床不平整，有洼坑，沟底呈阶梯式降落	4.5~7.9	5.5	0.199~0.067
3	软弱的泥石流沟槽，但有大的阻力。沟槽内由滚动的砾石及卵石所组成。沟槽常因稠密的灌丛被严重阻塞，沟槽凹凸不平，表面因大石块而突起	5.4~7.0	6.6	0.187~0.166
4	山区中下游的泥石流沟槽。槽底为光滑的岩面，并具有多级阶梯、跌水，在开阔的沟段有树枝、砂石停积，无水生植物	7.7~10.0	8.8	0.220~0.112
5	在山区或近山区的河槽。经过砾石、卵石河床。由中小粒径和完全能滚动的物质所组成。河槽阻塞轻微，河岸有草本及木本植物，河底降落较均匀	9.8~17.5	12.9	0.090~0.022

（2）黏性泥石流流速计算公式

铁路部门根据我国部分地区的泥石流资料,得到如下经验公式:

$$V_C = KH^{2/3}I^{1/5}$$（6-44）

式中:H——泥石流泥深(或泥石流水力半径 R)(m);

　　K——黏性泥石流流速系数,见表6-19。

黏性泥石流流速系数
表6-19

泥深(m)	<2.5	3	4	5
流速系数 K	10	9	7	5

二、泥石流地区修建机场需注意的问题

在泥石流地区修建机场,应认真对泥石流的类型、分布、沉积扇地形及发展趋势和危害程度进行调查。对可能危及机场安全的地区,应以避开为原则。选择场址时,对泥石流应考虑以下几点:

（1）对分布比较集中、规模大、危害严重且处于发展中的泥石流地区,不宜作为场址。

（2）在分散而处于发展中有危害的泥石流地区,场址应尽量设置在泥石流沟和沉积区的范围之外。

（3）对规模小、爆发不频繁,以及经过充分论证,已处于衰减阶段的泥石流沉积区,应考虑拦排结合、综合治理的防治措施,进行技术经济比较后,可确定为场址。

（4）在稳定区附近或一定距离内,如有可能因泥石流堵江回水而淹没稳定区时,则此稳定区不宜选作场址。

在规模小,爆发不频繁的泥石流地区修建机场时,需注意以下问题:

（1）经充分分析比较,需要在堆积扇上设置建筑物时,建筑物不宜正对沟口,更不宜布置在沟内。

（2）在堆积扇上布置飞行场区时,一般应在堆积扇上方布置排导沟,使泥石流改道,从场区以外排入下游河道。若改道后坡度较缓,泥石流容易停积。因此当受地形限制,泥石流不宜改道时,可修建排洪涵洞从原沟位置穿越飞行场地,顺利排泄泥石流。若场区上方有数条泥石流沟,如规模较大,不宜强行归并,宜一沟一涵。

（3）在有条件时,可在排导沟或排洪涵洞上方修蓄淤池,以确保场区的安全。

（4）场区排水沟与泥石流沟相交时,以锐角相交为宜,排水沟出口高程应高出泥石流沟床,以免受泥石流的顶托,造成出口段淤积。排水管路如以泥石流沟作为排泄出路,则出口高程应高出泥石流的设计水位。

三、泥石流的排导措施

泥石流出山后,采用的防治措施主要是排导措施。在排导工程中通常采用排导沟、排洪涵洞等。

1. 泥石流排导沟设计

（1）排导沟的平面布置

泥石流,特别是黏性泥石流,在转弯处有较大的超高和爬高能力,并容易受阻停积,造成漫流或决堤。因此,排导沟应尽可能布置成直线。如必须转弯时,稀性泥石流排导沟弯道曲率半径须大于沟宽的 8～10 倍,黏性泥石流排导沟的弯道曲率半径须大于沟宽的 10～20 倍。

排导沟的出口应选择在较大河流的主流处或有较大堆积场所的地方。后一情况应保证不影响附近工农业生产。排导沟与河流交接处以锐角为宜,以免在汇合处泥石流大量淤积。

(2)排导沟的水力衔接

排导沟与河流衔接,其高程应高于同频率的河流水位,至少也应高出 20 年一遇的河流洪水位,以免引起顶托而淤积。

排导沟与桥涵相接时,其断面宜和桥涵的断面一致。如必须改变时,则要采取逐渐收或放的原则。

(3)排导沟的纵坡

排导沟的纵坡比普通排洪沟的纵坡要大得多,以免淤积。一般可比照该泥石流沟洪积扇的扇顶纵坡确定,也可参考表 6-20 选择。

排导沟纵坡选择 表 6-20

泥石流性质	重度(kN/m³)	类别	纵坡
稀性	13～15	泥流	0.03
		泥石流	0.03～0.05
	15～16	泥流	0.03～0.05
		泥石流	0.05～0.07
	16～18	泥流	0.05～0.07
		泥石流	0.07～0.10
黏性	18～20	泥流	0.05～0.15
		泥石流	0.08～0.12
	20～22	泥石流	0.10～0.18

排导沟纵坡尽量避免变坡,以免造成局部淤积或冲刷。如需变坡时,宜设计成自上而下逐渐由缓变陡。

(4)排导沟断面形式

常见的有梯形断面、矩形断面、复式断面和锅底形断面。断面形式的采用,要根据具体情况而定。一般,需改道或重新开挖的排导沟,排泄的流量不大,多采用梯形或矩形断面;按原沟床或加高河堤的排导沟,且通过流量又较大,一般采用复式或锅底形断面。

(5)排导沟断面的确定

在设计中,一般已知设计流量 Q_c、纵坡 I、重度等,确定排导沟的底宽或泥深。

①计算公式

$$Q_c = W_c V_c$$

泥石流排导沟断面一般可根据已有沟床来设计。原有沟床的宽度和高度是泥石流及洪水长期作用形成的,能反映出排泄的要求。设计底宽 B 和泥深 h_c 的最佳状况,与该段稳定的天然沟床 B/h_c 比值相近。如条件不能满足,其设计之 B/h_c 比值应小于 5～7。

排导沟断面的确定可用试算法。先假定排导沟断面形式及泥深、底宽等尺寸,此断面求得的平均流速须大于泥石流的不淤流速,同时,求得的流量须符合一定设计频率下的泥石流流量,否则重新假定断面。

②排导沟深度 H 的确定

在顺直段:

$$H = h_C + h_n + h_1 \tag{6-45}$$

式中:H——排导沟设计深度(m);

　　h_C——排导沟的最大泥深(m);

　　h_n——设计的淤积厚度(m),可根据调查确定,也可按成因分析法计算;

　　h_1——安全高度,一般为 0.5m。

在弯道处,按下式计算:

$$H = h_C + h_n + h_1 + \Delta h \tag{6-46}$$

式中:Δh——弯道外侧的超高值(m)。

$$\Delta h = \frac{V_C^2 B}{2gR} \tag{6-47}$$

式中:V_C——弯道处泥石流流速(m/s);

　　B——弯道处沟宽(m);

　　R——弯道中线半径(m);

　　g——重力加速度,为 9.81m/s²。

(6)排导沟的结构形式

排导沟的结构形式常采用:护坡、挡土墙和堤坝。护坡和挡土墙多用于下挖的排导沟,堤坝多用于填方的排导沟。对土质边坡的护坡或护堤,在过流部分多采用铺砌加固。排导沟的沟底可用铺砌或用防冲槛加固。对排导稀性泥石流的排导沟,其浆砌块石铺砌厚度一般为20~40cm。对沟道宽、护底造价太高的排导沟,沟底可不进行铺砌,但必须加深护堤铺砌基础。其埋深应按计算确定。对于以淤为主的黏性泥石流,常采用不加铺砌的土堤或土石混合堤。

(7)排导沟的基础埋深

对泥石流沟护堤基础的埋深,必须考虑泥石流的冲刷作用,特别是对凹岸的冲刷。泥石流冲刷深度的计算,目前还没有成熟的方法。通常把实际观测和调查访问的资料作为设计的依据。

对于稀性泥石流可参考下列冲刷公式计算:

在直槽中:

$$t = \frac{0.1q}{\sqrt{d}\left(\dfrac{H}{d}\right)^{1/6}} \tag{6-48}$$

在弯道凹岸:

$$t = \frac{0.17q}{\sqrt{d}\left(\dfrac{H}{d}\right)^{1/6}} \tag{6-49}$$

式中:t——冲刷后的泥深(m);

q——单宽流量($\mathrm{m^3/s}$)；

d——泥石流固体物质平均粒径(m)；

H——原泥深(m)。

2. 泥石流的其他排导措施

（1）谷坊

谷坊是修筑在泥石流沟口内的低坝群，如图6-47所示。用于拦截固体物质，放缓沟床纵坡，减少下泄的泥石流峰量，控制下游淤积。并可防止沟床下切，促进两岸山坡的稳定，减少泥石流固体物质的来源。在非泥石流地区也可修建谷坊，用来控制水土流失，减少河流中的泥沙含量，在小流域综合治理中发挥了重要作用。

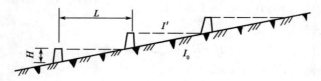

图6-47　谷坊布置

在泥石流沟的治理中，若修建排导沟坡度太缓，泥沙容易沉积，可用谷坊拦截泥沙；或者下游已建的桥涵孔径偏小，可用谷坊减小泥石流流量。谷坊高度一般为 1.5～3.0m，可用干砌石或浆砌石砌筑，下游应设防冲设施。谷坊的间距可用下式计算：

$$L = \frac{H}{I_0 - I'} \tag{6-50}$$

式中：L——谷坊间距(m)；

　　　H——谷坊高度(m)；

　　　I_0——原沟床纵坡；

　　　I'——回淤坡度，$I' = CI_0$，C 值可按表6-21选用。

表6-21

C 值

沟谷中泥石流情况	特别严重	严重	一般	轻微
C	0.8～0.9	0.7～0.8	0.6～0.7	0.5～0.6

（2）蓄淤池（停淤池）

为将泥石流所挟带的松散固体物质截储起来，以使排泄至下游时为清水，可在泥石流发源地区末端修筑蓄淤池。在松散岩层或不稳定坡岸的流域上，能起到相当好的作用。

蓄淤池的优点是：由于工程的要求或地形条件的限制（如堆积扇较平缓，不能满足设计纵坡的要求），不能采用排泄泥石流的措施时，采用这种做法是较好的简便措施。缺点是：淤满时要进行清理。

蓄淤池的布置必须考虑到沟岸地段的地形、地质特征。一般应布置在开阔地带。开挖蓄淤池时，应避免破坏山坡的稳定。池底和边坡应护砌加固。

（3）急流槽

为保证泥石流迅速排走，不致由于动力条件不足，使泥沙、石块停积下来。排导沟往往加大纵坡，采用急流槽的形式进行设计。

急流槽的进口及出口均要设计成喇叭形,沟底和沟壁下部用石块砌成。纵坡应与原天然沟床比降相应或稍大,以保证排泄。比降过大沟底易被冲刷淘切,可加石料护砌。急流槽需转弯时,转弯角度一般小于10°~15°为好。

(4)导流堤

在泥石流沟口,当场区或营房区可能会受到泥石流威胁时,可设置导流堤。导流堤位于场区一侧,并且必须从泥石流出山口处筑起,如图6-48所示。

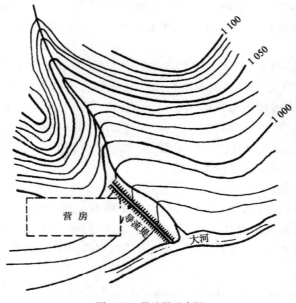

图6-48　导流堤示意图

根据就地取材原则,导流堤材料可用干砌、浆砌块石和土堤等,做法与一般堤坝相同。导流堤迎水面坡度不得陡于1:2,背水面坡度不得陡于1:1.5。堤顶宽度一般为1.5~2m,堤高一般为2~4m。

导流堤一般是在堆积扇范围内修建的,因此,它的高度应大于使用年限内的淤积厚度与泥石流泥深之和。在泥石流可能受阻或弯道处,还应加上冲起高度和弯道超高。冲起高度可通过调查得出,亦可按下式估算:

$$\Delta h' = \frac{V_C^2 \sin^2 \alpha}{2g} \tag{6-51}$$

式中：$\Delta h'$——冲起高度(m)；

V_C——泥石流流速(m/s)；

α——导流堤与泥石流流向的交角。

四、轻微泥石流地区修建实例

青海地区某机场的重要库区附近有三条沟,都有着不同类型和不同程度的泥石流,对两条沟需做勘察和防治工程。现对其中一条沟做出防治工程设计,流域特征见表6-22。

流 域 特 征   表 6-22

流域面积 （km²）	流域长度 （km）	主河槽长度 （km）	河槽长度 总和(km)	主河槽 坡度	流域平均 坡度	河岸边坡 系数	主河槽粗糙 系数	山坡粗糙 系数
2.063	2.4	2.1	3.25	0.1225	0.73	1	10	15

1. 分析意见

（1）汇水面积较大，不排除形成泥石流的可能性，但不可能有大而集中的雨量。因该地区雨量较多的位于另一沟的上游，不属于暴雨中心地区。从当地调查得知，该沟谷未出现过猛烈的洪水。

（2）该沟谷流域内山体稳定，无大型滑坡和坍塌，固体松散物质主要是坡面侵蚀形成的表面剥落和滑塌，山体为风化层以及老的洪积物和坡积物。主沟谷已下切至基岩，且沟床已拓宽，补给物少。坡积物均被切割为很高(4~5m)的陡坎，无大洪水是不易冲动的。

所含物质为大小石块，透水性好，不易达到饱和，不致形成稠度较大的泥石流。此支沟虽然发育，但水量少，即使形成稠度较大的泥石流，当与主沟相汇合时，就被稀释成稠度小的洪流，所以排出沟口后不会形成破坏性大的泥石流。

（3）从现场看到的特征：

①黏性泥石流特征的"龙头"状堆积物在沟谷中段有发现，而在下游及沟口外没有发现，说明在历史上沟谷内曾形成过黏性泥石流，由于水量不足而均未流出沟口。

②从阶地开挖剖面看，分选良好层次清晰，为稀性泥石流沉积特征。沟口外未发现结构性泥石流沉积物。

③沉积物大多为次圆石、圆石，此为洪水多次搬运而形成。

④据当地居民所述，记忆所及历史上曾发生三次洪水。洪水水深不过膝，石头在水下滚动，时间约30~40min，此为紊流性泥石流特征。

经反复调查、分析和研究认为，这条沟所能形成的泥石流其性质是中等偏薄弱的，以后以紊流性泥石流和洪水为主，其发展趋势是衰退的而不是激烈的，修建库区是可能的。据此结论，防护设计采用排导的方案。

2. 防治设计

（1）防治设施的布置

考虑该沟谷内所提供的固体松散物质不多，库区附近坡度较大，采用蓄淤池、谷坊等意义不大。因此采用急流槽的方式以排除形成的泥石流。

急流槽全长600m，底宽6m，深3~3.6m，沟底纵坡为0.09，转弯角度为8°。为防止槽底被冲刷，槽底全部采用浆砌块石。急流槽沿山脚布置，且山体为花岗岩，可利用为急流槽之一侧沟壁。

库区布置于急流槽相对的另一侧山脚。为加强库区一侧防护，距急流槽沟壁6m为公路路基，路面高出沟壁顶1m，与急流槽组成一复式断面。库房距沟壁最短距离为42m，最大距离为70m。在此间隔地带可种植树木，及增设防洪临时设施。具体布置如图6-49所示。

（2）泥石流急流槽断面的确定

①泥石流设计流量

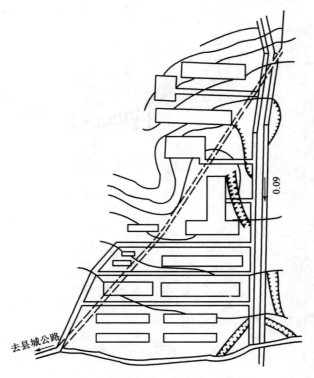

图6-49　某机场库区泥石流防治设计

设计标准采用频率1%。

清水流量:求得设计频率为1%的清水流量 $Q_B = 37.7\text{m}^3/\text{s}$。

泥石流最大流量:

$$Q_C = Q_B(1 + \Phi)\Phi_D$$

泥石流泥沙修正系数:

$$\Phi = \frac{\gamma_C - \gamma_w}{\gamma_H - \gamma_C}$$

泥石流固体颗粒重度 $\gamma_H = 26\text{kN/m}^3$,泥石流重度 $\gamma_C = 16.7\text{kN/m}^3$,则:

$$\Phi = \frac{16.7 - 9.8}{26 - 16.7} = 0.742$$

现场考察未有大规模的坍塌和滑坡,未见堵塞汇流区之沟道,故泥石流阻塞修正系数 $\Phi_D = 1.0$。得:

$$Q_C = 37.7 \times (1 + 0.742) \times 1.0 = 65.7(\text{m}^3/\text{s})$$

②急流槽断面的确定

假设断面尺寸:设边坡为1:1,安全深度为0.5m,并将路坎部分也作为安全加高,如图6-50所示。

过流断面面积:

$$A = \frac{1}{2} \times 0.6 \times 6.0 + (6 + 2.5 \times 1) \times 2.5 = 23.05(\text{m}^2)$$

221

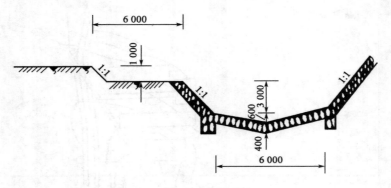

图 6-50　急流槽断面尺寸图(尺寸单位:mm)

湿周:

$$\chi = (2.5 \times \sqrt{2} + 3.06) \times 2 = 13.19(\text{m})$$

水力半径:

$$R = \frac{A}{\chi} = \frac{23.05}{13.19} = 1.75(\text{m})$$

计算泥石流的平均流速,按斯里勃内依公式:

$$a = \sqrt{\Phi \frac{\gamma_H}{\gamma_w} + 1} = \sqrt{0.742 \times 26/9.8 + 1} = 1.72$$

$$V_C = \frac{6.5}{a}R^{2/3}I^{1/4} = \frac{6.5}{1.72} \times 1.75^{0.667} \times 0.09^{0.25} = 3.01(\text{m/s})$$

则过流断面内可通过泥石流流量:

$$Q = V_C A = 3.01 \times 23.05 = 69.4(\text{m}^3/\text{s})$$

计算的泥石流设计流量为 $65.7\text{m}^3/\text{s}$,因此假设断面能满足要求。

第八节　涵　洞　设　计

涵洞是最常见的交叉构筑物。当截排洪沟穿越飞行场地时,或与各类道路、灌渠等相交时,需修建涵洞。本节主要介绍涵洞的组成、构造、布置和水力计算,而结构计算在《机场排水结构物设计》课程中讲述。

一、涵洞的组成和构造

涵洞由进口段、洞身和出口段三部分组成,如图 6-51 所示。

1. 进口段

涵洞进口主要起导流作用。为使水流从渠道中平顺通畅地流入洞身,一般设置翼墙。翼墙有喇叭口形状(扭曲面或直立面)和八字墙形状等,以便水流逐渐缩窄,平顺而均匀地流入洞身,并保护渠岸不受水流冲刷。

为防止洞口前产生冲刷,在进口段底部应进行护砌,并在护底起点处设齿墙。齿墙的深度一般为 $0.5 \sim 1.0\text{m}$。此外,还要根据水流速度的大小,向上游护砌一段距离。

　　翼墙的长度不宜小于洞高的 3 倍。扩散角(翼墙与涵洞轴线的夹角)一般为 15°~30°。为挡住洞口顶部土壤,在洞身进口处可设置胸墙,如图 6-52 所示。

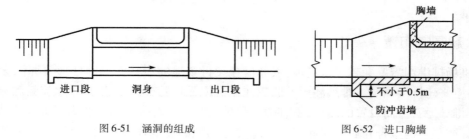

图 6-51　涵洞的组成

图 6-52　进口胸墙

　　2. 洞身

　　洞身是涵洞的主体。有单孔和多孔之分。在公路工程技术标准中规定,单孔的标准跨径小于 5m,多孔的总长小于 8m 时,称为涵洞,否则称为桥梁。

　　涵洞按构造类型可分为圆管涵、盖板涵、拱涵和箱涵等,如图 6-53 所示。

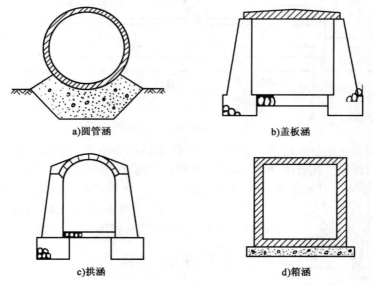

a)圆管涵

b)盖板涵

c)拱涵

d)箱涵

图 6-53　洞身形式

　　圆管涵主要在流量较小、有一定覆土厚度时采用。管径一般为 0.75~1.5m,常采用钢筋混凝土预制管。盖板涵的墙身和洞底一般用浆砌块石或素混凝土,盖板一般用钢筋混凝土。盖板涵在低路堤时可建成明涵,在一般路堤上可建成暗涵。盖板涵构造简单,适用性较广,是经常采用的一种结构形式。拱涵可分为圆弧拱、半圆拱和卵形拱,一般用石砌,适用于石料丰富,路堤较高,地基承载力较好的地区。箱涵用钢筋混凝土浇筑,整体性好,不易渗水,适用于软土地基,尤其在穿越跑道时常用箱涵,但造价高,施工较复杂。

　　3. 出口段

　　出口段主要是使水流出涵洞后,尽可能在全部宽度上均匀分布,故在出口处一般要设置翼墙,使水流逐渐扩散。翼墙的扩散角一般与进口相同。

　　为防止水流冲刷渠底,应根据出口流速大小来确定护砌长度,但至少要护砌到导流翼墙的末端。若出口流速较大,除加长护砌外,在导流翼墙末端设置齿墙,深度应不小于 0.5m。若出口流速很大,护砌已不能保证下游不发生冲刷或护砌长度过长,可在出口段设置消力池,消除多余能量。

二、涵洞的布置

当机场排洪沟需要穿越飞行场地,或原横穿飞行场地的天然沟渠因地形等原因无法改道引出时,应修建排洪涵洞。排洪涵洞一般应在原沟位置附近布置,特别是洪水流量和流速较大时,或为排导泥石流而设置的涵洞,不宜随意移位和归并。对较小的天然沟渠也可移到条件较好的位置或几条沟渠合并后修建涵洞。穿越飞行场地的涵洞比较长,造价较高。为了减小涵洞长度,涵洞与飞行场地一般应正交,如图 6-54 所示。涵洞进口尽量避开停机坪及重要建筑物,以免排泄不及时影响飞机和建筑物的安全。

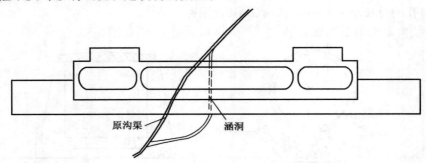

图 6-54　穿越飞行场地的涵洞

当截排洪沟渠穿越各类道路、灌渠时,也应修建涵洞。涵洞一般应设在截排洪沟中心,并尽量顺水流方向设置。在有条件时,涵洞与道路宜正交,以缩短涵洞长度。但若因正交导致水流不畅,冲毁沟渠或危及涵洞本身时,不宜勉强正交,可布置成斜交,如图 6-55 所示。

涵洞位置尽量选择在地质条件良好,承载力高的地带。进出水口应与上、下沟渠顺水相接,不宜有较大的转角。

三、涵洞的水力计算

1. 涵洞的水流状态

涵洞的水流状态可分为无压流、半有压流和有压流三种。

无压流:水流在通过涵洞的全部长度上都具有自由水面,如图 6-56a) 所示。

半有压流:在涵洞进口全部被水流充满,洞内全部或部分具有自由水面,如图 6-56b) 所示。

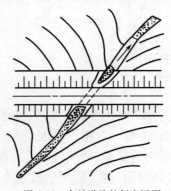

图 6-55　穿越道路的斜交涵洞

有压流:水流充满整个涵洞,没有自由水面,如图 6-56c) 所示。

在设计中一般采用无压流涵洞,以免洞前积水过大引起壅水,淹没上游农田或其他设施。但当涵洞高度受到限制,或在深沟高路堤,允许壅水的情况下,可采用有压或半有压流设计。

涵洞的水流形态与涵前水深、进口形式等许多因素有关。根据经验,可按涵前水深与洞高的比值判别。

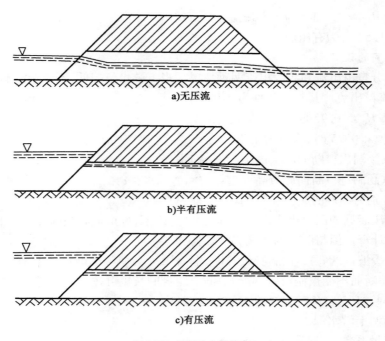

图 6-56　涵洞的水流状态

（1）具有各式翼墙的进口（图 6-57）

①矩形或接近于矩形的断面

当 $H/a \leqslant 1.15$ 时,为无压流;

当 $1.15 < H/a < 1.5$ 时,为半有压流;

当 $H/a \geqslant 1.5$ 时,为有压流。

②圆形或接近于圆形的断面

当 $H/a \leqslant 1.1$ 时,为无压流;

当 $1.1 < H/a < 1.5$ 时,为半有压流;

当 $H/a \geqslant 1.5$ 时,为有压流。

式中:H——以进口断面底板高程起算的上游水深;

　　　a——涵洞净高。

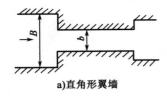
a)直角形翼墙

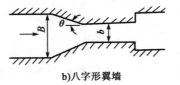
b)八字形翼墙

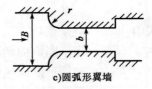
c)圆弧形翼墙

图 6-57　进口形式

（2）无翼墙进口

矩形或接近于矩形的断面:

当 $H/a \leqslant 1.25$ 时,为无压流;

当 $1.25 < H/a < 1.5$ 时,为半有压流;

当 $H/a \geqslant 1.5$ 时,为有压流。

2. 无压涵洞的设计

无压涵洞分自由出流和淹没出流两种情况。当下游水位较低,不影响涵洞泄流时,为自由出流;否则为淹没出流。其判别条件为:

当 $h_t - iL/H_0 \geqslant 0.75$ 时,为淹没出流;

$h_t - iL/H_0 < 0.75$ 时,为自由出流。

式中:h_t——以涵洞出口断面底板高程起算的下游水深;

H_0——以涵洞进口断面底板高程起算的涵前总水头;

i、L——分别为涵洞的底坡和长度。

水流从无压涵洞的洞口进入以后,水面会产生跌落,并形成收缩断面。涵洞的过水能力可按宽顶堰公式计算。但与洞身的底坡、长度有关。

当涵洞为缓坡($i < i_k$),且洞身较长时,洞身阻力会使收缩断面产生淹没,称为长洞。如洞身较短,收缩断面不能被淹没时,称为短洞。洞身的长短可按下面的经验公式判别:

当 $L < (64 - 163m)H$ 时为短洞,否则为长洞。

式中:H——涵洞上游水深;

m——流量系数,一般取 $0.32 \sim 0.36$。

当洞身特别长时,洞身下游会出现均匀流,洞身过水能力应同时按均匀流公式计算。特长洞的条件为:$L > (10 \sim 12)H$。

当涵洞为陡坡($i > i_k$),洞身下游的阻力不能影响上游的水流状态,因此不论洞身长短,均按短洞计算。

(1)短洞的过水能力计算

①自由出流

自由出流时用下式计算过水能力:

矩形断面:

$$Q = mb \sqrt{2g} H_0^{3/2} \tag{6-52}$$

非矩形断面:

$$Q = mb_k \sqrt{2g} H_0^{3/2} \tag{6-53}$$

式中:m——流量系数,可查表 6-23 ~ 表 6-25;

b——矩形断面的涵洞宽度(m);

b_k——非矩形断面涵洞水深为临界水深 h_k 时过水断面的平均宽度(m);

H_0——涵前总水头(m)。

直角形翼墙进口的流量系数   表 6-23

b/B	≈ 0.0	0.1	0.2	0.3	0.4	0.5	0.6	0.7	0.8	0.9	1.0
m	0.320	0.322	0.324	0.327	0.330	0.334	0.340	0.346	0.355	0.367	0.385

八字形翼墙进口的流量系数　　　　表 6-24

ctanθ	b/B										
	≈0.0	0.1	0.2	0.3	0.4	0.5	0.6	0.7	0.8	0.9	1.0
0.5	0.343	0.344	0.346	0.348	0.35	0.352	0.356	0.36	0.365	0.373	0.385
1.0	0.35	0.351	0.352	0.354	0.356	0.358	0.361	0.364	0.369	0.375	0.385
2.0	0.353	0.354	0.355	0.357	0.358	0.36	0.363	0.366	0.37	0.376	0.385
3.0	0.35	0.351	0.352	0.354	0.356	0.358	0.361	0.364	0.369	0.375	0.385

圆弧形翼墙进口的流量系数　　　　表 6-25

r/b	b/B										
	0.0	0.1	0.2	0.3	0.4	0.5	0.6	0.7	0.8	0.9	1.0
0	0.320	0.322	0.324	0.327	0.330	0.334	0.340	0.346	0.355	0.367	0.385
0.05	0.355	0.337	0.338	0.340	0.343	0.346	0.350	0.355	0.362	0.371	0.385
0.10	0.342	0.344	0.345	0.347	0.349	0.352	0.354	0.359	0.365	0.373	0.385
0.20	0.349	0.350	0.351	0.353	0.355	0.357	0.360	0.363	0.368	0.375	0.385
0.30	0.354	0.355	0.356	0.357	0.359	0.361	0.363	0.366	0.371	0.376	0.385
0.40	0.357	0.358	0.359	0.360	0.362	0.363	0.365	0.368	0.372	0.377	0.385
≥0.50	0.360	0.361	0.362	0.363	0.364	0.366	0.368	0.370	0.373	0.378	0.385

②淹没出流

淹没出流时用下式计算过水能力：

矩形断面：

$$Q = \sigma m b \sqrt{2g} H_0^{3/2} \qquad (6\text{-}54)$$

非矩形断面：

$$Q = \sigma m b_k \sqrt{2g} H_0^{3/2} \qquad (6\text{-}55)$$

式中：σ——淹没系数，可查表6-26。

无压涵洞淹没系数 σ 值　　　　表 6-26

$\dfrac{h_t - iL}{H_0}$	σ	$\dfrac{h_t - iL}{H_0}$	σ	$\dfrac{h_t - iL}{H_0}$	σ
<0.750	1.00	0.900	0.739	0.980	0.360
0.750	0.974	0.920	0.676	0.990	0.257
0.800	0.928	0.940	0.598	0.995	0.183
0.830	0.889	0.950	0.552	0.997	0.142
0.850	0.855	0.960	0.499	0.998	0.116
0.870	0.815	0.970	0.436	0.999	0.082

（2）长洞的过水能力计算

①一般长洞

矩形断面：

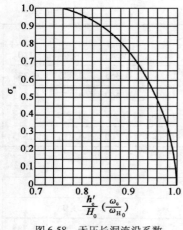

图 6-58 无压长洞淹没系数

$$Q = \sigma_s m b \sqrt{2g} H_0^{3/2} \qquad (6\text{-}56)$$

非矩形断面:

$$Q = \sigma_s m b_k \sqrt{2g} H_0^{3/2} \qquad (6\text{-}57)$$

式中:σ_s——淹没系数,矩形断面可根据 h_c'/H_0 由图 6-58 查得,非矩形断面可根据 ω_c/ω_{H_0} 查图。这里 h_c' 是收缩断面处的水深,需由水面曲线推得;ω_c 是 h_c' 相应的过水断面面积;ω_{H_0} 是以涵前总水头 H_0 计算的一特定面积,$\omega_{H_0} = H_0 b_k$。

②特长洞

特长洞的洞口按一般长洞公式(6-54)或式(6-55)计算,洞身按明渠均匀流公式计算:

$$Q = AC\sqrt{Ri} \qquad (6\text{-}58)$$

式中:A——过水断面面积;

$\quad\ C$——谢才系数;

$\quad\ R$——水力半径;

$\quad\ i$——底坡。

洞口和洞身的过水能力应协调一致。在计算中可先根据涵洞高假定正常水深 h_0(留有一定的余幅),计算洞身的过水能力;并以 $h_c' \approx h_0$ 计算洞口的淹没系数和过水能力。如此试算,直至两个流量均与设计流量相近为止。

无压涵洞洞顶余幅(洞顶至最高水位的净空)应满足表 6-27 的要求。当涵洞为缓坡($i < i_k$)时,短洞按 h_k 检查,长洞按 h_0 检查。当涵洞为陡坡($i > i_k$)时,按 h_k 和 h_0 中大者检查。

无压涵洞洞顶至最高水位的净空 表 6-27

涵洞类型	矩形涵(m)	圆管涵(m)	拱涵(m)
$a \leqslant 3m$	$a/6$	$a/4$	$a/4$
$a > 3m$	0.5	0.75	0.75

注:排除泥石流的涵洞,净空不小于 $a/4$。

【例 6-6】 有一穿过公路的石砌盖板涵(图 6-59),长 15m,设计流量为 $10\text{m}^3/\text{s}$,涵洞纵坡为 0.005,下游水位较低。为使涵前的农田不被淹没,涵前积水深度不超过 2.7m。试设计此涵洞。

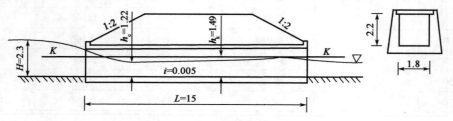

图 6-59 公路下的涵洞(尺寸单位:m)

【解】 (1)流态选择

考虑涵前允许积水深度不高,按无压涵设计。

（2）初拟涵洞尺寸

涵洞断面为矩形，高 $a = 2.0$m，宽 $b = 1.6$m，进出口为八字形翼墙，流量系数 $m = 0.34$。

（3）涵洞水力计算

为保证为无压流，涵前最大水深：

$$H = 1.15a = 1.15 \times 2.0 = 2.3 \text{（m）}$$

假定涵洞为缓坡洞，则判别长短洞的界限长度为：

$$L_k = (64 - 163m)H = (64 - 163 \times 0.34) \times 2.3 = 19.73 \text{（m）} > L = 15 \text{（m）}$$

因此为短洞。且下游水深浅，按自由出流计算。

当通过设计流量为 $10 \text{m}^3/\text{s}$ 时，所需要的涵前水头为：

$$H_0 = \left(\frac{Q}{mb\sqrt{2g}} \right)^{2/3} = \left(\frac{10}{0.34 \times 1.6 \times \sqrt{2 \times 9.81}} \right)^{2/3} = 2.58 \text{（m）}$$

忽略涵前流速水头，即假设 $H \approx H_0$，则 $H > 2.3$m，不满足无压流的条件，需重新假定尺寸。设 $a = 2.2$m，$b = 1.8$（m）

$$H_0 = \left(\frac{Q}{mb\sqrt{2g}} \right)^{2/3} = \left(\frac{10}{0.34 \times 1.8 \times \sqrt{2 \times 9.81}} \right)^{2/3} = 2.39 \text{（m）} < 1.15a = 2.53 \text{（m）}$$

满足无压流条件，同时也满足涵前积水不超过 2.7m 的要求。

（4）核算关于涵洞坡度的假设

计算临界水深 h_k：

$$h_k = \sqrt[3]{\frac{\alpha Q^2}{gb^2}} = \sqrt[3]{\frac{1.05 \times 10^2}{9.81 \times 1.8^2}} = 1.49 \text{（m）}$$

计算正常水深 h_0：

涵洞为水泥砂浆勾缝的浆砌石，取粗糙系数 $n = 0.022$，用试算法确定正常水深。设 $h_0 = 2.3$m，则：

$$R = \frac{bh_0}{b + 2h_0} = \frac{1.8 \times 2.3}{1.8 + 2 \times 2.3} = 0.647 \text{（m）}$$

$$v = \frac{1}{n} R^{2/3} i^{1/2} = \frac{1}{0.022} \times 0.647^{2/3} \times 0.005^{0.5} = 2.4 \text{（m/s）}$$

$$Q = vbh_0 = 2.4 \times 1.8 \times 2.3 = 9.94 \text{（m}^3/\text{s）}$$

与设计流量接近，取 $h_0 = 2.31$m，则 $Q = 10.0 \text{m}^3/\text{s}$。

$h_0 > h_k$，为缓坡涵洞，与原假设相符。

涵洞净空按 h_k 计算，$\Delta h = 2.2 - 1.47 = 0.73$m $> a/6 = 0.37$m，符合要求。

（5）核算涵洞中的最大流速、计算收缩断面水深 h_c

由式：$H_0 = h_c + \dfrac{v_c^2}{2g\varphi^2}$，取 $\varphi = 0.95$，用试算法计算：

设：$h_c = 1.2$m

$$v_c = \frac{Q}{bh_c} = \frac{10}{1.8 \times 1.2} = 4.63 \text{（m/s）}$$

$$H_0 = 1.2 + \frac{4.63^2}{2 \times 9.81 \times 0.95^2} = 2.41 \text{（m）}$$

设：$h_c = 1.22$ m

$$v_c = \frac{Q}{bh_c} = \frac{10}{1.8 \times 1.22} = 4.55 \ (\text{m/s})$$

$$H_0 = 1.22 + \frac{4.55^2}{2 \times 9.81 \times 0.95^2} = 2.39 \ (\text{m})$$

与前面结果相同，因此收缩断面水深为 1.22m，相应的流速为 4.55m/s。查表 6-4，浆砌片石在水深 $0.4 \sim 1$m 时的容许流速 $3 \sim 4$m/s，水深 $1 \sim 2$m 时乘以 1.25 的系数，则为 $3.75 \sim 5$m/s，故满足要求。

【例 6-7】 有一横穿飞行区的排洪涵洞，长 400m，设计流量 25m³/s，沿涵洞方向地面纵坡 0.018。采用单孔钢筋混凝土箱涵。上下游为浆砌片石梯形明沟，底宽 2m，边坡系数为 1.0，进口为扭坡面。试设计该涵洞的尺寸。

【解】 （1）洞身水力计算

本涵洞为特长涵洞，洞身按均匀流计算，涵洞纵坡取 0.018。初拟涵洞宽 $b = 2.0$m，高 $a = 2.2$m，洞身为钢筋混凝土，粗糙系数取 0.014，用试算法计算正常水深 h_0。设 $h_0 = 1.7$m，$\Delta h = 0.5$m $> a/6 = 0.37$m，则：

$$R = \frac{bh_0}{b + 2h_0} = \frac{2.0 \times 1.7}{2.0 + 2 \times 1.7} = 0.63 \ (\text{m})$$

$$v = \frac{1}{n}R^{2/3}i^{1/2} = \frac{1}{0.014} \times 0.63^{2/3} \times 0.018^{0.5} = 7.04 \ (\text{m/s})$$

$$Q = vbh_0 = 7.04 \times 2.0 \times 1.7 = 23.93 \ (\text{m}^3/\text{s})$$

输水能力小于设计流量，重新假设 $h_0 = 1.76$m，则：

$$R = \frac{bh_0}{b + 2h_0} = \frac{2.0 \times 1.76}{2.0 + 2 \times 1.76} = 0.638 \ (\text{m})$$

$$v = \frac{1}{n}R^{2/3}i^{1/2} = \frac{1}{0.014} \times 0.638^{2/3} \times 0.018^{0.5} = 7.1 \ (\text{m/s})$$

$$Q = vbh_0 = 7.1 \times 2.0 \times 1.76 = 24.99 \ (\text{m}^3/\text{s})$$

与设计流量接近。

洞内临界水深：

$$h_k = \sqrt[3]{\frac{\alpha Q^2}{gb^2}} = \sqrt[3]{\frac{1.05 \times 25^2}{9.81 \times 2.0^2}} = 2.56 \ (\text{m})$$

$h_0 < h_k$，洞内为急流。

上游梯形明渠，正常水深按均匀流计算，粗糙系数取 0.025，假设水深为 1.5m，则：

$$R = \frac{(b + mh)h}{b + 2h\sqrt{1 + m^2}} = \frac{(2.0 + 1 \times 1.5) \times 1.5}{2.0 + 2 \times 1.5 \times \sqrt{1 + 1^2}} = 0.84 \ (\text{m})$$

$$v = \frac{1}{n}R^{2/3}i^{1/2} = \frac{1}{0.025} \times 0.84^{2/3} \times 0.018^{0.5} = 4.78 \ (\text{m/s})$$

$$Q = v(b + mh)h = 4.78 \times (2.0 + 1 \times 1.5) \times 1.5 = 25.1 \ (\text{m}^3/\text{s})$$

接近设计流量，假设水深合适。

上游总水头：

$$H_0 = h + \frac{\alpha v^2}{2g} = 1.5 + \frac{1.05 \times 4.78^2}{2 \times 9.81} = 2.73 (\text{m})$$

（2）涵洞尺寸计算

进口采用扭面，取 $m = 0.36$，由于洞内为急流，洞身阻力不会对收缩断面造成顶托。则：

$$Q = mb\sqrt{2g}H_0^{3/2}$$

$$b = \frac{Q}{m\sqrt{2g}H_0^{3/2}} = \frac{25}{0.36 \times \sqrt{2 \times 9.81} \times 2.73^{1.5}} = 3.49 (\text{m})$$

得到洞口的宽度需要 3.49m，与洞身宽度差异很大。如果洞身与洞口采用相同的宽度，均取 3.5m，则使涵洞造价增大很多；如果取不同的宽度，涵洞的结构设计和施工都很麻烦。为此，可以采取适当措施减小洞口宽度。例如，适当降低洞口高程，使水流在进入洞口前产生跌落，则会增大水流速度，减小洞口的宽度。

如果本例中洞口高度降低 1.2m，相当于上游水头增加 1.2m，即 $H_0 = 3.93$m，则：

$$b = \frac{Q}{m\sqrt{2g}H_0^{3/2}} = \frac{25}{0.36 \times \sqrt{2 \times 9.81} \times 3.93^{1.5}} = 2.01 (\text{m})$$

与洞身宽度基本一致。为了不改变下游排洪沟的高程，将涵洞纵坡调整为 0.015，则洞内正常水深为 1.9m，流速 6.6m/s。取洞高 $a = 2.4$m，安全高度 0.5m，$> a/6 = 0.4$m，满足要求。

以进口断面底板高程起算的上游水深 $H = 2.7$m，$H/a = 2.7/2.4 = 1.125 < 1.15$，满足无压流要求。洞内最大流速为 6.6m/s，混凝土的最大容许流速为 7.5m/s（水深 1～2m 时），满足要求。因此确定涵洞宽 2m，高 2.4m，底坡 0.015。进口段如图 6-60 所示。

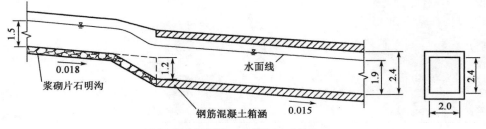

图 6-60 涵洞进口示意图（尺寸单位：m）

有压和半有压涵洞在机场设计中较少遇见，不再详细介绍。

复习思考题

1. 机场防排洪设计有哪些基本要求？

2. 截、排洪沟在平面布置时要注意哪些问题？

3. 截、排洪沟的纵断面设计有哪些内容和基本要求？

4. 某场外截水沟设计流量为 2.6m³/s，遇一陡坎，上下游沟底高差 1.5m。已知上游水深 $h = 1.1$m，流速 $v = 1.13$m/s，底宽 $b = 1.0$m，试设计一跌水，并检查是否需修消力池，如需要时，设计一消力池。

5. 场外排洪沟某处设有一陡槽，已知设计流量 $Q = 4.0$m³/s，$i = 0.15$，下游水深 $h = 1.2$m，陡槽采用矩形断面，浆砌块石砌筑，试设计此陡槽各部分尺寸。

6. 渠道改线时应注意哪些问题?

7. 水库下游修建机场时如何确定设计洪水?

8. 在泥石流地区修建机场时需注意哪些问题?

9. 设某中等泥石流,其泥石流体的重度 $\gamma_c = 16 \ kN/m^3$,沉积物颗粒重度 $\gamma_H = 26 \ kN/m^3$,已求得百年一遇的清水流量 $Q_B = 34m^3/s$,河槽纵坡为 0.04,从现场考察看,沟道有轻微堵塞的可能性,试设计排洪道的断面尺寸。

10. 涵洞的水流状态如何判别,设计中应注意什么问题?

第七章　飞行场地排水系统布置

机场要保证飞机在各种气象条件下起飞、着陆和停放的安全。除了防止外部洪水的侵入外，还应及时排除降落到机场表面的雨水和融雪水，防止场区表面积水内涝而影响机场的正常使用，尽量减小水分对道面及基层稳定的影响。因此在场内需要有一系列的排水设施，拦截地表径流，汇集道基中过多的水分，经过输水设施将其排泄到场外。这些设施构成了场内排水系统，即飞行场地排水系统。

飞行场地各组成部分的使用要求与覆盖性质不同，因而排水要求和措施各不相同，故将场内排水分为道面表面排水、道基排水、土质地区排水三个组成部分。

本章主要介绍飞行场地各部分排水的作用，常用的排水措施及其适用条件，排水系统平面布置及纵断面设计等。

第一节　道面表面排水

一、道面表面排水要求

道面是机场的重要组成部分，是飞机活动的主要场所。机场一般都修建跑道、滑行道、停机坪等，供飞机起飞着陆滑跑、滑行、停放以及维护修理之用，道面材料一般采用水泥或沥青混凝土。与道面相邻的土质地区有土跑道、平地区、端保险道及滑行道外侧的土质地带。这些土质地区的要求各不相同。土跑道除作为侧安全带外，还要保证飞机迫降以及轻型飞机战时应急起飞之用，应尽量改善其使用条件。平地区主要考虑飞机偶尔偏出道面的安全，因而其使用要求低于土跑道。滑行道外侧土质地区一般只作为整平区使用，并保证飞机偶尔偏出滑行道时的安全，使用要求比较低。

雨后，由于种种原因道面可能产生积水，不利于飞机的活动。尤其是跑道积水，对飞机着陆影响最大。飞机在有积水的跑道上着陆时，由于摩擦力减小，导致着陆滑跑长度增加。当道面上水膜较厚时，高速滑跑的飞机还可能发生漂滑现象，很容易冲出跑道。道面积水增加了渗入道面结构内部和土基的水量，可能减低道面结构层和土基的强度，引起道面病害。为了保证道面的承载能力，要尽量减少渗入道基的水量，这对土壤地质条件不良地区或冰冻严重地区的道面尤为重要。

由于道面（水泥混凝土道面、沥青道面）的渗水性小，当道面汇水面积比较大时，汇集到道面边缘的径流量和速度均较大，可能使相邻土质地区过分潮湿，也可能引起道面相邻土质地区冲刷。部分表面径流从道面边缘渗入道基内，增加土基的含水率。当道面的表面径流影响相邻土质地区的使用或影响了道基本身的稳定性时，就应采取措施。

根据上述分析，道面表面排水应满足以下要求：

（1）道面表面不积水。

（2）加速道面表面径流，以减少渗入道基的水量。

（3）道面表面径流不应影响相邻土质地区的使用及道基的稳定。

二、道面表面排水措施

为了满足道面表面排水的要求，一般采用以下措施：

（1）防止道面表面积水

道面表面积水的原因很多。一是表面设计坡度过小，容易造成积水，尤其在转弯和连接过渡面坡度设计不当时容易出现积水。二是道面施工质量较差，表面平整度不好，造成局部地区积水，在设计坡度过小的地段更为严重。三是使用过程中出现不均匀沉降或隆起，如道面局部沉陷，冰冻地区道基产生不均匀的冻胀，或沥青道面产生轮辙等，而使表面凹凸不平产生积水。四是道面边缘土质区高于道面，使雨水无法流出。五是排水系统设计不合理（如位置不当，出水口的高程低于容泄区的水位等），使得道面表面径流不能及时排除造成机场内涝。因此，应从设计、施工、管理等多个方面采取措施，防止表面积水。

（2）加速道面表面径流

通常利用道面横坡来排除道面上的雨水。从加速道面表面径流，减少渗入道基水量的观点，道面横坡越大越有利。但为了保证飞机在道面上滑行的安全，道面的横坡不能过大。因此，在机场飞行区技术标准中，一般规定最大、最小横坡。军用永备机场跑道横坡最小为8‰，最大为12‰；滑行道、联络道的横坡最小为8‰，最大为15‰；民用C类以上机场跑道、滑行道横坡最小为10‰，最大为15‰，A、B类机场横坡最小为10‰，最大为20‰。停机坪为方便使用，横坡可适当减小，最小为5‰。最大为8‰，实际设计中，在多雨地区一般选择较大横坡，在雨量较小的地区可取较小值。

（3）修建道面截水设备

当道面表面径流对相邻地区的使用有影响时，应修建道面边缘截水设备，拦截表面径流，并输送到场外。

三、道面排水设施

道面排水一般采用表面截水设施，常用的有盖板明沟和混凝土三角沟两种形式。

1.盖板明沟

盖板明沟是矩形混凝土或钢筋混凝土沟槽，上面盖以带孔的钢筋混凝土盖板，如图7-1所示。盖板明沟应紧靠不透水道肩的外侧设置，如无不透水道肩，应紧靠道面设置。为了有利于拦截道面表面径流，盖板较道面边缘低1~2cm。盖板明沟不仅起截水作用，还起导水作用，在沟槽的适当位置配置集水井与圆道或暗沟相连，将盖板明沟的雨水排到场外，如图7-2所示。故盖板明沟的排水系统包括：盖板明沟、集水井、管道（或暗沟）、检查井、出水口。

盖板明沟的沟宽应根据流量大小确定，宽度过小不便于施工和维护，因此不应小于0.4m；但宽度过大不经济，因此道面边缘盖板明沟的宽度通常采用0.4~0.8m，流量特别大的地区，可适当增大宽度。盖板明沟的深度可根据流量和地形的变化而变化。一般起始流量很小,可采用较小的深度,以后逐渐增大。为便于施工,当纵坡合适时也可采用分段加深的方法,即每段的深度一致,两段之间沟底设台阶。为防止泥沙、杂物淤塞,起始深度(净深)一般不小于0.4m。当出口水位比较高,或改扩建机场中与原沟连接上有困难时,起始深度可适当减小,但不应小于0.2m。沟深过大,也不便于施工和维护,特别是窄而深的沟槽,清淤比较困难,结构受力也不利。因此其最大深度不宜大于沟宽的2.5倍。纵向沟底坡度要按整个排水系统的纵坡规划并经水文水力计算确定,但不宜小于2‰,以防排水不畅和泥沙淤积。地形特别平坦,确实难于满足以上要求的机场,可根据实际情况适当减小,但要满足最小流速要求。

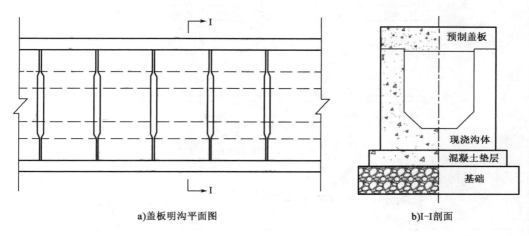

a)盖板明沟平面图　　　　　　　　　　b)I-I剖面

图 7-1　盖板明沟示意图

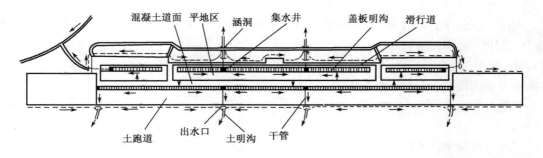

图 7-2　盖板明沟排水系统布置示意图

2. 混凝土三角沟

　　如图 7-3 所示,在道面边缘修筑浅而宽的混凝土三角沟,三角沟本身是混凝土道面或道肩的一部分。三角沟的输水能力很小,沟内每隔一定距离需设置一个雨水口,汇集三角沟的雨水。雨水口用泄水管与排水管上的检查井相连,排水管与飞行场外的明沟相接,最后由明沟通至容泄区。因而当道面表面径流被三角沟拦截后,经雨水口、泄水管、排水管、明沟,最后流至容泄区,排水系统如图 7-4 所示。

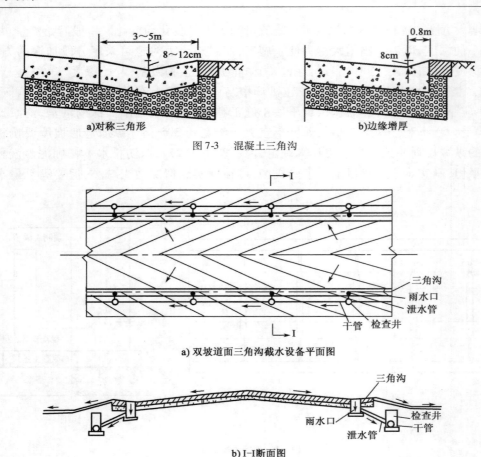

a)对称三角形　　　　　　b)边缘增厚

图7-3　混凝土三角沟

a) 双坡道面三角沟截水设备平面图

b) I-I断面图

图7-4　道边三角沟截水设施图

　　混凝土三角沟有两种形式,一种是宽浅的对称三角形断面,如图7-3a)所示。宽度一般为3～5m,深度一般为8～12cm。深度过大时对飞行安全有影响。另一种是边缘增厚的形式,如图7-3b)所示,只适用于滑行道、联络道、推机道及个体停机坪等径流量较小,飞机滑出道面的可能性很小的地段,但目前较少使用。

　　三角沟的纵坡一般与道面纵坡相同。为了使三角沟内水流畅通,三角沟纵坡不宜小于2.5‰。

　　三角沟内的水流经雨水口至排水管。雨水口应配置在三角沟纵坡方向改变的地方、三角沟的末端,在纵坡方向相同的地段,每隔一定距离亦需设置雨水口,其间距一般不超过100m。具体位置应经水文水力计算确定。

　　3. 两种截水设施的优缺点

　　(1)混凝土三角沟

　　混凝土三角沟的缺点是占去道面宽度的一部分,特别在跑道两侧修建时,使道面有效宽度减小,飞机偶尔滑出跑道时振动较大,飞行员有顾虑;三角沟部分的道面板与其他地段的道面板在宽度、横坡上相差较大,不利于机械化施工,施工很麻烦;另外,三角沟输水能力很小,需要修建很多雨水口,并在旁边配平行的排水管。优点是沟本身是道面的一部分,在冰冻严重地区不易产生不均匀冻胀,能与道面及其他部分平滑相接。因此,近年来除冰冻严重地区偶尔使用混凝土三角沟外,其他地区基本不再使用混凝土三角沟。

（2）盖板明沟

盖板明沟的优点是占地少,输水能力大,对地面坡度的适应性强,因此应用广泛。在天然地面平坦,容泄区的水位较高时,宜采用盖板明沟,因为它的埋深远小于排水管的埋深,而且还可采用增大盖板明沟的宽度,从而减小深度的办法来解决。缺点是在冰冻严重地区,由于道面与盖板明沟的结构不同,会产生不均匀冻胀,使得盖板明沟明显高出道面,或因侧向冻胀而使盖板明沟侧墙破裂。因此,盖板明沟不宜用在冰冻严重的地区。

4. 修建道面截水设施的分析

道面边缘是否修建截水设施,主要取决于道面的表面径流对相邻土质地区使用的影响及道面本身稳定的影响,应根据道面宽度、当地的气候、土壤地质条件及机场的使用要求等确定。

道面表面径流对相邻土质地区使用的影响,表现在增加过湿的时间或产生不允许的冲刷。当降雨量较大,道面较宽时,流入土质地区的径流量也较大,此时可能对相邻土质地区有一定影响。但这种影响还要取决于土质地区本身的条件和使用要求。土质地区本身的条件包括土的种类、密实度、草皮生长情况及地面坡度等,这些条件对土的过湿时间和冲刷都有影响。黏性土、粉性土渗水性小,蓄水性强,大雨后过湿时间比较长,而砂性土渗水性小,雨后能很快干燥。另外,土的种类对抗冲刷能力影响很大。黏性土和粗颗粒土抗冲刷能力强,而粉土、细砂等抗冲刷能力较弱。另外,草皮可明显提高土的抗冲刷能力。

土质地区的使用要求不同,对过湿时间与冲刷的标准也不相同。土跑道的使用要求较高,需要雨后尽快恢复承载能力,也不能有较严重的冲刷;而平地区及滑行道外侧的土质地区,要求相对较低,道面径流对其强度的影响不是决定修建截水设施的主要因素。

道面的表面径流可能从道面相邻的土质地区渗入道基内。当道面相邻的土质地区达到一定的压实度,并且有较大横坡时,渗入道基内的水量是很小的,其危害性对一般地区来说是不大的。但在土壤地质条件不良地区,如膨胀土地区、湿陷性黄土地区等,可能会危害道面,这时可考虑修建截水设施。

综上所述,道面边缘是否要修建截水设施,影响因素甚多,应视机场的具体情况而定。根据近年来的设计经验,一般采用如下做法:

跑道的宽度一般为 45～50m,目前都采用双面坡,因此单侧的汇水面积不大,径流对相邻土质区的影响较小。因此目前绝大部分机场跑道两侧都不建截水设施。个别南方地区的机场,由于雨量较大或地壤地质条件不良,在跑道边缘修建了盖板明沟,且仅在靠土跑道一侧修建,靠平地区一侧不建盖板明沟。

滑行道、个体停机坪因道面的宽度较小,相邻土质地区的使用要求较低,一般不建道边截水设施。

集体停机坪应根据具体情况确定是否修建截水设施。当停机坪宽度不大时,一般不建截水设备,尤其在我国东北、西北和华北地区,由于降雨量较少,且修建盖板明沟存在冻胀问题,而修建混凝土三角沟施工比较麻烦,所以很少建道边截水设施。当停机坪宽度较大时,应根据当地雨量、土质条件、停机坪的坡向及对周围地区使用的影响情况,考虑是否修建截水设施。当停机坪坡向场外,且后面建有整片式防吹坪时,在停机坪与防吹坪之间的最低处可修建盖板明沟,也可利用道面本身形成的"V"字形地面集水(类似于混凝土三角沟),如集体停机坪较短,可汇集到停机坪下游后排入附近排水沟,如集体停机坪较长,可每隔一定距离修建雨水口并通过排水管道或暗沟引到附近排水沟。当停机坪后有重要设施(如机库、机务工作用房等),可在停机坪边缘或停机坪后面适当位置修建截水沟。在停机坪上建有机棚时,为防止道面径流流入机棚,影响机棚内的维修设施,可在机棚来水一侧的边缘修建盖板明沟。民用机场的停机坪后面一般都有航站楼,当停机坪坡向航站楼时,应在停机坪边缘或工作道路内的适当位置修建盖板明沟。其位置应避免与登机桥的基础冲突。在大型民用机场,有时停机坪的宽度非常大,为防止径流深度过大对旅客登机产生影响,可在停机坪中部修建盖板明沟拦截。在民用机场,盖板明沟中的盖板常采用钢箅子或球墨铸铁箅子,提高盖板的进水能力,同时也比较美观,但造价较高。混凝土三角沟目前已很少使用。

当道面边缘不建截水设施时,有时会引起道面边缘积水。原因是道面边缘土质区由于草皮生长及多年清扫道面的灰尘在此积聚,逐渐高出道面,造成道面径流不能排出。因此在设计时,与道面相邻处土质区的高程应比道面低 2~4cm,并在 15m 范围内采用较大的横坡。在使用过程中应注意及时铲除高于道面的草皮,保证道面边缘不积水。也可在道面边缘 2~3m 范围内用石灰土或其他固化土地面,既可防渗,也可防止草皮过高。在草皮不易生长的干旱地区,道面与相邻土质区不宜错台,以免引起冲刷。

第二节　土质地区表面排水

飞行场地的土质地区包括土跑道、端保险道、平地区、滑行道和停机坪外侧土质区,以及场内土质边坡。由于土质地区的性质和使用要求与道面不同,因而无论在排水要求和排水方法上都与道面表面排水不同。另外,在分析和解决土质地区的排水措施时,必须和整个机场的土方工程综合考虑。既使排水比较顺畅,又使坡度比较合理,土方工程量比较小。

一、土跑道和端保险道的表面排水

土跑道的一侧与跑道相邻,另一侧与场外相接。为了不影响跑道的正常使用,土跑道的径流不得流向跑道。因为土跑道上的径流可能会夹带泥沙和杂草,当这些径流流向跑道时,会将泥沙、杂草带到跑道上,影响跑道的使用,并会危害飞行安全。因此不允许土跑道的径流流入跑道,只允许跑道的径流流入土跑道。当跑道边缘修建盖板明沟时,也不允许将土跑道的径流排到跑道边缘的盖板明沟中,因为此时在跑道边缘形成低洼点,一旦有大暴雨时来不及排水,或盖板的进水孔被杂草、淤泥堵塞,在跑道边缘就会积水,影响跑道使用,并使大量雨水从道面边缘渗入道基。因此,土跑道的横坡应使径流尽快离开道面,并排向场外。

土跑道的另一侧一般与场外相接,如果土跑道上的径流对场外农田等产生不利影响,则需要采取措施进行拦截和排导。

如果土跑道的坡度比较缓,地面平整度又不好,很容易造成土跑道积水。积水后土跑道的强度明显降低,无法满足飞机迫降或战时紧急起降的要求。平时飞行时一旦有飞机偏出跑道,也容易使机轮陷入泥中,造成起落架损坏或其他飞行事故。因此土跑道应避免积水。如果土跑道的径流(含从跑道流入的径流)比较大,本身的坡度又较大,则容易引起土跑道的冲刷,也会影响飞机迫降和战时紧急起降。因此,应避免土跑道冲刷。

端保险道一端与跑道端部相连,三面与场外相接。端保险道作为飞机冲出跑道的安全地带,偶尔有飞机使用。当土质过软时,会使机轮陷入土中,容易引起起落架折断。因此端保险道也不应积水和冲刷。另外,端保险道与跑道端相邻的一段纵坡最好坡向场外,以免将端保险道上的泥沙、杂草随径流带入跑道。

根据上面的分析,土跑道、端保险道的表面排水要满足以下几点要求:

(1)土跑道、端保险道的表面径流不得流入道面。

(2)土跑道、端保险道的表面径流不得影响场外地区的使用。

(3)避免土跑道、端保险道表面积水及冲刷。

土跑道、端保险道表面一般采用横坡排水的方法,将土跑道、保险道修成倾向飞行场外的表面,利用表面坡度将降雨径流排到场外。这种方法经济、简便。为了防止土跑道、端保险道的表面径流对场外地区的影响,可在土跑道、端保险道外侧修建梯形明沟拦截之,如图7-5所示。明沟的底宽和沟深不宜小于0.4m,安全超高不小于0.2m,底坡一般不小于1‰。在地形特别平缓,或外水位较高等特殊情况下,底坡不小于0.5‰。在场区边界修建的梯形明沟常作为场界沟,既可防止飞行场地的径流影响场外地区使用,也可防止场外坡积水影响飞行场地。在没有围界的机场,还可作为场界,防止外部人员和牲畜的随便出入。当明沟作为场界沟时,底宽不应小于1.0m,顶宽不小于2.5m,沟深不小于0.8m,场界沟的外侧应留不小于1m的沟肩。

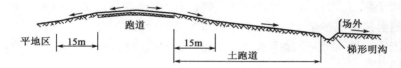

图7-5　土跑道利用表面横坡排水

飞行场内的梯形明沟和场界沟都应加固。因为土质沟渠容易冲刷、坍塌,或因杂草丛生不便维护。加固材料一般用浆砌片石、混凝土预制块或现浇混凝土,可参考第六章的有关内容。在场地狭窄的地段,也可用矩形明沟。矩形明沟用浆砌片石、混凝土或钢筋混凝土加固。

近年来,许多机场都在土跑道外侧修建巡场路,为避免土跑道的径流越过路面,对巡场路造成冲刷破坏,可在巡场路内侧修建截水沟。其沟型可用梯形明沟或盖板明沟,如图7-6a)所示。如果水量不大,也可修建土三角沟或抛物线形草皮沟。土三角沟或抛物线形草皮沟的输水能力较小,因此每隔一定距离应设雨水口或集水井,并通过管道或暗沟穿越巡场路排到场外,如图7-6b)所示。

土跑道、端保险道表面利用坡度排水时,主要问题是确定横坡大小。横坡增大后,加速了表面径流,减少渗入土中的水量,也可减少积水。但是,横坡过大地面容易产生冲刷。防止冲刷的坡度限值与径流量大小、土壤类型、植被等因素有关,根据《军用机场场道工程战术技术标准》(GJB 525A—2005)的规定,土跑道的横坡不应大于20‰,在草皮生长比较困难的地区,不应大于15‰;端保险道的横坡不大于15‰。

最小坡度的确定与当地的气候条件、土壤地质条件等因素有关,但不应小于5‰。为防止道面边缘积水,减少渗入道基的水量,与道面相邻15m范围内的土质地区宜采用较大的横坡,其坡度不应小于 10‰,最好在 15‰ 左右,在紧邻道面的 3m 范围内,横坡最大可达到 30‰。

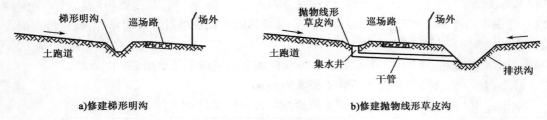

图 7-6　巡场路边缘修建排水沟

在设计时应根据最大、最小坡度限值,结合天然地形,工程量的大小确定土跑道、端保险道各部分的坡度值。

二、平地区的表面排水

平地区是指跑道与滑行道之间的土质地带,从表面性质讲,它与土跑道是相同的,但其所处的位置与使用要求又具有不同的特点。因而其排水措施与土跑道既有相同之处又有不同之点。

平地区的作用是分隔跑道与滑行道,防止跑道上起降的飞机偶尔偏出跑道时与滑行道上滑行的飞机相撞。因此,平地区只在飞机偶尔偏出跑道时使用,其使用要求比土跑道低得多,一般在达到规定压实度的条件下,保证表面径流、不产生较严重的冲刷,并能将雨水排出场外即可。平地区处于跑道、滑行道之间,并被端联络道和中间联络道分隔成几块封闭的区域,由于平地区的径流会挟带泥沙杂草,不得流入相邻的道面,因此,道面均高于平地区,故平地区就形成了几块闭流的洼地,必须设置排水沟将平地区的径流排出场外。在过去的排水设计中,一般采用下面几种方法。

1. 利用盖板明沟、三角沟或抛物线形沟排水

平地区的横断面一般呈 V 形,在最低点修建盖板明沟、三角沟或抛物线形沟,汇集平地区的雨水。当道面边缘不设截水设施时,也汇集部分跑道、滑行道或停机坪的雨水。排水沟的位置,应考虑以下三点:

(1)减小积水后的危害

飞行场地排水系统的设计重现期一般较小,当出现大暴雨时会在排水沟附近产生积水。如果积水时间不长,且不漫溢到道面,对机场使用不会有大的影响。因此,在机场排水设计中,利用平地区中部暂时积水,可有效减小排水沟管的尺寸。根据我们的计算,如果排水沟在平地区的中部,且有比较合适的纵横坡度,按 1~2 年一遇设计的沟管,在遇到 5 年一遇的大暴雨时,积水不会淹到道面。但若排水沟离跑道或滑行道很近,稍有积水就会淹到道面,或从道面边缘渗入道基。因此,排水沟最好布置在平地区的中部,离开道面一定距离,至少不小于 20m。

(2)减小土方工程量

在地势设计时,应根据地形情况确定排水沟的位置,尽量减小土方工程量。当自然地形坡向跑道一侧时,排水沟应适当靠近跑道,反之应适当靠近滑行道。

(3)保证飞行安全

飞机在起飞或着陆滑跑过程中,有时会偏出跑道。据统计,偏出跑道一般不超过 50m,大

多数在20m以内。如果排水沟离跑道较远，偏出时不会到达排水沟，比较安全。同时排水结构物可不按飞机荷载设计，而只需按汽车荷载设计，可以节约造价。

因此，平地区排水沟的布置在不显著增加土方量的前提下，尽量布置在平地区中部，至少离道面20m以上。

平地区排水沟一般采用盖板明沟，也可采用三角沟或抛物线形草皮沟。

平地区的盖板明沟与道面边缘的盖板明沟相似。当道面边缘不建截水设施时，平地区盖板明沟的设计流量较大，宽度也可相应增大，但一般不超过1.5m。由于平地区盖板明沟通常按汽车荷载设计，结构要求低于道面边缘的盖板明沟。一般采用混凝土或钢筋混凝土结构，在石料丰富地区也可采用浆砌片石修建沟墙，但盖板必须用钢筋混凝土。盖板明沟一般在南方地区使用，但除了特别严重的冰冻地区外，在其他北方地区的平地区也能使用。因为它不存在与道面板产生不均匀冻胀而错台的问题，但必须有防止侧壁冻坏的措施。

三角沟宽3~8m，深15~30cm。土质或草皮加固的三角沟最小纵坡一般不小于3‰，以保证有足够的流速，不产生淤积。最大纵坡以不造成土三角沟冲刷为限。若有明显冲刷，可用浆砌片石、混凝土等材料加固，当用这些材料加固时，最小纵坡不小于2‰。

近年来，一种用三维土工网加固的抛物线形草皮沟得到推广，如图7-7所示。这种沟也称为生态排水沟，比较环保、美观，可以部分替代圬工砌体沟。三维网草皮沟中的三维土工网与草根相互缠绕，增大了草皮的抗冲刷能力。根据试验，抗冲刷流速可达到2~3m/s，因此适用范围更广泛。另外，抛物线形沟的输水能力也优于三角形沟，在一些高速公路和机场试用，效果较好。可在机场平地区或不影响飞行安全的其他土质地区使用。

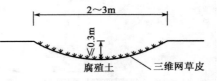

图7-7　抛物线形三维网草皮沟

在三角沟或抛物线形草皮沟过长时，每隔一定距离需要设置雨水口。其间距由水力计算确定。此时需要设排水管道或暗沟，将雨水排至场外。

平地区的横坡，要根据防止积水和冲刷的要求确定。根据规范要求，最小横坡为5‰。最大横坡为25‰，一般在10‰~15‰比较适宜。地势设计时，需要结合地形、土质、气候条件等合理确定。

2. 利用雨水口排水

在平地区的一些边角部位，有时会存在局部闭流洼地，此时可用雨水口汇集表面积水，并由管道或暗沟排入附近的排水沟或直接排到场外，这种情况在斜交联络道（民用机场中的快速出口滑行道）转角处容易出现，如图7-8所示。在选择雨水口的位置时，为了能很好地汇集表面水，应将雨水口设在闭流洼地最低点，同时也应尽量靠近排水线路，不致使连接管过长。但雨水口距道面应有足够距离，一般不小于15m，并有足够的进水能力，以免表面径流不能及时排除而流入道面或渗入道基。

在民用机场，跑道两侧的土面区一般称为升降带平整区，而没有土跑道和平地区的概念。飞行区指标I为3或4的精密进近跑道，平整区范围如图7-9所示。在跑道两端距中心线不小于75m，在跑道中部距中心线一般不小于105m。在这个范围内，不允许修建影响飞行安全的敞口明沟。设计中一般利用横坡将径流排至平整区以外，再修建梯形明沟或盖板明沟。如果修建平行滑行道,则在跑道与滑行道之间的最低点修建排水沟。如果排水沟位置在升降带平整区内,则应该修建盖板明沟,并在盖板明沟的两侧消除直立面,以免陷入泥中一定深度的机轮碰到直立的沟墙时发生危险。消除直立面的方法如图 7-10 所示,在结构物两侧浇筑带倾斜面的混凝土带,并作基础。

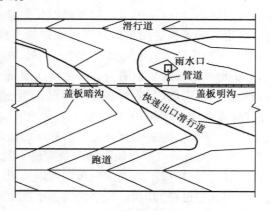

图 7-8 利用雨水口排水

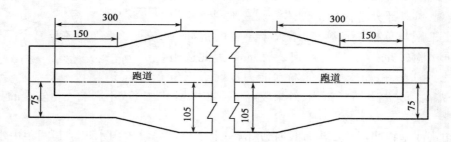

图 7-9 民用机场飞行区指标 Ⅰ 为 3 或 4 的精密进近跑道升降带平整范围(尺寸单位:m)

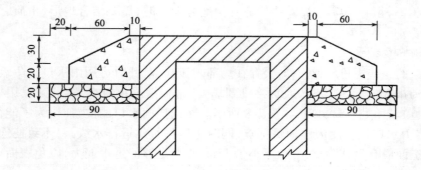

图 7-10 升降带平整范围内结构物的混凝土保护示意图(尺寸单位:cm)

三、滑行道及停机坪外侧土质表面排水

在军用机场的滑行道及停机坪外侧,往往修建平行公路,滑行道与平行公路之间的土质区

可修建梯形明沟排水。明沟距滑行道不应小于 20m，并将滑行道外侧的土面坡向明沟。当滑行道可能作为备用跑道时，明沟应距滑行道边缘 50m 以上，或改为盖板明沟等不影响飞行安全的排水沟。民用机场的平行滑行道外侧一般也有巡场路，可在巡场路附近修建梯形明沟。在运输机使用的停机坪，尤其是民用机场停机坪，往往与滑行道分开，并用联络道与平行滑行道相连。因此需要在平行滑行道和停机坪之间的土质区修建排水沟，沟型一般可采用梯形明沟，也可采用盖板明沟、矩形明沟等。滑行道与平行公路之间的局部闭流洼地，以及环形停机坪中间的土质区等还可用雨水口排水。

四、高边坡排水

近年来，高填方机场逐渐增多。填方坡面上的径流不认真处理，往往引起坡面的冲刷，甚至造成边坡失稳。防止坡面冲刷有两方面的措施：一是做好坡面防护，二是搞好坡面排水。在坡面防护上，可采用传统的圬工砌体防护，如浆砌（干砌）片石菱形护面、拱形骨架护面、混凝土预制框格护面，也可采用三维网草皮护面、土工格室草皮护面等。在坡面排水方面，首先要防止飞行场地的雨水径流流入坡面，宜在坡顶设置截水沟。当修建巡场路时，一般在巡场路内侧修建截水沟，并将截水沟以外的地面坡向截水沟。当没有巡场路时，截水沟与坡顶边线的净距宜在 5m 以上，当截水沟由混凝土等不易渗漏的材料修建时，截水沟距坡顶的距离可适当缩小，但不小于 2m，截水沟以外的地面也应坡向截水沟。当填方高度比较高时，一般每隔 8 ~ 10m 高度修建一个平台（也称为马道），平台宽度 2 ~ 5m。在平台上宜修建截水沟，防止上一级坡面的径流对下一级坡面造成冲刷，由于平台截水沟的流量不大，其尺寸可适当减小，但宽度和深度均不应小于 0.3m。为防止高填方坡脚冲刷，一般应对坡脚进行护砌，并修建坡脚沟，如图 7-11 所示。

当平台截水沟较长时，应间隔一定距离用急流槽将平台截水沟中的雨水引到坡脚沟，附近有天然冲沟或其他排水沟渠时，也可引入其他沟渠。急流槽的间距根据平台截水沟的尺寸和径流量大小确定，一般不大于 200m。在高填方边坡上，由于沉降尚未稳定，用浆砌片石修建的平台截水沟和急流槽容易产生裂缝和渗水，造成坡面冲刷。因此应及时维修，或采用不易断裂的柔性材料修建。

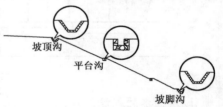

坡顶沟
平台沟
坡脚沟

图 7-11　高边坡排水示意图

第三节　道基排水

道基排水可分为道面基层排水（也称道面结构内部排水）和土基排水两部分。渗入到基层中的水分，当没有通畅的路径及时排出时，会使基层的强度降低。同时，在飞机荷载的作用下，在基层与面层的界面及基层的空隙中会产生较大的孔隙水压力，引起基层材料的冲刷、唧泥等现象，严重时造成板底脱空，道面错台等。水分进入土基后，会使土基含水量增大。当含水量超过一定值时，土基的承载力就会明显减小，道面的强度和稳定性就因而降低。特别在土壤地质条件不良地区，如湿陷性黄土地区、膨胀土地区等，容易引起土基的湿陷或反复的胀缩，造成道面病害。在季节冰冻地区的冬季,由于温度梯度的影响,土基下层的水分向土基内积聚,形成冰晶,严重时,道面产生不均匀冻胀而破坏,在春季解冻时,由于冰晶的融化,而导致上层过湿,降低道面的强度与稳定性,甚至形成翻浆而使道面破坏。因此,为了保证道面的强度和稳定性,除了加强道面表面排水外,还要考虑道基的排水问题。前面所讲的道面表面排水和飞行场地土质地区表面排水,都有一个共同的任务,就是减少表面水渗入道基内,从而改善土基的强度和稳定性。本节主要是研究天然水分补给对道基强度和稳定性的影响及其排水措施。

一、道基水分的来源及道基排水的作用

道基水分的来源有两种:地面水的入渗,地下水的上升,如图7-12所示。

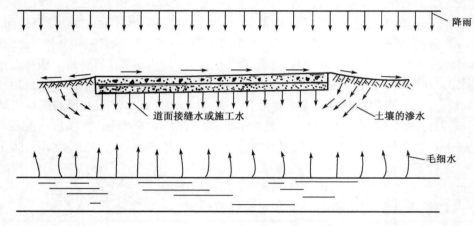

图 7-12　道基水分的来源

1. 地面水的入渗

在降雨时,道面上的表面水将有一部分通过道面渗入道基内,渗入的水量与道面结构、坡度等因素有关。对于水泥混凝土道面,由于混凝土板本身渗水性小,道面板接缝都填以防渗材料,故正常情况下渗入道基内的水量是不大的。但若道面破损较严重,或填缝料老化,渗入道面的水量将大量增加。沥青混凝土本身的渗水量也不大,但若沥青混凝土出现老化,纵横裂缝增多,渗水量会成倍增加。施工用水也是道基水分的重要来源。如在水稳基层或混凝土面层养生、切缝等环节不注意,有可能使大量施工水渗入道基。尤其是道肩部位更为严重。大部分机场道肩最后施工,道面养生、切缝、刻槽等施工水以及降雨时的径流沿横坡流向道肩,由于道肩尚未施工,外侧的土面高于道肩基层,在道肩位置会积聚大量的水分。这些水分渗入土基,在寒冷地区常造成道肩冻胀。

地面水亦可通过道面边缘土质地带渗入土基内。如果不建道面边缘截水设施,在降雨过程中,道面径流流入相邻的土质区,会沿土质区下渗,下渗的水分借毛细作用侧向渗入道肩或道面下的土基内。如果道面相邻的土质地带压实较好,且有较大的表面设计坡度,从道面相邻的土质地带渗入土基的水分一般也是不多的。但若因草皮过高等原因造成道面边缘积水,将显著增加渗入量。

2.地下水的上升

地下水补给是道基水分的主要来源。如果地面下不深处有不透水或透水性较弱的土层时,雨水渗入到不透水层以上的土层中,可能形成季节性的上层滞水。在平原地区,雨季附近河渠的水位很高,会补给地下水,造成地下水位上升。

地下水位一般会随着季节上下波动,图 7-13 是某地地下水位变化过程线。地下水可借毛细作用上升到地下水位以上的土层中,当地下水位升高时,会使土基含水量大大增加,甚至可能达到饱和含水量,从而使土基的强度降低,影响道面的稳定性。这种影响除地下水位的升高因素外,其持续时间也很重要。由于土基一般比较密实,故短时间的地下水位上升不会使土基形成过多的毛细水。但是,随着毛细作用时间增长,土基的含水量将逐渐增多。

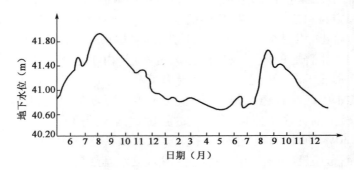

图 7-13　地下水位的变化

道基排水的作用,就是尽量防止上述水分进入土基,并尽可能将渗入基础内的水分排除,保证土基具有足够的强度和稳定性。应当指出“防”与“排”的两种措施中,应以防为主,等到水分进入土基内再排是消极的办法。

二、道基排水措施

对道基水分,应采取以防为主的措施。一旦水分进入道基,想要排除往往需要付出较高的代价。水分侵入道基的途径不同,预防的办法是不同的。当道基水分由地面水入渗时,首先应搞好道面防渗和地面排水措施。即保证道面及相邻土质区有较大的横坡,防止表面积水,尤其是在道面边缘不能积水,要使雨水尽快远离道面。要注意施工水,这部分水应在施工临时排水中及时排除。同时,设计中要选用寿命长、防水效果好的填缝料,并在老化时及时更换,以减少渗入道基的水量。当道基水分由地下水补给时,主要取决于地下水位的高度及持续时间。当地下水位过高,距道槽的距离不能满足最小要求时(详见机场道面设计教材),首先应考虑抬高道面高程,使它满足要求。如果抬高道面高程有困难,可以采取道基排水措施降低地下水位,如图 7-14 所示。

但无论采取上述哪些措施,要完全避免水分进入道面结构或土基是不可能的。若进入道面结构内部或土基中的水分较多,且对道面会产生较大危害时,应采取道基排水措施。目前主要有两方面的措施,一是在道面结构层中增设透水基层或填层,使渗入道面的水分排到道面两侧。二是在道面边缘设置盲沟,将排到道面边缘的水分渗到盲沟中排出,也可用盲沟排除土基中过多的水分或降低地下水。

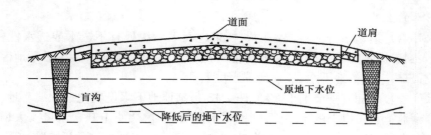

图 7-14 用盲沟降低地下水位示意图

图 7-15 是道面中设置透水基层的情况。目前机场道面的基层往往采用水泥稳定碎石、二灰稳定碎石等稳定材料修筑。这些基层的强度、整体性较高,但透水性较小。从道面渗入的水分无法及时排出,积聚在基层顶面,容易引起基层损坏。因此,可在面层与基层之间设置一层透水层。若用普通的碎石或砂砾作为透水层,由于透水层强度较低,在强度较高的道面与基层之间形成了软弱夹层,对道面受力不利。在国外的公路和机场中,透水基层往往采用开级配的水泥或沥青稳定碎石,即采用不连续级配的碎石,用水泥或沥青稳定后有许多孔隙,具有较大的透水性,同时有一定的强度。国外的研究表明,设置排水基层的路面,使用寿命提高 30%(沥青混凝土路面)和 50%(水泥混凝土路面)左右。在我国,多采用开级配水泥稳定碎石,厚度一般为 10 ~ 15cm。渗入透水基层的雨水由横坡排到道面边缘,并由相连通盲沟排出。

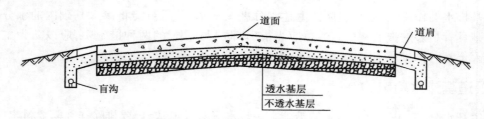

图 7-15 透水基层及边缘盲沟排水系统

盲沟是常用的道基排水措施,在我国的公路和机场设计上都采用过盲沟排除地下水。在俄罗斯、美国等国家的机场修建中,用道面边缘盲沟排除道基水分的做法也得到广泛应用。

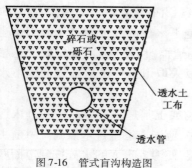

图 7-16 管式盲沟构造图

盲沟也称渗沟,有管式盲沟、填石盲沟和洞式盲沟等形式。管式盲沟如图 7-16 所示。一般采用矩形或梯形断面,在沟内填充碎石或卵石反滤层,沟的下部埋透水管。透水管可用带孔的混凝土预制管、聚氯乙烯塑料管等,近年来主要采用软式透水管,它以螺旋形钢丝圈作为骨架,外面包裹透水滤布。软式透水管具有渗水能力大,防淤效果好,且比较柔软,能适应地基变形,便于施工,在地下排水中广泛应用。管径根据流量大小确定,一般为 $\phi 150 \sim 200mm$,底宽不小于管径加 30cm。管底距沟底一般为 15cm。为防止泥沙进入盲沟,造成盲沟淤堵而失去排水效果,在盲沟的周围应包裹透水土工布。

当盲沟较长时,应设横向泄水管,分段排出场外,或排入平行的输水管。每段盲沟的长度一般不超过150m。盲沟的纵坡不小于0.0025,以免流速过小而淤塞。盲沟内的碎石或砾石必须洁净、无杂质,含泥量不大于1%。

填石盲沟也称无管盲沟,构造与管式盲沟相似,但没有透水管,而在底部设粒径为40~60mm的碎石或砾石流水层,使渗入盲沟的水沿孔隙流动,流水层厚度不小于25cm。流水层以上及两侧用粒径较小的碎(砾)石作反滤层。填石盲沟的出口应设滤水笓子,以防碎石或砾石流失。填石盲沟由于省去了透水管,造价较低,但流水阻力较大,容易堵塞,一般用于流量不大的地段或在临时排水中使用,在永久性机场排水中较少采用。

洞式盲沟是当地下水流量较大或缺乏管材时,在盲沟底部修建带盖板的沟槽,排除渗入沟内的水分。沟槽用浆砌块石或混凝土砌筑,盖板一般用钢筋混凝土材料。其盖板类似于盖板明沟中的盖板,水流通过盖板之间的缝隙进入沟内。这种盲沟在机场排水中应用也不多。

盲沟顶部应设封闭层,以防土粒落进填充材料的孔隙而淤塞,同时防止地表水渗入沟内。

盲沟的深度在不同的场合是不一样的。用于排除基层内部水分的盲沟,透水管或碎石流水层的顶面应低于透水基层底面0.2m以上,并使盲沟与透水基层相连,使渗入基层的水分顺利排出。用于降低地下水位的盲沟,其深度应根据地下水的高度及盲沟的间距等,经计算确定。当地下水由场外补给,且不透水层不深时,可用盲沟拦截地下径流。此时盲沟应修至不透水层,并在内侧用不透水材料修封闭层,如图7-17所示。

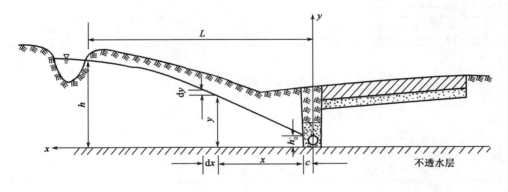

图7-17 截水盲沟布设示意图

盲沟设计的关键是解决淤塞问题。我国机场中以往修建的盲沟,有些最初几年排水效果较好,但很快被淤塞,失去了作用。因此近年来较少采用盲沟排水。要解决淤塞问题,一是要重视反滤层设计,合理设计反滤层的级配,详见《公路路基设计手册》;二是采用新型过滤材料,如采用软式透水管、土工布等新材料,可有效减少淤塞。此外,在施工中应加强管理,确保反滤层的质量。

在美国的机场设计中,为满足基层和土基排水的需要,通常沿跑道和滑行道边沿设置地下排水线,如图7-18所示。

我国机场中目前修建盲沟比较少,当地下水位过高时,普遍采用抬高道面设计高程,或者修封闭层等办待解决。这些内容在地势设计和道面设计课程内讲述,这里不再重复。

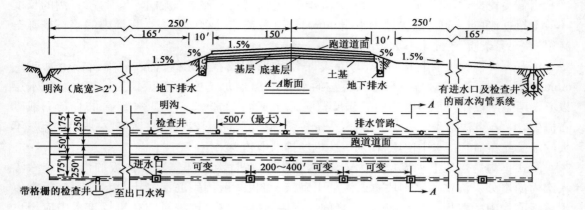

a)平面图(典型实例1)

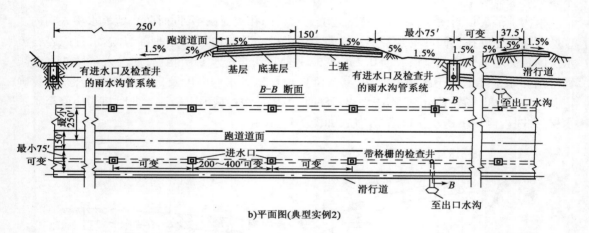

b)平面图(典型实例2)

图 7-18　美国机场排水(跑道)的标准横断面图

第四节　排水系统平面布置

前面分别阐述了飞行场地各部分(道面、土质地区及道基)的排水措施,以及各种措施所需要的构筑物。这种以排水为目的而修建的所有构筑物的综合称为排水系统。

排水系统的平面布置对排水设计的全局来说是最重要、最有决定意义的问题。排水设计的合理与否,最关键的问题是排水系统的平面布置。如果排水系统的平面布置不合理,个别排水设备的水力计算和结构计算再精确,也是没有意义的。

本节主要介绍排水系统的组成、平面布置的原则、平面图绘制等。

一、排水系统的组成

在整个排水系统的构筑物中,根据其任务不同可分为以下四个组成部分:

1. 集水部分

凡直接拦截表面径流,或直接吸收土中水分的构筑物,都称为集水线路。因为这些构筑物是直接汇集地表和地下径流的。如道面边缘的盖板明沟,土质地区的土三角沟或盖板明沟以及道面边缘盲沟等都是集水线路。

2. 导水部分(或输水部分)

将各集水线路的水导致容泄区的沟管称为导水线路,因为这些沟管是起导水或输水作用的。飞行场内的导水管路应埋于地下,故称为暗导水线路,一般为排水管道或盖板暗沟。飞行场地边缘或场外一般用明沟导水,称为明导水线路。

3. 容泄区

用作容纳或排除机场排水线路所排出的水量者称为容泄区。如河流、湖泊、池塘、沟壑及洼地等。

4. 附属构筑物

附属构筑物包括检查、维修以及各线路相互联结的构筑物。如检查井、雨水口、集水井、出水口;还有因其他作用在排水系统中修建的跌水、陡槽,闸门,抽水站等。

这些部分构成了完整的飞行场地排水系统。根据排水系统的作用,还可分为道面表面排水系统、土质表面排水系统、道基排水系统等。

在进行机场排水设计时,首先根据机场的类型和飞行场地各组成部分的使用要求,结合当地的气候、土质、地形、水文地质以及水系等具体条件,确定排水措施。然后进行排水系统的平面布置。

二、排水系统平面布置的原则

排水系统的平面布置的好坏,直接影响到排水效果、使用要求和工程数量。在进行排水系统平面布置时,必须符合以下原则:

1. 首先要满足使用要求

(1)要充分发挥集水线路的作用,满足各部分的排水要求

在进行集水线路布置时,应充分发挥其排水效果。道面截水设施布置在确有必要的地方,在土质地区布置集水沟时,要与地势设计紧密配合,布置在地势低洼的地带,并防止土质区径流流入道面或影响其他区域的使用。

(2)要满足飞行安全的要求

各种排水线路的位置与形式,应满足飞行安全的要求。集水明沟(盖板明沟、三角沟等)的方向应与飞机活动的方向平行,三角沟的尺寸应考虑飞机越过时的安全。飞行场内的导水线路都应埋在地下。穿越土跑道的盖板暗沟,应低于土面0.3m以上,穿越端保险道时要求埋在地表0.5m以下。位于土跑道和端保险道的检查井,其井盖应埋入土中0.2~0.5m,为了便于检查,在管道的起始、拐弯、相交等处的检查井可与地面齐平。

(3)不影响道基的稳定性

尽量减少排水沟管穿越跑道,以防回填不密实或沟管渗漏水而影响道基的稳定性。道面的截水设施应紧靠道面或不透水道肩边缘修建,防止道面径流渗入道基内。

（4）适当考虑机场的发展与扩建

排水线路配置时，适当地考虑机场的发展与扩建。如跑道有可能延长时，在延长范围内尽量不布置重要的排水构筑物。

此外在排水系统布置时，要考虑到遭受炸弹破坏的可能性与破坏后的危害性。重要的排水建筑物如抽水站，总的出水口应注意隐蔽。出水口不宜过少，以防一旦遭到破坏后影响机场的使用。

2. 不影响场外地区的使用

场内的表面径流对相邻的农田有危害时，在飞行场地边缘应修筑明沟予以拦截。飞行场地排水系统的水，应该利用明沟输至可靠的容泄区，不得任其漫流。当利用池塘、渠道、小溪、洼地作容泄区时，应计算其容泄能力，以免漫溢。有油污或其他污染物的雨水，不得排入生活水源区或鱼塘。明导水线路选线时，不应影响农田的排灌系统，并应贯彻不占良田少占耕地的原则。

3. 力求工程量小，便于施工，维修简便

场内排水系统布置应注意以下几点：

（1）排水线路短，拐弯少

排水线路的长度是排水设计的经济指标之一，排水线路短、拐弯少、维护工作量也相应地减少；在布置时要注意集水线路的位置及导水线路与集水线路的联系。

（2）导水线路尽量少穿过道面和地质条件不良的地段

它不仅增加工程量，并且不利于施工与维护。

（3）合理规划出水口位置

场内集水线路的水，要通过出水口排到场外的容泄区。在排水规划时，应合理确定出水口的位置，并进行场内排水线路布置的规划。

（4）要与地势设计密切结合

场内集水线路与导水线路的位置与地势设计紧密结合，使得整个工程量最小。在地势设计时，要根据排水的要求合理确定纵横坡度，以免造成排水困难。排水设计时应根据地势坡度，合理确定排水沟的位置、水流方向和坡度。土质地区的集水线路应布置在地势低洼地段，减少飞行场地的土方量。在地势设计时，注意集水明沟的最小纵坡要求。在地势平坦，容泄区与飞行场地高差不大，而使得出水困难时，经常采用抬高飞行场地的高程或增加出水口的数量（缩短每条线路的长度）来解决，以满足自流排水。这种情况在海岛、沿海、河流下游的冲积平原区比较普遍。如长江口附近某军用机场，地势较低，用吹沙法垫高道面高程，跑道纵坡全长为零坡，外水位又比较高。为满足自流排水，盖板明沟每段长度都较短，每隔 $400\sim500m$ 设施一条暗沟穿越滑行道后排入场界沟。盖板明沟采用宽度大，深度小的沟形，尽可能提高出口的高程。如果场外容泄区水位过高，确实不能满足自流排水时，可采用强制排水方式，依靠泵站抽水排出场外。应进行方案比较，找出地势和排水设计综合工程量最小的方案。

导水线路在飞行场地以外部分，可采用明沟通至容泄区，明沟选线应注意以下几点：

①从场内出口到容泄区，要以最短的线路布置。

②明沟线路所通过的地面坡度，最好在符合排水沟所许可的最大和最小坡度之间，这样不致

因为地面纵坡过小,加大沟底坡度而增加土方量。也不致因坡度过大而增加明沟加固的费用。

③明沟转弯尽量要少。因为转弯要增长线路的长度,并且在转弯的凹岸易被冲刷。当需要转弯时,其中心线转弯半径不宜小于设计水面宽度的2.5倍,且不小于5m。

④明沟尽量避免经过松散的填土、淤泥土等不良土质地段。因为在这些地区内修筑明沟容易易于出现沉陷、坍塌等病害,增大地基处理工程量与今后的维护量。

⑤尽量少穿过公路、渠道、洼坑地段,这样可以减少附属工程或土方量。

⑥尽量少占耕地。

⑦当以河流作容泄区时,出水口应选在河岸坚固及河流直线地段。为了使出口处水流通畅,明沟最好与河流成45°~60°顺水相交,避免出现逆水相交的情况。

三、排水系统平面布置举例

图7-19是某机场排水系统平面布置示意图。跑道采用双面坡,汇水面积不大,跑道两侧不设截水设施。两端停机坪宽度较大,且坡向场外,后面有整片式防吹坪,因此在停机坪后布置盖板明沟。平地区中部设置一条盖板明沟。土跑道外侧修建一条浆砌片石明沟,兼作场界沟,在平行公路与滑行道(停机坪)之间的土质区修建也修建一条浆砌片石明沟。本机场纵向地形中部靠右地形最高,两端较低,因此各条排水沟的水流从中间向两端流,平地区的盖板沟在穿越联络道时改为盖板暗沟,左端浆砌明沟在经过端保险道时也采用暗沟,以保证飞机一旦冲出端保险道时的安全。本例中根据场外容泄区的情况设置三个出水口,其中左面一个,右面两个。根据出水口的位置,布置导水线路将各条沟相连。

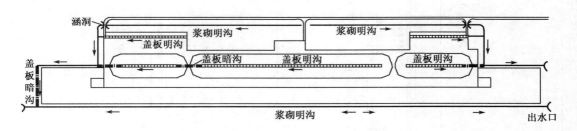

图7-19　某机场排水系统平面布置示意图

四、排水系统平面图的绘制

排水系统平面布置的成果,主要反映在排水系统平面布置图上。它是机场排水设计的主要图纸,是排水工程施工的重要依据。

排水系统平面布置图一般应在飞行区平面图上绘制,即应有跑道、滑行道、停机坪、道路、围界等各种设施,比例尺一般为1:2 000~1:5 000,并附有指北针。在平面布置图上用不同线段和常用符号表示出设计的排水沟管(盖板明沟、盖板暗沟、管道、梯形明沟等)及附属构筑物(检查井、雨水口、出水口、涵洞、泵站、蓄水池等)的位置。每条沟管应注明名称、每段沟的长度、沟底纵坡、断面或管径、流水方向及起讫点桩号、沟底和沟顶高程等。图上应有图例和说明等,图7-20为某民用机场飞行区排水工程平面图(局部)。

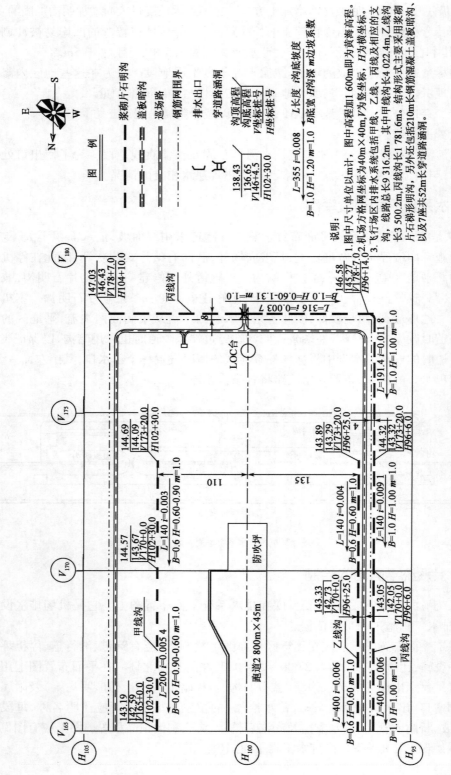

图7-20 某民用机场排水工程平面布置图（局部）

第五节　排水线路的纵断面设计

当排水系统的平面布置确定后,就可着手进行排水线路的纵断面设计与水文水力计算。这两部分工作是相互交错进行的。最后绘出排水线路平面布置图和纵断面设计图,作为排水工程施工的重要依据。

需要进行排水线路纵断面设计的有:盖板明沟、盖板暗沟、排水管道、梯形明沟等。由于上述排水沟的纵断面设计的普遍规律是相同的,只要掌握了排水沟管纵断面设计的普遍规律,对个别排水沟管的设计就不成问题了。

一、排水管道的纵断面设计

图 7-21 是一条排水管道的纵断面设计图。从图中可知管道的纵断面设计内容是很多的,其中最主要的内容是:确定管道的埋置深度,选择管道的纵坡,管道在检查井内的连接,以及纵断面控制高程的确定。这些内容都是互相联系的,在设计时应综合考虑,使设计的排水线路水力条件好(满足自流排水,不产生壅水),经济而且便于施工与维护。

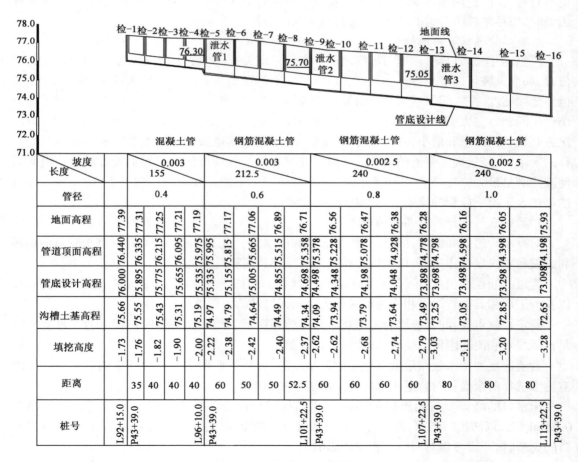

图 7-21　排水管道纵断面设计图

1. 排水管道的埋置深度

埋置深度系指管顶距地面的距离。管道的埋深对排水工程的造价、施工期,以及排水的条件都有影响。在设计时,应对排水线路的地质情况、地下水位、冰冻深度、容泄区的水位以及荷载的大小综合分析后确定之。

最小埋置深度取决于以下三个因素:

(1)防止因土基冻胀而破坏管道。

(2)防止机轮压坏管道。

(3)满足管道连接上的要求。

在季节冰冻区,一般要求管道基础埋在冰冻线以下,否则周围要加隔温层。在非冰冻地区为了防止机轮压坏管壁,管顶应有一定的覆土厚度,一般应大于0.5m。在经常有飞机荷载作用的地段,需要适当加大覆土厚度,否则应有加固措施,如采用加强管(Ⅱ级或Ⅲ级管),或在管道外满包混凝土,详见《机场排水结构物设计》教材。此外,为了排除集水线路所汇集的雨水,主干管应低于与其相连的沟管。

根据上述三个不同因素,可得三个不同的最小埋置深度,取其大者为依据。但管道的埋深也不宜过大,以免增加开挖沟槽的土方量及下游沟管的深度。当容泄区的水位较高,排水条件困难时,应尽量减小管道的埋深,创造自流排水的条件。

2. 排水管道纵坡的选择

根据谢才公式可知:流速与坡度之间存在着一定关系。坡度大则流速大,当设计流量为定值时,加大纵坡可以减小管径。因此管道纵坡在不超过最大允许流速的条件下,应尽量大些。但当地面坡度较平缓时,增大管道的坡度会使埋深过大,增加沟槽开挖的土方量,这就存在一个优化问题。在大型排水工程中,常采用动态规划方法进行坡度优化,使管道费用和埋管时的土方开挖费用的总和最小。在机场排水工程中,一般根据地面坡度和整个排水线路纵断面设计的要求,由经验确定管道的纵坡。一般情况下管道的纵坡应接近于地面设计坡度。但必须使流速满足最大流速(5m/s)和最小流速(0.75m/s)的要求。在可能的情况下,应使下一段管的流速大于前一段管的流速,以减少管道的淤塞。

3. 控制点的选择及其高程的确定

对排水管道纵断面设计起控制作用的点称控制点。由于控制点的高程对整个管道的埋深和纵坡起着决定性作用,所以在选择控制点和确定其高程时应全面考虑。

管道的起点和出水口是最重要的高程控制点。此外,排水线路的最低点、管道的汇合点,以及与道面和其他管线等相交处都应作为纵断面设计的控制点。

确定控制点高程时,应综合考虑整个管道的埋深、纵坡和水力条件,使得水力条件既能满足自流排水和流速限值的要求,又使得工程量最小。

管道起点和排水线路最低点宜采用最小埋深,以便依地形确定其他管段的纵坡与埋深时有更多选择的余地。对容泄区水位较高的情况尤为重要。

出水口的高程要与相连接的明沟沟底高程密切配合。管道的管底宜比明沟沟底高出0.25m以上,以防出口淤塞,并使管顶在明沟设计水面以上,防止顶托壅水。此外,在选择出水口的高程时,还需考虑对明沟工程量的影响。

管道穿越道面时,宜在基层以下通过。当高程有困难时,可在基层中穿越,但管顶距道面板不应小于0.1m,排水管道与电缆或其他地下线路交叉时,垂直距离和水平距离应满足表7-1的要求。

排水管道(或暗沟)与其他管线或构筑物交叉时的最小距离 表7-1

名　　称	水　平　净　距(m)	垂　直　净　距(m)
建筑物	见注3	—
给水管	见注4	见注4
排水管		0.15
电力电缆		0.5
通信电缆		直埋0.5,穿管0.15
地上柱杆(中心)	1.5	—
道路侧石边缘	1.5	—
油管	1.5	0.25
明渠渠底	—	0.5
涵洞基础底	—	0.15

注:1. 表列数字除注明者外,水平净距均指外壁净距,垂直净距指下面管线的外顶与上面管线基础底间的净距。
　　2. 采取充分措施(如结构措施)后,表列数字可以减小。
　　3. 与建筑物水平净距:管道埋深浅于建筑物基础时,一般不小于2.5m(压力管不小于5.0m);管道埋深深于建筑物基础时,按计算确定,但不小于3.0m。
　　4. 水管水平净距:给水管管径≤200mm时,不小于1.5m;给水管管径>200mm时,不小于3.0m。与生活给水管交叉时,排水管道一般应在下面穿过,垂直间距不小于0.25m,若排水管道同时排除污水时,垂直间距不小于0.4m。在排水管道无法避免在生活给水管道上面穿越时,必须加固,加固长度不小于生活给水管的外径加4m。

4. 排水管道在检查井处的连接

排水管道在检查井内的连接方式主要有两种,一种是齐水面连接,另一种是齐管顶连接,如图7-22所示。

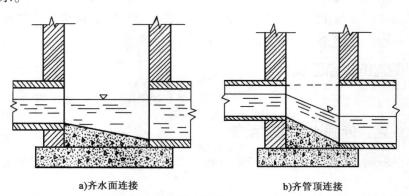

a)齐水面连接　　　　　　　　b)齐管顶连接

图7-22　排水管道在检查井内的连接方式

雨水管道一般采用齐管顶连接。在污水管道设计中,当相连的两条管道管径相同且充满度增加时,应采用齐水面连接,充满度减小时采用齐管顶连接。两管径不同时一般采用齐管顶连接。但遇到下列情况之一时采用齐水面连接:

(1)当下游水面高于上游水面时。

(2)当地形过于平坦,出水口高程较高造成排水困难时。

255

当地面有明显高差,或下游管道为了穿越道面或管线需要增大埋深时,也可采用跌水井。

二、盖板沟的纵断面设计

盖板沟是机场排水中最常用的排水沟,分为盖板明沟和盖板暗沟。盖板明沟的沟顶露于地面,起集水作用;盖板暗沟埋于地下,主要用于穿越道面或横穿土跑道等。

盖板明沟的起始深度不小于0.2m,一般宜在0.4m以上。盖板暗沟的深度不小于0.5m。纵坡不小于2‰。盖板明沟有等沟深和变沟深两种,如图7-23所示。变沟深是指沟顶与沟底的纵坡不一致,沟深沿纵向逐渐变化,如图7-23a)所示。等沟深指每段沟的沟顶和沟底纵坡相同,沟深相等。由于盖板明沟沿程汇入表面径流,流量逐渐增大,需要的沟深也逐渐增大,因此变沟深在理论上比较合理。另外,当地面非常平缓,如果沟底坡度与地面相同,可能不满足要求。因此必须加大沟底坡度,需采用变沟深设计。但变沟深时沟槽施工比较麻烦,每个断面模板、钢筋都不一样。为了便于施工,在地面坡度比较合适时,可采用分段等沟深的方法,下游深度逐渐加大,如图7-23b)。这样既不造成较大浪费,施工又比较简单。

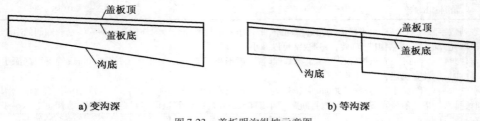

a) 变沟深　　　　　　　　　　　　　　　　**b) 等沟深**

图7-23　盖板明沟纵坡示意图

盖板沟穿越联络道或跑道时,可采用盖板暗沟。盖板暗沟没有径流汇入,因此采用等沟深。盖板顶面一般应在基层以下通过。如受高程限制,只能在基层中穿过时,盖板顶面应低于道面底10cm以上。在土跑道穿越时,应低于土面30cm以上。穿越联络道时,应使道肩至暗沟起点、终点的连接土面坡度不超过最大允许值(一般为25‰),否则应加长盖板暗沟。盖板沟的纵断面图如图7-24所示。

三、梯形明沟的纵断面设计

场内梯形明沟的纵断面设计图,类似于排洪沟的纵断面设计。这里不再重复。

四、排水线路纵断面设计图的绘制

排水线路纵断面设计的成果,主要反映在排水线路纵断面设计图上。它也是机场排水设计的主要图纸。

沟、管纵断面图反映沟、管沿线的高程、坡度及断面变化情况,它是和平面图相对应的。纵断面图的水平比例尺通常采用1:2 000~1:5 000,垂直比例尺采用1:100~1:200。

排水沟管纵断面设计图中,应绘出沟管中心的地面线、设计沟(管)顶及沟(管)底面线,并根据实际情况绘出相交的道面和其他构筑物。列表注明地面高程、沟(管)底设计高程、土基面设计高程、填(+)挖(-)高(即工作高程)及沟(管)的结构、沟底坡度及每段长度、检查井的位置与间距等。纵断面图中还应绘出垂直标尺,并有说明。

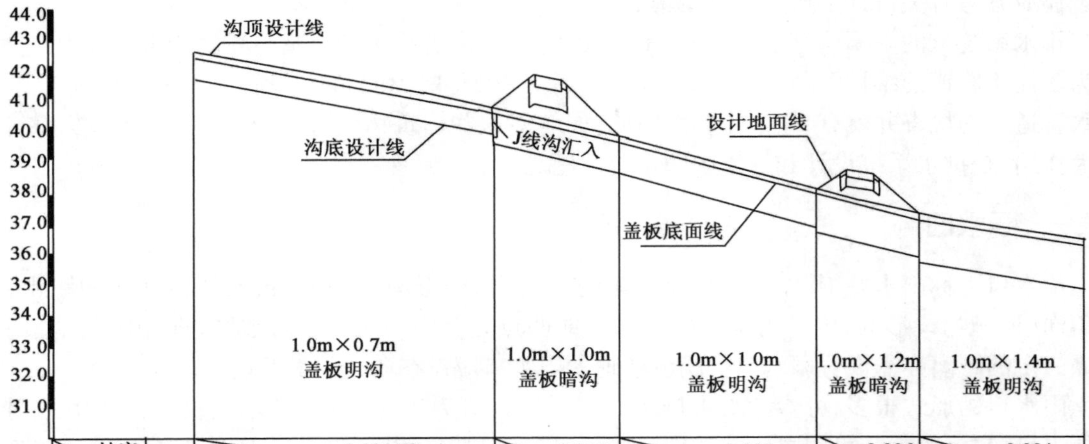
44.0
43.0
42.0
41.0
40.0
39.0
38.0
37.0
36.0
35.0
34.0
33.0
32.0
31.0
沟顶设计线
沟底设计线
J线沟汇入
设计地面线
盖板底面线
1.0m×0.7m
盖板明沟
1.0m×1.0m
盖板暗沟
1.0m×1.0m
盖板明沟
1.0m×1.2m
盖板暗沟
1.0m×1.4m
盖板明沟

坡度 / 长度	0.004 79 / 380											0.006 / 160			
地面高程	42.62	42.43	42.24	42.05	41.85	41.66	41.47	41.28	41.09	40.94	40.80	41.48	41.70	40.80	39.84
沟槽顶面高程	42.620	42.428	42.237	42.045	41.854	41.662	41.471	41.278	41.087	40.944	40.800	40.560	40.320	40.080	39.840
沟底设计高程	41.700	41.508	41.317	41.125	40.934	40.742	40.551	40.359	40.167	40.024	39.880	39.580 39.340	39.100	38.860	38.620
沟槽土基高程	41.10	40.91	40.72	40.53	40.33	40.14	39.95	39.76	39.57	39.42	39.18	38.98 38.74	38.50	38.26	38.02
沟深	0.70	0.70	0.70	0.70	0.70	0.70	0.70	0.70	0.70	0.70	0.70	1.00 1.00	1.00	1.00	1.00
填挖高度	−1.52	−1.52	−1.52	−1.52	−1.52	−1.52	−1.52	−1.52	−1.52	−1.52	−1.52	−1.82 −2.74	−3.20	−2.54	−1.82
距离		40	40	40	40	40	40	40	40	30	30	40	40	40	40
桩号	P508+2.0 H505+6.5										P527+2.0 H505+6.5				P535+2.0 H505+6.5

坡度 / 长度	0.007 / 250						0.006 / 130			0.004 / 208				
地面高程	39.56	39.28	39.00	38.72	38.44	38.09	38.64	38.34	37.31	37.15	36.99	36.83	36.67	36.48
沟槽顶面高程	39.560	39.280	39.000	38.720	38.440	38.090	37.850	37.610	37.310	37.150	36.990	36.830	36.670	36.478
沟底设计高程	38.340	38.060	37.780	37.500	37.220	36.870	36.670 36.430	36.190	35.890	35.690 35.530	35.370	35.210	35.050	34.858
沟槽土基高程	37.74	37.46	37.18	36.90	36.62	36.27	36.07 35.83	35.59	35.29	35.09 34.93	34.77	34.61	34.45	34.26
沟深	1.00	1.00	1.00	1.00	1.00	1.00	1.20 1.20	1.20	1.20	1.40 1.40	1.40	1.40	1.40	1.40
填挖高度	−1.82	−1.82	−1.82	−1.82	−1.82	−1.82	−2.02 −2.81	−2.75	−2.02	−2.22 −2.22	−2.22	−2.22	−2.22	−2.22
距离	50	40	40	40	40	40	40	40	50	40	40	40	40	48
桩号						P547+12.0 H505+6.5			P554+2.0 H505+6.5					P564+10.0 H505+6.5

图 7-24　盖板沟纵断面设计图

除了平面图和纵断面图外，排水设计中还包括各种排水沟（如盖板明沟、暗沟、管道、梯形明沟、涵洞等）的结构图。如采用钢筋混凝土结构，还需要配筋图。这部分内容在《机场排水结构物设计》中学习。在施工图设计阶段，还需要绘制各种附属构筑物和连接点的大样图，以指导施工。

第六节　排水系统上的附属构筑物

排水系统是由许多排水结构物组成的。除了各类沟管外，还有许多附属构筑物，如检查井、雨水口、出水口等。本节主要叙述这些构筑物的形式、尺寸和材料。在具体设计时，其详细构造还应参考有关设计手册或标准图集。

排水系统上的附属构筑物,有的数量很大,它们在沟管系统的总造价中占有相当的比例。如为了便于管道的维护管理,通常都要设检查井,一般每隔50m左右设置一个,这样,每千米排水管道上的检查井就有20个之多。因此,如何使这些构筑物建造得合理,并能充分发挥其最大作用,是排水系统设计和施工中的重要课题之一。

一、雨水口

雨水口也称雨水井,其作用是排泄三角沟(或抛物线形沟)内的径流及闭流洼地的积水。三角沟(或抛物线形沟)内的雨水口配置在纵向凹点处及沟的末端,在纵坡方向相同的地段,每隔一定的距离亦需设置雨水口。闭流洼地的雨水口应设在洼地的最低点。

雨水口的形式很多,可参考给水排水标准图集。图7-25、图7-26所示是机场修建中常用的雨水口,它一般由井盖、井身、井基础三部分组成。井盖由井盖框及井箅两部分组成。一般盖框用角钢焊接而成,并固定在井口上。在盖框内放以井箅,井箅可用角钢和扁钢焊接而成,或用铸铁铸造。在永备机场,井身多用不低于C25的混凝土浇制,壁厚通常为15cm,井深一般不超过1m。井身有整体式和装配式两种。井底用水泥砂浆抹成半圆形的流水槽,流水槽的坡度采用0.02~0.03,坡向泄水管。泄水管与井身为柔性连接,井身留的孔应大于泄水管外径2~3cm,每侧1~1.5cm的缝隙用填缝料填塞之。井基础厚15cm,基础下一般用15cm厚的碎石垫层,在地下水位低、土基密实时,也可采用粗砂垫层。

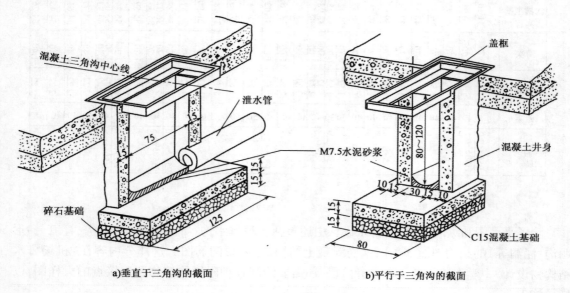

图7-25 混凝土雨水口(井箅已拿掉,尺寸单位:cm)

加强式雨水口的结构与标准雨水口基本相近,如图7-26所示,其主要不同点是为了增加进水能力,采用2~3个井箅。加强雨水口用在三角沟纵坡很大($i>0.007$)或径流量大的地方,如闭流洼地、三角沟末端等处。

雨水口箅面比人工道面表面一般应低1~2cm,在土质地区一般应低3~5cm,并作过渡处理。排除土质地区径流的雨水口,考虑到径流夹带泥沙较多,可加深井底形成 30～50cm 深的沉淀池,以免管道淤塞。为了防止地面径流冲刷井口周围的土壤,在井口周围 1m 范围内铺以块石或混凝土护面。

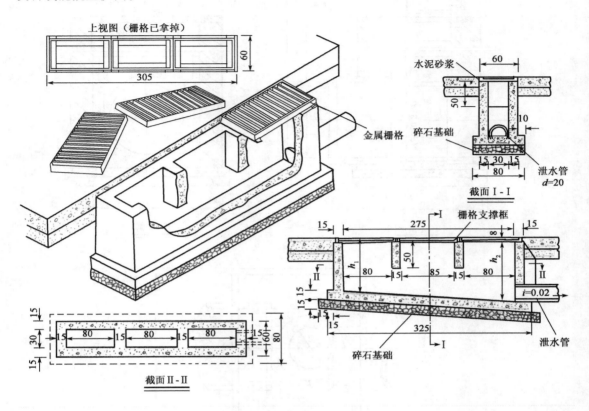

图 7-26　加强式混凝土雨水口(尺寸单位:cm)

二、检查井

为了检查、清理管道,连接管路,在管道的线路上需要配置检查井。对于机场一般采用钢筋混凝土或混凝土检查井。

混凝土检查井的形式与管径、埋深有关,一般做成圆形或矩形,如图 7-27、图 7-28 所示,也可参考给水排水标准图集。混凝土检查井可分为井基、井身、井盖三部分。

井基是用混凝土或钢筋混凝土浇筑成的基座,其上设半圆弧形的流水槽与井的进水管及出水管相连。当管道坡度很小时,为避免淤塞不设流水槽,把井基表面设在低于出水管 0.3～0.5m 的位置,以形成沉淀池。

井身是供下井操作的一个工作室。其平面尺寸与形状取决于管道的管径和工人操作的需要,通常管径小于 500mm 时用圆形,大于 500mm 时修成方形。

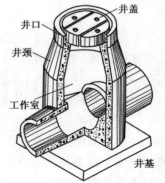

图 7-27　圆形检查井构造图

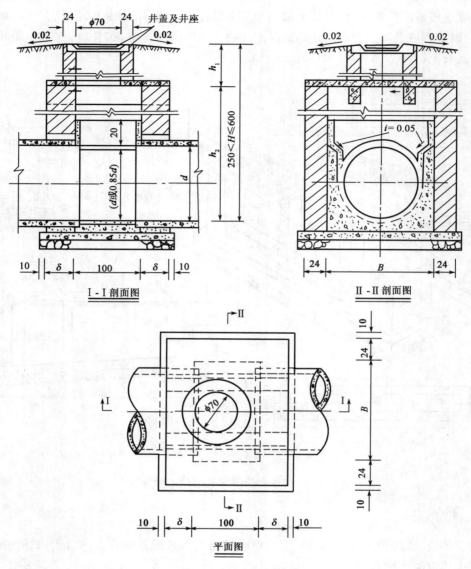

图 7-28　矩形检查井构造图(尺寸单位:cm)

　　井身的高度取决于管道的埋深。当井深大于 2m 时,为了节省材料,井身上部 80cm 可作成收缩的锥体,即所谓井颈,井口的尺寸应便于工人的进出,其最小尺寸为直径 0.7m 或 0.7m×0.7m。井身多用不低于 C25 的混凝土,壁厚一般采用 16～18cm。

　　井壁设置铁踏蹬,供维护人员上下之用。踏蹬竖向间距为 35cm,水平间距为 30cm。铁踏蹬应涂刷沥青等防腐材料。为便于上下,井身在偏向进水管的一边可保持直立。

　　井盖可采用钢筋混凝土或铸铁结构。用钢筋混凝土井盖时,为启闭方便,多由 3～4 块拼成。位于土跑道和端保险道上的检查井,井盖埋入土中 0.2～0.5m,但管道的起点或转弯处的检查井井盖应与地面齐平,以便寻找。

　　混凝土(或钢筋混凝土)井在浸蚀性地下水中,外壁应涂刷沥青等防腐材料,而井本身则用防腐蚀性能较好的混凝土浇筑。

　　检查井一般配置在管道的起始点,管道的方向、坡度及管径改变处;主干管与连接管或其他管道相接处以及管道的高程需要突然降低的地方。此外在管道的直线段上,为了便于检查与维修,每隔一定距离也应设置检查井,其最大间距可参照表7-2。

检查井的最大间距　　　　表7-2

管径（mm）	检查井的最大间距(m)	管径（mm）	检查井的最大间距(m)
200～400	50	800～1 000	90
500～700	70	1 100～1 800	120

　　注:管径大于1 800mm时,检查井间距可适当增大。

三、出水口

　　出水口分明沟出水口和暗沟(管道)出水口。明沟出水口是指明沟排入容泄区的出口,构造比较简单。暗沟或管道的出水口是暗沟或管道与明沟或容泄区相接的一种加固结构物。出水口的材料根据当地的建筑材料、管道或暗沟的埋深确定,在机场中多采用浆砌块石或混凝土出水口。

　　出水口的类型可参考给水排水标准图集。根据翼墙形式可分为一字形与八字形出水口,如图7-29、图7-30所示。一字形出水口用于明渠顺接的情况,八字形出水口用于与河道或明渠相交的情况。

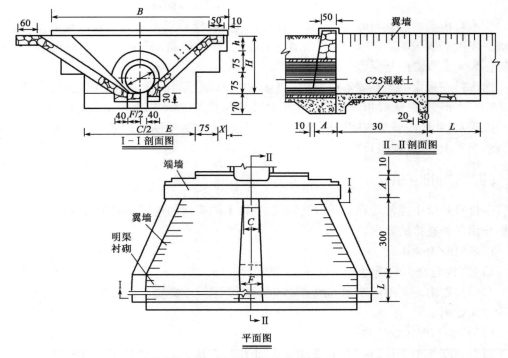

图7-29　一字式石砌出水口(尺寸单位:cm)

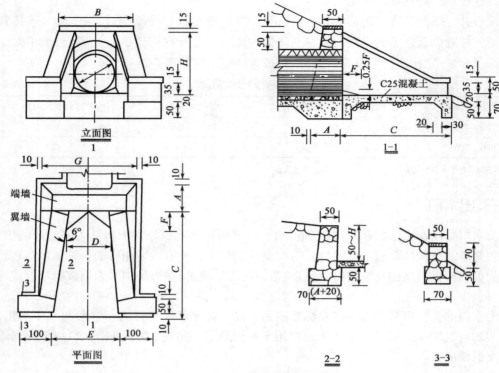

图 7-30　八字式石砌出水口(尺寸单位:cm)

出水口由端墙、翼墙和海漫三部分组成。端墙在管顶以上高度用块石砌时不小于 30cm;翼墙底厚度一般按墙高 30% 考虑,当墙背有水时,按水位高低和墙前锥坡情况不小于墙高的 50% ~60% 。海漫应与翼墙分开砌筑。

出水口底板及翼墙都要落在原状土上。如地基被扰动或落在填土坑内时,应进行适当处理。在出水口处,一般要求管道或暗沟底高出明沟底 0.25m 以上形成跌水,以免管道或暗沟内产生回水,并便于管道或暗沟的检查。为防止出水口处土明沟沟底和边坡冲刷,可用卵石、块石或混凝土加固,加固长度一般为 3 ~5m。

四、明沟的连接

在排水系统中经常遇到的明沟连接类型有:不同明沟的连接及明沟与其他构筑物的连接。这里介绍各种连接的要求。

1. 不同明沟的连接

(1)窄沟与宽沟的连接

窄沟与宽沟须采用逐渐加宽的方式连接,以免因速度突然变化而产生冲刷或出现涡流,其连接方式如图 7-31 所示。

(2)浅沟与深沟的连接

当沟底高差小于 0.3m 时,其连接方式如图 7-32 所示。一般情况下,应在跌水上游 1.5m 和下游 2m 范围内用片石加固。当沟底高差在 0.3 ~1.0m 时,其连接方式如图 7-33 所示,连接处须用浆砌片石或混凝土做成跌水。当沟底高差大于1m时,应按第六章的要求修建跌水或陡槽。

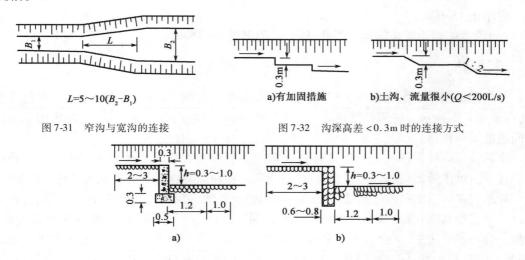

图 7-31　窄沟与宽沟的连接

$L=5\sim10(B_2-B_1)$

图 7-32　沟深高差<0.3m 时的连接方式

a)有加固措施

b)土沟、流量很小($Q<200$L/s)

图 7-33　沟深高差在 0.3~1.0m 时的连接方式(尺寸单位:m)

（3）不同形式的明沟连接

矩形明沟与梯形明沟的连接如图 7-34 所示。

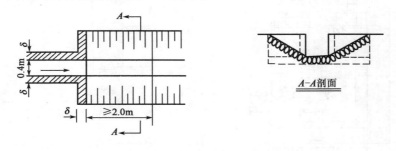

A—A剖面

图 7-34　矩形沟与梯形沟连接图

2. 明沟与管道或暗沟的连接

明沟与管道的连接如图 7-35 所示。当明沟位于管道或暗沟的上游时,应采取以下措施:

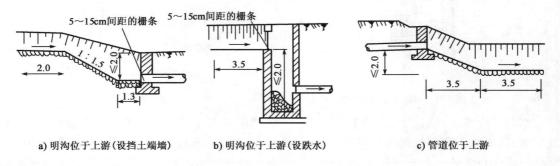

5~15cm间距的栅条

a) 明沟位于上游(设挡土端墙)　　b) 明沟位于上游(设跌水)　　c) 管道位于上游

图 7-35　明沟与管道连接图(尺寸单位:m)

263

（1）在连接处设置挡土的端墙。

（2）连接处的土明沟应加铺砌，铺砌高度不低于设计超高，长度自格栅算起为 3 ~ 5m，厚度不宜小于 15cm。

（3）根据需要设置格栅和沉泥井，栅条间距采用 5 ~ 15cm。

五、泵站

泵站是强制排水系统中的关键设施。当机场地形平坦，容泄区水位过高，不能自流排水时，需要用泵站抽水。特别在修建防洪围堤的机场，一般应同时修建泵站，使场内雨水在洪水期间也能顺利排出。

泵站位置应根据排水系统总体规划确定。一般应建在排放水体附近，或需要提升的位置。在有防洪围堤的机场，应建在防洪堤的内侧。但应避开跑道两端及地质条件不良地段。

泵站有泵房及附属设施组成。泵房内应设置集水池、机器间、格栅间、配电室等，如图 7-36 所示。泵房形式有合建式（集水池与机器间在同一建筑内）和分建式（集水池单独设置修建）两种。合建式泵房中，又分为干式泵房和湿式泵房，如图 7-37 所示。干式泵房中集水池与机器间分开，有利于水泵的检修和保养。而湿式泵房中集水池与机器间合在一起，泵房结构较简单。但水泵的叶轮、轴承等淹没在水中，容易腐蚀，不利于检修和保养。

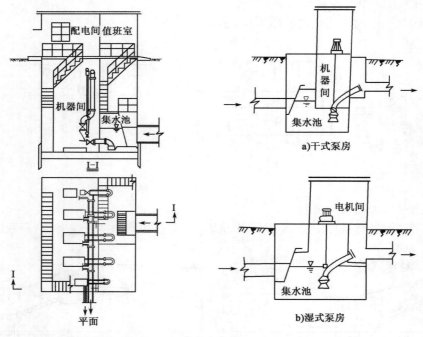

图 7-36　矩形泵房（自灌式）　　　　　　图 7-37　干式和湿式泵房

水泵的充水方式有自灌式和非自灌式两种。自灌式泵房的水泵叶轮（或泵轴）低于集水池的水位，水泵不需引水就可直接启动，操作简便，在自动化程度较高、开启频繁或重要的雨水泵站应采用自灌式。但泵房较深，造价较高，室内较潮湿。非自灌式泵房的泵轴高于集水池的最高水位，不能直接启动，需用引水设备将水泵及进水管灌满后才能启动。这种泵房深度较浅,室内干燥,但不适合自动开启的泵站及来水量变化较大、开启频繁的雨水泵站。

排水泵站中的水泵应根据水质、流量及扬程的大小选择,常用的有立式轴流泵、混流泵等。污水泵站应根据规范要求设备用泵,而雨水泵站一般不设备用泵,但水泵数量不能少于2台。中小型泵站一般为2~4台,大型泵站不超过8台。集水池的容积应根据泵站的设计流量、水泵抽升能力、启动方式等确定。雨水泵站中集水池的容积按最大一台水泵的流量为计算标准,一般采用30~60s的流量设计。集水池前应建进水闸和格栅。格栅用于拦截水中的漂浮物和杂质。泵站设计的详细要求请参考《给水排水设计手册》第五分册(城市排水)。

复习思考题

1. 飞行场地排水系统有哪些组成部分? 各部分的作用是什么?

2. 人工道面表面排水应满足什么要求? 可采用哪些有效措施?

3. 土质地区表面排水有哪些方法?

4. 道基水分的来源有哪些,对机场有何危害?

5. 排水系统平面布置的原则是什么?

6. 道面边缘三角沟和盖板明沟有哪些设计要求?

7. 飞行场地各组成部分对排水设计的要求有何不同?

8. 一般情况下,飞行场地排水线路的高程控制点有哪些? 其高程确定的原则是什么?

9. 排水管道的埋置深度和纵坡如何确定?

第八章 飞行场地排水系统水文水力计算

飞行场地排水系统主要由盖板明沟、梯形明沟、三角沟、圆管等集水、输水设备和附属构筑物组成。在排水系统平面布置确定以后,就需进行排水系统的水文水力计算。所谓水文计算,就是推求排水系统的设计流量;所谓水力计算,就是计算排水沟管的输水能力和流速,从而确定沟管的尺寸和底坡。本章主要介绍飞行场地排水系统水文水力计算的基本原理和方法。

第一节 飞行场地雨水设计流量计算

一、概述

飞行场地的设计流量计算,仍然属于小流域的流量计算问题。其基本理论和方法与第五章介绍的相同,一般采用推理公式计算。但由于飞行场地的表面特征和排水要求与场外小流域不同,因此计算方法有自身的特点。主要表现在以下几个方面:一是汇水面积更小,除总出口外,单条沟管的汇水面积一般不足 1km^2,常用公顷(hm^2)来表示;二是飞行场地铺有大量的水泥或沥青混凝土道面,这些道面透水性很小,径流系数比天然地面要大得多;三是飞行场地形状规则,表面平整,坡度和性质均匀一致,沟渠都为人工修建,其坡面汇流和沟槽汇流的特性与天然流域也有较大不同。这些特点有不少与城镇排水系统比较相近。因此飞行场地的设计流量计算方法往往类似于城市雨水道的计算方法。

近年来,随着城市水文学的发展,城市雨水道的计算方法正在逐渐改革,城市水文模型的应用已经比较普遍。飞行场地流量计算中水文模型也开始应用,但目前设计中仍以传统的推理公式法为主。本节主要介绍推理公式,第六节将简要介绍机场排水设计模型。

二、流量计算公式

目前,我国飞行场地排水系统设计流量计算采用推理公式。推理公式的一般形式已在第五章作了介绍:

$$Q_{\text{m}} = K\Psi a\varphi F$$

由于飞行场地汇水面积小,汇流时间较短,产流时间一般大于汇流时间。因此采用全面积汇流,取汇流时间为计算时间,即 $t = \tau$,$\varphi = 1$。且采用以下形式:

$$Q_{\text{m}} = \Psi qF \qquad (8\text{-}1)$$

式中:Q_{m}——某重现期的设计洪峰流量,$(\text{L/s}, 1\text{L/s} = 10^{-3}\text{m}^3/\text{s})$;

Ψ——径流系数;

F——汇水面积,单位为公顷(hm^2,$1\text{hm}^2 = 10^4\text{m}^2 = 0.01\text{km}^2$);

q——某重现期的平均雨强$[\text{L}/(\text{s} \cdot \text{hm}^2)]$。

$$q = Ka \tag{8-2}$$

式中:a——某重现期的平均雨强(mm/min);

　　K——单位换算系数,$K = 166.7$。

则式(8-2)可写成:

$$q = 166.7a$$

三、径流系数

降落在飞行场地的雨水,一部分将损失于填洼、入渗、蒸发等。即使是混凝土道面,也存在少量填洼及缝隙下渗等损失。因此径流系数总是小于1。在场外小流域的洪水计算中,净雨强度通过扣除平均损失率来确定:

$$a_1 = a - \mu$$

则径流系数:

$$\Psi = \frac{a_1}{a} = 1 - \frac{\mu}{a} \tag{8-3}$$

式中:a_1——净雨强度;

　　μ——产流期间的平均损失率,一般由当地水文观测资料通过反推获得。

这种扣除平均损失率的方法在飞行场地使用有一定困难。因为飞行场地表面有道面和土质区混合组成,且很少有实测水文资料,平均损失率较难确定。因此在飞行场地和城市雨水道设计中,采用径流系数法推求净雨,即:

$$a_1 = \Psi a$$

Ψ一般用经验公式或查表直接确定。在原苏联的机场排水设计中,采用经验公式。我国城市雨水道设计中,采用查表法。美国联邦航空局也采用直接查表的方法。在我国《军用机场排水工程设计规范》(GJB 2130A—2012)中,综合国内外的资料,建议按表8-1确定径流系数。在军用机场设计中应按此表选用。

机场地面径流系数　　　　　　　　　　　　　　　　　表8-1

地面种类	Ψ	地面种类	Ψ
沥青混凝土道面、水泥混凝土道面	0.90 ~ 0.95	砂性土地面	0.20 ~ 0.35
浆砌块石或沥青表面处理的碎石路面	0.55 ~ 0.65	黏性土地面,有草皮	0.25 ~ 0.35
泥结碎石路面	0.40 ~ 0.50	粉性土地面,有草皮	0.20 ~ 0.30
黏性土地面	0.40 ~ 0.50	砂性土地面,有草皮	0.10 ~ 0.25
粉性土地面	0.30 ~ 0.45		

注:各种地面的Ψ值,在湿润地区可取高值,半干旱地区取中值,干旱地区取低值。

飞行场地地面种类较多。有时某一汇水区内有不同性质的地面,我们先分别计算同一类型地面的面积f_i,并确定相应于这种地面的径流系数Ψ_i。然后以面积为权重进行加权平均,即得汇水区全部面积上的综合径流系数。用公式表示为:

$$\overline{\Psi} = \frac{f_1\Psi_1 + f_2\Psi_2 + \cdots}{f_1 + f_2 + \cdots} = \frac{\sum f_i \Psi_i}{\sum f_i} \tag{8-4}$$

四、暴雨强度的重现期

在机场防排洪设计中,考虑到场外洪水冲淹机场后危害很大,其设计重现期取值比较大。而飞行场内汇水面积比较小,径流总量也不大。只要不是长时间积水,就不会引起严重的危害。如果重现期选取过大,则会大大增加修建费用,而充分利用的机会很少。因此场内排水设计与城市雨水道相似,一般采用较小的重现期。

飞行场内的设计流量只能通过设计暴雨间接推求。因此将暴雨的重现期作为径流的重现期。这两者虽然并不完全相同,但在实用上一般假定是一致的。

设计暴雨的重现期关系到机场的使用性能和造价,应该根据机场的重要性、当地的气象、地质条件及积水后的损失等因素合理确定。美国民用机场按 5 年一遇设计,10 年一遇校核;军用机场按 2 年一遇设计。我军以前的标准中取设计重现期为 0.5 ~ 2 年,场界沟取 3 ~ 5 年。《军用永备机场场道工程战术标准》(GJB 525A—2005)对重现期作了一些修改,将最低标准从 0.5 年一遇的提高到 1 年一遇,见表 8-2。另外场界沟统一取 5 年一遇。我国《民用机场总体规划规范》(MH 5002—1999)规定民用机场飞行区的排水标准为 5 年一遇,其他地区 1 ~ 3 年一遇,见表 8-3。而《民用航空支线机场建设标准》(MH 5023—2006)中规定支线机场暴雨重现期为 2 ~ 3 年。

军用机场飞行场地排水系统设计
暴雨重现期(GJB 525A—2005)　　表 8-2

类别	适用条件	重现期(年)
一	四级机场	2
二	二、三级机场	1 ~ 2
三	一级机场	1

注:新建的二、三级机场可取 2 年,扩建改造的二、
　　三级机场可根据具体情况取 1 ~ 2 年。

民用机场场内排水标准
(MH 5002 —1999)　　表 8-3

机场功能区	设计暴雨重现期(年)
飞机活动区	5
旅客航站区、货运区、飞机维修区、及其他重要区域	不小于 3
其他区域	不小于 1

还必须指出,当暴雨强度达到设计值时,并不一定会引起飞行场地积水。因为明沟设计时留有一定的安全深度,管道中设计水位只达到管顶,离地面还有一定距离。当暴雨继续增大,检查井中水位上升,管道中出现压力流,过水能力也有所增大。当暴雨强度超过设计值较多时,径流溢出地面,引起地面积水。因此引起积水的平均周期一般比设计暴雨重现期要大。它与沟管的类型,预留的安全余度等许多因素有关。另外,同是积水,在不同部位对机场的影响也不一样。如在跑道附近积水,将会影响正常飞行,并对道基强度有一定影响。如在平地区中部有短时间积水,且离开道面较远,则不会影响正常使用。但若长时间大范围内积水,则对机场有较大危害。因此,在设计中除按设计重现期以不积水要求设计管渠尺寸外,最好按某一个校核重现期进行校核。校核时允许在次要地区有积水,但积水时间和范围不能超过限制值。目前积水计算的方法还不够成熟,对校核重现期及积水时间和范围都没有统一的规定,有待以后完善。

五、汇流时间

汇流时间 τ 的含义与场外小流域流量计算中的含义是相同的,即为汇水面积最远点的水

流到达计算点的时间。它包括坡面汇流和沟槽汇流时间：

$$\tau = \tau_1 + \tau_2 \tag{8-5}$$

式中：τ_1——坡面汇流时间（min）；

$\quad\ \tau_2$——沟槽汇流时间（min）。

1.τ_1 的计算

坡面汇流时间的计算公式很多，一类是经验公式，如原苏联阿勃拉莫夫教授根据各类地面所作的试验提出的公式：

$$\tau_1 = 1.5 \frac{n_f^{0.6} L^{0.6}}{Z^{0.3} a^{0.5} S^{0.3}} \text{（min）} \tag{8-6}$$

式中：n_f——地表的粗糙系数；

$\quad L$——雨水在坡面上的径流长度（m）；

$\quad Z$——地面种类系数；

$\quad a$——平均暴雨强度（mm/min）；

$\quad S$——地面坡度。

在机场排水设计中，往往令 $1.5 n_f^{0.6} / Z^{0.3} = C$，此值与地表种类及粗糙情况有关，见表8-4。

系 数 C 值 表

表8-4

表　　面	系数 C	表　　面	系数 C
沥青	0.114	无草皮的压实地面	0.447
水泥混凝土	0.160	有草皮的压实地面	0.692
碎石路面	0.228		

另一类是根据坡面水流理论建立的公式，如运动波公式：

$$\tau_1 = \left(\frac{L}{\alpha I^{\beta-1}} \right)^{1/\beta} \tag{8-7}$$

式中：L——坡面流长度；

$\quad I$——净雨强度；

α、β——运动波方程的参数。

如采用曼宁公式计算流速，则 $\alpha = S^{0.5}/n_f$，$\beta = 1.667$。这里 S 为地表坡度，n_f 为地表粗糙系数。

前苏联的波谬阔夫应用运动波公式，并将 β 改为 1.72，则得到如下公式：

$$\tau_1 = \left[\frac{2.41 n_f L}{(\Psi a)^{0.72} S^{0.5}} \right]^{1/1.72} \text{（min）} \tag{8-8}$$

式中：Ψ——径流系数；

$\quad a$——平均雨强（mm/min）；

2.41——单位换算系数；其余参数意义同前。

在我国机场排水设计中，曾长期采用阿勃拉莫夫公式计算坡面汇流时间。但该式中参数比较抽象，且不一定符合我国实际。运动波公式有一定理论根据，且参数 n_f 为粗糙系数，可参照沟渠的粗糙系数确定，比较方便。经试验验证，波谬阔夫公式效果较好，因此在目前的机场排水设计规范中推荐了这一公式。式中的粗糙系数 n_f 可按表8-5确定。

由于式(8-8)中需要用到平均雨强 a,它与汇流时间 τ 有关,而 τ 正是所求的。因此在计算中需要迭代。先假定一个汇流时间,从暴雨公式中获得平均雨强,再计算坡面汇流时间 τ_1 和沟渠汇流时间 τ_2,算得汇流时间 τ,并与假设的数值比较。若两者比较接近,则结果可以采用,否则应重新假定和计算。

地 表 粗 糙 系 数　　　　表 8-5

地 表 状 况	n_f 值	地 表 状 况	n_f 值
沥青混凝土道面	0.011 ~ 0.016	中等密度的草皮地面	0.05 ~ 0.07
水泥混凝土道面	0.011 ~ 0.018	稠密草皮地面	0.08 ~ 0.12
无草皮的土地面	0.025 ~ 0.035		

注:细粒式沥青混凝土取小值,粗粒式沥青混凝土取大值。刻槽水泥混凝土道面取小值,拉细毛或不拉毛时取中值,拉粗毛时取大值。

当暴雨公式的形式为 $a = S_p/t^n$ 时,计算可以得到简化。即近似假定 $t = \tau_1$,并把暴雨公式代入式(8-8)中,经整理得:

$$\tau_1 = \left[\frac{2.41 n_f L}{(\Psi S_p)^{0.72} S^{0.5}}\right]^{\frac{1}{1.72-0.72n}} (\text{min}) \tag{8-9}$$

2. 沟槽汇流时间 τ_2

明渠、盖板沟、管道等排水沟渠有规则的断面形状,可用水力学公式计算沟槽内的流动时间。在管道和暗沟中,由于上下端的流量变化不大,可以按均匀流公式计算流速。水流在管道中流经的时间可用下式计算:

$$\tau_2 = \frac{L_g}{60v}(\text{min}) \tag{8-10}$$

式中:L_g——管沟长度(m);

　　　v——水流在管沟内的平均流速(m/s)。

当管道分成多段,每段流速不等时,应分段计算,并求总和。

在截水明沟、盖板明沟等沟渠中,水流状况与管道内有所不同。这些沟渠在流动过程中不断汇集旁侧来水,流量、流速等沿程不断变化,不能再按均匀流公式计算。这类沟渠的水流时间计算分为两种情况:

(1)从截水明沟起始断面至第一段末断面的汇流时间,用下式计算:

$$\tau_2 = \frac{L_g}{60\bar{v}} = \frac{L_g}{60Kv} \tag{8-11}$$

式中:$\bar{v}$——第一段的平均流速;

　　　v——该段末断面的流速,计算方法见下节。

由于在旁侧入流时流量和流速是逐渐增大的,则沿程平均流速小于末断面的流速。可用式 $\bar{v} = Kv$ 表示,式中 K 为小于1的系数。若水流为恒定流,旁侧入流沿程均匀,则可推导出如下的公式:

矩形断面:

$$K = \frac{3h}{3h + b\ln\left(\frac{2h}{b} + 1\right)} \tag{8-12}$$

梯形断面：

$$K = \frac{3hb\sqrt{m^2 + 1}(b + mh)}{3h\sqrt{m^2 + 1} + mbh + 4mh^2\sqrt{m^2 + 1} + b^2\left(1 - \frac{m}{2\sqrt{m^2 + 1}}\right)\ln\left(1 + \frac{2h\sqrt{m^2 + 1}}{b}\right)} \tag{8-13}$$

式中：h——水深；

b——沟的底宽；

m——边坡系数。

矩形和梯形断面的 K 值可查表 8-6。对三角沟，$K = 0.75$，对抛物线形沟，$K = 0.692$。矩形和梯形断面的 K 值一般取 $0.62 \sim 0.82$，为方便起见，也可取 0.75 的近似值。

矩形和梯形断面的 K 值

表 8-6

m ＼ h/b	0（矩形）	0.25	0.5	1.0	1.5	2.0	2.5
0.1	0.622	0.622	0.624	0.629	0.635	0.642	0.648
0.2	0.641	0.641	0.643	0.651	0.660	0.668	0.676
0.3	0.657	0.657	0.659	0.667	0.677	0.686	0.694
0.4	0.671	0.670	0.672	0.681	0.690	0.699	0.706
0.5	0.684	0.682	0.683	0.691	0.700	0.708	0.714
0.6	0.695	0.692	0.692	0.699	0.708	0.715	0.721
0.7	0.706	0.701	0.700	0.706	0.714	0.720	0.725
0.8	0.715	0.709	0.707	0.712	0.719	0.725	0.729
0.9	0.724	0.715	0.713	0.717	0.723	0.728	0.732
1.0	0.732	0.722	0.719	0.721	0.726	0.731	0.734
1.1	0.739	0.727	0.723	0.725	0.729	0.733	0.736
1.2	0.746	0.732	0.727	0.728	0.731	0.735	0.738
1.3	0.753	0.737	0.731	0.730	0.734	0.737	0.739
1.4	0.759	0.741	0.734	0.732	0.735	0.738	0.740
1.5	0.764	0.744	0.737	0.734	0.737	0.739	0.741
1.6	0.770	0.747	0.739	0.736	0.738	0.740	0.742
1.8	0.780	0.753	0.743	0.739	0.740	0.742	0.744
2.0	0.788	0.758	0.747	0.741	0.742	0.743	0.745
2.2	0.796	0.762	0.749	0.743	0.743	0.744	0.745
2.4	0.804	0.765	0.751	0.745	0.744	0.745	0.746
2.6	0.810	0.768	0.753	0.746	0.745	0.746	0.747
2.8	0.817	0.770	0.755	0.747	0.746	0.746	0.747
3.0	0.822	0.772	0.756	0.748	0.747	0.747	0.747

（2）截水明沟中间各段，可按下式计算：

$$\tau_2 = \frac{L_g}{60\bar{v}}$$ (8-14)

式中：$\bar{v}$——平均流速$\bar{v}$，可取上、下两断面流速的平均值（图8-1）。

$$\bar{v} = \frac{v_1 + v_2}{2}$$ (8-15)

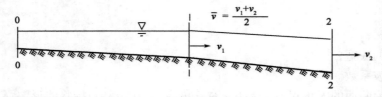

图8-1　平均流速计算示意图

获得汇流时间以后，即可代入暴雨公式计算平均雨强，再用式（8-1）计算设计流量。具体过程在以后各节中介绍。

第二节　排水沟管的水文水力计算

一、盖板沟的水文水力计算

盖板沟分为盖板明沟和盖板暗沟。盖板明沟的盖板露于地面，并有进水孔，沿程不断有雨水进入，流量逐渐增加，因此为沿程变量流。而盖板暗沟的盖板埋于地下，没有进水孔，流量沿程不变，一般为均匀流。因此两者在水力计算上有所区别。

1. 盖板明沟的水文水力计算

盖板明沟是机场排水中最常用的设施。在进行水文水力计算前，首先要初步拟定盖板明沟的起始深度、沟宽和底坡。盖板明沟水文水力计算，主要是校核沟槽的输水能力。任何一个断面的输水能力都应大于或等于该断面的设计流量。即 $Q_{输} > Q_m$，但不能相差过多，以免造成不必要的浪费，同时要求流速在允许范围内，其中允许最小流速为 0.6m/s，最大流速根据盖板的材料确定，参见第六章。一般情况下，盖板明沟的末断面设计流量最大，所以通常只校核末断面。但当盖板明沟的底坡、宽度等有变化时，应根据具体情况选择变化断面进行校核。

由于盖板明沟沿程有旁侧入流加入，为非均匀流，但流速计算仍采用曼宁公式的形式：

$$v = \frac{1}{n}R^{2/3}\sqrt{J}$$ (8-16)

式中：v——断面平均流速；

n——沟渠粗糙系数；

R——水力半径；

J——水力坡度。

由于沿程水深和流速是不断变化的，因此水力坡度既不等于沟渠底坡，也与水面坡度不同，如图8-2所示。根据水力学原理，任意断面的水力坡度可用下式计算：

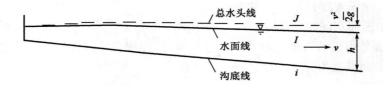

图 8-2　水力坡度计算图

$$J = i - \frac{\mathrm{d}h}{\mathrm{d}x} - \frac{\mathrm{d}}{\mathrm{d}x}\left(\frac{v^2}{2g}\right) \tag{8-17}$$

式中：h——水深；

　　　i——底坡；

　　　x——沿沟渠纵向的距离；

　　　g——重力加速度。

由于式(8-17)直接计算比较困难，实用上可作必要的简化。在式(8-17)中，第三项速度水头的变化率一般比前两项小得多，经常可以忽略。例如，有一条盖板明沟，长 300m，$i=0.003$，起始断面流量和流速均为 0，水深为 0.1m，末断面流量为 250 L/s，水深为 0.7m，流速为 0.71m/s，则全沟水力坡度的平均值：

$$\bar{J} = i - \frac{h - h_0}{L_{\mathrm{g}}} - \frac{v^2 - v_0^2}{2gL_{\mathrm{g}}} = 0.003 - \frac{0.7 - 0.1}{300} - \frac{0.71^2}{2 \times 9.8 \times 300}$$

$$= 0.003 - 0.002 - 0.000\,086 = 0.000\,91$$

如将上例中底坡改为 0.007，沟长和末断面流量不变，起始水深为 0.05m，末断面水深为 0.35m，流速为 $v = 1.43$m/s，则平均水力坡度为：

$$\bar{J} = i - \frac{h - h_0}{L_{\mathrm{g}}} - \frac{v^2 - v_0^2}{2gL_{\mathrm{g}}} = 0.007 - \frac{0.35 - 0.05}{300} - \frac{1.43^2}{2 \times 9.8 \times 300}$$

$$= 0.007 - 0.001 - 0.000\,35 = 0.005\,65$$

在上面的例子中，第三项只占第一项的 3% ~ 5%。在机场排水设计中，一般第三项比第一项小一个数量级以上，可以忽略不计。即：

$$J \approx i - \frac{\mathrm{d}h}{\mathrm{d}x} \tag{8-18}$$

即用水面坡度可近似代替水力坡度，这种近似一般不会引起较大误差。但第二项与第一项同处一个数量级，特别在底坡较小时，两者比较接近，因此不能忽略。即一般不能用底坡代替水力坡度。在式(8-18)中，由于 $\mathrm{d}h/\mathrm{d}x$ 是微分形式，不便求解，且沿程是逐渐变化的，即水面坡度处处不同，水面呈曲线，在计算中还需作简化。一种方法是将全沟的平均水面坡度代替计算点（一般为末断面）的水力坡度，即：

$$J \approx \bar{I} = i - \frac{h - h_0}{L_{\mathrm{g}}} \tag{8-19}$$

式中：$\overline{I}$——平均水面坡度；

h_0——起始断面水深。

第二种方法是用运动波理论对 dh/dx 进行简化，详细推导过程见参考文献[34]。简化后得到计算点的水面坡度为：

$$I \approx i - \frac{hq_e}{\alpha Q} \qquad (8\text{-}20)$$

式中：q_e——计算点的旁侧入流率；

Q——计算点的流量；

h——计算点的水深；

α——系数。

若明沟上游无集中入流，且旁侧入流均匀，则可按下式计算：

$$I \approx i - \frac{h}{\alpha L_g} \qquad (8\text{-}21)$$

α 与断面形状和水深有关。对三角形断面 $\alpha = 2.667$，抛物线形断面 $\alpha = 2.167$，矩形和梯形断面按下式计算：

矩形：

$$\alpha = 1 + \frac{2}{3\left(\frac{2h}{b} + 1\right)} \qquad (8\text{-}22)$$

梯形：

$$\alpha = \frac{5}{3}\frac{b + 2mh}{b + mh} - \frac{2}{3}\frac{h}{h + \dfrac{b}{2\sqrt{m^2 + 1}}} \qquad (8\text{-}23)$$

式中：b——矩形断面的沟宽或梯形断面的底宽；

m——梯形断面的边坡系数；

α——系数，可直接查表8-7。

第一种方法比较简单，但计算中要先确定起始断面水深 h_0。此值可根据底坡、起始沟深等假定。当底坡较大，起始沟深较小时，h_0 较小，一般在 0.1m 以下。但当底坡平缓、起始沟深较大时，可适当增大。设计中还要假定末断面水深 h，在获得水力坡度后，计算末断面的流速和流量，并与设计流量比较。若两者相差较大，应重新假设末断面水深，直至计算流量与设计流量接近为止。

第二种方法只需假定末断面水深，计算方法与前面类似。但当地面纵坡很平缓时（如 < 0.001）或为反坡时，末断面水深不能假设过大，否则水面坡度过于平缓或出现负值，径流将无法顺利排水。根据经验，当地面很平缓时，应保证有 0.001 左右的水面坡度。另外，当起始沟深比较大时，用这一方法计算误差较大，建议用第一种方法。下面通过例子说明盖板明沟的水文水力计算方法。

α　值　　　　　　　　　　　　　　　　表 8-7

h/b　　　　m	0（矩形）	0.25	0.5	1.0	1.5	2.0	2.5	3.0	4.0
0.2	1.476	1.551	1.612	1.704	1.772	1.828	1.877	1.919	1.992
0.4	1.370	1.517	1.630	1.789	1.898	1.980	2.045	2.098	2.181
0.6	1.303	1.515	1.669	1.872	2.000	2.090	2.158	2.210	2.289
0.8	1.256	1.529	1.715	1.945	2.081	2.171	2.237	2.286	2.358
1	1.222	1.551	1.762	2.007	2.145	2.233	2.295	2.341	2.405
1.2	1.196	1.577	1.806	2.061	2.197	2.281	2.339	2.382	2.440
1.4	1.175	1.604	1.848	2.107	2.239	2.320	2.374	2.414	2.467
1.6	1.159	1.631	1.886	2.146	2.275	2.352	2.403	2.439	2.488
1.8	1.145	1.659	1.922	2.181	2.305	2.378	2.426	2.460	2.505
2	1.133	1.686	1.955	2.211	2.331	2.400	2.466	2.477	2.520
2.2	1.123	1.712	1.986	2.238	2.354	2.420	2.462	2.492	2.531
2.4	1.115	1.737	2.014	2.262	2.373	2.436	2.476	2.505	2.541
2.6	1.108	1.761	2.040	2.284	2.391	2.451	2.489	2.515	2.550
2.8	1.101	1.785	2.064	2.303	2.406	2.463	2.500	2.525	2.558
3	1.095	1.807	2.086	2.320	2.420	2.475	2.509	2.533	2.564
3.2	1.090	1.828	2.107	2.336	2.432	2.485	2.518	2.541	2.570
3.4	1.085	1.849	2.127	2.351	2.444	2.494	2.526	2.547	2.575
3.6	1.081	1.879	2.145	2.364	2.454	2.502	2.553	2.533	2.580
3.8	1.078	1.887	2.162	2.376	2.463	2.510	2.539	2.559	2.584
4	1.074	1.905	2.178	2.387	2.472	2.517	2.545	2.564	2.588

【**例 8-1**】　图 8-3 是水泥混凝土道面的一部分,道面宽度为 50m,横坡为 0.008,纵坡为 0,长为 250m。当地暴雨公式为:

$$a = \frac{4.92}{t^{0.55}} \text{（mm/min）}$$

试确定道面边缘盖板明沟 1 的尺寸和坡度。

【**解**】　根据经验,初步选定盖板明沟 1 的净宽为 50cm,起始深度为 20cm,沟的纵坡为 0.003 2。下面校核其输水能力是否满足要求。

（1）计算盖板明沟 1 末断面 A 的设计流量 Q

①水从汇水面积最远点 C 流到盖板明沟起点 D 断面的时间 τ_1:

根据表 8-1,取径流系数 $\Psi = 0.9$,由表 8-4,取地表粗糙系数 $n_f = 0.016$,则:

$$\tau_1 = \left[\frac{2.41 n_f L}{(\Psi S_p)^{0.72} S^{0.5}} \right]^{\frac{1}{1.72-0.72n}} = \left(\frac{2.41 \times 0.016 \times 50}{(0.9 \times 4.92)^{0.72} \times 0.008^{0.5}} \right)^{\frac{1}{1.72-0.72 \times 0.55}} = 4.53 \text{（min）}$$

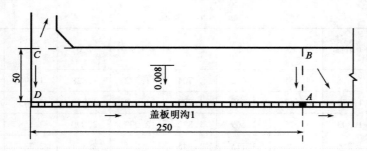

图 8-3　道面边缘盖板明沟(尺寸单位:m)

②水流在盖板明沟内从 D 点流到 A 点所需要的时间 τ_2:

末断面沟深 $H = 0.2 + 0.003\,2 \times 250 = 1.00(\mathrm{m})$

由于地面为平坡,为了保证有 0.001 左右的水面坡度,可假设末断面水深为 0.65m,即取 0.35m 的安全深度。沟槽为混凝土,粗糙系数 n 取 0.014。

第一种方法:假定起始水深为 0.1m,则平均水面坡度为:

$$\bar{I} = i - \frac{h - h_0}{L_g} = 0.003\,2 - \frac{0.65 - 0.1}{250} = 0.001$$

第二种方法:$h / b = 0.65 / 0.5 = 1.3$,查表 8-7 得 $\alpha = 1.185$。

$$I = i - \frac{h}{\alpha L_g} = 0.003\,2 - \frac{0.65}{1.185 \times 250} = 0.001\,01$$

两种方法结果相近,可任选一种。

$$v = \frac{1}{n} R^{2/3} \sqrt{I} = \frac{1}{n} \left(\frac{bh}{2h + b} \right)^{0.667} \sqrt{I}$$

$$= \frac{1}{0.014} \times \left(\frac{0.5 \times 0.65}{2 \times 0.65 + 0.5} \right)^{0.667} \times \sqrt{0.001} = 0.721\,(\mathrm{m/s})$$

系数 K 查表 8-6 得 0.753,或直接取 0.75 的近似值,则:

$$\tau_2 = \frac{L_g}{60 K v} = \frac{250}{60 \times 0.75 \times 0.721} = 7.71(\mathrm{min})$$

总汇流时间:

$$\tau = \tau_1 + \tau_2 = 4.53 + 7.71 = 12.24(\mathrm{min})$$

③设计流量:

汇水面积:$F = 50 \times 250 = 12\,500(\mathrm{m}^2) = 1.25(\mathrm{hm}^2)$

$$Q = \Psi q F = 0.9 \times \frac{166.7 \times 4.92}{12.24^{0.55}} \times 1.25 = 233(\mathrm{L/s})$$

(2)计算 A 断面的输水能力 $Q_{输}$

$$Q_{输} = vA = vbh = 0.721 \times 0.5 \times 0.65 = 0.234(\mathrm{m}^3/\mathrm{s}) = 234(\mathrm{L/s})$$

式中:A——过水断面面积。

$Q_{输} > Q$,且两者相差很小。同时,流速 v 小于 4.0m/s,大于 0.6m/s,满足不冲和不淤要求;沟深与沟宽之比小于 2.5,底坡也满足规范要求,说明假设的尺寸和坡度合适。故盖板明沟 1 尺寸为:净宽 0.5m,起始净深 0.2m,末断面净深 1.0m,底坡 0.003 2。

2. 盖板暗沟的水文水力计算

在机场排水中经常采用盖板暗沟穿越道面或飞行场地,其水力计算方法与盖板明沟类似,但由于盖板暗沟没有旁侧入流,断面尺寸一般不变,水流为明渠均匀流,水力坡度等于底坡。计算时只需根据进口时的设计流量计算断面尺寸,计算比较简单,不再详细介绍。由于盖板暗沟淤积后清理比较困难,其坡度宜适当加大,不应小于 0.002,流速不应小于 0.75m/s。

此外,飞行场内还有一些梯形明沟,部分明沟起截水作用,也为旁侧入流,水文水力计算方法可参考盖板明沟。对只起输水作用的梯形明沟,无旁侧入流,则按明渠均匀流计算。由于梯形明沟的清淤相对于盖板明沟和盖板暗沟要容易一些,因此对最小流速的要求也可适当放宽,但不应小于 0.4m/s。

二、宽浅形明沟水文水力计算

在飞行场内,三角沟和抛物线形草皮沟均属于宽浅形明沟。下面介绍这两种沟的水文水力计算方法。

1. 三角沟的水文水力计算

三角沟的断面形状如图 8-4 所示,其深度远小于宽度。

三角沟的水文水力计算与盖板明沟相似。它也为旁侧入流,流速按下式计算:

$$v = \frac{1}{n}R^{2/3}\sqrt{I}$$

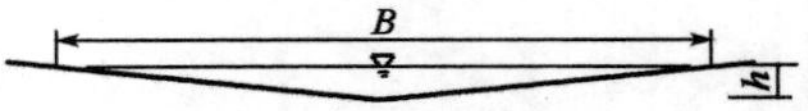

水力半径:

图 8-4 三角沟断面

$$R = \frac{A}{\chi} \approx \frac{\frac{1}{2}Bh}{B} = \frac{h}{2}$$

式中:A——过水断面面积;

B——水面宽度;

h——水深;

χ——湿周。

由于三角沟深度小,宽度大,χ 近似等于水面宽度。

水力坡度也用水面坡度代替,并用第二种方法计算:

$$I = i - \frac{h}{\alpha L_g} = i - \frac{h}{2.667 L_g} \tag{8-24}$$

其他与盖板明沟相近。下面通过例子说明三角沟的水文水力计算方法。

【例 8-2】 已知跑道宽 50m,单坡断面的横坡为 0.008,纵坡为 0.007;混凝土三角沟宽为 4m,深为 10cm。该地区降雨公式为 $a = 3.8(1 + 0.85 \lg N)/t^{0.6}$(mm/min),设计重现期为 2 年。试确定第一个雨水口的位置。

【解】 初步选定第一个雨水口位于距跑道端 100m 处(图 8-5)。

取地面径流系数 $\Psi = 0.9$,地表粗糙系数为 0.016,沟槽粗糙系数为 0.014,安全深度 2cm,计算水深 $h = 8$cm。

从汇水区最远点 B 到三角沟的水流时间:

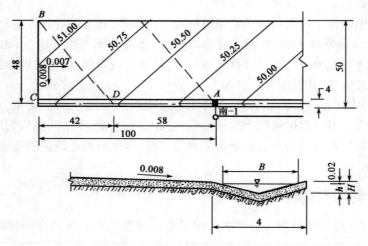

图 8-5 三角沟水文水力计算(尺寸单位:m)

沿水流方向的地面坡度:

$$S = \sqrt{0.008^2 + 0.007^2} = 0.0106$$

水流距离:

$$L = BD = \frac{0.0106}{0.008} \times 48 = 63.6 \ (\text{m})$$

$$S_P = 3.8 \times (1 + \lg 2) = 4.77 (\text{mm/min})$$

$$\tau_1 = \left[\frac{2.41 n_f L}{(\Psi S_p)^{0.72} S^{0.5}} \right]^{\frac{1}{1.72 - 0.72n}} = \left[\frac{2.41 \times 0.016 \times 63.6}{(0.9 \times 4.77)^{0.72} \times 0.0106^{0.5}} \right]^{\frac{1}{1.72 - 0.72 \times 0.6}} = 5.2 (\text{min})$$

三角沟中的水流距离:

$$L_2 = DA = 100 - \frac{0.007}{0.008} \times 48 = 58 \ (\text{m})$$

水力坡度和流速:

$$I = i - \frac{h}{2.66 L_g} = 0.007 - \frac{0.08}{2.667 \times 100} = 0.0067$$

$$v = \frac{1}{n} R^{2/3} \sqrt{I} = \frac{1}{0.014} \times \left(\frac{0.08}{2} \right)^{0.667} \times \sqrt{0.0067} = 0.683 (\text{m/s})$$

DA 段的汇流时间:

$$\tau_2 = \frac{L_2}{60 Kv} = \frac{58}{60 \times 0.75 \times 0.683} = 1.89 (\text{mm})$$

总汇流时间:

$$\tau = \tau_1 + \tau_2 = 5.2 + 1.89 = 7.09 (\text{min})$$

设计流量:

$$F = 100 \times 50 - \frac{48 \times 42}{2} = 3992 \text{m}^2 = 0.399 (\text{hm}^2)$$

$$Q = \Psi q F = 0.9 \times \frac{166.7 \times 4.77}{7.09^{0.6}} \times 0.399 = 88.2 (\text{L/s})$$

输水能力计算：

$$B = \frac{0.08}{0.10} \times 4 = 3.2(\text{m})$$

$$Q_{\text{输}} = vA = v\frac{Bh}{2} = 0.683 \times \frac{3.2 \times 0.08}{2} = 0.087\,4\text{m}^3/\text{s} = 87.4(\text{L/s})$$

$Q_{\text{输}}$ 与 Q 相差很小，故雨水口的位置满足要求。

2. 抛物线形沟的水文水力计算

抛物线形沟与三角沟相似，也是宽浅型沟槽，如图 8-6 所示。

抛物线方程为：

$$y = ax^2$$

式中：a——系数，$a = 4H/B^2$；

　　H——沟深；

　　B——沟宽。

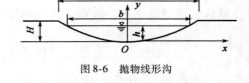

图 8-6　抛物线形沟

若计算水深为 h，则

水面宽度为：

$$b = B\sqrt{\frac{h}{H}}$$

过水断面面积为：

$$A = \frac{2}{3}bh$$

湿周：

$$\chi = \sqrt{\frac{h}{a}} \times \sqrt{1 + 4ah} + \frac{1}{2a}\ln(2\sqrt{ah} + \sqrt{1 + 4ah})$$

对宽浅形的抛物线形沟，$\chi \approx b$，则：

水力半径：

$$R \approx \frac{2}{3}h$$

水力坡度：

$$I = i - \frac{h}{\alpha L_\text{g}} = i - \frac{h}{2.167 L_\text{g}}$$

【例 8-3】　某机场土跑道外侧有巡场路和场界沟，为避免径流越过巡场路，在巡场路内侧修建了抛物线形三维网草皮沟，并每隔 400m 设集水井，用圆管排到场界沟，如图 8-7 所示。抛物线形草皮沟宽 2m，深 0.25m。跑道为水泥混凝土，土跑道为粉性土，修建后可长草，当地暴雨公式为：

$a = \dfrac{308(1 + 1.39\lg N)}{t^{0.58}}$ ［L/(s·hm²)］，设计重现期为 2 年。试校核抛物线形沟的输水能力。

【解】　（1）汇流时间计算

坡面径流先由道面汇到土质区，然后再流入抛物线形沟。因此坡面汇流时间应为道面和

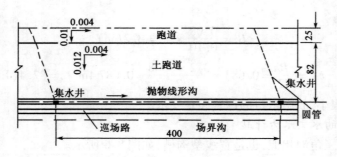

图 8-7　抛物线沟汇水区示意图(尺寸单位:m)

土质区汇流时间之和。坡面汇流时间按下式计算:

$$\tau_1 = \left[\frac{2.41 n_f L}{(\Psi S_p)^{0.72} S^{0.5}} \right]^{\frac{1}{1.72-0.72n}}$$

混凝土道面:n_f 取 0.016;Ψ 取 0.9;

$$S = \sqrt{0.010^2 + 0.004^2} = 0.01077$$

$$L = 25 \times 0.01077/0.010 = 26.9(\text{m})$$

$$S_p = 308 \times \frac{1 + 1.39 \times \lg 2}{166.7} = 2.62(\text{mm/min})$$

则第一段坡面汇流时间:

$$\tau_{11} = \left(\frac{2.41 \times 0.016 \times 26.9}{(0.9 \times 2.62)^{0.72} \times 0.01077^{0.5}} \right)^{\frac{1}{1.72-0.72 \times 0.58}} = 3.64(\text{mm})$$

土质区:n_f 取 0.05;

$$S = \sqrt{0.012^2 + 0.004^2} = 0.01265(\text{‰})$$

$$L = 82 \times 0.01265/0.012 = 86.44(\text{m})$$

则:

$$\tau_{12} = \left(\frac{2.41 \times 0.05 \times 86.44}{(0.25 \times 2.62)^{0.72} \times 0.01265^{0.5}} \right)^{\frac{1}{1.72-0.72 \times 0.58}} = 40.89(\text{min})$$

由于 τ_{11} 比 τ_{12} 小得多,为方便计算可忽略 τ_{11}。这样做不会使汇流时间偏小。因为当上部有混凝土道面的雨水流入时,土质区的径流深度加大,流速加快,汇流时间缩短。但在计算坡面汇流时间的公式中无法考虑这种影响,仍按上部无雨水流入时计算。这样计算的坡面汇流时间 τ_{12} 比实际大一些。若忽略 τ_{11},可以弥补这种误差。

抛物线形沟的深度 0.25m,取计算水深 0.2m,则安全深度为 0.05m。

水面宽度:

$$b = B\sqrt{\frac{h}{H}} = 2 \times \sqrt{\frac{0.2}{0.25}} = 1.79(\text{m})$$

取三维网草皮沟的粗糙系数为 0.045,则:

$$v = \frac{1}{n}\left(\frac{2h}{3} \right)^{0.667} \sqrt{i - \frac{h}{\alpha L_g}} = \frac{1}{0.045} \times \left(\frac{2 \times 0.2}{3} \right)^{0.667} \sqrt{0.004 - \frac{0.2}{2.167 \times 400}} = 0.356(\text{m/s})$$

$$\tau_2 = \frac{400}{60 \times 0.692 \times 0.356} = 27.06\,(\text{min})$$

汇流时间：

$$\tau = 40.89 + 27.06 = 67.95\,(\text{min})$$

道面面积：

$$F_1 = 400 \times 25 = 10\,000\,(\text{m}^2) = 1.0\,(\text{hm}^2)$$

土质区面积：$F_2 = 400 \times 85 = 34\,000\,(\text{m}^2) = 3.4\,(\text{hm}^2)$（含抛物线沟宽度及沟与巡场路之间流入沟内的土质区宽度）

总面积：

$$F = 4.4\,(\text{hm}^2)$$

平均径流系数：

$$\overline{\Psi} = \frac{0.9 \times 1.0 + 0.25 \times 3.4}{4.4} = 0.398$$

（2）输水能力计算

设计流量：

$$Q = \overline{\Psi}qF = 0.398 \times \frac{308 \times (1 + 1.39 \times \lg 2)}{67.95^{0.58}} \times 4.4 = 66.2\,(\text{L/s})$$

输水能力：

$$Q_{输} = 2\,\frac{vbh}{3} = 2 \times 0.356 \times \frac{1.79 \times 0.20}{3} = 0.085\,(\text{m}^3/\text{s}) = 85.0\,(\text{L/s})$$

抛物线形沟输水能力满足要求，且流速没有超过三维网草皮沟的冲刷流速，假设尺寸合适。

三、雨水口进水能力校核

三角沟或抛物线形沟中每隔一定距离需设置雨水口，因此除校核三角沟或抛物线形沟的输水能力外，还需校核雨水口的进水能力。雨水口的进水状况分为两种，如图8-8所示。

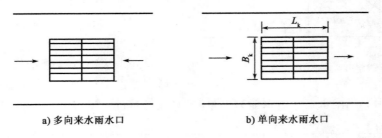

a) 多向来水雨水口   b) 单向来水雨水口

图8-8 雨水口进水状况

1. 多向来水雨水口

多向来水雨水口是指位于三角沟或抛物线形沟纵向低凹点或局部闭洼地区最低点的雨水口，周围雨水在此聚集，见图8-8a）。当雨水口进水能力不足时，雨水口处的水深不断增大，直至溢出三角沟或抛物线形沟。

当水深较小时，雨水将沿雨水口的周边流入，其进水能力可按宽顶堰公式计算：

$$Q_{进} = mP\sqrt{2g}H_0^{1.5}$$

式中:$Q_{进}$——雨水口的进水能力(m^3/s);

$\quad m$——堰流系数,一般可取 0.385;

$\quad P$——进水前缘有效长度,等于雨水口周长(m);

$\quad g$——重力加速度;

$\quad H_0$——水头(m),$H_0 = h + v^2/2g$。

由于多向进水时水流紊乱,流速不易获得,可用水深 h 近似代替水头。因此可得水深较小时的进水能力计算公式:

$$Q_{进} = 1.70Ph^{1.5}$$

随着水深增大,除了雨水口周边进水外,篦栅中部也开始进水,进水能力可按孔口公式计算:

$$Q_{进} = \mu w\sqrt{2gh}$$

式中:μ——孔口系数,一般可取 0.6;

$\quad w$——篦栅孔隙总面积(m^2)。对铸铁篦栅,孔隙面积约为总面积的 1/3 左右。

把系数代入公式后,得:

$$Q_{进} = 2.66wh^{0.5}$$

两式的适用范围如图 8-9 所示,分界点为两曲线相交处,即:

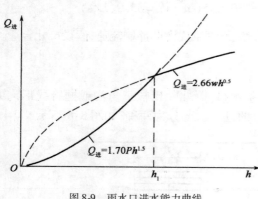

$$1.7Ph_1^{1.5} = 2.66wh_1^{0.5}$$

则: $$h_1 = 1.56\frac{w}{P}$$

即当 $h \leqslant 1.56\dfrac{w}{P}$ 时:

$$Q_{进} = 1.70Ph^{1.5} \qquad (8\text{-}25)$$

当 $h > 1.56\dfrac{w}{P}$ 时:

$$Q_{进} = 2.66wh^{0.5} \qquad (8\text{-}26)$$

图 8-9 雨水口进水能力曲线

2. 单向来水雨水口

单向来水雨水口是指位于三角沟或抛物线形沟坡道上的雨水口,水流来自一个方向。如图 8-8b) 所示。当雨水口的进水能力不足时,水流将越过雨水口流到下游沟段中,造成下游沟段负担增大。

单向来水雨水口的进水能力没有成熟的理论公式。对三角沟中的雨水口,许多国家都做过一些试验。如原苏联的米填科曾获得一组试验曲线,如图 8-10 所示。图中 Q 为三角沟的设计流量,B_k 为雨水口垂直水流方向的宽度,B 为水面宽度,i 为三角沟的纵坡。该试验中雨水口平行于水流方向的长度 L 固定为 0.3m。

空军工程大学对雨水口进水能力也作过专门的试验,并得到了计算公式。我们把雨水口的进水分为前缘和侧向两部分,如图 8-11 所示。三角沟中部的雨水从前缘进入雨水口,并按谢才公式计算流量:

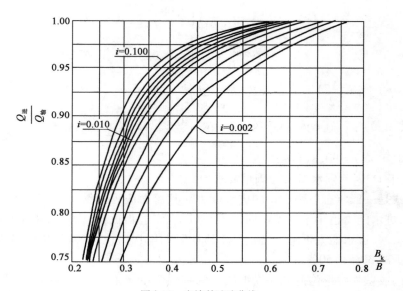

图 8-10　米填科试验曲线

$$Q_1 = A_1 C \sqrt{RI} = CB_k\left(h - \frac{\Delta h}{2}\right)\sqrt{\left(h - \frac{\Delta h}{2}\right)I} = CB_k\sqrt{I}\left(h - \frac{\Delta h}{2}\right)^{1.5}$$

　　三角沟两侧部分的雨水由雨水口的侧向进入,并按侧堰计算:

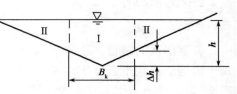

$$Q_2 = KL_k(h - \Delta h)^{1.5}$$

式中:A_1——中间部分的面积(m^2);

　　C——谢才系数,可按下式计算:$C = R^{1/6}/n$;

图 8-11　进水区域的划分

　　h——三角沟中心处的水深(m);

　　Δh——三角沟中心与雨水口边缘处的水深差(m);

　　I——三角沟的水力坡度;

　　B_k——雨水口宽度(m);

　　L_k——雨水口长度(m);

　　K——侧堰综合系数。

　　雨水口总进水量应为前缘和侧向两部分之和。考虑到理论假设与实际有一定差异,最终根据试验资料对公式中的系数作了修正,结果为:

$$Q_{\text{进}} = 1.02CB_k\sqrt{I}\left(h - \frac{\Delta h}{2}\right)^{1.5} + 1.16L_k(h - \Delta h)^{1.5} \tag{8-27}$$

　　对抛物线形沟中的雨水口,目前还未做过类似的试验,可参照三角沟中公式近似确定。

　　【例 8-4】　根据例 8-2 的结果,确定雨水口的尺寸。

　　【解】　此雨水口为单向来水,初设 4 个 $0.55\mathrm{m} \times 0.45\mathrm{m}$ 的雨水口,其尺寸为:$B_k = 1.8\mathrm{m}$,$L_k = 0.55\mathrm{m}$。

283

$$C = \frac{1}{n}R^{1/6} = \frac{1}{0.014}\left(\frac{0.08}{2}\right)^{0.167} = 41.77$$

$$\Delta h = \frac{1.8}{4.0} \times 0.10 = 0.045(\text{m})$$

$$Q_{\text{进}} = 1.02C\sqrt{I}B_k\left(h - \frac{\Delta h}{2}\right)^{1.5} + 1.16L_k(h - \Delta h)^{1.5}$$

$$= 1.02 \times 41.77 \times \sqrt{0.0067} \times 1.8 \times \left(0.08 - \frac{0.045}{2}\right)^{1.5} + 1.16 \times 0.55 \times (0.08 - 0.045)^{1.5}$$

$$= 0.0908(\text{m}^3/\text{s}) = 90.8(\text{L/s})$$

$Q_{\text{进}}$略大于Q,因此雨水口尺寸满足要求。

上述公式是一般状态下雨水口的进水能力。其篦面应为铸铁。若篦面为混凝土材料,由于孔隙率小,进水能力也小于铸铁篦面的雨水口,应作适当折减。另外,雨水口的部分孔隙经常会被杂物堵塞,进水能力下降。特别是土质地区的雨水口,被堵塞的机会较大,在设计中应将进水能力折减30%~50%。

在三角沟或抛物线形沟的同一纵坡段上常有多个单向来水的雨水口,如因暴雨过大或雨水口出现部分堵塞,径流不能及时流入雨水口,将沿三角沟或抛物线形沟流到最下端。因此最下端雨水口的进出能力应留有较大富余量,一般应比正常设计流量增大20%~50%。

四、圆管的水力计算

1. 圆管输水能力计算

排除雨水的圆管,可按满管无压的均匀流设计。即以水流正好充满整个管道,但还未成为压力流的临界状态来设计。由于管中没有旁侧入流,水流按明渠均匀流考虑。水力坡度等于底坡,输水能力采用下列公式计算:

$$v = \frac{1}{n}R^{2/3}\sqrt[3]{i}$$

$$Q_{\text{输}} = Av$$

满管时水力半径$R = D/4$,过水断面面积$A = \pi D^2/4$,则输水能力:

$$Q_{\text{输}} = \frac{\pi}{4^{5/3}}\frac{D^{8/3}}{n}\sqrt{i} \approx \frac{0.3115}{n}D^{8/3}\sqrt{i} \tag{8-28}$$

式中:$Q_{\text{输}}$——圆管的输水能力(m^3/s);

D——圆管的直径(m)。

在设计中,令设计流量$Q_m = Q_{\text{输}}$,则可获得计算管径D_j:

$$D_j = \left(\frac{3.21nQ}{\sqrt{i}}\right)^{3/8} \tag{8-29}$$

由于实际管径有一定规格,常用的有200mm、300mm、400mm、500mm、600mm、700mm、800mm、900mm、1 000mm、1 200mm、1 400mm等,在设计中应选用比计算管径略大的实际管径。

当选用管径大于计算管径时,管内为非满流。圆管在非满流时的流速和流量与水深的关系如图 8-12 所示。从图中看出,满管时流量和流速都不是最大。当水深达到 0.81 倍的管径时,流速最大。而满管流速与半管流速相等。当水深介于半管和满管之间时,流速均大于满管流速。流量在水深为 0.94 倍管径时达到最大,当水深介于 0.82 倍管径和满管之间时,流量大于满管流量。设计时应注意圆管的这一特性。在设计时为简单起见,可按满管流速计算:

$$v = \frac{1}{n} \left(\frac{D}{4} \right)^{2/3} \sqrt{i} \qquad (8\text{-}30)$$

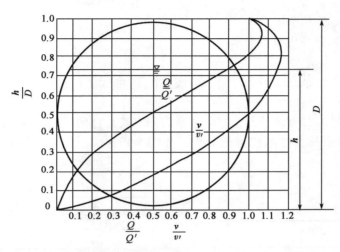

图 8-12 圆管的流量与流速随水深的变化

Q'-满管时的流量;v'-满管时的流速

2. 圆管水力计算中常用的几个限值

为了保证圆管正常工作,在水力计算中对圆管的流速、管径和坡度等作了一些规定。

(1)流速

圆管在流速较小时,泥沙容易沉积。由于管道的疏通比明渠麻烦得多,因此最小流速的要求也比明渠高,设计流速一般不能小于 0.75m/s。为了防止流速过大引起冲刷,非金属管的最大流速不超过 5m/s,金属管的最大流速不超过 10m/s。

(2)最小管径

管道上游由于流量比较小,所需的管径也比较小。但经验证明,管径过小容易被杂物阻塞。在机场排水设计中,排水管道的最小允许管径为 300mm,雨水口连接管的最小管径为 200mm。

(3)最小坡度

由均匀流公式可知,当管径一定时,流速与坡度密切相关。为了满足最小流速要求,底坡不能过小。对一般管径,可由最小流速来间接推求最小坡度。在采用最小管径(300mm)时,由于实际流量可能很小,为防止淤积,规定最小坡度不小于 0.003;对于雨水口连接管,最小坡度为 0.01。

此外,在城市及机场的污水管道设计中,应按非满管流设计,其充满度(管中水深 h 与直

径 D 之比)有一定限制,以便给漂浮物和分解气体留有一定空间。具体要求见有关规范。

【**例 8-5**】 已知圆管的设计流量 $Q = 125$ L/s,底坡 $i = 0.008$,试求管径 D 和水流速度 v。

【**解**】 圆管材料选用钢筋混凝土,$n = 0.014$,设计流量 $Q = 0.125 \text{m}^3/\text{s}$,代入式(8-29):

$$D_j = \left(\frac{3.21nQ}{\sqrt{i}}\right)^{3/8} = \left(\frac{3.21 \times 0.014 \times 0.125}{\sqrt{0.008}}\right)^{0.375} = 0.354 \text{ (m)}$$

选用400mm的管径。

$$v = \frac{1}{n}R^{2/3}\sqrt{i} = \frac{1}{0.014} \times \left(\frac{0.4}{4}\right)^{0.667}\sqrt{0.008} = 1.38 \text{ (m/s)}$$

流速在允许范围之内,管径也符合要求。

第三节 节点设计流量的计算

在机场排水设计中,经常遇到两条甚至数条沟的水流汇合到某处,然后经圆管或暗沟排出飞行场外。这种汇合点称为排水线路的节点。如图 8-13 中 A 点和图 8-14 中的 A、E 点都为节点。

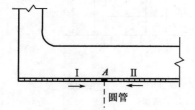

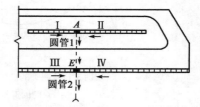

图 8-13 两条沟汇合的节点   图 8-14 多条沟汇合的节点

正确计算节点的设计流量对于确定圆管或暗沟的断面尺寸十分重要。由于节点处的流量由几条沟汇合而成,因此计算方法具有一些特殊性。现将常见的几种节点情况分述如下:

一、一般节点的流量计算

图 8-13 所示的节点 A,汇集了两条盖板明沟的水流,然后排出场外。盖板明沟Ⅰ和盖板明沟Ⅱ都汇集道面的径流。根据第二节的方法,可分别计算出盖板明沟Ⅰ和Ⅱ流到节点 A 的洪峰流量 Q_{I} 和 Q_{II}。由于两条沟的汇流时间一般不会相同,即 $\tau_{\text{I}} \neq \tau_{\text{II}}$,因此两沟的洪峰并不同时到达节点。当 Q_{I} 出现时,Q_{II} 已经过去或者还未到达。因此节点的洪峰不等于两沟的洪峰之和:

$$Q \neq Q_{\text{I}} + Q_{\text{II}}$$

一般情况下节点的洪峰总是小于两沟的洪峰之和,除非两沟的汇流时间相等,才能用简单相加的方法求节点流量。

那么如何计算节点流量呢? 一般情况下可以按照推理公式的原理,将节点上游几条沟的汇水面积看作一个整体,以全面积汇流考虑。即节点的汇水面积 F 为几条沟的汇水面积之和,节点的汇流时间为几条沟中汇流时间最大的值,以保证最远点(汇流时间最长的点)能参加汇流。即:

$$F = F_{\mathrm{I}} + F_{\mathrm{II}} + \cdots$$

$$\tau = \max(\tau_{\mathrm{I}}, \tau_{\mathrm{II}}, \cdots)$$

由此可按推理公式计算设计流量。

【例8-6】　图8-15所示为某机场停机坪与滑行道,在停机坪与整片式防吹坪之间设置盖板明沟Ⅰ和Ⅱ,在节点 A 汇集后由盖板暗沟排出。当地暴雨公式为 $q = 1\,920(1 + 0.8\lg N)/(t + 12)^{0.72}[\mathrm{L}/(\mathrm{s} \cdot \mathrm{hm}^2)]$,重现期取2年。试确定盖板明沟Ⅰ、Ⅱ的尺寸和节点的设计流量。

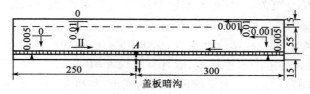

图8-15　停机坪盖板明沟示意图

【解】　(1)盖板明沟Ⅰ的尺寸确定

初设盖板明沟Ⅰ的净宽 $b = 0.6\,\mathrm{m}$,起始净深 $H_0 = 0.4\,\mathrm{m}$,沟底坡度 $i = 0.003\,5$。则盖板明沟末断面净深

$$H = H_0 + (i - i_{\mathrm{d}})L_{\mathrm{g}} = 0.4 + (0.003\,5 - 0.001) \times 300 = 1.15\,(\mathrm{m})$$

式中 i_{d} 为地面纵坡,与沟底坡度相同时为正,相反时为负。取计算水深 $h = 1.0\,\mathrm{m}$,则安全深度为 $0.15\,\mathrm{m}$。

坡面为混凝土道面,取径流系数 $\Psi = 0.9$,粗糙系数 $n_{\mathrm{f}} = 0.016$。由于地面纵坡比横坡小得多,近似取坡面水流长度 $L = 70\,\mathrm{m}$,坡度取滑行道与停机坪的加权平均坡度:

$$S = \frac{0.01 \times 15 + 0.005 \times 55}{70} = 0.006$$

由于暴雨公式为 $a = S_{\mathrm{p}}/(t + b)^n$ 型,需用试算法计算坡面汇流时间。假设汇流时间 $\tau = 15\,\mathrm{min}$,则:

$$a = \frac{q}{166.7} = \frac{1\,920(1 + 0.8 \times \lg 2)}{166.7 \times (15 + 12)^{0.72}} = 1.332\,(\mathrm{mm/min})$$

$$\tau_1 = \left[\frac{2.41 n_f L}{(\Psi a)^{0.72} S^{0.5}}\right]^{\frac{1}{1.72}} = \left[\frac{2.41 \times 0.016 \times 70}{(0.9 \times 1.332)^{0.72} \times 0.006^{0.5}}\right]^{\frac{1}{1.72}} = 7.30\,(\mathrm{min})$$

取起始水深 $h_0 = 0.25\,\mathrm{m}$,则:

$$I = i - \frac{h - h_0}{L_g} = 0.003\,5 - \frac{1.0 - 0.25}{300} = 0.001$$

$$v = \frac{1}{n}R^{2/3}\sqrt{I} = \frac{1}{0.014} \times \left(\frac{0.6 \times 1.0}{0.6 + 2 \times 1.0}\right)^{0.667} \times \sqrt{0.001} = 0.849\,(\mathrm{m/s})$$

$$\tau_2 = \frac{L_g}{60 K v} = \frac{300}{60 \times 0.75 \times 0.849} = 7.85\,(\mathrm{min})$$

$$\tau = 7.30 + 7.85 = 15.15\,(\mathrm{min})$$

τ 与假设值非常接近,τ_1 不需重新计算。

$$F = (15 + 55 + 15) \times 300 = 25\,500\,\mathrm{m}^2 = 2.55\,(\mathrm{hm}^2)$$

$$Q = \Psi q F = 0.9 \times \frac{1\,920 \times (1 + 0.8 \times \lg 2)}{(15.15 + 12)^{0.72}} \times 2.55 = 507.6(\text{L/s})$$

输水能力：

$$Q_{\text{输}} = vbh = 0.849 \times 0.6 \times 1.0 = 0.509\,4(\text{m}^3/\text{s}) = 509.4(\text{L/s})$$

$Q_{\text{输}} > Q$，且相差不多，流速也在允许范围内，说明假设尺寸基本合适。

（2）盖板明沟 II 的尺寸确定

初设盖板明沟 II 的净宽为 $b = 0.6\text{m}$，起始净深 $H_0 = 0.4\text{m}$，沟底坡度 $i = 0.003\,5$。则沟的末断面净深：

$$H = H_0 + (i - i_d)L_g = 0.4 + (0.003\,5 - 0) \times 250 = 1.275(\text{m})$$

由于地面为零坡，为保证一定的水平坡度，取计算水深 $h = 0.9\text{m}$，则安全深度为 0.375m。

同样假设汇流时间为 15min。由于坡面汇流的长度、坡度等与盖板明沟 I 相同，因此 τ_1 与盖板明沟 I 相同，即 $\tau_1 = 7.30\text{min}$。

取起始水深 $h_0 = 0.275\text{m}$，则：

$$I = i - \frac{h - h_0}{L_g} = 0.003\,5 - \frac{0.9 - 0.275}{250} = 0.001$$

$$v = \frac{1}{n}R^{2/3}\sqrt{I} = \frac{1}{0.014} \times \left(\frac{0.6 \times 0.9}{0.6 + 2 \times 0.9}\right)^{0.667} \times \sqrt{0.001} = 0.835(\text{m/s})$$

$$\tau_2 = \frac{L_g}{60Kv} = \frac{250}{60 \times 0.75 \times 0.835} = 6.65(\text{min})$$

$$\tau = 7.3 + 6.65 = 13.95(\text{min})$$

τ 也与假设比较接近，τ_1 不需重新计算。

$$F = 85 \times 250 = 21\,250(\text{m}^2) = 2.125(\text{hm}^2)$$

$$Q = \Psi q F = 0.9 \times \frac{1\,920 \times (1 + 0.8 \times \lg 2)}{(13.95 + 12)^{0.72}} \times 2.125 = 437.0(\text{L/s})$$

输水能力：

$$Q_{\text{输}} = vbh = 0.835 \times 0.6 \times 0.9 = 0.451(\text{m}^3/\text{s}) = 451\text{L/s}$$

$Q_{\text{输}} > Q$，且相差较小，流速在允许范围内，说明假设尺寸合适。

（3）节点设计流量

节点的汇水面积：

$$F = F_I + F_{II} = 2.55 + 2.125 = 4.675(\text{hm}^2)$$

节点的汇流时间：

$$\tau = \max(\tau_I, \tau_{II}) = 15.15(\text{min})$$

节点的设计流量：

$$Q = \Psi q F = 0.9 \times \frac{1\,920 \times (1 + 0.8 \times \lg 2)}{(15.15 + 12)^{0.72}} \times 4.675 = 930.5(\text{L/s})$$

【例 8-7】 如图 8-16 所示，在平地区中部设置草皮加固的土三角沟，汇集平地区、跑道一侧及滑行道的雨水，并配置圆管。已知道面为水泥混凝土，平地区为黏性土，有草皮。三角沟宽 4m，深 30cm，雨水口的输水能力已校核。该地区暴雨公式为：$a = 2.7 / t^{0.47}(\text{mm/min})$。试校核三角沟的尺寸，并确定管道 1 和管道 2 的管径。

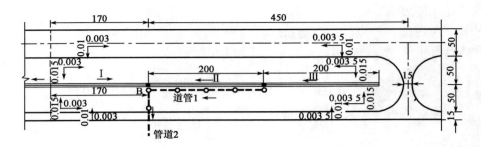

图 8-16　平地区三角沟示意图(尺寸单位:m)

【解】　(1)三角沟校核

①校核三角沟 I

计算汇流时间:坡面径流先由道面流到土质区,再流到三角沟,计算中忽略道面区的汇流时间,只计算土质区的汇流时间。

n_f 取 0.07;Ψ 取 0.3;$S = \sqrt{0.015^2 + 0.003^2} = 0.0153$;$L = 50 \times 0.0153/15 = 51(\mathrm{m})$。

则:

$$\tau_1 = \left[\frac{2.41 \times 0.07 \times 51}{(0.3 \times 2.7)^{0.72} \times 0.0153^{0.5}}\right]^{\frac{1}{1.72 - 0.72 \times 0.47}} = 24.05(\mathrm{min})$$

三角沟深度 0.3m,取计算水深 0.24m,则安全深度 0.06m。水面宽 $B = 4 \times 0.24/0.3 = 3.2\mathrm{m}$。取沟内草皮的粗糙系数为 0.035,则:

$$v = \frac{1}{n}\left(\frac{h}{2}\right)^{0.667}\sqrt{i - \frac{h}{\alpha L_g}} = \frac{1}{0.035} \times \left(\frac{0.24}{2}\right)^{0.667} \times \sqrt{0.003 - \frac{0.24}{2.667 \times 170}} = 0.345(\mathrm{m/s})$$

$$\tau_2 = \frac{170}{60 \times 0.75 \times 0.345} = 10.95(\mathrm{min})$$

汇流时间:

$$\tau = 24.05 + 10.95 = 35.0(\mathrm{min})$$

道面面积:

$$F_1 = 170 \times (25 + 15) = 6800\mathrm{m}^2 = 0.68(\mathrm{hm}^2)$$

土质区面积:

$$F_2 = 170 \times 100 = 17000\mathrm{m}^2 = 1.7(\mathrm{hm}^2)$$

总面积:

$$F = F_1 + F_2$$

平均径流系数 $\overline{\Psi} = \dfrac{\Psi_1 F_1 + \Psi_2 F_2}{F}$,则:$\overline{\Psi}F = \Psi_1 F_1 + \Psi_2 F_2$。

设计流量:

$$Q = \overline{\Psi}Fq = (\Psi_1 F_1 + \Psi_2 F_2)q = (0.9 \times 0.68 + 0.3 \times 1.7) \times \frac{166.7 \times 2.7}{35.0^{0.47}} = 95(\mathrm{L/s})$$

输水能力:

$$Q_{输} = \frac{vBh}{2} = \frac{0.345 \times 3.2 \times 0.24}{2} = 0.132(\mathrm{m}^3/\mathrm{s}) = 132(\mathrm{L/s})$$

三角沟输水能力满足要求。

②校核三角沟Ⅲ

三角沟计算水深、水面宽、粗糙系数与三角沟Ⅰ相同,则:

$$v = \frac{1}{n}\left(\frac{h}{2}\right)^{0.667}\sqrt{i - \frac{h}{\alpha L_g}} = \frac{1}{0.035} \times \left(\frac{0.24}{2}\right)^{0.667}\sqrt{0.0035 - \frac{0.24}{2.667 \times 200}} = 0.384(\text{m/s})$$

$$\tau_2 = \frac{200}{60 \times 0.75 \times 0.384} = 11.57(\text{min})$$

汇流时间:

$$\tau = 24.05 + 11.57 = 35.62(\text{min})$$

道面面积:

$$F_1 = 250 \times (25 + 15) + 100 \times 7.5 + \frac{100 \times 100 - 50 \times 50 \times 3.14}{2} = 11\,823\text{m}^2 = 1.18(\text{hm}^2)$$

土质区面积:

$$F_2 = (250 - 50 - 7.5) \times 100 + \frac{50 \times 50 \times 3.14}{2} = 23\,177(\text{m}^2) = 2.32(\text{hm}^2)$$

$$\overline{\Psi}F = \Psi_1 F_1 + \Psi_2 F_2$$

设计流量:

$$Q = \overline{\Psi}Fq = (0.9 \times 1.18 + 0.3 \times 2.32) \times \frac{166.7 \times 2.7}{35.62^{0.47}} = 147.6(\text{L/s})$$

输水能力:

$$Q_{\text{输}} = \frac{vBh}{2} = \frac{0.384 \times 3.2 \times 0.24}{2} = 0.1475(\text{m}^3/\text{s}) = 147.5(\text{L/s})$$

两者接近,三角沟输水能力满足要求。

三角沟Ⅱ的输水能力与三角沟Ⅲ相同,但汇水面积小于三角沟Ⅲ,因此肯定满足要求。

(2)确定管道1的管径

管道底坡取 $i = 0.0035$,粗糙系数 $n = 0.013$,则:

$$D_j = \left(\frac{3.21nQ}{\sqrt{i}}\right)^{3/8} = \left(\frac{3.21 \times 0.013 \times 0.1476}{\sqrt{0.0035}}\right)^{0.375} = 0.428(\text{m})$$

取管径 D 为500mm。

$$v = \frac{1}{n}R^{2/3}\sqrt{i} = \frac{1}{0.013} \times \left(\frac{0.5}{4}\right)^{0.667}\sqrt{0.0035} = 1.14(\text{m/s})$$

管径、流速均在允许范围内,故管道1选用 $D = 500$mm。

(3)确定管道2的管径

汇流时间:

$$\tau = \tau_1 + \tau_2 + T_1$$

式中 T_1 为水流流经管道1的时间:

$$T_1 = \frac{200}{60 \times 1.14} = 2.92(\text{min})$$

$$\tau = 35.62 + 2.92 = 38.54(\text{min})$$

该时间均大于三角沟Ⅰ和Ⅱ的汇流时间,按全面积汇流计算,管道2的汇水面积取三段三角沟汇水面积的总和:

道面区:

$$F_1 = 0.68 + 0.8 + 1.18 = 2.66(\text{hm}^2)$$

土质区:

$$F_2 = 1.7 + 2.0 + 2.32 = 6.02(\text{hm}^2)$$

设计流量:

$$Q = \overline{\Psi}Fq = (0.9 \times 2.66 + 0.3 \times 6.02) \times \frac{166.7 \times 2.7}{38.54^{0.47}} = 339.8(\text{L/s})$$

取底坡 $i = 0.0035$,粗糙系数 $n = 0.013$,则:

$$D_j = \left(\frac{3.21nQ}{\sqrt{i}}\right)^{3/8} = \left(\frac{3.21 \times 0.013 \times 0.3398}{\sqrt{0.0035}}\right)^{0.375} = 0.585(\text{m})$$

取管径 D 为 600mm。

$$v = \frac{1}{n}R^{2/3}\sqrt[]{i} = \frac{1}{0.013} \times \left(\frac{0.6}{4}\right)^{0.667}\sqrt{0.0035} = 1.284(\text{m/s})$$

流速合适,故取第二段 $D = 600\text{mm}$。

二、特殊情况下的节点流量计算

如图 8-14 所示的节点 E,汇集了盖板明沟Ⅰ、Ⅱ、Ⅲ、Ⅳ的流量。一般情况下,这四条沟的洪峰不可能同时到达 E 点。盖板明沟Ⅰ、Ⅱ汇集土质地区的雨水,而盖板明沟Ⅲ、Ⅳ汇集混凝土道面的雨水。由于土质地区径流系数较小,表面糙率较大,因此汇流时间一般比混凝土表面的汇流时间长得多,而洪峰流量且较小。节点 E 的流量若以全面积汇流计算,取土质地区的汇流时间作为计算时间,则由于平均雨强随历时增大而减小,往往导致节点流量偏小,有时甚至比不考虑土质区径流时的洪峰还要小。这显然不太合理。因此,几条沟汇合时流量相差比较大,且流量较小的沟汇流时间又很长,此时不宜再取几条沟的最大汇流时间作为节点的汇流时间,而取流量较大,汇流时间较短的沟的汇流时间作为节点汇流时间,而汇流时间较长的沟按部分面积汇流考虑,其参加汇流的面积可按共时径流面积线性增长的假定折算,或用多种汇流时间计算后进行比较,取流量大者为设计流量。

【例 8-8】　汇水区域尺寸及地面坡度见图 8-17,暴雨公式同[例 8-6]。本机场平地区土质为黏性土,已经压实,修建后可长草。试确定节点 A 的设计流量。

【解】　(1)盖板明沟Ⅰ和Ⅱ

盖板明沟Ⅰ和Ⅱ与[例 8-6]中的情况相同,不再重复。

(2)盖板明沟Ⅲ

由于跑道、滑行道的径流都没有汇入平地区,盖板明沟Ⅲ只汇集平地区土面的径流,(忽略联络道少量道面,都按土面区处理)。设盖板明沟净宽为 $b = 0.4\text{m}$,起始净深 $H_0 = 0.4\text{m}$,沟底坡度 $i = 0.0022$。则盖板明沟末断面的净深:

$$H = H_0 + (i - i_d)L_g = 0.4 + (0.0022 - 0.001) \times 350 = 0.82(\text{m})$$

取计算水深 $h = 0.7\text{m}$,则安全深度为 0.12m。

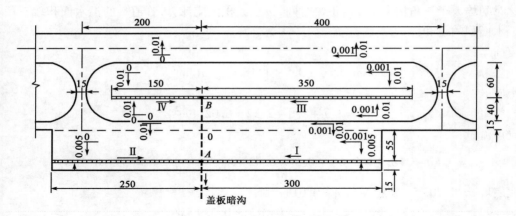

图 8-17　不同性质汇水面积的节点流量计算

汇水区为有草皮的黏性土地面,取径流系数 $\Psi = 0.3$,地表粗糙系数 $n_f = 0.07$。坡面流长度 $L = 60\text{m}$, 坡度 $S = 0.01$。

设汇流时间 $\tau = 38\text{min}$, 则:$a = \dfrac{q}{166.7} = \dfrac{1\,920 \times (1 + 0.8 \times \lg 2)}{166.7 \times (38 + 12)^{0.72}} = 0.855(\text{mm/min})$

$$\tau_1 = \left[\frac{2.41 n_f L}{(\Psi a)^{0.72} S^{0.5}} \right]^{1/1.72} = \left[\frac{2.41 \times 0.07 \times 60}{(0.3 \times 0.855)^{0.72} \times 0.01^{0.5}} \right]^{1/1.72} = 25.89(\text{min})$$

取起始水深 $h_0 = 0.28\text{m}$,则:

$$I = i - \frac{h - h_0}{L_g} = 0.002\,2 - \frac{0.7 - 0.28}{350} = 0.001$$

$$v = \frac{1}{n} R^{2/3} \sqrt{I} = \frac{1}{0.014} \times \left(\frac{0.4 \times 0.7}{0.4 + 2 \times 0.7} \right)^{0.667} \times \sqrt{0.001} = 0.653(\text{m/s})$$

$$\tau_2 = \frac{L_g}{60 K v} = \frac{350}{60 \times 0.75 \times 0.653} = 11.91(\text{min})$$

$$\tau = 25.89 + 11.91 = 37.8(\text{min})$$

τ 与假设比较接近,τ_1 不需重新计算。

$$F = 100 \times 400 / 10\,000 = 4.0(\text{hm}^2)$$

$$Q = \Psi q F = 0.3 \times \frac{1\,920 \times (1 + 8 \times \lg 2)}{(37.8 + 12)^{0.72}} \times 4.0 = 171.5(\text{L/s})$$

输水能力:

$$Q_{\text{输}} = vbh = 0.653 \times 0.4 \times 0.7 = 0.183(\text{m}^3/\text{s}) = 183(\text{L/s})$$

$Q_{\text{输}} > Q$,且相差不大,流速在允许范围内,说明假设尺寸基本合适。

(3) 盖板明沟 Ⅳ 的流量计算

初设盖板明沟 Ⅳ 的净宽为 $b = 0.4\text{m}$,起始净深 $H_0 = 0.4\text{m}$,沟底坡度 $i = 0.002\,2$。则盖沟末断面净深:

$$H = H_0 + (i - i_d) L_g = 0.4 + 0.002\,2 \times 150 = 0.73(\text{m})$$

取计算水深 $h = 0.40m$，则安全深度为 0.33m。

汇水区径流系数和坡面汇流参数与盖板明沟Ⅲ相同。

设汇流时间：$\tau = 30min$。则：

$$a = \frac{q}{166.7} = \frac{1\,920 \times (1 + 0.8 \times \lg 2)}{166.7 \times (30 + 12)^{0.72}} = 0.969 (mm/min)$$

$$\tau_1 = \left[\frac{2.41 n_f L}{(\Psi a)^{0.72} S^{0.5}} \right]^{1/1.72} = \left[\frac{2.41 \times 0.07 \times 60}{(0.3 \times 0.969)^{0.72} \times 0.01^{0.5}} \right]^{1/1.72} = 24.57 (min)$$

取起始水深 $h_0 = 0.25m$，则：

$$I = i - \frac{h - h_0}{L_g} = 0.002\,2 - \frac{0.4 - 0.25}{150} = 0.001\,2$$

$$v = \frac{1}{n} R^{2/3} \sqrt{I} = \frac{1}{0.014} \times \left(\frac{0.4 \times 0.4}{0.4 + 2 \times 0.4} \right)^{0.667} \times \sqrt{0.001\,2} = 0.645 (m/s)$$

$$\tau_2 = \frac{L_g}{60 K v} = \frac{150}{60 \times 0.75 \times 0.645} = 5.17 (min)$$

$$\tau = 24.57 + 5.17 = 29.74 (min)$$

τ 与假设非常接近，τ_1 不需重新计算。

$$F = \frac{100 \times 200}{10\,000} = 2.0 (hm^2)$$

$$Q = \Psi q F = 0.3 \times \frac{1\,920 \times (1 + 0.8 \times \lg 2)}{(29.74 + 12)^{0.72}} \times 2.0 = 97.4 (L/s)$$

输水能力：

$$Q_{输} = vbh = 0.645 \times 0.4 \times 0.4 = 0.103 (m^3/s) = 103 (L/s)$$

$Q_{输} > Q$，且相差不大，流速在允许范围内，说明假设尺寸基本合适。

（4）节点 B 的设计流量计算

沟Ⅲ和沟Ⅳ汇水区表面性质相同，汇流时间相差并不悬殊，按全面积汇流考虑，取两沟中较大的汇流时间 37.8min 作为节点 B 的汇流时间，相应的汇流面积 $F = 4 + 2 = 6 (hm^2)$。

设计流量：

$$Q = \Psi q F = 0.3 \times \frac{1\,920 \times (1 + 8 \times \lg 2)}{(37.8 + 12)^{0.72}} \times 6.0 = 257.2 (L/s)$$

设盖板暗沟底坡为 0.005，宽度为 0.4m，深度为 0.7m，计算水深 0.5m，粗糙系数为 0.014，则：

$$v = \frac{1}{n} R^{2/3} \sqrt{I} = \frac{1}{0.014} \times \left(\frac{0.4 \times 0.5}{0.4 + 2 \times 0.5} \right)^{0.667} \times \sqrt{0.005} = 1.38 (m/s)$$

$$Q_{输} = vbh = 1.38 \times 0.4 \times 0.5 = 0.276 (m^3/s) = 276 (L/s)$$

$Q_{输} > Q$，且相差不大，流速在允许范围内，说明假设尺寸基本合适。

从节点 B 到 A 盖板暗沟长 120m，管内流行时间：

$$T = \frac{120}{1.38} = 86.9 (s) = 1.45 (min)$$

（5）节点 A 的设计流量计算

节点 A 汇集 4 条盖板明沟的水流。现将 4 条沟的有关情况列于表 8-8。

流 量 计 算 表   表 8-8

盖板明沟	汇水面积（hm²）	径流系数	汇流时间（min）	设计流量（L/s）
Ⅰ	2.55	0.9	15.15	507.6
Ⅱ	2.125	0.9	13.95	437.0
Ⅲ	4.0	0.3	39.25	171.5
Ⅳ	2.0	0.3	31.19	97.4

注：盖板明沟Ⅲ、Ⅳ的汇流时间为到达节点 A 的时间。

从上表可以看出，沟Ⅰ、Ⅱ的流量较大，节点 A 的流量主要来自这两条沟。而沟Ⅲ、Ⅳ的设计流量不大，但汇流时间较长。若以沟Ⅲ、Ⅳ的汇流时间计算，节点 A 的流量将会偏小。因此，应以沟Ⅰ、Ⅱ中较长的汇流时间 15.15min 作为节点的计算时间，混凝土表面全部参加汇流，而土质区为部分汇流，按 $t/\tau = f'/f$ 的线性关系折减。

沟Ⅲ参加汇流的面积：

$$f'_3 = \frac{15.15}{39.25} \times 4.0 = 1.54(\mathrm{hm}^2)$$

沟Ⅳ参加汇流的面积：

$$f'_4 = \frac{15.15}{31.19} \times 2.0 = 0.97(\mathrm{hm}^2)$$

节点 E 的汇流总面积：

$$F = f_1 + f_2 + f'_3 + f'_4 + = 2.55 + 2.125 + 1.54 + 0.97 = 7.185(\mathrm{hm}^2)$$

平均径流系数：

$$\overline{\Psi} = \frac{0.3 \times (1.54 + 0.97) + 0.9 \times (2.55 + 2.125)}{7.185} = 0.69$$

设计流量：

$$Q = \overline{\Psi}qF = 0.69 \times \frac{1\,920 \times (1 + 0.8 \times \lg 2)}{(15.15 + 12)^{0.72}} \times 7.185 = 1\,096.0(\mathrm{L/s})$$

若按全面汇流计算，取计算时间为 39.25min，则节点 A 的设计流量为 840.9L/s，小于按部分汇流计算的结果，甚至也小于只有沟Ⅰ、Ⅱ汇合后的流量（见例 8-6），显然是不合理的。在本题中，如果跑道、滑行道为双面坡，将有部分道面径流流入平地区的盖板明沟，则平地区不宜按部分面积汇流折减（因为最远点为道面，折减时首先去掉了道面面积，流量将会减小），仍应按全面积汇流计算。

最后，确定 A 点以下盖板暗沟的尺寸。

设该段底坡为 0.005，宽度为 0.6m，深度为 1.2m，计算水深 1.0m，粗糙系数 n 为 0.014，则：

$$v = \frac{1}{n}R^{2/3}\sqrt{I} = \frac{1}{0.014} \times \left(\frac{0.6 \times 1.0}{0.6 + 2 \times 1.0}\right)^{0.667} \times \sqrt{0.005} = 1.90(\mathrm{m/s})$$

$$Q_{输} = vbh = 1.90 \times 0.6 \times 1.0 = 1.14\mathrm{m}^3/\mathrm{s} = 1\,140(\mathrm{L/s})$$

$Q_{输} > Q$，且相差不大，流速在允许范围内，说明假设尺寸基本合适。

前面关于节点设计流量计算的原则不是绝对的。如果两沟的汇水面积性质不同，但土质地区面积很大，而混凝土道面面积较小，节点的径流主要来自土质地区，此时应以土质地区的汇流时间为准，或者用不同的汇流时间分别计算，取流量大者作为节点的设计流量。

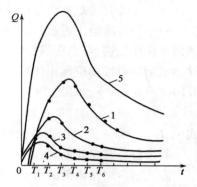

上面的节点流量计算方法是一种从经验判断出发的近似计算，带有一定的误差。精确的方法应该分别计算每条沟汇集到节点的流量过程线，如图 8-18 中的过程线 1、2、3、4。叠加这些过程线，得到节点总的流量过程 5，从该过程线中获得洪峰流量，即为所求的节点设计流量。关于流量过程线的计算方法，详见第六节。

图 8-18　节点流量过程线推求示意图

第四节　道基排水系统水文水力计算

道基排水系统包括道面结构内部排水系统和地下排水系统，本节将分别论述。

一、道面结构内部排水系统计算

1.道面渗水量

当道面结构中设置排水基层，并在两侧设置排水盲沟时，其盲沟主要排除从道面渗入的雨水。对水泥混凝土道面，混凝土本身的渗水量极小，可不考虑。但道面的接缝在填缝量老化时，渗水量比较大。当道面板出现断裂，其裂缝也会渗水。道面的渗水量与接缝或裂缝的数量、宽度、填缝料老化情况、降雨强度和降雨历时等都有关系。美国联邦公路局设计指南中建议，水泥混凝土路面采用重现期为 1 年、降雨历时为 1h 的降水强度值的 0.50～0.67 倍作为表面水的设计渗入率（cm/h）。美国陆军军用机场地下排水设计技术指南中提出，采用重现期 2 年降雨历时 1h 的降水强度值的 0.50 倍作为表面水的设计渗入率（cm/h）。美国 AASHTO 路面结构设计指南建议表面水设计渗入率为每厘米缝 $100cm^3/(h \cdot cm)$。我国公路部门经过实测，建议设计渗入率为每厘米缝 $150cm^3/(h \cdot cm)$。在我国的机场道面上目前还未开展这方面的测试，但接缝状况比公路要好一些，因此《军用机场排水工程设计规范》（GJB 2130A—2012）建议采用设计渗入率为 $100cm^3/(h \cdot cm)$，或换算为 $0.24m^3/(d \cdot m)$。

对水泥混凝土道面边缘每延米盲沟，其渗入水量用如下公式计算：

$$q_i = I_c \left(n_z + n_h \frac{B}{L} \right) \tag{8-31}$$

式中：q_i——纵向每延米道面结构表面水的渗入量 $[m^3/(d \cdot m)]$；

　　I_c——每延米道面接缝或裂缝的表面水设计渗入率，可按 $0.24m^3/(d \cdot m)$ 取用；

　　B——单向坡度道面的宽度（m）；

　　L——水泥混凝土道面横缝间距（即板长）（m）；

n_z——B 长度范围内纵向接缝和裂缝条数(包括道面与道肩之间的接缝);

n_h——L 长度范围内横向接缝和裂缝的条数。

对于沥青混凝土道面,如采用密级配的沥青混合料,新道面的渗入量也是不大的。但沥青道面老化比较快,会出现纵横裂缝,严重时还会出现龟裂,使渗水量大量增加。沥青道面的设计渗水量一般按单位面积计算,《军用机场排水工程设计规范》(GJB 2130A—2012)建议采用 $0.10\text{m}^3/(\text{d}\cdot\text{m}^2)$。因此,纵向每延米沥青道面的渗水量为:

$$q_i = I_a B \tag{8-32}$$

式中:I_a——每平方米沥青道面的表面水设计渗入率,可按 $0.10\text{m}^3/(\text{d}\cdot\text{m}^2)$ 取用;

其余符号意义同前。

渗入道面结构内部的水分,通过排水基层流到边缘的盲沟,在流动过程中将有部分水分被路面结构截留,排入盲沟的流量仅为设计渗水量的 $1/3\sim1/2$。但盲沟在使用过程中会因淤积等原因减小排水能力,在设计中应考虑 $2\sim3$ 倍的安全系数。因此盲沟设计中可近似按设计渗入量计算。如盲沟每隔一定距离(L_c)设横向出水口,则盲沟末端的设计流量为:

$$Q_c = q_i L_c \tag{8-33}$$

2. 排水基层的排水能力

排水基层的排水能力应大于表面水的设计入渗量,并留有一定的安全余地。自由水在排水基层中的渗流量可近似按渗流的达西(Darcy)公式计算:

$$Q_0 = KiA \tag{8-34}$$

式中:Q_0——纵向每延米排水层的排水量 $[\text{m}^3/(\text{d}\cdot\text{m})]$;

K——透水材料的渗透系数(m/d);

i——渗流路径的平均水力坡度,基层有纵横坡度时,取合成坡度:$i = \sqrt{i_z^2 + i_h^2}$,i_z、i_h 分别为纵、横坡度;

A——纵向每延米排水层的过水断面面积(m^2)。无纵坡时,$A = h$,有纵坡时,$A = h(i_h/i)$,h 为排水层厚度。

代入式(8-34)后,可得:

$$Q_0 = Ki_h h$$

当排水量、横坡已知时,可根据透水材料的渗透系数确定排水基层的厚度,或由排水基层的厚度确定透水材料的渗透系数。

在混凝土道面施工中,水泥浆会渗到透水基层中,造成透水基层的有效厚度减小,因此在计算中 h 应比实际厚度减小 $1\sim2\text{cm}$。

3. 排水基层中的渗流时间

渗入排水基层中的自由水在基层内的渗流时间,与渗流距离、渗流速度有关。可用下式计算:

$$t = \frac{L_s}{3\,600 v_s}$$

$$L_s = B \sqrt{1 + \frac{i_z^2}{i_h^2}}$$

$$v_s = \frac{1}{n_e} K \sqrt{i_z^2 + i_h^2}$$

式中：t——渗流时间（h）；

L_s——渗流距离（m）；

v_s——平均渗流速度（m/s）；

n_e——透水材料的有效孔隙率；

其余符号意义同前。

渗流时间不能过长，一般不应大于 2 ~ 4h。

4.盲沟的排水能力

有管盲沟通过渗水管排水。渗水管的直径一般为 100 ~ 200mm，材料常用软式透水管或 PVC 管。PVC 管比较光滑，糙率为 0.010 ~ 0.011，软式透水管内部有钢丝圈，糙率稍大，可取 0.013 ~ 0.014。为简化计算，可按满管无压流计算，方法可参考第二节的排水圆管。

【例 8-9】 某机场跑道宽 45m，对称双面坡，两侧道肩宽 2.5m。水泥混凝土道面纵缝间距 4.5m，横缝间距 4m，道肩横缝间距 2m。现在道面内部设置排水基层，并在道肩外侧设置盲沟，盲沟沿纵向每 150m 设一出口。道面横坡为 0.01，纵坡为 0.003，试设计排水基层及排水盲沟。

【解】 单侧道面纵缝数 $n_z = 6$（含跑道中线及道面与道肩的接缝），单向道面宽 $B = 25m$，横缝间距 $L = 4m$，4m 范围内横缝数量在道面区为 1 条，在道肩区为 2 条，按长度加权平均后，$n_h = 1.1$，代入计算公式：

$$q_i = I_c \left(n_z + n_h \frac{B}{L} \right) = 0.24 \times \left(6 + 1.1 \times \frac{25}{4} \right) = 3.09 \ (m^3/d)$$

则每段盲沟纵向末端流量：$Q_c = q_i L_c = 3.09 \times 150 = 459 (m^3/d) = 0.005\ 3 (m^3/s)$

排水基层采用水泥稳定开级配碎石，取渗透系数 $K = 3\ 200m/d$，则需要的厚度为：

$$h = \frac{Q_0}{K i_h} = \frac{3.09}{3\ 200 \times 0.01} = 0.097 (m)$$

考虑水泥浆堵塞等原因，实际厚度取 0.12m。

排水层中的有效孔隙率取 20%，则排水层中的水流速度：

$$v_s = \frac{1}{n_e} K \sqrt{i_z^2 + i_h^2} = \frac{1}{0.2} \times 3\ 200 \times \sqrt{0.003^2 + 0.01^2} = 167 (m/d) = 0.001\ 9 (m/s)$$

渗流距离：

$$L_s = 25 \sqrt{1 + \frac{0.003^2}{0.01^2}} = 26.1 (m)$$

渗流时间：

$$t = \frac{L_s}{3\ 600 v_s} = \frac{26.1}{3\ 600 \times 0.001\ 9} = 3.8 (h)$$

渗流时间基本满足要求。

盲沟中管道尺寸计算：

盲沟采用软式透水管，假设管径为 150mm，纵坡与跑道纵坡相同，即为 0.003。其输水能力：

$$Q = \frac{\pi D^2}{4n} \left(\frac{D}{4} \right)^{0.667} \sqrt{i_z} = \frac{3.14 \times 0.15^2}{4 \times 0.014} \left(\frac{0.15}{4} \right)^{0.667} \sqrt{0.003} = 0.007\ 7 (m^3/s)$$

输水能力大于盲沟的设计流量,所选管径合适。

在机场排水中,由于道面的宽度比较大,且横坡比较小,因此对排水基层的渗透系数要求比较高,本例中 $K = 3\,200\text{m/d}$,需要较大的孔隙率。如果渗透系数达不到要求,则需要增大排水基层的厚度,同时会增大渗流时间。另外,由于盲沟每段的距离不长,需要设置许多横向排水管。为避免许多横向排水管穿越土跑道或平地区,需要在盲沟边缘布置排水圆管或暗沟。由于修建排水基层及盲沟、纵向排水管道等会增加工程造价,目前在我国机场修建道面内部排水系统比较少。

二、地下排水盲沟水文计算

1. 盲沟渗流量计算

(1)完整盲沟的流量

盲沟底部挖至不透水层或挖入不透水层内,使沟底不渗水的盲沟称为完整盲沟,如图 8-19 所示。

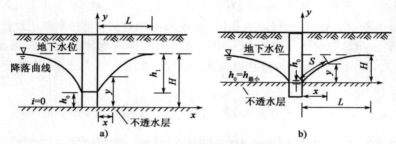

图 8-19　完整盲沟流量计算图

假定含水层的长度和宽度无限,水的储量也无限,且不考虑地面渗水,则每米长的沟壁上从一侧流入盲沟中的流量 q 可用下式计算:

$$q = \frac{K}{2} \frac{H^2 - h_0^2}{L} \tag{8-35}$$

式中:h_0——盲沟的水流深度(m);

K——含水层中水流的渗透系数(m/s),见表 8-9;

H——含水层的储水厚度(m);

L——水力影响距离(m)。

土的渗透系数及降落曲线平均坡度表　　　　　　　　　　表 8-9

含水层土质	渗透系数 K 参考值(cm/s)	平均坡度 I_0	$\alpha = \dfrac{I_0}{2 - I_0}$
粗砂	$1 \times 10^{-2} \sim 1 \times 10^{-1}$	$0.003 \sim 0.006$	$0.001\,5 \sim 0.003$
砂类土	$1 \times 10^{-4} \sim 1 \times 10^{-2}$	$0.006 \sim 0.020$	$0.003 \sim 0.010$
亚砂土	$1 \times 10^{-5} \sim 1 \times 10^{-3}$	$0.02 \sim 0.05$	$0.010 \sim 0.026$
亚黏土	$1 \times 10^{-6} \sim 1 \times 10^{-5}$	$0.05 \sim 0.10$	$0.026 \sim 0.053$
黏土	$1 \times 10^{-7} \sim 1 \times 10^{-6}$	$0.10 \sim 0.15$	$0.053 \sim 0.081$
重黏土	$\leqslant 1 \times 10^{-7}$	$0.15 \sim 0.20$	$0.081 \sim 0.111$
泥炭	$1 \times 10^{-4} \sim 1 \times 10^{-2}$	$0.02 \sim 0.12$	$0.010 \sim 0.061$

如水自两侧同时流入沟内,则式(8-34)中的流量应乘以 2,即:

$$q = K\frac{H^2 - h_0^2}{L} \tag{8-36}$$

地下水位降落曲线的方程可用下式表示:

$$y = \sqrt{h_0^2 + \frac{x}{L}(H^2 - h_0^2)} \tag{8-37}$$

式中:y——降落曲线上某点的水位(m);

　x——从盲沟边缘到降落曲线上某点的距离(m);

其余符号意义同前。

降落曲线的平均坡度 I_0 可查表 8-9。当地下水流稳定时,也可用下式计算:

$$I_0 = \frac{1}{3\,000\sqrt{K}} \tag{8-38}$$

或者根据抽水试验,获得影响距离 L(或影响半径 R)和水位降低值($H-h_0$),由下式计算:

$$I_0 = \frac{H - h_0}{L} \text{ 或 } I_0 = \frac{H - h_0}{R} \tag{8-39}$$

为了改善盲沟的排水效果,盲沟的流水部分常设在不透水层顶面以下,见图 8-19b)。此时,h_0 有一个最小值 $h_{最小}$,可按下式确定:

$$h_{最小} = \frac{I_0}{2 - I_0}H = \alpha H \tag{8-40}$$

式中: α ——系数,也列于表 8-9。

【例 8-10】　水平砂层中的潜水流,经开挖盲沟排除,资料见图 8-20。砂层渗透系数经试验为 11m/d。求每米沟长的单侧流量和降落曲线的平均坡度。

【解】　渗透系数 $K = 11(\text{m/d}) = 0.000\,127(\text{m/s})$

由式(8-36),砂层中降落曲线平均坡度:

$$I_0 = \frac{1}{3\,000\sqrt{K}} = \frac{1}{3\,000\sqrt{0.000\,127}} = 0.03$$

$$H = 49.55 - 45.00 = 4.55(\text{m})$$

$$h_0 = 45.75 - 45 = 0.75(\text{m})$$

代入式(8-37),求得影响距离:

$$L = \frac{H - h_0}{I_0} = \frac{4.55 - 0.75}{0.03} = 127(\text{m})$$

代入式(8-33),得沟中单侧流量:

$$q = \frac{K(H^2 - h_0^2)}{2L} = \frac{11 \times (4.55^2 - 0.75^2)}{2 \times 127} = 0.87(\text{m}^3/\text{d})$$

(2)不完整盲沟的流量

沟底位于含水层中,沟底也有水渗入的盲沟,称为不完整盲沟,如图 8-21 所示。

当含水层深度无限时:

$$q = \frac{\varepsilon H K \varphi}{\ln \dfrac{L + C}{C}} \qquad (8\text{-}41)$$

式中：K——渗透系数；

φ——水力坡度的张角，以弧度计；

ε——根据实验资料的校正系数，一般为 $0.7 \sim 0.8$；

C——盲沟宽度之半；

其余符号意义同前。

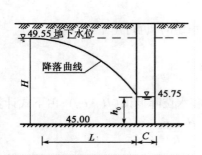

图 8-20 某盲沟的流量计算图（高程单位：m）

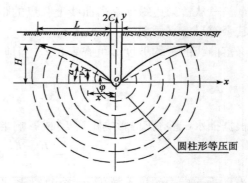

图 8-21 不完整盲沟流量计算（含水层无限）

若盲沟两侧进水，流量应乘以 2。当含水层深度有限时，仍按式（8-39）计算，但式中 $\varphi = \alpha + \beta$，其中 α、β 见图 8-22。

2. 盲沟的水力计算

（1）填石盲沟

填石盲沟内粒料间的孔隙较大，且无规则，水流处于紊流状态，渗流流量可按下式计算：

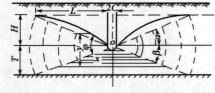

$$Q = \omega K_m \sqrt{i} \qquad (8\text{-}42)$$

式中：K_m——排水层的渗透系数（m/s），见表 8-10；

ω——渗透面积（m^2）；

i——沟底坡度。

图 8-22 不完整盲沟流量计算（含水层有限）

排水层粒料渗透系数 表 8-10

换算成球形的颗粒直径 d(cm)	排水层孔隙度(n)			换算成球形的颗粒直径 d(cm)	排水层孔隙度(n)		
	0.40	0.45	0.50		0.40	0.45	0.50
	渗透系数 K_m(m/s)				渗透系数 K_m(m/s)		
5	0.15	0.17	0.19	20	0.35	0.39	0.43
10	0.23	0.26	0.29	25	0.39	0.44	0.49
15	0.30	0.33	0.37	30	0.43	0.48	0.53

注：对于不规则的有棱角的粒料，取 $n = 0.50$，对于浑圆的粒料，取 $n = 0.40$。

（2）有管盲沟

有管盲沟的水力计算已在前面讨论。在管径确定时应留有较大的富余量,以防管道淤积后排水能力不足。一般可按输水能力大于等于 2 倍设计流量考虑。

3.盲沟埋置深度计算

为了降低地下水位,应将盲沟埋于一定深度,如图 8-23 所示。

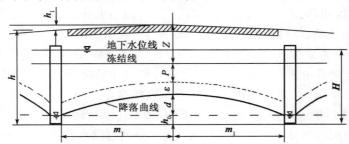

图 8-23　盲沟埋深计算示意图

盲沟的埋深可按下式计算:

$$h = Z + P + \varepsilon + d + h_0 - h_1 \tag{8-43}$$

式中:h——盲沟埋置深度(m);

Z——沿跑道中线的冻结深度(m);

P——沿跑道中心由道基冻结线至排水后毛细水上升高度曲线的距离(m),采用近年内地下水波动的平均数值(近似值为 0.25m);

ε——毛细管水上升高度（m）,以实验数值为准,初步估计时,下列数值可供参考:砂土 0.2~0.3,砂性土 0.3~0.8,粉性土 0.8~2.0,黏性土 1.0~2.0;

h_0——盲沟内水深(m),通常采用 0.3~0.4m;

h_1——跑道中心至盲沟处地面的高差(m);

d——道基范围内降落曲线的最大矢距(m)。

对于双面盲沟,降落曲线的最大矢距为:

$$d = I_0 m_1 \tag{8-44}$$

式中:I_0——降落曲线的平均坡度值;

m_1——盲沟边缘至跑道中线的距离(m)。

在道基范围内无地表水渗入时,两盲沟之间的降落曲线会逐渐坦化,直至水平。但道基完全不渗水是不可能的,因此应根据实际情况确定降落曲线的平均坡度值。

第五节　雨水调蓄池和蓄渗池的容积计算

在机场排水设计中,当容泄区离机场较远,下游管渠的工程量较大时,如能结合机场附近的洼地、池塘、取土坑等修建调蓄池或蓄渗池,可以大大节约投资。调蓄池是指下游有排水出路,只是将上游来的洪峰流量暂存其内,待流量下降后再慢慢排出的池塘或洼地。而蓄渗池是指下游没有排水出路,仅靠本身存蓄雨水,待雨后慢慢下渗和蒸发的池塘或洼地。这两者虽有许多共同点,但设计方法有很大差别。下面分别介绍这两种池塘容积计算的方法。

一、雨水调蓄池的容积计算

调蓄池的主要作用是削减洪峰流量。当容泄区离机场很远时,可在场区附近修建调蓄池,这样可以大大削减下游管渠的设计流量,从而减小下游管渠的尺寸和造价。在机场扩建时,若新的设计流量比原先增大较多,原有沟渠无法满足要求时,也可修建调蓄池,而不必改建下游渠道。强制式排水的机场,若在泵站前修建调蓄池,可减小水泵数量和下游管渠的尺寸。调蓄池可利用天然池塘、洼地,也可人工修建。

常用的调蓄池有溢流堰式和底部流槽式两种。溢流堰式的工作原理如图8-24a)所示。图中Q_1为调蓄池上游雨水管渠中的流量,Q_2为进入调蓄池的流量,Q_3为调蓄池下游雨水管渠的限制流量。当$Q_1 < Q_3$时,雨水不进入调蓄池而直接排走。当$Q_1 > Q_3$时,将有$Q_2 = (Q_1 - Q_3)$的流量通过溢流堰进入调蓄池,直至来水回落,$Q_1 < Q_3$后,调蓄池停止进水。调蓄池的进水总量如图8-25中阴影部分所示。储存在池内的水量通过出水管排走,直至放空为止。为了防止雨水由出水管倒流入调蓄池,出水管应有足够的坡度,或在出水管上设逆止阀。底部流槽式调蓄池如图8-24b),调蓄池底部设断面逐渐收缩的流槽。当$Q_1 < Q_3$时,雨水全部从流槽进入下游管渠排走。当$Q_1 > Q_3$时,超过下游限制流量Q_3部分暂时储存在池内,待上游流量减小时再排出。

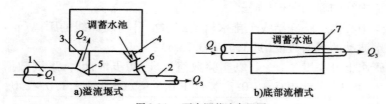

图8-24　雨水调蓄池布置图

1-调蓄池上游管道;2-调蓄池下游管道;3-调蓄池进水管;4-调蓄池出水管;5-溢流堰;6-逆止阀;7-流槽

调蓄池的有效容积,应为图8-25中限制流量以上部分的体积V。要计算容积V,首先需确定流量过程线。流量过程线与雨型有关,也与流域特性有关。详细的计算方法见第六节。在设计中常采用简化的流量过程线,如以往曾用等腰三角形过程线,三角形的底边为汇流时间的2倍。其调蓄池容积为:

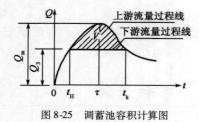

图8-25　调蓄池容积计算图

$$V = (1 - \alpha)^2 Q_m \tau \tag{8-45}$$

式中:Q_m——上游的洪峰流量;

τ——汇流时间;

α——脱过系数,即下游限制流量与上游洪峰流量之比,$\alpha = Q_3 / Q_m$。

上式的计算结果往往偏小。因此提出一种修正公式:

$$V = (1 - \alpha)^{1.5} Q_m \tau \tag{8-46}$$

另一种方法是先确定一种设计雨型,如第四章介绍的 Keifer 和 Chu 雨型,然后用等流时线法计算流量过程线。在计算时假定共时径流面积是线性增加的,就可通过积分获得流量过程线。邓培德假定雨峰相对位置为0.5,即用对称雨型计算调蓄池的容积,并归纳出如下公式:

$$V = \beta Q_m \tau \tag{8-47}$$

式中 β 为系数,用下式计算:

$$\beta = -\left(\frac{0.65}{n^{1.2}} + \frac{b}{\tau}\frac{0.5}{n+0.2} + 1.10\right)\lg(\alpha + 0.3) + \frac{0.215}{n^{0.15}} \qquad (8\text{-}48)$$

式中,n、b 为暴雨公式的参数,τ、α 同上。

我们曾对此作过专门研究,当 $\alpha < 0.5$ 时,此式的精度一般能满足要求。α 值越小,下游管渠也越小,但调蓄池容积增大。因此 α 值应根据当地条件及技术经济的合理性选用,一般在 $0.3 \sim 0.6$ 之间。

对溢流堰式调蓄池,池内的水由出水管放空。放空时间一般不应超过 12h,以便接纳下一场降雨。出水管管径可按调蓄池容积,参考表 8-11 确定,出水管的平均出流量可参考表 8-12。放空时间可按下式计算:

$$T = \frac{V}{3.6q}(\text{h}) \qquad (8\text{-}49)$$

式中:V——调蓄池有效容积(m^3);

　　　q——出水管平均出流量(L/s)。

调蓄池出水管管径　　　　　　　　　　　　　表 8-11

调蓄池容积(m^3)	管径(mm)	调蓄池容积(m^3)	管径(mm)
500 ~ 1 000	150 ~ 200	2 000 ~ 4 000	300 ~ 400
1 000 ~ 2 000	200 ~ 300		

调蓄池出水管平均出流量　　　　　　　　　　表 8-12

出水管直径（mm）	池内最大水深（m）		
	1.0	1.5	2.0
	平均出流量（L/s）		
150	19	23	27
200	38	46	54
250	65	79	92
300	99	121	140
400	190	233	269

【例 8-11】　已知调蓄池上游最大流量 $Q_m = 3.0\,\text{m}^3/\text{s}$,汇流时间 $\tau = 50\,\text{min}$,下游限制流量 $Q_3 = 1.2\,\text{m}^3/\text{s}$,暴雨公式参数 $b = 8$,$n = 0.7$,出水管 $D = 400\,\text{mm}$,池内最大水深 2.0m,计算调蓄池的容积 V,并校核其放空时间 T。

【解】
$$\alpha = \frac{1.2}{3.0} = 0.4$$

$$\beta = -\left(\frac{0.65}{0.7^{1.2}} + \frac{8}{50}\times\frac{0.5}{0.7+0.2} + 1.1\right)\lg(0.4+0.3) + \frac{0.215}{0.7^{0.15}} = 0.565$$

$$V = \beta Q_m \tau = 0.565 \times 3.0 \times 50 \times 60 = 5\,085\,(\text{m}^3)$$

若调蓄池底面尺寸为 50m×50m,边坡为 1:1.5,水深为 2m,则有效容积:

$$V = (50 + 1.5 \times 2)^2 \times 2 = 5\,618\,(\text{m}^3)$$

容积满足要求。在设计中调蓄池的深度应大于计算水深。这里要考虑泥沙淤积的影响，还要考虑设计水面以上的安全高度。若淤积深度和安全高度均取 0.5m，则池深为 3m。

出水管 $D = 400$mm，最大水深 2m，查得 $q = 269$ L/s。

$$T = \frac{5\,085}{3.6 \times 269} = 5.25\,(\text{h})$$

放空时间满足要求，出水管直径合适。

二、蓄渗池容积计算

在北方地区的一些机场，有时可作容泄区的河流、冲沟等距离机场很远，或者需要穿越高地、公路、铁路等，修建排水沟的造价很高。这时可在机场附近开挖蓄渗池，或利用天然池塘、洼地进行改造，修建蓄渗池。有些机场原有的排水出口随着周围环境的改变而消失，此时也可以修建蓄渗池排水。如东北某机场，原来通过两条明渠将雨水排到附近的河流。但随着城市的发展，两条明渠被填，改作了道路，使雨水无法排出，需要修建蓄渗池来排水。西北某机场地处平原地区，附近没有合适的河流作容泄区，利用两个蓄渗池作容泄区。后来机场扩建，跑道延长，又修建了一条蓄渗沟作容泄区。在蓄渗池设计中，池的容积计算是一个关键。目前国内外对这方面的论述都很少，还没有较成熟的理论，这里介绍蓄渗池容积计算的一般方法和我们的研究成果。

1. 蓄渗池设计的一般方法

蓄渗池的基本要求为：

（1）从机场排水系统排往蓄渗池的水量应与蓄渗池损失的水量（渗透和蒸发）相平衡。时间可以用一个雨季为标准。保证一个雨季内两者平衡。不会因逐渐累积而溢出蓄渗池。

可以先校核雨季是否满足上述要求。雨季流向蓄渗池的水量为：

$$W = 10P\left(\Psi_1 F_1 + \Psi_2 F_2 + F_3\right) \tag{8-50}$$

式中：W——雨季流向蓄渗池的水量（m^3）；

P——雨季平均降雨量（mm）；

F_1、Ψ_1——分别为机场排水系统的汇水面积（hm^2）和径流系数；

F_2、Ψ_2——分别为蓄渗池周围流入池内的汇水面积（hm^2）和径流系数；

F_3——蓄渗池的面积（hm^2）。

雨季内蓄渗池损失的水量包括蒸发水量 E 和渗透水量 Q 两部分。其中蒸发水量为：

$$E = 10\,F_3 Z \tag{8-51}$$

式中：Z——雨季平均水面蒸发量（mm）。

如果在雨季中满足：

$$W \leqslant E + Q \tag{8-52}$$

则说明蓄渗池满足条件（1）。否则，应设法加大蒸发面积或增加渗透水量，使之满足要求。

（2）蓄渗池要有足够的容积，应保证容纳设计重现期的最大月降雨量所产生的全部径流。即：

$$V \geqslant Q_{\text{J}} \tag{8-53}$$

式中：V——蓄渗池的容积（m^3）；

Q_J——设计重现期下最大月降雨量进入蓄渗池的水量(m^3)。

$$Q_J = 10P_m(\varPsi_1 F_1 + \varPsi_2 F_2 + F_3) \tag{8-54}$$

式中:P_m——设计最大月雨量(mm);

其余符号意义同前。

当不满足关系(8-53)时,应加大蓄渗池面积或深度,否则可能在雨季造成机场或附近农田内涝,影响正常使用。

2. 渗透水量计算

蓄渗池的渗透水量与当地的土壤地质条件、地下水位、池的尺寸和形状有关。目前的渗透理论主要有两种,即渠道渗漏和井的渗流。对窄长形的蓄渗池,可近似按渠道渗漏来计算,对尺寸较小,但深度较大的蓄渗池,可近似按渗井来计算。

(1)渠道渗漏方法

渠道渗漏分为自由渗漏和顶托渗漏两类。当地下水较深,渗漏水流不受地下水位顶托时称为自由渗漏,否则称为顶托渗漏。

自由渗漏的计算公式较多,常用的有:

$$q = K(b + 2vh\sqrt{1 + m^2}) \tag{8-55}$$

式中:q——单位渠长的渗漏量;

　　K——土壤的渗透系数,可参考表8-9。不同土壤 K 值的变化范围很大,应尽量采用现场试验。但需要考虑池底淤积造成的渗透系数减小;

　　v——渠道边坡旁侧的毛细吸水量的修正系数,一般 $v = 1.1 \sim 1.4$;

b、h、m——渠道的底宽、水深和边坡系数,见图8-26。

另外,也可用下式计算:

$$q = K(B + Ah) \tag{8-56}$$

式中:A——系数,取决于过水断面的参数,可查图8-27;

　　B——水面宽度。

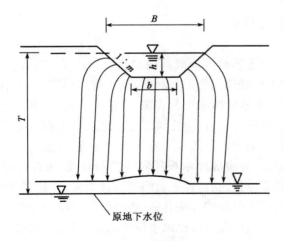

图8-26　渠道自由渗漏示意图

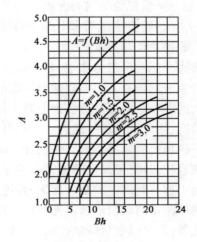

图8-27　系数 A 值查算图

305

当地下水位较高时,常出现顶托渗漏。顶托渗漏较复杂,没有成熟的公式。一般先用自由渗漏计算,再乘以一个修正系数。详见有关水力计算手册。

（2）渗井计算方法

渗井相当于注水井,分为完全井（图 8-28）和不完全井（图 8-29）两类。完全井的底部到达不透水层,且整个含水层都有渗水壁面。否则为不完全井。

完全注水井的流量由下式计算：

$$Q = 1.36 \frac{K(h_0^2 - H^2)}{\lg \frac{R}{r_0}} \tag{8-57}$$

式中：H——含水层厚度；

h_0——井中水深；

r_0——井的半径；

R——影响半径,随土的性质、含水层厚度等因素而变,由试验确定。

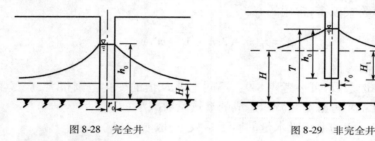

图 8-28　完全井　　　　　　　图 8-29　非完全井

非完全注水井的计算公式较复杂,不再介绍。

（3）一般形状的蓄渗池处理

对于既不是窄长形,又不是渗井形的蓄渗池,可按渠道近似处理,但要作一定的修正,可按下式计算：

$$Q = K (A_D + vA_B) \tag{8-58}$$

式中：A_D——蓄渗池池底的面积；

A_B——蓄渗池四周水下部分的侧面积之和。

3. 蓄渗池设计的改进

前面介绍的一般方法中,蓄渗池容积要保证容纳某一时间内最大设计雨量产生的全部径流。计算时间的长短对蓄渗池容积影响很大。如果用较短的时间,则所需容积较小,否则就需要较大的容积。前面的方法中以月为计算时间确定蓄渗池的容积,只是为了方便,不一定符合实际情况,因此可以进行改进。我们对此进行研究后,认为应该用蓄渗池满池水在没有降雨的情况下消耗完所需的时间作为计算时间,来确定设计雨量。具体做法是：首先要假定蓄渗池尺寸和容积,计算蓄渗池的蒸发和渗透水量,以确定满池水损耗完所需的时间,再统计每年雨量资料中这一时间内的最大雨量,并进行频率分析,获得这一时间的设计雨量,并计算径流量。如果此径流量与假设的蓄渗池容积相近,则说明假设的容积合适,否则重新假设和计算。

此外,还可以通过降雨径流逐日模拟的方法计算蓄渗池内水位的动态变化,以此确定蓄渗池容积。详见第六节。

应当指出,修建蓄渗池是有条件的。其一是适合于气候干燥的北方地区,特别是西北干旱地区。这些地区可作排水的河沟少,容泄区不易选择。同时降雨量小,蒸发量大,所需蓄渗池容积较小,而且荒地多,修建蓄渗池比较方便。而在南方湿润地区,河沟很多,没有必要修建蓄渗池,且蓄渗池容积大,很不经济。其二是土壤渗透性大,地下水位低。此时渗水量较大,所需的蓄渗池容积小。如在透水性很差的黏土地区修建蓄渗池,加上长年淤泥淤积的影响,水量很难渗透,仅靠蒸发损失,所需要的容积很大,也不经济。

在水资源缺乏的地区,可将蓄渗池中的水进行利用,如用作机场和营区的绿化用水、消防用水等。

第六节　机场排水设计模型

机场排水设计中,设计流量一般采用推理公式法计算。这一方法比较简单,使用广泛,但也存在一些问题。一是理论上概化过多,参数选取也比较粗略,使计算的精度不高。特别当汇水面积比较大时,误差较大。我国《室外排水设计规范(2014年版)》(GB 50014—2006)建议在汇水面积超过 $2km^2$ 时采用数学模型法。美国联邦航空局及军队的机场排水设计标准中,推理公式法只能用于汇水面积小于 200 英亩(约 $0.81km^2$)的区域。二是无法推求完整的流量过程线。在机场蓄水池、调蓄池设计,强制排水时抽水泵站的设计中都要用到流量过程线。当出现超过设计重现期的暴雨时,机场会出现一定范围的积水,其积水范围的计算也要用到流量过程线,此时推理公式就不能很好解决。为了提高设计流量计算精度,解决一些比较复杂的工程问题,我们根据水文学的基本原理,对机场的降雨径流规律作了深入研究,在此基础上提出了一个机场排水系统设计流量计算及管渠尺寸确定的数学模型,用于飞行场地排水系统的设计。

一、模型结构与参数

机场排水设计模型(Airport Drainage Design Model)简称AD-DM,基本框图如图8-30。在计算前要根据每段管渠的实际汇水情况将流域划分成许多子区。经过子区的产流和地面汇流计算,以及管渠的汇流计算,获得排水系统各部分的设计流量过程。据此确定各部分管渠的尺寸。模型主要有设计暴雨计算、产流计算、地面汇流计算、管网汇流计算和管渠设计五部分组成。

1. 设计暴雨计算

设计暴雨是机场排水设计的基础。设计暴雨的重现期按规范选取,平均雨强按暴雨公式 $a = S_p / (t + n)^n$ 计算。设计暴雨强度在时间上是不均匀的。模型采用 Keifer 和 Chu 雨型作为设计雨强过程,详见第四章第四节。

2. 产流计算

由于不透水的道面和透水的土质区产流特性有很大差异,

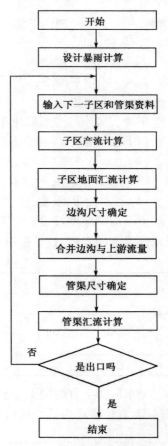

图8-30　机场排水设计模型框图

这两部分分开计算。道面还可划分为直接不透水区和间接不透水区。其中道面边缘修建集水边沟，道面径流可以直接排入边沟的道面称为直接不透水区，而边缘没有修建边沟，道面径流必须流过土质地区才能排到沟渠的道面称为间接不透水区。相应地，透水区也分为两部分，透水区1没有间接不透水区径流的流入，而透水区2有间接不透水区径流流入。因此机场地表径流可能有三种途径排入沟渠，如图8-31所示。但对某条沟渠，只能有一种或两种路径。

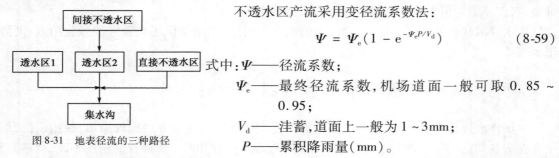

图8-31　地表径流的三种路径

不透水区产流采用变径流系数法：

$$\Psi = \Psi_e(1 - e^{-\Psi_e P/V_d}) \tag{8-59}$$

式中：Ψ——径流系数；

Ψ_e——最终径流系数，机场道面一般可取 $0.85 \sim 0.95$；

V_d——洼蓄，道面上一般为 $1 \sim 3\text{mm}$；

P——累积降雨量（mm）。

透水区也有洼蓄（包括植物截留），其值常在 $2 \sim 8\text{mm}$ 之间。透水区的主要损失为下渗，下渗率采用霍顿下渗曲线公式计算：

$$f = (f_0 - f_c)e^{-kt} + f_c \tag{8-60}$$

式中：f——某一时刻的下渗能力；

t——时间；

f_0——初始下渗率；

f_c——稳定下渗率；

k——下渗指数。

下渗公式中的参数取决于土壤透水性及前期湿度。土壤透水性分为四类：

（1）透水性很好（砂土及砂砾）。

（2）透水性中等（粉砂、粉土等）。

（3）透水性较差（粉质黏土、黏土，或在表层以下有透水性不好的土层）。

（4）透水性很差（黏土，具有较大膨胀性，有持久且很高的地下水位）。

土壤前期湿度按设计暴雨发生前五天的总雨量划分成四类，见表8-13。模型将根据土壤透水性及前期湿度，自动选定一组下渗参数计算产流量。

土壤前期湿度分类　　　　　　　　　　　　　　表8-13

前期湿度类别	干湿状况	前五天总雨量（mm）
1	非常干燥	0
2	比较干燥	$0.1 \sim 12.5$
3	比较潮湿	$12.6 \sim 25.0$
4	饱和	>25.0

透水区2上有间接不透水区的径流流入。由于间接不透水区的汇流时间短，可以忽略汇流过程，直接将产生的径流均匀洒在透水区2上，作为附加雨量。这样透水区2的总雨量为：

$$P_{G2} = P + R_P \frac{F_{P2}}{F_{G2}} \tag{8-61}$$

式中:P_{G2}——透水区 2 的总雨量(虚拟值);

P——实际雨量;

R_P——间接不透水区的径流量;

F_{P2}——间接不透水区的面积;

F_{G2}——透水区 2 的面积。

3. 地面汇流计算

地面汇流计算采用等流时线法,并以子区为对象。由于子区的面积小,数量多,对每个子区都划分等流时块将非常麻烦,因此采用概化的等流时块面积分配曲线。本模型采用矩形概化,即各等流时块面积相等。

等流时线法中最关键的是汇流时间确定。子区内的汇流时间包括坡面汇流时间和边沟汇流时间两部分。边沟指起集水作用的三角沟、盖板明沟和梯形明沟等。边沟统一按梯形断面考虑,三角形和矩形作为梯形的特例(三角形时底宽为 0,矩形时边坡系数为 0)。汇流时间按本章第一节介绍的方法计算。计算前需要输入坡面和边沟的长度、坡度、粗糙系数等。

在获得汇流时间后,可按径流成因公式计算子区的流量过程:

$$Q_i = \sum_{j=1}^{i} I_i \Delta f_{i-j+1} \tag{8-62}$$

式中:Q_i——第 i 时段的流量;

I——时段净雨强;

Δf_{ij+1}——等流时块面积。

4. 管渠汇流计算

流域最上游的地面径流进入管渠后,向下游流动,并汇集下面各子区的地面径流及支渠的径流。管渠汇流计算的任务是逐段将上端入流演算到下端,获得各段管渠的设计流量和过程线。这里的管渠不包括集水边沟,而是指起输水作用的管道、暗沟或明渠,沿程没有坡面入流,只在节点处有集中入流。沟渠的断面可以是圆形或梯形(包括矩形)。

沟渠演算前应进行编号。机场的管渠为树枝状,如图 8-32 所示。包括一条主干管和若干支管。主干管的编号为 1,其余支管按汇入顺序编号。每条管渠分为若干段,第一段为 0,其他依次编号。图中 3-1 表示第三条管渠中编号为 1 的管段,其余类同。

计算从主干管的起点开始,逐段向下进行,遇有支线汇入时,应在汇入点前计算支线。图 8-32 中的管渠按以下顺序计算:1-0、2-0、1-1、3-0、4-0、3-1、1-2、1-3。

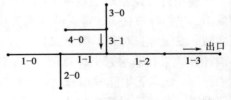

图 8-32 管渠编号示意图

每段管渠至多对应一个子区和一条边沟。若在同一节点中有两条边沟汇入,可设一段虚拟管渠,长度为 0,使每段管渠只对应一条边沟。边沟本身不编号。

管渠的流量演算采用马斯京根法,基本方程为:

$$Q_2 = C_1 I_1 + C_2 I_2 + C_3 Q_1 \tag{8-63}$$

式中:I_1、I_2——分别为时段始末的上端入流量;

Q_1、Q_2——分别为时段始末的下端出流量;

C_1、C_2、C_3为参数。

其中圆管采用定参数法,梯形渠道采用变参数法。其参数与管渠长度、坡度、糙率、管渠尺寸及计算时间步长有关。时间步长一般取 1～2min。参数确定后,就可根据马斯京根法的基本方法进行流量演算。

5. 管渠设计

管渠设计包括边沟设计和输水管渠设计。边沟设计即确定盖板明沟、三角沟、梯形明沟等的尺寸。设计时预先给定底宽、边坡系数、起始深度、地面坡度等,根据边沟的设计流量,由模型选择合适的底坡和末断面沟深。由于边沟的底坡和深度会影响汇流时间,从而影响设计流量,因此需要试算。设计时先给一个比较小的底坡,然后逐渐增大,直至输水能力等于或略大于设计流量。

输水管渠设计是在坡度规划的基础上,根据设计流量来确定雨水管渠的尺寸。对于圆管,可由模型确定合适的管径。圆管按满管无压流设计,按式(8-29)确定计算管径,并选择合适的实用管径,且要满足最小管径和流速要求。

对梯形沟渠,在已知设计流量、底宽和边坡系数的情况下,由模型计算出设计水深,再加上一定的安全深就可得设计沟深。

管渠尺寸确定后,还可计算各节点的管道埋深、工作高程等。高程计算时,节点中各管渠一般采用管顶平齐方式。若为非平齐方式,由设计者提供管顶高差,就可根据管渠坡度及断面尺寸推算管底的高程和覆土厚度。

二、模型输入输出

1. 模型输入

为了方便原始数据的输入,编写了专门的用户界面程序,可根据菜单提示输入各种数据。主要包括:计算任务选择(设计或校核)、管渠总段数、计算时段长、产流参数(土壤类别、前期湿度、洼蓄值、径流系数、地面粗糙系数)、暴雨参数(暴雨种类、历时、暴雨公式的参数或实际暴雨过程)、管渠参数(编号、长度、坡度、管径或沟深等)、子区及边沟参数(子区面积、各部分比例、坡面流长度、坡度、边沟长度、宽度、粗糙系数等)。

2. 结果输出

模型计算结果输出到 ADDM. OUT 的文件中。输出分为两部分,第一部分为一般说明和暴雨,包括计算任务,输入的暴雨公式,总历时、总雨量及每个时段的雨量,以及主要产汇流参数,以便检查对照。第二部分是每段管渠的计算结果,按计算顺序逐段输出。每段包括边沟计算结果和输水管渠计算结果,边沟包括长度、坡度、断面尺寸、设计流量、输水能力、流速、水深等,输水管渠除输出长度、坡度、断面尺寸、流量、流速等外,还有地面和沟底高程、覆土深度等。每段管渠还输出流过的径流总量,并根据需要可输出流量过程线。

三、应用举例

现以某机场中的一个排水系统为例说明机场排水设计模型的使用方法。

某机场的一个排水系统如图 8-33 所示,汇水面积为 12.38hm²,在停机坪边缘建有混凝土三角沟,每25m 设一雨水口;跑道边缘和平地区中部建有矩形盖板明沟,用圆管连接并排出这些边沟中的径流。当地暴雨公式为 $i = 4.92$ $(1 + 0.8 \lg N)$ $/$ $t^{0.55}$（mm/min），重现期 N 为 1 年。道面为水泥混凝土，透水区为砂质黏土，生长草皮。现用模型设计边沟和圆管的尺寸。

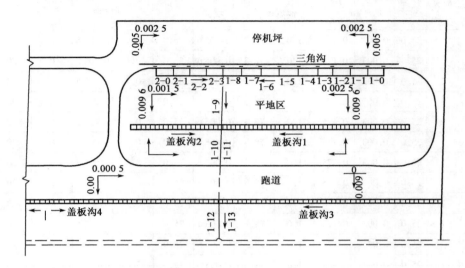

图 8-33　飞行场地排水系统示意图

1. 资料准备

（1）排水系统平面图

模型计算的任务是设计飞行场地排水系统，首先需准备排水系统平面布置图，标出各部分地面坡度，并按模型要求对输水管渠进行编号，如图 8-33。得管道总段数为 18（其中 1-10 和 1-12 为虚设的管道，长度为 0，分别对应盖板沟 1 和盖板沟 3，而 1-11 和 1-13 分别对应盖板沟 2 和盖板沟 4，使每一条输水管渠至多对应一条边沟）。设计中最小覆土厚度取 0.5m，模型计算时段长取 2min。

（2）选取产汇流参数

土壤为砂质黏土，透水性较差，取第 3 类；本机场处于南方地区，土壤比较潮湿，取前期湿度为第 3 类；道面的洼蓄取 2mm，最终径流系数 0.9，地面粗糙系数 0.016；土质地区洼蓄取 7mm，地面粗糙系数 0.07。

（3）暴雨资料

采用设计暴雨，暴雨类型为 1，总历时取 90min，时段长取 6min。暴雨公式中重现期 1 年时雨力为 4.92，衰减指数为 0.55，系数 b 为 0，雨峰相对位置采用 0.4。

（4）坡面和管渠资料

初步规划各段管渠的坡度和尺寸，如各段盖板明沟的宽度、起始深度，三角沟的边坡、起始深，管道的底坡等。统计各段沟渠的汇水面积及直接不透区、透水区 1、透水区 2 的比例、汇流距离、坡度等，如表 8-14 所示。本例中每个汇水子区中仅有一种性质的坡面，其中 1-10 和 1-11 全部为透水区 1，其他全部为直接不透水区。因此表中只列了一种坡面的长度和坡度，但在数据输入时仍应按三种输入，不存在的坡面可输 0。边沟和管道都为混凝土，粗糙系数取 0.014。地面和管顶高程在本表中没有详细列出，计算时中也应输入。

坡面和管渠资料　　　　　　　　　　　　　　　　表 8-14

编号	连接的管道数	管渠长度（m）	管渠坡度	汇水面积（hm²）	不透水区比例	汇水长度（m）	汇水坡度	边沟长度（m）	起始深度（m）	地面坡度	沟底宽度（m）	边坡系数	安全高度（m）
1-0	1	25.0	0.003	0.175	1.0	78.3	0.005 6	25.0	0.1	0.002 5	0	20	0.02
1-1	2	25.0	0.003	0.175	1.0	78.3	0.005 6	25.0	0.1	0.002 5	0	20	0.02
1-2	2	25.0	0.003	0.175	1.0	78.3	0.005 6	25.0	0.1	0.002 5	0	20	0.02
1-3	2	25.0	0.003	0.175	1.0	78.3	0.005 6	25.0	0.1	0.002 5	0	20	0.02
1-4	2	25.0	0.003	0.175	1.0	78.3	0.005 6	25.0	0.1	0.002 5	0	20	0.02
1-5	2	25.0	0.003	0.175	1.0	78.3	0.005 6	25.0	0.1	0.002 5	0	20	0.02
1-6	2	25.0	0.003	0.175	1.0	78.3	0.005 6	25.0	0.1	0.002 5	0	20	0.02
1-7	2	25.0	0.003	0.175	1.0	78.3	0.005 6	25.0	0.1	0.002 5	0	20	0.02
1-8	2	25.0	0.003	0.175	1.0	78.3	0.005 6	25.0	0.1	0.002 5	0	20	0.02
2-0	1	25.0	0.003	0.175	1.0	78.3	0.005 6	25.0	0.1	0.002 5	0	20	0.02
2-1	2	25.0	0.003	0.175	1.0	78.3	0.005 6	25.0	0.1	0.002 5	0	20	0.02
2-2	2	25.0	0.003	0.175	1.0	78.3	0.005 6	25.0	0.1	0.002 5	0	20	0.02
2-3	2	25.0	0.003	0.175	1.0	78.3	0.005 6	25.0	0.1	0.002 5	0	20	0.02
1-9	3	90.0	0.008	0.595	1.0	78.3	0.005 6	25.0	0.1	0.002 5	0	20	0.02
1-10	2	0.0	0.003	4.5	0	93	0.009 9	270.0	0.2	0.002 5	0.4	0	0.1
1-11	2	110.0	0.003	2.175	0	90.9	0.009 7	128.0	0.2	0.001 5	0.4	0	0.1
1-12	2	0.0	0.003	1.58	1.0	50	0.009	316.0	0.2	0	0.5	0	0.1
1-13	2	60.0	0.005	1.25	1.0	50	0.009	250.0	0.2	0.000 5	0.5	0	0.1

2. 数据输入

模型启动后，在数据编辑菜单中运行"建立新数据"，把准备好的数据按要求逐项输入，就可获得数据文件。也可用 EDIT 等编辑工具直接建立数据文件。

3. 模型计算和结果输出

数据输入后，可运行模型，屏幕将逐个显示正在计算的管段编号。若因数据不正确等原因发生错误或出现不正常的数据，屏幕会显示错误信息或提示信息。运行结果放在结果文件中，供用户查阅或打印。

经模型计算，获得各段管道和边沟的设计流量、管径（或沟深）、坡度等，同时获得各点的径流总量和流量过程线。管道和边沟的主要设计成果列于表 8-15 和表 8-16。

管 道 设 计 成 果　　　　　　　　　　　表 8-15

管段	长度（m）	坡度	管径（m）	洪峰流量（L/s）
1-0	25.0	0.003 5	0.3	33.3
1-1	25.0	0.005 5	0.3	66.5
1-2	25.0	0.002 7	0.4	99.6
1-3	25.0	0.004 7	0.4	132

续上表

管段	长度（m）	坡度	管径（m）	洪峰流量（L/s）
1-4	25	0.002 2	0.5	164.3
1-5	25	0.003 2	0.5	195.4
1-6	25	0.004 2	0.5	226.3
1-7	25	0.002 1	0.6	257.1
1-8	25	0.002 6	0.6	288.2
1-9	90	0.008 6	0.6	527.2
1-11	110	0.003 3	0.8	703.9
1-13	100	0.004 5	0.9	1 123.6

边 沟 设 计 成 果　　　　　　　表 8-16

沟名	长度（m）	宽度（m）	起始深度（m）	坡度	末断深度（m）	洪峰流量（L/s）
三角沟	25.0	4.00	0.10	0.002 5	0.10	33.3
盖板沟1	270.0	0.40	0.20	0.003 9	0.58	173.3
盖板沟2	128.0	0.40	0.20	0.003 5	0.46	88.6
盖板沟3	316.0	0.50	0.20	0.002 6	1.02	217.3
盖板沟4	250.0	0.50	0.20	0.003 2	0.88	228.5

用模型设计排水系统，不但计算简便，精度高，还可计算流量过程和径流总量，这对机场的雨水调蓄池、抽水泵站设计，以及在管渠泄水能力不足时确定淹没时间和淹没范围等都是非常有效的工具。而推理公式法只能计算洪峰流量，不能满足上述工程的需要。

四、蓄渗池设计模拟模型

影响蓄渗池容积的因素很多，主要有降雨量的大小、间隔时间、蒸发、汇水区情况和蓄渗池透水性等。蓄渗池的设计不同于排水沟渠或调蓄池，它不但要考虑一场降雨的影响，而且要考虑很长时间内多场降雨的影响。通常所用的设计暴雨只反映一场降雨的核心部分，不能适应蓄渗池设计的需要。因此要利用当地的多年实际降雨资料进行连续模拟。一般情况下需要连续模拟 5～10 年的降雨径流和蓄渗池的工作状况，才能评价蓄渗池是否满足设计要求，这与前面的排水设计模型有很大不同。另外，蓄渗池容积主要取决于每次降雨所产生的总水量，而流量变化过程对蓄渗池影响较小，可不考虑机场汇流的影响。由于蓄渗池设计的以上特点，一般的排水设计模型已无法满足要求，必须单独研究。

1. 径流模拟

为了计算蓄渗池容量，需要模拟流入蓄渗池的径流量。首先要收集机场或附近气象站连续多年的降雨资料，至少在 5 年以上。如果每场降雨都用前面介绍的产汇流计算方法模拟，计算工作量非常大，所需的资料也非常多。由于流量过程对蓄渗池的容积影响不明显，可只计算产流，而不考虑汇流过程。机场面积较小，汇流时间短，可将所产生的径流直接作为蓄渗池的入流。同时也不考虑降雨过程，以日雨量作为模型的输入。这种处理可大大简化模型。

产流计算方法分为不透水区和透水区两类。由于日雨量资料不能反映雨强的变化,因此不能使用下渗曲线法等产流计算方法。本模型在不透水区仍用限值法,而透水区采用美国土壤保持局(SCS)的方法计算。其计算公式为:

$$R_{\mathrm{G}} = \frac{P^2}{P + S} \tag{8-64}$$

式中:R_{G}——透水区的径流深(mm);

P——扣除初损的降雨量(mm);

S——土壤蓄水量(mm),可用下式计算:

$$S = 254\left(\frac{100}{CN} - 1\right) \tag{8-65}$$

CN——SCS 土壤曲线号,为小于 100 的数,可查有关图表。

在不透水区中,又分为直接不透水区和间接不透水区,相应的透水区也分为两类,具体处理方法与机场排水设计模型相同。

2. 蓄渗池渗水量和蒸发量计算

模拟前首先要确定蓄渗池的尺寸。如果为新的蓄渗池设计,则输入初步假定的尺寸。如果为现有的蓄渗池校核,则输入蓄渗池的实际尺寸。蓄渗池渗水量和蓄发量按上节介绍的方法逐日计算。如果能收集到逐日的蒸发资料,则按实际蒸发计算。如果只有月蒸发资料,也可用各月的日平均蒸发量计算。由于蒸发在总水量损失中所占比重一般不大,这种处理不会引起很大误差。每日的渗水量与池中水深有关,计算时按每日的模拟水深计算。

经过逐日径流和蒸发、入渗水量的计算,就可模拟出池中逐日的水量变化过程,以及有无溢流的出现。最后统计模拟的几年中出现溢流的次数。如果平均溢流周期接近设计重现期,则说明蓄渗池尺寸合适,否则需要调整蓄渗池尺寸,重新计算。

3. 蓄渗池设计实例

(1)基本情况

西北某机场地处关中平原,平均年降雨量 600 多毫米,平均年蒸发量 1 100 多毫米,气候比较干燥。土壤为黄土。机场地形较平坦,周围没有河流作容泄区。原先利用跑道北侧两个蓄渗池排水,1998 年在机场西南端修建了一条 180m 长的蓄渗沟。另外,跑道东北部准备将400m 场界沟扩建成蓄渗沟。现校核已建蓄渗池和蓄渗沟的容量,并设计新建蓄渗沟的尺寸。

机场虽有气象站,但资料缺漏较多,因此用附近水文站的资料代替。共收集了 7 年日雨量和月蒸发量资料。

(2)计算参数确定

①渗透系数 K:根据现场试验并参考有关文献,取 $K = 4 \times 10^{-4}$cm/s。

②毛细作用修正系数 v 值:一般取 1.1 ~ 1.4。考虑黄土的毛细作用较明显,计算中取1.3。

③产流参数:不透水区径流系数取 0.9,初损取 1mm,C 取 0.5。透水区考虑当地土壤透水性较好,初损取 3mm,CN 取 65。

④汇水面积:汇水面积根据机场平面图量取。每个汇水区内分为直接不透水区、间接不透水区和透水区 1、透水区 2。

（3）计算结果

西南端蓄渗沟长 180m，底宽 3.5m，上宽 6m，深 4m，总容量为 3 420m³。经过模拟，每年都有 2~7 次溢流，且溢出水量很大，需要改造。改造后底宽为 12m，上宽为 20m，沟长和沟深不变，总容量 11 520m³。重新模拟，7 年中仅溢出两次，且溢水量很小，基本满足要求。北侧两个蓄渗池 7 年中无溢流现象，满足要求。拟建东北端蓄渗沟经初步试算，沟长 400m，底宽 8m，上宽 15m，深 3.5m，总容量为 16 100m³。经模拟，在 7 年中共溢出两次，基本满足 3~5 年一遇的设计要求。

复习思考题

1. 试述飞行场地设计流量计算的基本原理及公式中各参数的含义。

2. 飞行场地与一般小流域的设计流量计算中对径流系统的计算方法有何不同？

3. 飞行场地坡面汇流时间如何计算，计算沟流时间分哪两种情况？

4. 试述盖板明沟、三角沟水文水力计算的要求和步骤。

5. 干管水力计算中有哪些限值？

6. 节点设计流量计算的基本原理是什么？如何进行精确计算？

7. 盲沟的流量计算的方法是什么？

8. 蓄渗池容积计算的原理是什么？

9. 机场排水设计模型的基本原理是什么？

附　　录

$$P = \frac{m}{n+1} \times 100\%\text{值表}$$

m \ n	40	39	38	37	36	35	34	33	32	31	30	29	28	27	26	25
1	2.4	2.5	2.6	2.6	2.7	2.8	2.9	2.9	3.0	3.1	3.2	3.3	3.4	3.6	3.7	3.8
2	4.9	5.0	5.1	5.3	5.4	5.6	5.7	5.9	6.1	6.2	6.5	6.7	6.9	7.1	7.4	7.7
3	7.3	7.5	7.7	7.9	8.1	8.3	8.6	8.8	9.1	9.4	9.7	10.0	10.3	10.7	11.1	11.5
4	9.8	10.0	10.3	10.5	10.8	11.1	11.4	11.8	12.1	12.5	12.9	13.3	13.8	14.3	14.8	15.4
5	12.2	12.5	12.8	13.2	13.5	13.9	14.3	14.7	15.2	15.6	16.1	16.7	17.2	17.9	18.5	19.2
6	14.6	15.0	15.4	15.8	16.2	16.7	17.1	17.6	18.2	18.8	19.4	20.0	20.7	21.4	22.2	23.1
7	17.1	17.5	17.9	18.4	18.9	19.4	20.0	20.6	21.2	21.9	22.6	23.3	24.1	25.0	25.9	26.9
8	19.5	20.0	20.5	21.1	21.6	22.2	22.9	23.5	24.2	25.0	25.8	26.7	27.6	28.6	29.6	30.8
9	22.0	22.5	23.1	23.7	24.3	25.0	25.7	26.5	27.3	28.1	29.0	30.0	31.0	32.1	33.3	34.6
10	24.4	25.0	25.6	26.3	27.0	27.8	28.6	29.4	30.3	31.2	32.3	33.3	34.5	35.7	37.0	38.5
11	26.8	27.5	28.2	28.9	29.7	30.6	31.4	32.4	33.3	34.4	35.5	36.7	37.9	39.3	40.7	42.3
12	29.3	30.0	30.8	31.6	32.4	33.3	34.3	35.3	36.4	37.5	38.7	40.0	41.4	42.9	44.4	46.2
13	31.7	32.5	33.3	34.2	35.1	36.1	37.1	38.2	39.4	40.6	41.9	43.3	44.8	46.4	48.1	50.0
14	34.2	35.0	35.9	36.8	37.8	38.9	40.0	41.2	42.4	43.8	45.2	46.7	48.3	50.0	51.9	53.8
15	36.6	37.5	38.5	39.5	40.5	41.7	42.9	44.1	45.5	46.9	48.4	50.0	51.7	53.6	55.6	57.7
16	39.0	40.0	41.0	42.1	43.2	44.4	45.7	47.1	48.5	50.0	51.6	53.3	55.2	57.1	59.3	61.5
17	41.5	42.5	43.6	44.7	45.9	47.2	48.6	50.0	51.5	53.1	54.8	56.7	58.6	60.7	63.0	65.4
18	43.9	45.0	46.2	47.4	48.6	50.0	51.4	52.9	54.5	56.2	58.1	60.0	62.1	64.3	66.7	69.2
19	46.3	47.5	48.7	50.0	51.4	52.8	54.3	55.9	57.6	59.4	61.3	63.3	65.5	67.9	70.4	73.1
20	48.8	50.0	51.3	52.6	54.1	55.6	57.1	58.8	50.6	62.5	64.5	66.7	69.0	71.4	74.1	76.9
21	51.2	52.5	53.8	55.3	56.8	58.3	60.0	61.8	63.6	65.6	67.7	70.0	72.4	75.0	77.8	80.8
22	53.7	55.0	56.4	57.9	59.5	61.1	62.9	64.7	66.7	68.8	71.0	73.3	75.9	78.6	81.5	84.6
23	56.1	57.5	59.0	60.5	62.2	63.9	65.7	67.6	69.7	71.9	74.2	76.7	79.3	82.1	85.2	88.5
24	58.5	60.0	61.5	63.2	64.9	66.7	68.6	70.6	72.7	75.0	77.4	80.0	82.8	85.7	88.9	92.3
25	61.0	62.5	64.1	65.8	67.6	69.4	71.4	73.5	75.8	78.1	80.6	83.3	86.2	89.3	92.6	96.2
26	63.4	65.0	66.7	68.4	70.3	72.2	74.3	76.5	78.8	81.2	83.9	86.7	89.7	92.9	96.3	
27	65.8	67.5	69.2	71.1	73.0	75.0	77.1	79.4	81.8	84.4	87.1	90.0	93.1	96.4		
28	68.3	70.0	71.8	73.7	75.7	77.8	80.0	82.4	84.8	87.5	90.3	93.3	96.6			

316

续上表

m＼n	40	39	38	37	36	35	34	33	32	31	30	29	28	27	26	25
29	70.7	72.5	74.4	76.3	78.4	80.6	82.9	85.3	87.9	90.6	93.5	96.7				
30	73.2	75.0	76.9	78.9	81.1	83.3	85.7	88.2	90.9	93.8	96.8					
31	75.6	77.5	79.5	81.6	83.8	86.1	88.6	91.2	93.9	96.9						
32	78.0	80.0	82.1	84.2	86.5	88.9	91.4	94.1	97.0							
33	80.5	82.5	84.6	86.6	89.2	91.7	94.3	97.1								
34	82.9	85.0	87.2	89.5	91.9	94.4	97.1									
35	85.4	87.5	89.7	92.1	94.6	97.2										
36	87.8	90.0	92.3	94.7	97.3											
37	90.2	92.5	94.9	97.4												
38	92.7	95.0	97.4													
39	95.1	97.5														
40	97.6															

m＼n	24	23	22	21	20	19	18	17	16	15	14	13	12	11	10	9
1	4.0	4.2	4.3	4.5	4.8	5.0	5.3	5.6	5.9	6.2	6.7	7.1	7.7	8.3	9.1	10
2	8.0	8.3	8.7	9.1	9.5	10.0	10.5	11.1	11.8	12.5	13.3	14.3	15.4	16.7	18.2	20
3	12.0	12.5	13.0	13.6	14.3	15.0	15.8	16.7	17.6	18.8	20.0	21.4	23.1	25.0	27.3	30
4	16.0	16.7	17.4	18.2	19.0	20.0	21.1	22.2	23.5	25.0	26.7	28.6	30.8	33.3	36.4	40
5	20.0	20.8	21.7	22.7	23.8	25.0	26.3	27.8	29.4	31.2	33.3	35.7	38.5	41.7	45.4	50
6	24.0	25.0	26.1	27.3	28.6	30.0	31.6	33.3	35.3	37.5	40.0	42.9	46.2	50.0	54.6	60
7	28.0	29.2	30.4	31.8	33.3	35.0	36.8	38.9	41.2	43.8	46.7	50.0	53.8	58.3	63.6	70
8	32.0	33.3	34.8	36.4	38.1	40.0	42.1	44.4	47.1	50.0	53.3	57.1	61.5	66.7	72.7	80
9	36.0	37.5	39.1	40.9	42.9	45.0	47.4	50.0	52.9	56.2	60.0	64.3	69.2	75.0	81.8	90
10	40.0	41.7	43.5	45.5	47.6	50.0	52.6	55.6	58.8	62.5	66.7	71.4	76.9	83.3	90.9	
11	44.0	45.8	47.8	50.0	52.4	55.0	57.9	61.1	64.7	68.8	73.3	78.6	84.6	91.7		
12	48.0	50.0	52.2	54.5	57.1	60.0	63.2	66.7	70.6	75.0	80.0	85.7	92.3			
13	52.0	54.2	56.5	59.1	61.9	65.0	68.4	72.2	76.5	81.2	86.7	92.9				
14	56.0	58.3	60.9	63.6	66.7	70.0	73.7	77.8	82.4	87.5	93.3					
15	60.0	62.5	65.2	68.2	71.4	75.0	78.9	83.3	88.2	93.8						
16	64.0	66.7	69.6	72.7	76.2	80.0	84.2	88.9	94.1							
17	68.0	70.8	73.9	77.3	81.0	85.0	89.5	94.4								
18	72.0	75.0	78.3	81.8	85.7	90.0	94.7									
19	76.0	79.2	82.6	86.4	90.5	95.0										
20	80.0	83.3	87.0	90.9	95.2											

续上表

m \ n	24	23	22	21	20	19	18	17	16	15	14	13	12	11	10	9
21	84.0	87.5	91.3	95.5												
22	88.0	91.7	95.7													
23	92.0	95.8														
24	96.0															

海森概率格纸的横坐标分隔表　　　　　　　　　　附表2

$P(\%)$	由中值起的水平距离	$P(\%)$	由中值起的水平距离	$P(\%)$	由中值起的水平距离	$P(\%)$	由中值起的水平距离
0.01	3.720	0.6	2.512	8	1.405	26	0.643
0.02	3.540	0.7	2.457	9	1.341	28	0.583
0.03	3.432	0.8	2.409	10	1.282	30	0.524
0.04	3.353	0.9	2.366	11	1.227	32	0.468
0.05	3.29	1	2.326	12	1.175	34	0.412
0.06	3.239	1.2	2.257	13	1.126	36	0.358
0.07	3.195	1.4	2.197	14	1.08	38	0.305
0.08	3.156	1.6	2.144	15	1.036	40	0.253
0.09	3.122	1.8	2.097	16	0.994	42	0.202
0.1	3.09	2	2.053	17	0.954	44	0.151
0.15	2.967	3	1.881	18	0.915	46	0.100
0.2	2.878	4	1.751	19	0.878	48	0.050
0.3	2.748	5	1.645	20	0.842	50	0.000
0.4	2.652	6	1.555	22	0.774		
0.5	2.576	7	1.476	24	0.706		

皮尔逊Ⅲ型曲线离均系数 Φ 值　　　　　　　　附表3

C_s \ $P(\%)$	0.01	0.1	1	3	5	10	25	50	75	90	95	97	99	99.9
0	3.719	3.090	2.326	1.881	1.645	1.282	0.674	0.000	−0.674	−1.282	−1.645	−1.881	−2.326	−3.090
0.05	3.827	3.162	2.363	1.902	1.659	1.287	0.670	−0.008	−0.679	−1.276	−1.631	−1.86	−2.289	−3.019
0.10	3.935	3.233	2.400	1.923	1.673	1.292	0.665	−0.017	−0.683	−1.270	−1.616	−1.838	−2.253	−2.948
0.15	4.044	3.305	2.436	1.943	1.686	1.296	0.660	−0.025	−0.687	−1.264	−1.601	−1.816	−2.216	−2.878
0.20	4.153	3.377	2.472	1.964	1.700	1.301	0.655	−0.033	−0.691	−1.258	−1.586	−1.794	−2.178	−2.808
0.25	4.263	3.449	2.508	1.984	1.713	1.305	0.65	−0.042	−0.695	−1.252	−1.571	−1.772	−2.141	−2.738
0.30	4.374	3.521	2.544	2.003	1.726	1.309	0.644	−0.05	−0.699	−1.245	−1.555	−1.75	−2.104	−2.669
0.35	4.485	3.594	2.58	2.023	1.738	1.313	0.639	−0.058	−0.703	−1.238	−1.54	−1.728	−2.067	−2.601

续上表

C_s \ $P(\%)$	0.01	0.1	1	3	5	10	25	50	75	90	95	97	99	99.9
0.40	4.597	3.666	2.615	2.042	1.751	1.317	0.633	-0.067	-0.706	-1.231	-1.524	-1.705	-2.029	-2.533
0.45	4.709	3.739	2.651	2.061	1.763	1.32	0.628	-0.075	-0.709	-1.224	-1.507	-1.682	-1.992	-2.465
0.50	4.821	3.811	2.686	2.08	1.744	1.323	0.622	-0.083	-0.712	-1.216	-1.491	-1.659	-1.955	-2.399
0.55	4.934	3.883	2.721	2.099	1.786	1.326	0.616	-0.091	-0.715	-1.208	-1.474	-1.636	-1.918	-2.333
0.60	5.047	3.956	2.755	2.117	1.797	1.329	0.609	-0.099	-0.718	-1.200	-1.458	-1.613	-1.88	-2.268
0.65	5.161	4.028	2.790	2.135	1.808	1.331	0.603	-0.108	-0.720	-1.192	-1.441	-1.589	-1.843	-2.204
0.70	5.274	4.100	2.824	2.153	1.819	1.333	0.596	-0.116	-0.722	-1.184	-1.424	-1.566	-1.806	-2.141
0.75	5.388	4.172	2.857	2.170	1.829	1.335	0.590	-0.124	-0.724	-1.175	-1.406	-1.542	-1.769	-2.078
0.80	5.501	4.244	2.891	2.187	1.839	1.336	0.583	-0.132	-0.726	-1.166	-1.389	-1.518	-1.733	-2.017
0.85	5.615	4.316	2.924	2.204	1.849	1.338	0.576	-0.140	-0.728	-1.157	-1.371	-1.494	-1.696	-1.927
0.90	5.729	4.388	2.957	2.220	1.859	1.339	0.569	-0.148	-0.730	-1.147	-1.353	-1.470	-1.660	-1.909
0.95	5.843	4.46	2.990	2.237	1.868	1.34	0.562	-0.156	-0.731	-1.138	-1.335	-1.447	-1.624	-1.842
1.00	5.957	4.531	3.023	2.253	1.877	1.340	0.555	-0.164	-0.732	-1.128	-1.317	-1.423	-1.588	-1.786
1.05	6.071	4.602	3.055	2.268	1.886	1.341	0.547	-0.172	-0.733	-1.118	-1.299	-1.399	-1.553	-1.731
1.10	6.185	4.674	3.087	2.284	1.894	1.341	0.54	-0.180	-0.734	-1.107	-1.280	-1.375	-1.518	-1.678
1.15	6.299	4.744	3.118	2.299	1.902	1.341	0.532	-0.188	-0.735	-1.097	-1.262	-1.351	-1.484	-1.627
1.20	6.412	4.815	3.149	2.313	1.910	1.341	0.524	-0.195	-0.735	-1.086	-1.243	-1.327	-1.449	-1.577
1.25	6.526	4.885	3.180	2.328	1.918	1.340	0.517	-0.203	-0.735	-1.075	-1.225	-1.303	-1.416	-1.529
1.30	6.640	4.955	3.211	2.342	1.925	1.339	0.508	-0.210	-0.735	-1.064	-1.206	-1.279	-1.383	-1.482
1.35	6.753	5.025	3.241	2.356	1.932	1.338	0.500	-0.218	-0.735	-1.053	-1.187	-1.255	-1.350	-1.437
1.40	6.836	5.095	3.271	2.369	1.938	1.337	0.492	-0.225	-0.735	-1.041	-1.168	-1.232	-1.318	-1.394
1.45	6.974	5.165	3.301	2.382	1.945	1.335	0.484	-0.233	-0.734	-1.030	-1.150	-1.208	-1.287	-1.353
1.50	7.088	5.234	3.330	2.395	1.951	1.333	0.475	-0.240	-0.733	-1.018	-1.131	-1.185	-1.256	-1.313
1.55	7.210	5.302	3.359	2.408	1.957	1.331	0.467	-0.247	-0.732	-1.006	-1.112	-1.162	-1.226	-1.275
1.60	7.321	5.371	3.388	2.420	1.962	1.329	0.458	-0.254	-0.731	-0.994	-1.093	-1.140	-1.197	-1.238
1.65	7.428	5.439	3.416	2.432	1.967	1.327	0.45	-0.261	-0.729	-0.982	-1.075	-1.117	-1.168	-1.203
1.70	7.544	5.507	3.444	2.444	1.972	1.324	0.441	-0.268	-0.727	-0.970	-1.056	-1.095	-1.140	-1.170
1.75	7.654	5.575	3.472	2.455	1.977	1.321	0.432	-0.275	-0.725	-0.957	-1.038	-1.073	-1.113	-1.138
1.80	7.767	5.642	3.499	2.466	1.981	1.318	0.423	-0.282	-0.723	-0.945	-1.02	-1.052	-1.087	-1.107
1.85	7.878	5.709	3.526	2.477	1.985	1.314	0.414	-0.288	-0.721	-0.932	-1.002	-1.031	-1.062	-1.078
1.90	7.989	5.776	3.553	2.487	1.989	1.311	0.405	-0.294	-0.718	-0.920	-0.984	-1.010	-1.037	-1.051
1.95	8.099	5.842	3.579	2.497	1.993	1.307	0.396	-0.301	-0.715	-0.907	-0.966	-0.990	-1.013	-1.024
2.00	8.210	5.908	3.605	2.507	1.996	1.303	0.386	-0.307	-0.712	-0.895	-0.949	-0.970	-0.99	-0.999
2.05	8.320	5.973	3.631	2.516	1.999	1.298	0.377	-0.313	-0.709	-0.882	-0.932	-0.950	-0.968	-0.975

C_s \ P(%)	0.01	0.1	1	3	5	10	25	50	75	90	95	97	99	99.9
2.10	8.428	6.039	3.656	2.525	2.001	1.294	0.368	−0.319	−0.706	−0.869	−0.915	−0.931	−0.946	−0.952
2.15	8.538	6.104	3.681	2.534	2.004	1.289	0.359	−0.324	−0.702	−0.857	−0.898	−0.913	−0.925	−0.930
2.20	8.649	6.168	3.705	2.542	2.006	1.284	0.349	−0.330	−0.698	−0.844	−0.882	−0.894	−0.905	−0.909
2.25	8.758	6.232	3.73	2.55	2.008	1.279	0.340	−0.335	−0.694	−0.832	−0.866	−0.877	−0.886	−0.889
2.30	8.867	6.296	3.754	2.558	2.009	1.274	0.330	−0.341	−0.690	−0.819	−0.850	−0.860	−0.867	−0.870
2.35	8.976	6.36	3.777	2.566	2.010	1.268	0.321	−0.346	−0.686	−0.807	−0.834	−0.843	−0.849	−0.851
2.40	9.084	6.423	3.800	2.573	2.011	1.262	0.311	−0.351	−0.681	−0.795	−0.819	−0.827	−0.832	−0.833
2.45	9.192	6.486	3.823	2.580	2.012	1.257	0.301	−0.355	−0.676	−0.783	−0.805	−0.811	−0.815	−0.816
2.50	9.299	6.548	3.845	2.587	2.013	1.250	0.292	−0.360	−0.671	−0.771	−0.790	−0.796	−0.799	−0.800
2.55	9.406	6.610	3.868	2.593	2.013	1.244	0.282	−0.364	−0.666	−0.759	−0.776	−0.781	−0.784	−0.784
2.60	9.513	6.672	3.889	2.599	2.013	1.238	0.272	−0.369	−0.661	−0.747	−0.762	−0.766	−0.769	−0.769
2.65	9.619	6.733	3.911	2.605	2.012	1.231	0.262	−0.373	−0.655	−0.736	−0.749	−0.752	−0.754	−0.755
2.70	9.725	6.794	3.932	2.61	2.012	1.224	0.253	−0.376	−0.650	−0.724	−0.736	−0.739	−0.741	−0.741
2.75	9.831	6.855	3.953	2.615	2.011	1.217	0.243	−0.380	−0.646	−0.713	−0.724	−0.726	−0.727	−0.727
2.80	9.936	6.915	3.973	2.620	2.010	1.210	0.234	−0.384	−0.639	−0.702	−0.711	−0.713	−0.714	−0.714
2.85	10.041	6.975	3.993	2.625	2.009	1.203	0.224	−0.387	−0.633	−0.691	−0.699	−0.701	−0.702	−0.702
2.9	10.146	7.034	4.013	2.629	2.007	1.195	0.215	−0.390	−0.627	−0.681	−0.688	−0.689	−0.690	−0.690
2.95	10.250	7.094	4.032	2.633	2.005	1.188	0.205	−0.393	−0.621	−0.67	−0.676	−0.677	−0.678	−0.678
3.0	10.354	7.152	4.051	2.637	2.003	1.180	0.196	−0.396	−0.615	−0.660	−0.665	−0.665	−0.667	−0.667
3.1	10.56	7.26	4.08	2.64	2.00	1.16	0.17	−0.40	−0.60	−0.64	−0.64	−0.65	−0.65	−0.65
3.2	10.77	7.38	4.12	2.65	2.00	1.14	0.16	−0.40	−0.59	−0.62	−0.62	−0.63	−0.63	−0.63
3.3	10.97	7.49	4.15	2.65	1.99	1.12	0.14	−0.40	−0.58	−0.60	−0.61	−0.61	−0.61	−0.61
3.4	11.17	7.60	4.18	2.65	1.98	1.11	0.12	−0.41	−0.57	−0.59	−0.59	−0.59	−0.59	−0.59
3.5	11.37	7.72	4.22	2.65	1.97	1.09	0.10	−0.41	−0.55	−0.57	−0.57	−0.57	−0.57	−0.57
3.6	11.57	7.83	4.25	2.66	1.96	1.08	0.09	−0.41	−0.54	−0.56	−0.56	−0.56	−0.56	−0.56
3.7	11.77	7.94	4.28	2.66	1.95	1.06	0.07	−0.42	−0.53	−0.54	−0.54	−0.54	−0.54	−0.54
3.8	11.97	8.05	4.31	2.66	1.94	1.04	0.06	−0.42	−0.52	−0.53	−0.53	−0.53	−0.53	−0.53
3.9	12.16	8.15	4.34	2.66	1.93	1.02	0.04	−0.41	−0.51	−0.51	−0.51	−0.51	−0.51	−0.51
4.0	2.36	8.25	4.37	2.66	1.92	1.00	0.02	−0.41	−0.50	−0.50	−0.50	−0.50	−0.50	−0.50
4.1	12.55	8.35	4.39	2.66	1.91	0.98	0.00	−0.41	−0.48	−0.49	−0.49	−0.49	−0.49	−0.49
4.2	12.74	8.45	4.41	2.65	1.90	0.96	−0.02	−0.41	−0.47	−0.48	−0.48	−0.48	−0.48	−0.48
4.3	12.93	8.55	4.44	3.65	1.88	0.94	−0.03	−0.41	−0.46	−0.47	−0.47	−0.47	−0.47	−0.47
4.4	13.12	8.65	4.46	3.65	1.87	0.92	−0.04	−0.40	−0.45	−0.46	−0.46	−0.46	−0.46	−0.46
4.5	13.30	8.75	4.48	2.64	1.85	0.90	−0.05	−0.40	−0.44	−0.44	−0.44	−0.44	−0.44	−0.44

C_s \ $P(\%)$	0.01	0.1	1	3	5	10	25	50	75	90	95	97	99	99.9
4.6	13.49	8.85	4.50	2.63	1.84	0.88	−0.06	−0.40	−0.44	−0.44	−0.44	−0.44	−0.44	−0.44
4.7	13.67	8.95	4.52	2.62	1.82	0.86	−0.07	−0.39	−0.43	−0.43	−0.43	−0.43	−0.43	−0.43
4.8	13.85	9.04	4.54	2.61	1.8	0.84	−0.08	−0.39	−0.42	−0.42	−0.42	−0.42	−0.42	−0.42
4.9	14.04	9.13	4.55	2.6	1.78	0.82	−0.10	−0.38	−0.41	−0.41	−0.41	−0.41	−0.41	−0.41
5.0	14.22	9.22	4.57	2.6	1.77	0.80	−0.11	−0.38	−0.40	−0.40	−0.40	−0.40	−0.40	−0.40
5.1	14.40	9.31	4.58	2.59	1.75	0.78	−0.12	−0.37	−0.39	−0.39	−0.39	−0.39	−0.39	−0.39
5.2	14.57	9.40	4.59	2.58	1.73	0.76	−0.13	−0.37	−0.39	−0.39	−0.39	−0.39	−0.39	−0.39
5.3	14.75	9.49	4.6	2.57	1.72	0.74	−0.14	−0.36	−0.38	−0.38	−0.38	−0.38	−0.38	−0.38
5.4	14.92	9.57	4.62	2.56	1.70	0.72	−0.14	−0.36	−0.37	−0.37	−0.37	−0.37	−0.37	−0.37
5.5	15.10	9.66	4.63	2.55	1.68	0.70	−0.15	−0.35	−0.36	−0.36	−0.36	−0.36	−0.36	−0.36
5.6	15.27	9.74	4.64	2.53	1.66	0.67	−0.16	−0.35	−0.36	−0.36	−0.36	−0.36	−0.36	−0.36
5.7	15.45	9.82	4.65	2.52	1.65	0.65	−0.17	−0.34	−0.35	−0.35	−0.35	−0.35	−0.35	−0.35
5.8	15.62	9.91	4.67	2.51	1.63	0.63	−0.18	−0.34	−0.35	−0.35	−0.35	−0.35	−0.35	−0.35
5.9	15.78	9.99	4.68	2.49	1.61	0.61	−0.18	−0.33	−0.34	−0.34	−0.34	−0.34	−0.34	−0.34
6.0	15.94	10.07	4.68	2.48	1.59	0.59	−0.19	−0.33	−0.33	−0.33	−0.33	−0.33	−0.33	−0.33
6.1	16.11	10.15	4.69	2.46	1.57	0.57	−0.19	−0.33	−0.33	−0.33	−0.33	−0.33	−0.33	−0.33
6.2	16.28	10.22	4.70	2.45	1.55	0.55	−0.20	−0.32	−0.32	−0.32	−0.32	−0.32	−0.32	−0.32
6.3	16.45	10.30	4.70	2.43	1.53	0.53	−0.20	−0.32	−0.32	−0.32	−0.32	−0.32	−0.32	−0.32
6.4	16.61	10.38	4.71	2.41	1.51	0.51	−0.21	−0.31	−0.31	−0.31	−0.31	−0.31	−0.31	−0.31

皮尔逊Ⅲ型曲线模比系数 K_P 值表　　附表4

	$C_s=2C_v$												
C_v \ $P(\%)$	0.01	0.1	0.33	1	2	5	10	20	50	75	90	95	99
0.00	1.00	1.00	1.00	1.00	1.00	1.00	1.00	1.00	1.00	1.00	1.00	1.00	1.00
0.05	1.20	1.16	1.14	1.12	1.11	1.08	1.06	1.04	1.00	0.97	0.94	0.92	0.89
0.10	1.42	1.34	1.29	1.25	1.21	1.17	1.13	1.08	1.00	0.93	0.87	0.84	0.78
0.15	1.67	1.54	1.46	1.38	1.33	1.26	1.20	1.12	0.99	0.9	0.81	0.77	0.69
0.20	1.92	1.73	1.63	1.52	1.45	1.35	1.26	1.16	0.99	0.86	0.75	0.7	0.59
0.25	2.22	1.96	1.81	1.67	1.58	1.45	1.33	1.20	0.98	0.82	0.70	0.63	0.52
0.30	2.52	2.19	2.01	1.83	1.71	1.54	1.40	1.24	0.97	0.78	0.64	0.56	0.44
0.35	2.86	2.44	2.22	2.00	1.84	1.64	1.47	1.28	0.96	0.75	0.59	0.51	0.37
0.40	3.20	2.70	2.42	2.16	1.98	1.74	1.54	1.31	0.95	0.71	0.53	0.45	0.30
0.45	3.59	2.98	2.65	2.33	2.13	1.84	1.60	1.35	0.93	0.67	0.48	0.40	0.26
0.50	3.98	3.27	2.88	2.51	2.27	1.94	1.67	1.38	0.92	0.64	0.44	0.34	0.21

	$C_s = 2C_v$												
$P(\%)$ / C_v	0.01	0.1	0.33	1	2	5	10	20	50	75	90	95	99
0.55	4.42	3.58	3.12	2.70	2.42	2.04	1.74	1.41	0.90	0.59	0.40	0.30	0.16
0.60	4.85	3.89	3.37	2.89	2.57	2.15	1.80	1.44	0.89	0.56	0.35	0.26	0.13
0.65	5.33	4.22	3.64	3.09	2.74	2.25	1.87	1.47	0.87	0.52	0.31	0.22	0.10
0.70	5.81	4.56	3.91	3.29	2.90	2.36	1.94	1.50	0.85	0.49	0.27	0.18	0.08
0.75	6.33	4.93	4.19	3.50	3.06	2.46	2.00	1.52	0.82	0.45	0.24	0.15	0.06
0.80	6.85	5.30	4.47	3.71	3.22	2.57	2.06	1.54	0.80	0.42	0.21	0.12	0.04
0.85	7.41	5.69	4.77	3.93	3.39	2.68	2.12	1.56	0.77	0.39	0.18	0.10	0.03
0.90	7.98	6.08	5.07	4.15	3.56	2.78	2.19	1.58	0.75	0.35	0.15	0.08	0.02
0.95	8.59	6.49	5.38	4.38	3.74	2.89	2.25	1.60	0.72	0.31	0.13	0.07	0.01
1.00	9.21	6.91	5.70	4.61	3.91	3.00	2.30	1.61	0.69	0.29	0.11	0.05	0.01
1.05	9.86	7.35	6.03	4.84	4.08	3.10	2.35	1.62	0.66	0.26	0.09	0.04	0.01
1.10	10.52	7.79	6.37	5.08	4.26	3.20	2.41	1.63	0.64	0.23	0.07	0.03	0.00
1.15	11.21	8.24	6.71	5.32	4.44	3.30	2.46	1.64	0.61	0.21	0.06	0.02	0.00
1.20	11.90	8.70	7.06	5.57	4.62	3.41	2.51	1.65	0.58	0.18	0.05	0.02	0.00

	$C_s = 2.5C_v$												
$P(\%)$ / C_v	0.01	0.1	0.33	1	2	5	10	20	50	75	90	95	99
0.00	1.00	1.00	1.00	1.00	1.00	1.00	1.00	1.00	1.00	1.00	1.00	1.00	1.00
0.05	1.20	1.16	1.14	1.12	1.11	1.08	1.07	1.04	1.00	0.97	0.94	0.92	0.89
0.10	1.43	1.35	1.29	1.25	1.22	1.17	1.13	1.08	1.00	0.93	0.88	0.84	0.79
0.15	1.70	1.55	1.47	1.39	1.34	1.26	1.20	1.12	0.99	0.89	0.82	0.77	0.70
0.20	1.97	1.76	1.65	1.54	1.46	1.35	1.26	1.16	0.98	0.86	0.76	0.70	0.61
0.25	2.29	2.00	1.85	1.70	1.60	1.45	1.33	1.20	0.97	0.82	0.70	0.64	0.54
0.30	2.62	2.25	2.05	1.86	1.73	1.55	1.40	1.24	0.96	0.78	0.65	0.58	0.47
0.35	3.00	2.53	2.27	2.03	1.87	1.65	1.47	1.27	0.95	0.75	0.60	0.53	0.41
0.40	3.38	2.81	2.50	2.21	2.02	1.75	1.54	1.30	0.94	0.71	0.55	0.47	0.36
0.45	3.82	3.12	2.75	2.40	2.17	1.85	1.60	1.33	0.92	0.67	0.51	0.43	0.32
0.50	4.26	3.44	3.00	2.59	2.32	1.96	1.67	1.36	0.90	0.63	0.47	0.39	0.29
0.55	4.75	3.79	3.27	2.79	2.48	2.07	1.73	1.39	0.88	0.60	0.43	0.35	0.26
0.60	5.25	4.14	3.54	3.00	2.64	2.17	0.80	1.42	0.86	0.56	0.39	0.32	0.24
0.65	5.80	4.52	3.83	3.21	2.81	2.27	1.86	1.44	0.83	0.53	0.36	0.30	0.23
0.70	6.36	4.90	4.13	3.43	2.98	2.39	1.92	1.46	0.81	0.50	0.33	0.27	0.22
0.75	6.96	5.31	4.44	3.66	3.15	2.49	1.98	1.47	0.78	0.46	0.31	0.26	0.21
0.80	7.57	5.73	4.76	3.89	3.33	2.60	2.04	1.49	0.75	0.53	0.28	0.24	0.21
0.85	8.22	6.17	5.09	4.12	3.50	2.70	2.10	1.50	0.72	0.40	0.27	0.23	0.21
0.90	8.88	6.61	5.43	4.36	3.68	2.80	2.15	1.50	0.70	0.37	0.25	0.22	0.20
0.95	9.59	7.09	5.78	4.60	3.86	2.90	2.20	1.51	0.67	0.35	0.24	0.21	0.20

<table>
<tr><td colspan="14" align="center">$C_s = 2.5C_v$</td></tr>
<tr><td>C_v \ $P(\%)$</td><td>0.01</td><td>0.1</td><td>0.33</td><td>1</td><td>2</td><td>5</td><td>10</td><td>20</td><td>50</td><td>75</td><td>90</td><td>95</td><td>99</td></tr>
<tr><td>1.00</td><td>10.30</td><td>7.55</td><td>6.13</td><td>4.85</td><td>4.04</td><td>3.01</td><td>2.25</td><td>1.52</td><td>0.64</td><td>0.33</td><td>0.23</td><td>0.21</td><td>0.20</td></tr>
<tr><td>1.05</td><td>11.05</td><td>8.04</td><td>6.49</td><td>5.10</td><td>4.22</td><td>3.11</td><td>2.29</td><td>1.52</td><td>0.61</td><td>0.31</td><td>0.22</td><td>0.20</td><td>0.20</td></tr>
<tr><td>1.10</td><td>11.80</td><td>8.54</td><td>6.85</td><td>5.35</td><td>4.41</td><td>3.21</td><td>2.34</td><td>1.52</td><td>0.58</td><td>0.29</td><td>0.21</td><td>0.20</td><td>0.20</td></tr>
<tr><td>1.15</td><td>12.61</td><td>9.06</td><td>7.23</td><td>5.60</td><td>4.59</td><td>3.30</td><td>2.38</td><td>1.51</td><td>0.55</td><td>0.27</td><td>0.21</td><td>0.20</td><td>0.20</td></tr>
<tr><td>1.20</td><td>13.42</td><td>9.58</td><td>7.61</td><td>5.86</td><td>4.78</td><td>3.40</td><td>2.42</td><td>1.50</td><td>0.53</td><td>0.26</td><td>0.21</td><td>0.20</td><td>0.20</td></tr>
<tr><td colspan="14" align="center">$C_s = 3C_v$</td></tr>
<tr><td>C_v \ $P(\%)$</td><td>0.01</td><td>0.1</td><td>0.33</td><td>1</td><td>2</td><td>5</td><td>10</td><td>20</td><td>50</td><td>75</td><td>90</td><td>95</td><td>99</td></tr>
<tr><td>0.00</td><td>1.00</td><td>1.00</td><td>1.00</td><td>1.00</td><td>1.00</td><td>1.00</td><td>1.00</td><td>1.00</td><td>1.00</td><td>1.00</td><td>1.00</td><td>1.00</td><td>1.00</td></tr>
<tr><td>0.05</td><td>1.20</td><td>1.17</td><td>1.14</td><td>1.12</td><td>1.11</td><td>1.08</td><td>1.07</td><td>1.04</td><td>1.00</td><td>0.97</td><td>0.94</td><td>0.92</td><td>0.89</td></tr>
<tr><td>0.10</td><td>1.44</td><td>1.35</td><td>1.30</td><td>1.25</td><td>1.22</td><td>1.17</td><td>1.13</td><td>1.08</td><td>0.99</td><td>0.93</td><td>0.88</td><td>0.85</td><td>0.79</td></tr>
<tr><td>0.15</td><td>1.71</td><td>1.56</td><td>1.48</td><td>1.40</td><td>1.35</td><td>1.26</td><td>1.20</td><td>1.12</td><td>0.99</td><td>0.89</td><td>0.82</td><td>0.78</td><td>0.70</td></tr>
<tr><td>0.20</td><td>2.02</td><td>1.79</td><td>1.67</td><td>1.55</td><td>1.47</td><td>1.36</td><td>1.27</td><td>1.16</td><td>0.98</td><td>0.86</td><td>0.76</td><td>0.71</td><td>0.62</td></tr>
<tr><td>0.25</td><td>2.35</td><td>2.05</td><td>1.88</td><td>1.72</td><td>1.61</td><td>1.46</td><td>1.34</td><td>1.20</td><td>0.97</td><td>0.82</td><td>0.71</td><td>0.65</td><td>0.56</td></tr>
<tr><td>0.30</td><td>2.72</td><td>2.32</td><td>2.10</td><td>1.89</td><td>1.75</td><td>1.56</td><td>1.40</td><td>1.23</td><td>0.96</td><td>0.78</td><td>0.66</td><td>0.60</td><td>0.50</td></tr>
<tr><td>0.35</td><td>3.12</td><td>2.61</td><td>2.33</td><td>2.07</td><td>1.90</td><td>1.66</td><td>1.47</td><td>1.26</td><td>0.94</td><td>0.74</td><td>0.61</td><td>0.55</td><td>0.46</td></tr>
<tr><td>0.40</td><td>3.56</td><td>2.92</td><td>2.58</td><td>2.26</td><td>2.05</td><td>1.76</td><td>1.54</td><td>1.29</td><td>0.92</td><td>0.70</td><td>0.57</td><td>0.50</td><td>0.42</td></tr>
<tr><td>0.45</td><td>4.04</td><td>3.26</td><td>2.85</td><td>2.46</td><td>2.21</td><td>1.87</td><td>1.60</td><td>1.32</td><td>0.90</td><td>0.67</td><td>0.53</td><td>0.47</td><td>0.39</td></tr>
<tr><td>0.50</td><td>4.55</td><td>3.62</td><td>3.12</td><td>2.67</td><td>2.37</td><td>1.98</td><td>1.67</td><td>1.35</td><td>0.88</td><td>0.64</td><td>0.49</td><td>0.44</td><td>0.37</td></tr>
<tr><td>0.55</td><td>5.09</td><td>3.99</td><td>3.42</td><td>2.88</td><td>2.54</td><td>2.08</td><td>1.73</td><td>1.36</td><td>0.86</td><td>0.60</td><td>0.46</td><td>0.41</td><td>0.36</td></tr>
<tr><td>0.60</td><td>5.66</td><td>4.38</td><td>3.71</td><td>3.10</td><td>2.71</td><td>2.19</td><td>1.79</td><td>1.38</td><td>0.83</td><td>0.57</td><td>0.44</td><td>0.39</td><td>0.35</td></tr>
<tr><td>0.65</td><td>6.26</td><td>4.81</td><td>4.03</td><td>3.33</td><td>2.88</td><td>2.29</td><td>1.85</td><td>1.40</td><td>0.80</td><td>0.53</td><td>0.41</td><td>0.37</td><td>0.34</td></tr>
<tr><td>0.70</td><td>6.90</td><td>5.23</td><td>4.35</td><td>3.56</td><td>3.05</td><td>2.40</td><td>1.90</td><td>1.41</td><td>0.78</td><td>0.50</td><td>0.39</td><td>0.36</td><td>0.34</td></tr>
<tr><td>0.75</td><td>7.57</td><td>5.68</td><td>4.69</td><td>3.80</td><td>3.24</td><td>2.50</td><td>1.96</td><td>1.42</td><td>0.76</td><td>0.48</td><td>0.38</td><td>0.35</td><td>0.34</td></tr>
<tr><td>0.80</td><td>8.26</td><td>6.14</td><td>5.04</td><td>4.05</td><td>3.42</td><td>2.61</td><td>2.01</td><td>1.43</td><td>0.72</td><td>0.46</td><td>0.36</td><td>0.34</td><td>0.34</td></tr>
<tr><td>0.85</td><td>9.00</td><td>6.62</td><td>5.40</td><td>4.29</td><td>3.59</td><td>2.71</td><td>2.06</td><td>1.43</td><td>0.69</td><td>0.44</td><td>0.35</td><td>0.34</td><td>0.34</td></tr>
<tr><td>0.90</td><td>9.75</td><td>7.11</td><td>5.75</td><td>4.54</td><td>3.78</td><td>2.81</td><td>2.10</td><td>1.43</td><td>0.67</td><td>0.42</td><td>0.35</td><td>0.34</td><td>0.34</td></tr>
<tr><td>0.95</td><td>10.54</td><td>7.62</td><td>6.13</td><td>4.80</td><td>3.96</td><td>2.91</td><td>2.14</td><td>1.43</td><td>0.64</td><td>0.39</td><td>0.34</td><td>0.34</td><td>0.34</td></tr>
<tr><td>1.00</td><td>11.35</td><td>8.15</td><td>6.51</td><td>5.05</td><td>4.15</td><td>3</td><td>2.18</td><td>1.42</td><td>0.61</td><td>0.38</td><td>0.34</td><td>0.34</td><td>0.34</td></tr>
<tr><td>1.05</td><td>12.20</td><td>8.68</td><td>6.90</td><td>5.32</td><td>4.34</td><td>3.10</td><td>2.21</td><td>1.41</td><td>0.58</td><td>0.37</td><td>0.34</td><td>0.33</td><td>0.33</td></tr>
<tr><td>1.10</td><td>13.07</td><td>9.24</td><td>7.31</td><td>5.57</td><td>4.53</td><td>3.19</td><td>2.23</td><td>1.40</td><td>0.55</td><td>0.36</td><td>0.34</td><td>0.33</td><td>0.33</td></tr>
<tr><td>1.15</td><td>13.96</td><td>9.81</td><td>7.70</td><td>5.83</td><td>4.70</td><td>3.26</td><td>2.26</td><td>1.38</td><td>0.53</td><td>0.35</td><td>0.34</td><td>0.33</td><td>0.33</td></tr>
<tr><td>1.20</td><td>14.88</td><td>10.4</td><td>8.12</td><td>6.10</td><td>4.89</td><td>3.35</td><td>2.30</td><td>1.36</td><td>0.51</td><td>0.35</td><td>0.33</td><td>0.33</td><td>0.33</td></tr>
</table>

$C_s = 3.5C_v$												
$P(\%)$ / C_v	0.01	0.1	0.33	1	2	5	10	20	50	75	90	95	99
0.00	1.00	1.00	1.00	1.00	1.00	1.00	1.00	1.00	1.00	1.00	1.00	1.00	1.00
0.05	1.20	1.17	1.15	1.12	1.11	1.09	1.07	1.04	1.00	0.97	0.94	0.92	0.89
0.10	1.45	1.36	1.31	1.26	1.22	1.17	1.13	1.08	0.99	0.93	0.88	0.85	0.79
0.15	1.73	1.58	1.49	1.41	1.35	1.27	1.20	1.12	0.99	0.89	0.82	0.78	0.71
0.20	2.06	1.82	1.69	1.56	1.48	1.36	1.27	1.16	0.98	0.86	0.76	0.72	0.64
0.25	2.42	2.09	1.91	1.74	1.62	1.46	1.34	1.19	0.96	0.82	0.71	0.66	0.58
0.30	2.82	2.38	2.14	1.92	1.77	1.57	1.40	1.22	0.95	0.78	0.67	0.61	0.53
0.35	3.26	2.70	2.39	2.11	1.92	1.67	1.47	1.26	0.93	0.74	0.62	0.57	0.50
0.40	3.75	3.04	2.66	2.31	2.08	1.78	1.53	1.28	0.91	0.71	0.58	0.53	0.47
0.45	4.27	3.40	2.94	2.52	2.25	1.88	1.60	1.31	0.89	0.67	0.55	0.50	0.45
0.50	4.82	3.78	3.24	2.74	2.42	1.99	1.66	1.32	0.86	0.64	0.52	0.48	0.44
0.55	5.41	4.20	3.55	2.96	2.58	2.10	1.72	1.34	0.84	0.60	0.50	0.46	0.44
0.60	6.06	4.62	3.87	3.20	2.76	2.20	1.77	1.35	0.81	0.57	0.48	0.45	0.43
0.65	6.73	5.08	4.22	3.44	2.94	2.30	1.83	1.36	0.78	0.55	0.46	0.44	0.43
0.70	7.43	5.54	4.56	3.68	3.12	2.41	1.88	1.37	0.75	0.53	0.45	0.44	0.43
0.75	8.16	6.02	4.92	3.92	3.3	2.51	1.92	1.38	0.72	0.50	0.44	0.43	0.43
0.80	8.94	6.53	5.29	4.18	3.49	2.61	1.97	1.37	0.70	0.49	0.44	0.43	0.43
0.85	9.75	7.05	5.67	4.43	3.67	2.70	2.00	1.36	0.67	0.47	0.44	0.43	0.43
0.90	10.60	7.59	6.06	4.69	3.86	2.80	2.04	1.35	0.64	0.46	0.43	0.43	0.43
0.95	11.46	8.15	6.47	4.95	4.05	2.89	2.06	1.34	0.61	0.45	0.43	0.43	0.43
1.00	12.37	8.72	6.86	5.22	4.23	2.97	2.09	1.32	0.59	0.45	0.43	0.43	0.43
1.05	13.31	9.31	7.27	5.49	4.41	3.05	2.11	1.29	0.56	0.44	0.43	0.43	0.43
1.10	14.28	9.91	7.69	5.76	4.59	3.13	2.13	1.28	0.54	0.44	0.43	0.43	0.43
1.15	15.26	10.51	8.12	6.03	4.76	3.20	2.14	1.26	0.53	0.43	0.43	0.43	0.43
1.20	16.29	11.14	8.56	6.29	4.95	3.28	2.15	1.23	0.51	0.43	0.43	0.43	0.43
$C_s = 4C_v$												
$P(\%)$ / C_v	0.01	0.1	0.33	1	2	5	10	20	50	75	90	95	99
0.00	1.00	1.00	1.00	1.00	1.00	1.00	1.00	1.00	1.00	1.00	1.00	1.00	1.00
0.05	1.21	1.17	1.15	1.12	1.11	1.08	1.06	1.04	1.00	0.97	0.94	0.92	0.89
0.10	1.46	1.37	1.31	1.26	1.23	1.18	1.13	1.08	0.99	0.93	0.88	0.85	0.80
0.15	1.76	1.59	1.50	1.41	1.35	1.27	1.20	1.12	0.98	0.89	0.82	0.78	0.72
0.20	2.10	1.85	1.71	1.58	1.49	1.37	1.27	1.16	0.97	0.85	0.77	0.72	0.65

						$C_s = 4C_v$						
$P(\%)$ 　　C_v	0.01	0.1	0.33	1	2	5	10	20	50	75	90	95	99
0.25	2.49	2.13	1.94	1.76	1.64	1.47	1.34	1.19	0.96	0.82	0.72	0.67	0.60
0.30	2.92	2.44	2.18	1.94	1.79	1.57	1.40	1.22	0.94	0.78	0.68	0.63	0.56
0.35	3.40	2.78	2.45	2.14	1.95	1.68	1.47	1.25	0.92	0.74	0.64	0.59	0.54
0.40	3.92	3.15	2.74	2.36	2.11	1.78	1.53	1.27	0.90	0.71	0.60	0.56	0.52
0.45	4.49	3.54	3.03	2.58	2.28	1.89	1.59	1.29	0.87	0.68	0.58	0.54	0.51
0.50	5.10	3.96	3.35	2.80	2.45	2.00	1.65	1.31	0.84	0.64	0.55	0.53	0.50
0.55	5.76	4.39	3.68	3.03	2.63	2.10	1.70	1.31	0.82	0.62	0.54	0.52	0.50
0.60	6.45	4.85	4.03	3.29	2.81	2.21	1.76	1.32	0.79	0.59	0.52	0.51	0.50
0.65	7.18	5.34	4.38	3.53	2.99	2.31	1.80	1.32	0.76	0.57	0.51	0.50	0.50
0.70	7.95	5.84	4.75	3.78	3.18	2.41	1.85	1.32	0.73	0.55	0.51	0.50	0.50
0.75	8.76	6.36	5.13	4.03	3.36	2.50	1.88	1.32	0.71	0.54	0.51	0.50	0.50
0.80	9.62	6.90	5.53	4.30	3.55	2.60	1.91	1.30	0.68	0.53	0.50	0.50	0.50
0.85	10.50	7.46	5.93	4.55	3.74	2.68	1.94	1.29	0.65	0.52	0.50	0.50	0.53
0.90	11.41	8.05	6.34	4.82	3.92	2.76	1.97	1.27	0.63	0.51	0.50	0.50	0.50
0.95	12.37	8.65	6.75	5.10	4.10	2.84	1.99	1.25	0.60	0.51	0.50	0.50	0.50
1.00	13.36	9.25	7.18	5.37	4.27	2.92	2.00	1.23	0.59	0.50	0.50	0.50	0.50
1.05	14.38	9.87	7.62	5.63	4.46	3.00	2.01	1.20	0.57	0.50	0.50	0.50	0.50
1.10	15.43	10.52	8.05	5.91	4.63	3.06	2.01	1.18	0.56	0.50	0.50	0.50	0.50
1.15	16.51	11.18	8.50	6.18	4.80	3.12	2.01	1.15	0.54	0.50	0.50	0.50	0.50
1.20	17.62	11.85	8.96	6.45	4.96	3.16	2.01	1.11	0.53	0.50	0.50	0.50	0.50

三点法——S 与 C_s 关系表 　　　　　附表 5

					$P = 1\% — 50\% — 99\%$					
S	0	1	2	3	4	5	6	7	8	9
0.0	0.00	0.03	0.05	0.07	0.10	0.12	0.15	0.17	0.20	0.23
0.1	0.26	0.28	0.31	0.34	0.36	0.39	0.41	0.44	0.47	0.49
0.2	0.52	0.54	0.57	0.59	0.62	0.65	0.67	0.70	0.73	0.76
0.3	0.78	0.81	0.84	0.86	0.89	0.92	0.94	0.97	1.00	1.02
0.4	1.05	1.08	1.10	1.13	1.16	1.18	1.21	1.24	1.27	1.30
0.5	1.32	1.36	1.39	1.42	1.45	1.48	1.51	1.55	1.58	1.61
0.6	1.64	1.68	1.71	1.74	1.78	1.81	1.84	1.88	1.92	1.95
0.7	1.99	2.03	2.07	2.11	2.16	2.20	2.25	2.30	2.34	2.39
0.8	2.44	2.50	2.55	2.61	2.67	2.74	2.81	2.89	2.97	3.05
0.9	3.14	3.22	3.33	3.46	3.59	3.73	3.92	4.14	4.44	4.90

$P=3\%-50\%-97\%$									
S	0	1	2	3	4	5	6	7	8	9
0.0	0.00	0.04	0.08	0.11	0.14	0.17	0.20	0.23	0.26	0.29
0.1	0.32	0.35	0.38	0.42	0.45	0.48	0.51	0.54	0.57	0.60
0.2	0.63	0.66	0.70	0.73	0.76	0.79	0.82	0.86	0.89	0.92
0.3	0.95	0.98	1.01	1.04	1.08	1.11	1.14	1.17	1.20	1.24
0.4	1.27	1.30	1.33	1.36	1.40	1.43	1.46	1.49	1.52	1.56
0.5	1.59	1.63	1.66	1.70	1.73	1.76	1.80	1.83	1.87	1.90
0.6	1.94	1.97	2.00	2.04	2.08	2.12	2.16	2.20	2.23	2.27
0.7	2.31	2.36	2.40	2.44	2.49	2.54	2.58	2.63	2.68	2.74
0.8	2.79	2.85	2.90	2.96	3.02	3.09	3.15	3.22	3.29	3.37
0.9	3.46	3.55	3.67	3.79	3.92	4.08	4.26	4.50	4.75	5.21

$P=5\%-50\%-95\%$									
S	0	1	2	3	4	5	6	7	8	9
0.0	0.00	0.04	0.08	0.12	0.16	0.20	0.24	0.27	0.31	0.35
0.1	0.38	0.41	0.45	0.48	0.52	0.55	0.59	0.63	0.66	0.70
0.2	0.73	0.76	0.80	0.84	0.87	0.90	0.94	0.98	1.01	1.04
0.3	1.08	1.11	1.14	1.18	1.21	1.25	1.28	1.31	1.35	1.38
0.4	1.42	1.46	1.49	1.52	1.56	1.59	1.63	1.66	1.70	1.74
0.5	1.78	1.81	1.85	1.88	1.92	1.95	1.99	2.03	2.06	2.10
0.6	2.13	2.17	2.20	2.24	2.28	2.32	2.36	2.40	2.44	2.48
0.7	2.53	2.57	2.62	2.66	2.70	2.76	2.81	2.86	2.91	2.97
0.8	3.02	3.07	3.13	3.19	3.25	3.32	3.38	3.46	3.52	3.60
0.9	3.70	3.80	3.91	4.03	4.17	4.32	4.49	4.72	4.94	5.43

$P=10\%-50\%-90\%$									
S	0	1	2	3	4	5	6	7	8	9
0.0	0.00	0.05	0.1	0.15	0.2	0.24	0.29	0.34	0.38	0.43
0.1	0.47	0.52	0.56	0.60	0.65	0.69	0.74	0.78	0.83	0.87
0.2	0.92	0.96	1.00	1.04	1.08	1.13	1.17	1.22	1.26	1.30
0.3	1.34	1.38	1.43	1.47	1.51	1.55	1.59	1.63	1.67	1.71
0.4	1.75	1.79	1.83	1.87	1.91	1.95	1.99	2.02	2.06	2.10
0.5	2.14	2.18	2.22	2.26	2.30	2.34	2.38	2.42	2.46	2.50
0.6	2.54	2.58	2.62	2.66	2.70	2.74	2.78	2.82	2.86	2.90
0.7	2.95	3.00	3.04	3.08	3.13	3.18	3.24	3.28	3.33	3.38
0.8	3.44	3.50	3.55	3.61	3.67	3.74	3.80	3.57	3.94	4.02
0.9	4.11	4.20	4.32	4.45	4.59	4.75	4.96	5.20	5.56	—

注:例 $P=10\%-50\%-90\%$ 表中,当 $S=0.43$ 时,$C_s=1.87$。

三点法——C_s 与 Φ_p 值关系表

C_s	$\Phi_{50\%}$	$\Phi_{1\%}-\Phi_{99\%}$	$\Phi_{3\%}-\Phi_{97\%}$	$\Phi_{5\%}-\Phi_{95\%}$	$\Phi_{10\%}-\Phi_{90\%}$
0.0	−0.000	4.652	3.762	3.290	2.564
0.1	−0.017	4.648	3.756	3.287	2.56
0.2	−0.033	4.645	3.750	3.284	2.557
0.3	−0.055	4.641	3.743	3.278	2.550
0.4	−0.068	4.637	3.736	3.273	2.543
0.5	−0.084	4.633	3.732	3.266	2.532
0.6	−0.100	4.629	3.727	3.259	2.522
0.7	−0.116	4.624	3.718	3.246	2.510
0.8	−0.132	4.620	3.709	3.233	2.498
0.9	−0.148	4.615	3.692	3.218	2.483
1.0	−0.164	4.611	3.674	3.204	2.468
1.1	−0.179	4.606	3.656	3.185	2.448
1.2	−0.194	4.601	3.638	3.167	2.427
1.3	−0.208	4.595	3.620	3.144	2.404
1.4	−0.223	4.590	3.601	3.120	2.380
1.5	−0.238	4.586	3.582	3.090	2.353
1.6	−0.253	4.586	3.562	3.062	2.326
1.7	−0.267	4.587	3.541	3.032	2.296
1.8	−0.272	4.588	3.520	3.002	2.265
1.9	−0.294	4.591	3.499	2.974	2.232
2.0	−0.307	4.594	3.477	2.945	2.198
2.1	−0.319	4.603	3.469	2.918	2.164
2.2	−0.330	4.613	3.440	2.890	2.130
2.3	−0.340	4.625	3.421	2.862	2.095
2.4	−0.350	4.636	3.403	2.833	2.060
2.5	−0.359	4.648	3.385	2.806	2.024
2.6	−0.367	4.660	3.367	2.778	1.987
2.7	−0.370	4.674	3.350	2.749	1.949
2.8	−0.383	4.687	3.333	2.720	1.911
2.9	−0.389	4.701	3.318	2.695	1.876
3.0	−0.395	4.716	3.303	3.670	1.840
3.1	−0.399	4.732	3.288	2.645	1.806
3.2	−0.404	4.748	3.273	2.619	1.772
3.3	−0.407	4.765	3.259	2.594	1.738
3.4	−0.410	4.781	3.245	2.568	1.705

C_s	$\Phi_{50\%}$	$\Phi_{1\%}-\Phi_{99\%}$	$\Phi_{3\%}-\Phi_{97\%}$	$\Phi_{5\%}-\Phi_{95\%}$	$\Phi_{10\%}-\Phi_{90\%}$
3.5	-0.412	4.796	3.225	2.543	1.670
3.6	0.414	4.810	3.216	2.518	1.635
3.7	-0.415	4.824	3.203	2.494	1.60
3.8	-0.416	4.837	3.189	3.470	1.570
3.9	-0.415	4.850	3.175	2.446	1.536
4.0	-0.414	4.863	3.160	2.422	1.502
4.1	-0.412	4.876	3.145	2.396	1.471
4.2	-0.410	4.888	3.130	2.372	1.440
4.3	-0.407	4.901	3.115	2.348	1.408
4.4	-0.404	4.914	3.100	2.325	1.376
4.5	-0.400	4.924	3.084	2.300	1.345
4.6	-0.396	4.934	3.067	2.276	1.315
4.7	-0.392	4.942	3.050	2.251	1.286
4.8	-0.388	4.949	3.034	2.226	1.257
4.9	-0.384	4.955	3.016	2.200	1.229
5.0	-0.379	4.961	2.997	2.174	1.200
5.1	-0.374		2.978	2.148	1.173
5.2	-0.370		2.96	2.123	1.145
5.3	-0.365			2.098	1.118
5.4	-0.360			2.072	1.090
5.5	-0.356			2.047	1.063
5.6	-0.350			2.021	1.035

参 考 文 献

[1] 吴彰春.机场排水设计[M].西安:空军工程学院,1984.

[2] 黄廷林,马学尼.水文学(第四版)[M].北京:中国建筑工业出版社,2012.

[3] 詹道江,徐向阳,等.工程水文学[M].北京:中国水利水电出版社,2010.

[4] 廖松,王燕生,等.工程水文学[M].北京:清华大学出版社,1991.

[5] 芮孝芳.水文学原理[M].北京:中国水利水电出版社,2004.

[6] 金光炎.水文统计理论与实践[M].南京:东南大学出版社,2012.

[7] 刘光文.水文分析与计算[M].北京:水利电力出版社,1989.

[8] 王文圣,丁晶,等.随机水文学.(第二版)[M].北京:中国水利水电出版社,2008.

[9] 谭维炎,张维然.水文统计常用图表[M].北京:水利出版社,1982.

[10] 陈家琦,张恭肃.小流域暴雨洪水计算[M].北京:水利电力出版社,1985.

[11] 茅锡华.公路小桥涵设计流量计算方法[M].北京:人民交通出版社,1989.

[12] 小流域暴雨径流研究组.小流域暴雨洪峰流量计算[M].北京:科学出版社,1978.

[13] 朱元生,金光炎.城市水文学[M].北京:中国科学技术出版社,1991.

[14] 赵人俊.流域水文模拟[M].北京:水利电力出版社,1984.

[15] 袁作新.流域水文模型[M].北京:水利电力出版社,1990.

[16] M.J.柯克比.山坡水文学[M].哈尔滨:哈尔滨工业大学出版社,1989.

[17] 中华人民共和国国家军用标准.GJB 525A—2005 军用永备机场场道工程战术技术标准[S].2005.

[18] 中华人民共和国国家军用标准.GJB 1230A—2012 军用机场排水工程设计规范[S].2012.

[19] 中华人民共和国国家标准.GB 50014—2006 室外排水设计规范(2014年版)[S].北京:中国计划出版社,2012.

[20] 岑国平.城市及机场暴雨径流的研究和计算模型[D].西安:西安理工大学,1995.

[21] 岑国平,吴彰春,等.机场暴雨径流的计算与模拟研究报告[R].西安:空军工程学院,1996.

[22] 岑国平,沈晋,等.城市设计暴雨雨型的研究.水科学进展[J].1998年第1期.

[23] 安智敏,岑国平,等.雨水口泄水量的试验研究.中国给水排水[J].1995年第1期.

[24] R.K.Linsley. Hydrology for Engineers[M]. McGraw-Hill Inc,1982.

[25] Federal Aviation Agency. Airport Drainage Design. FAA Advisory Circular, AC150/5320-5D[S].2013.

[26] 中华人民共和国行业标准.JTG/T D33—2012 公路排水设计规范[S].北京:人民交通出版社,2012.

[27] 交通部第二公路勘察设计院.公路设计手册 路基(第二版)[M].北京:人民交通出版社,1997.

［28］ 蔡良才.机场规划设计［M］.北京:解放军出版社,2002.

［29］ 翁兴中,蔡良才.机场道面设计［M］.北京:人民交通出版社,2007.

［30］ 岑国平,安智敏,等.侧向入流明渠水力计算的简化公式.中国给水排水［J］.1994年第5期.

［31］ 岑国平,沈晋,等.马斯京根法在雨水管道流量演算中的应用.西安理工大学学报［J］.1995年第4期.

［32］ 岑国平,沈晋,等.城市地表产流的试验研究.水利学报［J］.1997年第10期.

［33］ 岑国平.雨水管网的动力波模拟及试验验证.给水排水［J］.1995年第10期.

［34］ 岑国平.城市雨洪调蓄池计算的设计雨型比较.西北水资源与水工程［J］.1993年第2期.

［35］ 岑国平.机场地表径流的运动波模拟,空军工程学院学报［J］.1994年第1期.

［36］ 岑国平,洪刚,等.蒸发池容量计算方法研究［C］∥全国水问题研究学术研讨会.2005.

［37］ 吴持恭.水力学(第四版)［M］.北京:高等教育出版社,2007.

［38］ 北京市市政设计院.给水排水设计手册(五)——城市排水(第二版)［M］.北京:中国建筑工业出版社,2004.

［39］ 中国市政工程东北设计院.给水排水设计手册(七)——城镇防洪(第二版)［M］.北京:中国建筑工业出版社,2000.

［40］ 北京市市政设计院.简明排水设计手册［M］.北京:中国建筑工业出版社,1990.

［41］ 重庆建筑工程学院.排水工程(上册).北京:中国建筑工业出版社,1981.

［42］ 陈光曦,王继康.泥石流防治［M］.北京:中国铁道出版社,1983.

［43］ 岑国平.暴雨资料的选样与统计方法.给水排水［J］,1999年第4期.

［44］ 曲崇东.机场排水工程改造研究［D］.西安:空军工程大学,2000.

责任编辑：李　喆（lizhe@ccpress.com.cn）
封面设计：张　涛

机场工程系列教材

ISBN 978-7-114-13108-0

9 787114 131080 >

网上购书/www.jtbook.com.cn
定价：52.00元